基于 S3C2440 的嵌入式 Linux 开发实例

主 编 孙 弋

副主编 卢建军 高 理 雷文礼

西安电子科技大学出版社

内 容 简 介

本书以目前工业嵌入式领域表现出色的ARM9处理器S3C2440和源码开放的Linux操作系统为基础，系统地介绍了嵌入式系统S3C2440的开发过程及S3C2440各个接口的应用编程实例。所有代码均由作者在软件平台调试通过，大部分应用程序代码为作者在产品开发过程中所实际应用之成熟代码。本书对从事该领域产品开发的工程技术人员有较高的参考价值。

本书可作为高等院校电子、通信、自动化、计算机等专业的嵌入式系统课程的教材，也可作为从事嵌入式应用开发的工程技术人员的参考资料。

★本书配有电子教案，需要者可登录出版社网站，免费下载。

图书在版编目(CIP)数据

基于S3C2440的嵌入式Linux开发实例/孙弋主编. —西安：西安电子科技大学出版社，2010.5

(2013.2重印)

ISBN 978-7-5606-2409-9

Ⅰ. 基… Ⅱ. 孙 Ⅲ. Linux操作系统—程序设计 Ⅳ. TP316.89

中国版本图书馆CIP数据核字(2010)第033082号

策　　划　戚文艳

责任编辑　戚文艳

出版发行　西安电子科技大学出版社(西安市太白南路2号)

电　　话　(029)88242885　88201467　邮　　编　710071

网　　址　www.xduph.com　　电子邮箱　xdupfxb001@163.com

经　　销　新华书店

印刷单位　陕西华沐印刷科技有限责任公司

版　　次　2010年5月第1版　2013年2月第2次印刷

开　　本　787毫米×1092毫米　1/16　印　张　23.5

字　　数　557千字

印　　数　3001～5000册

定　　价　42.00元

ISBN 978-7-5606-2409-9/TP・1205

XDUP 2701001-2

前　言

随着电子技术的发展和SOC片上系统应用领域的不断扩展，嵌入式系统已经在消费、电子、军事和医疗卫生领域得到了广泛应用，并且将会在更广泛的领域中占据更多的市场份额。

本书从嵌入式产品驱动的基本开发流程入手，由工业级嵌入式系统CPU S3C2440主要应用接口设计展开描述。期望通过本书的学习使读者不仅了解嵌入式系统接口开发的基本概念，还能掌握相关接口应用产品的开发方法。

本书共分为13章，各章的主要内容如下：

第1章介绍了嵌入式系统的现状和嵌入式系统的开发模式，详细描述了嵌入式系统产品开发的特点和设计流程、嵌入式产品的软/硬件划分以及硬件的详细设计和软件设计，最后介绍了嵌入式开发的电路基础。

第2章介绍了嵌入式微处理器的结构和类型，并比较了ARM9与ARM7微处理器的异同，具体介绍了本书中所用到的S3C2440X ARM9微处理器以及EY-2440-S开发平台。

第3～13章分别介绍了S3C2440所涉及的各个模块的驱动，深刻剖析了驱动程序的体系架构，并且给出了相应的具体应用实例。这些章节所涉及的模块包括Flash、SD/MMC、IO接口、串口、SPI接口驱动及CAN协议、LCD设备、USB接口、A/D接口及触摸屏、网卡等。本书采用抽象与具体相结合的方式，先介绍各模块的接口硬件及寄存器，然后以模板的形式给出了各模块驱动的设计框架，对主要数据结构和变量进行了描述，最后用具体的应用实例驱动填充对应的模板。

本书由孙弋任主编，卢建军、高理、雷文礼任副主编。朱周华、何蓉、李远征、周永康、魏刚等编写部分章节内容，研究生秦东、徐成文、杨海科等参与部分内容编写及代码验证工作；同时，本书也参考了国内外众多学者的研究成果，在此向他们一并表示衷心感谢。

由于本书编者水平有限，疏漏再所难免，希望读者批评指正。

编者

2010年1月6日

于西安

目　录

第 1 章　嵌入式系统开发基础

对于嵌入式系统(Embedded System)，电气工程师协会的定义为：嵌入式系统是用来控制或者监视机器、装置及工厂生产线等大规模系统的设备。通常嵌入式系统的定义为：嵌入式系统是以应用为中心，以计算机技术为基础，并且软/硬件可裁剪，适用于应用系统对功能、可靠性、成本、体积、功耗有严格要求的专用计算机系统。嵌入式系统一般由嵌入式微处理器、外围硬件设备、嵌入式操作系统以及用户的应用程序 4 个部分组成，如图 1-1 所示，用于实现对其他设备的控制、监视或管理等功能。

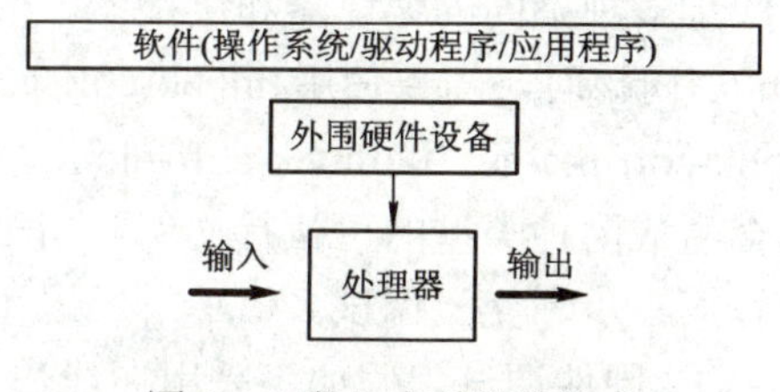

图 1-1　嵌入式系统的构成

嵌入式系统同 PC 系统相比有以下特点：

(1) 嵌入式系统功耗低、体积小，专用性强。嵌入式系统与 PC 系统的最大不同就是嵌入式 CPU 大多工作在为特定用户群设计的系统中，能够把 PC 中许多由板卡完成的任务集成在芯片内部，从而使系统设计趋于小型化。

(2) 为了提高执行速度和系统可靠性，嵌入式系统中的软件一般都固化在存储器芯片或单片机内部。

(3) 嵌入式系统的硬件和软件都必须高效率地设计，系统要精简。操作系统一般和应用软件集成在一起。

(4) 对软件代码质量要求高。

(5) 嵌入式系统开发需要专门的开发工具和开发环境。

1.1　嵌入式 Linux 系统开发模式

嵌入式系统通常为一个资源受限的系统。直接在嵌入式系统的硬件平台上编写软件比较困难，有时甚至是不可能的。目前常用的开发步骤是：先在通用计算机上编写程序，然后通过交叉编译，生成目标平台上可运行的二进制代码格式，最后下载到目标平台上的特定位置上运行。具体步骤如下：

第一步，建立嵌入式 Linux 交叉开发环境。目前，常用的交叉开发环境主要有开放的和商业的两种类型。开放的交叉开发环境的典型代表是 GNU 工具链，能够支持 x86、ARM、MIPS、PowerPC 等多种处理器。商业的交叉开发环境主要有 Metrowerks CodeWarrior、ARM Software Development Toolkit、SDS Cross compiler、WindRiver Tornado、Microsoft Embedded

Visual C 等。交叉开发环境是指编译、链接和调试嵌入式应用软件的环境。与运行嵌入式应用软件的环境有所不同，交叉开发通常采用宿主机/目标机模式。

第二步，交叉编译和链接。在完成嵌入式软件的编码之后，要进行编译和链接，以生成可执行代码。由于开发过程大多是在Intel公司x86系列CPU的通用计算机上进行的，而目标环境的处理器芯片却大多为ARM、MIPS、PowerPC、DragonBall等系列的微处理器，这就要求在建立好的交叉开发环境中进行交叉编译和链接。

例如，在基于ARM体系结构的gcc交叉开发环境中，arm-linux-gcc是交叉编译器，arm-linux-ld是交叉链接器。通常情况下，并不是每一种体系结构的嵌入式微处理器都只对应于一种交叉编译器和交叉链接器。如对于M68K体系结构的gcc交叉开发环境而言，就对应于多种不同的编译器和链接器。假如使用的是COFF格式的可执行文件，那么在编译Linux内核时，需要使用m68k-coff-gcc和m68k-coff-ld，而在编译应用程序时则需要使用m68k-coff-pic-gcc和m68k-coff-pic-ld。编写好的嵌入式软件经过交叉编译和交叉链接后，通常会生成两种类型的可执行文件：用于调试的可执行文件和用于固化的可执行文件。

第三步，交叉调试。

① 硬件调试。假如不采用在线仿真器，可以让CPU直接在其内部实现调试功能，并通过在开发板上引出的调试端口，发送调试命令和接收调试信息，完成调试过程。目前，Motorola公司提供的开发板上使用的是DBM调试端口，而ARM公司提供的开发板上使用的则是JTAG调试端口。使用合适的软件工具与这些调试端口进行连接，可以获得与ICE类似的调试效果。

② 软件调试。在嵌入式Linux系统中，Linux系统内核调试可以先在Linux内核中设置一个调试桩(debug stub)，用作调试过程中和宿主机之间通信的服务器。然后，在宿主机中通过调试器的串口与调试桩进行通信，并通过调试器控制目标机上Linux内核的运行。

嵌入式上层应用软件的调试可以使用本地调试和远程调试两种方法。假如采用的是本地调试，首先要将所需的调试器移植到目标系统中，然后就可以直接在目标机上运行调试器调试应用程序；假如采用的是远程调试，则需要移植调试服务器到目标系统中，并通过宿主机上的调试器共同完成应用程序的调试。在嵌入式Linux系统的开发中，远程调试时目标机上使用的调试服务器通常是gdbserver，而宿主机上使用的调试器则是gdb。两者相互配合共同完成调试过程。

第四步，系统测试。在整个软件系统编译过程中，嵌入式系统的硬件一般采用专门的测试仪器进行测试，而软件则需要有相关的测试技术和测试工具的支持，并要采用特定的测试策略。测试技术指的是软件测试的专门途径，以及能够更加有效地运用这些途径的特定方法。在嵌入式软件测试中，经常要在基于目标机的测试和基于宿主机的测试之间做出折衷。基于目标机的测试需要消耗较多的时间和经费，而基于宿主机的测试虽然代价较小，却是在仿真环境中进行的，因此难以完全反映软件运行时的实际情况。通过在这两种环境下的测试可以发现不同的软件缺陷，目的是要对目标机环境下和宿主机环境下的测试内容进行合理取舍。嵌入式软件测试中经常用到的测试工具主要有：内存分析工具、性能分析工具、覆盖分析工具、缺陷跟踪工具等。

下面介绍一个典型开发工具的使用流程：

① 写入或植入引导码；
② 向串口打印字符串的编码；
③ 将 gdb 目标码移植到工作串口，可与另一台运行 gdb 程序的 Linux 主机系统对话；
④ 利用 gdb 让硬件和软件初始化码在 Linux 内核启动时工作；
⑤ Linux 内核启动后，串口成为 Linux 控制口并可用于后续开发；
⑥ 假如在目标硬件上已运行了完整的 Linux 内核，即可调试用户的应用进程。

1.1.1 嵌入式系统设计的特点

嵌入式系统设计的主要任务是定义系统的功能、决定系统的架构，并将功能映射到架构中。这里的架构既包括软件系统架构也包括硬件系统架构。嵌入式系统的设计方法跟一般的硬件设计、软件开发的方法不同，是采用硬件和软件协同设计的方法，开发过程不仅涉及软件领域的知识，还涉及硬件领域的综合知识，甚至还涉及机械等方面的知识。这要求设计者必须熟悉并能自如地运用这些领域的各种技术，才能使设计的系统达到最优。与通常的系统设计相比，嵌入式系统的设计具有以下 4 个特点。

1. 软/硬件协同并行开发

软/硬件协同并行开发就是在整个设计的生命周期，软件和硬件的设计一直是保持并行的，在设计过程中两者交织在一起，互相支持，互相提供开发的平台。而在传统方法中，软/硬件的设计是分开独立进行的，在设计流程的开始就将系统所要实现的功能划分为用硬件或软件实现，然后独立进行硬件和软件设计，最后才进行软/硬件的集成，系统是否满足用户需求只有等到软/硬件集成之后进行测试才能知道，所以采用传统设计方法进行复杂系统的设计，常常难以达到设计要求和实现优化设计。

2. 嵌入式系统面向特定应用的系统

嵌入式 CPU 与通用型的 CPU 最大不同就是，嵌入式 CPU 大多工作在为特定用户群设计的系统中，通常具有低功耗、小体积、高集成度等特点，能够把通用 CPU 中许多由板卡完成的任务集成在芯片内部，从而有利于嵌入式系统设计趋于小型化。因此，元件的移动能力大大增强，同时跟网络的耦合也越来越紧密。

3. 嵌入式操作系统的多样性(RTOS)

嵌入式操作系统不像台式机操作系统那样，只有微软公司一家独大。现在可用的嵌入式操作系统很多，如 Vxworks、QNX、μc/OS、Linux、WinCE 等，可以根据具体的需求选择相应的操作系统。

4. 嵌入式系统设计采用交叉开发环境

嵌入式系统的开发通常采用“宿主机/目标机”交叉开发方式(见图 1-2 所示)。首先，利用宿主机上丰富的资源以及良好的开发环境来开发和仿真调试目标机上的软件。然后，生成编译好的目标文件，再通过 JTAG 口、UTAR 接口或者以太网接口将交叉编译生成的目标代码传输并下载到目标

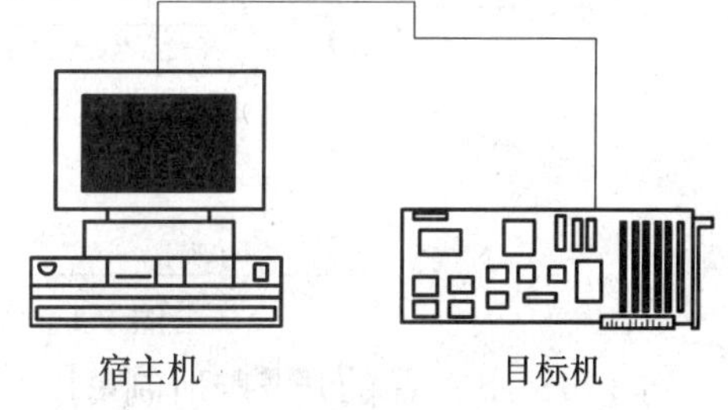

图 1-2　宿主机/目标机开发方式

板上，并用交叉调试器在实时内核/操作系统或监控程序的支持下进行实时分析和调试。最后，目标机在目标环境下运行。

宿主机是一台通用计算机，一般由PC机承担。它通过串行接口或网络连接与目标机进行通信。宿主机上丰富的软/硬件资源，以及各种各样的开发调试工具，如GNU的嵌入式开发工具套件等，能够保证系统的开发效率。

在嵌入式系统的开发过程中，目标机可以是嵌入式系统的实际运行环境，也可以是能替代实际环境的仿真系统。通常目标机的体积较小，集成度高，外围设备丰富，具备有键盘、触摸屏等；输出设备有LCD、LED等。由于目标机的硬件资源有限，嵌入式系统目标机上运行的软件通常需要根据具体应用进行裁减和配置。

嵌入式系统需要提供强大的硬件开发工具和软件包的支持，需要设计者从效率和成本上综合考虑。此外，嵌入式系统对稳定性、可靠性、功耗、抗干扰性、重量、体积等方面的性能要求都比通用系统的要求更为严格。

1.1.2　嵌入式系统的设计流程

电子信息产品的设计和开发将集中所有的硬件、软件、人力资源等，进行适当组合，以实现目标系统对性能和功能等各方面的需求。在电子信息产品的开发过程中，实时性、可靠性、功耗等都与功能一样重要，这就使嵌入式系统开发关注的方面更广泛，要求的精度也更高。

嵌入式系统的设计开发流程一般分为以下几个阶段：产品定义(即系统需求分析阶段、规格说明阶段)、硬件和软件划分、迭代与实现、详细的硬件与软件设计、硬件与软件集成、系统测试和系统维护与升级。各个阶段通常需要不断地反复和修改，直到完成最终设计目标。

电子信息产品系统设计及研发的流程如图1-3、图1-4所示。

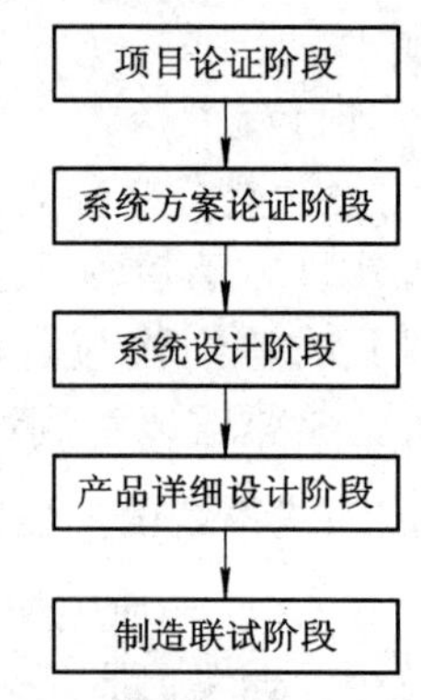

图1-3　电子信息产品设计的流程

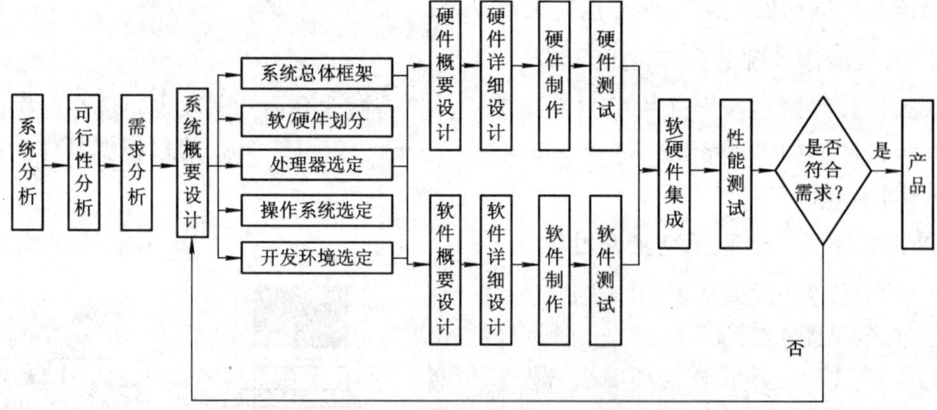

图1-4　电子信息产品研发的流程

对于嵌入式产品的开发与研制可以完全按照电子产品的开发流程进行，图1-5为电子信息产品研发过程文档体系。嵌入式系统的设计过程在各阶段内部及各阶段之间会发生大量的迭代与优化，前一步的设计缺陷会直接导致后面阶段设计任务无法完成，从而必须重新进行产品定义设计，这就会造成生产成本的提高、产品开发时间的增加。因此前期的需求分析工作一定要精细，确保准确无误，尽量减少开发过程中的需求变更。下面介绍嵌入式系统的设计流程。

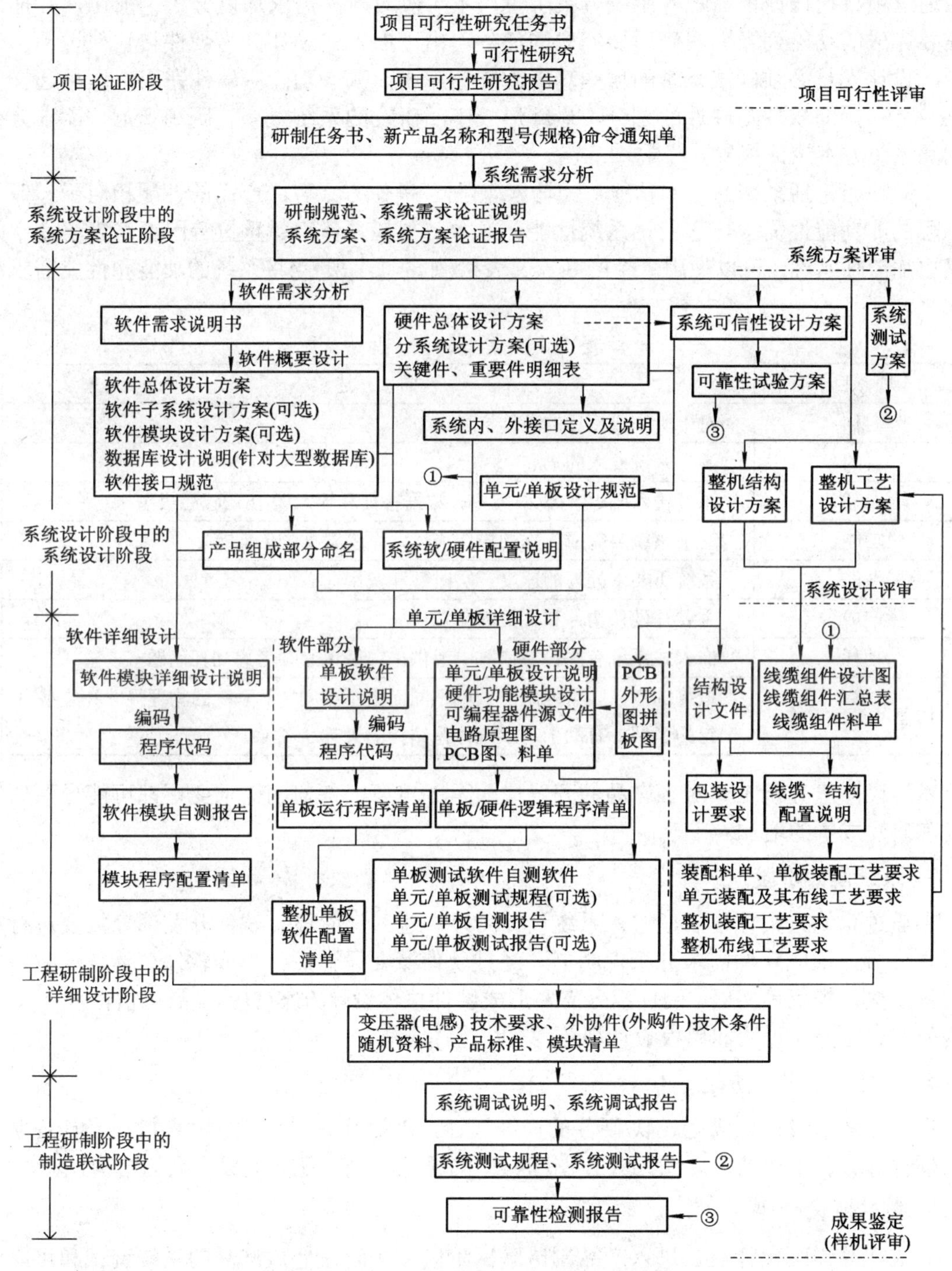

图 1-5　电子信息产品研发过程文档体系

1. 项目论证阶段

项目论证阶段需要完成项目的可行性分析，形成可行性研究报告。

2. 系统方案论证阶段

通过项目论证评审后进入系统方案阶段，本阶段对产品需求加以分析、细化，并抽象出需要完成的功能列表，明确所要完成的任务。由于嵌入式设计分为硬件与软件设计两个部分，设计人员必须确定系统的哪些功能由硬件完成，哪些功能由软件完成，这种选择为“划分决策”，即软件与硬件的划分。最终形成产品研发的系统方案、研制规范、需求分析说明和系统方案论证报告。

产品功能包括系统的基本功能，如输入/输出、操作方式等；产品的性能相对于一般软件工程的非功能性需求，它包括系统性能、成本、功耗、体积、重量等因素。为了使产品定义更加清晰明确，可以使用一个产品定义表格(如表 1-1 所示)将系统的功能和性能需求综合起来。

表 1-1 需 求 分 析

项 目	描 述
名称	对于所完成项目的总体描述
目的	满足系统要求的描述
输入/输出	系统输入/输出的数据类型、数据特征和输入/输出的设备类型
功能	对于系统要完成工作的详细描述，系统数据的流向等
性能	系统所要求处理的速度，实时性和实用性
生产成本	主要是硬件构件和人员的花费
功耗	嵌入式系统有些设备依靠电池供电，所以必须考虑功耗问题
物理尺寸和重量	最终的产品因为使用的领域不同而大不相同，对系统的物理尺寸和重量有一定的了解，有助于对系统体系结构的设计

本阶段需求分析工作对于产品的开发成败至关重要，任何的需求变更都可能导致研发周期和研发成本的增加。

3. 系统设计阶段

在通过系统方案评审后，进入系统设计阶段。进入该阶段，软件开发部分需要进行软件需求分析，形成软件需求分析说明书。经过软件概要设计后，形成软件总体设计方案、软件开发接口规范等文档。硬件部分需要形成硬件总体设计方案(包括产品可信性设计)、系统内外接口定义及说明和单板设计规范(复杂产品)等。

4. 产品详细设计阶段

在产品详细设计阶段完成软/硬件的详细设计，编制代码，形成软件各模块设计说明；完成硬件部分各单板的原理图、PCB 图和料单的设计。同时还要完成产品的结构设计。

5. 制造联试阶段

完成产品详细设计后，进入产品制造联试阶段。本阶段完成产品的系统调试和可靠性测试，并形成相应的系统调试报告和可靠性测试报告。

完成以上阶段，产品样机研制即完成。此后，将进入产品的小批量生产和中试阶段，然后进入产品的生产流程，这不再是本书的研究内容。

1.1.3　嵌入式系统的软硬件划分

随着芯片设计和制造技术水平的发展，微处理器的运算速度得到很大提高，因此很多传统上必须由硬件实现的功能现在可以使用软件实现了。近年来，FPGA 技术的提高和大容量、低成本的新型 FPGA 的出现，为高性能的数字控制系统提供了新的实现方法。

有软硬件划分需要的功能都是那些既可以用软件实现又可以用硬件实现的功能，具体到实际的物理系统中，就是那些既可以用微处理器系统实现也可以用 FPGA 或模拟元件实现的功能。

在软硬件划分的问题上，一般遵循以下几个原则：

性能原则：不管使用软件还是硬件实现特定的功能，首先要满足性能要求。

性价比原则：对于嵌入式系统产品，占很大比例的产品为成本敏感型的消费类电子，对于该系统来说，最重要的是分析对于同一个功能，实现低成本的产品开发以满足市场竞争的需要。

资源利用率原则：目前新型的微处理器往往集成了大量的外围元件，如串行接口、计数器、PWM 和 AD 等，也就是常说的片上系统 SOC(system on chip)。很多系统面临的情况是使用了 SOC 芯片以后，不但可以实现那些符合高性价比原则的功能，还会有一些剩余的资源，由于微处理器所运行的控制软件的性能与微处理器的使用率有关，使用率越低，软件的相应速度就会越快，或者可以以较低速度来运行微处理器。而且 FPGA 的运行速度与逻辑资源也有关系，逻辑资源利用率越低，可以运行的速度越快。而数字系统的运行速度与可靠性是有直接关系的，当运行速度接近极限速度时，可靠性就会降低。因此适当保留一定设计冗余对提高系统的可靠性是有很大帮助的，也有利于将来的性能升级和维护。

这三个原则之间不是相互独立的，而是互相影响的，具体实施时要综合考虑这三个原则，从而做出最优的选择。

1.1.4　嵌入式系统的产品硬件详细设计

硬件是嵌入式系统运行的载体，也是嵌入式系统的基础，嵌入式系统硬件是嵌入式系统软件的运行环境，限定了嵌入式系统软件的资源，体现了嵌入式系统所能完成的功能。嵌入式系统的硬件设计是在嵌入式系统软/硬件划分的基础上，对划分为硬件部分的功能单元所进行的设计。通常，嵌入式系统的产品硬件详细设计包含以下几个部分。

1．嵌入式系统硬件的选择

嵌入式系统硬件的选择包括硬件平台、嵌入式处理器。

1) 选择硬件平台

(1) 用已有的系统实现与已实现模块的功能接近或相似的模块。

(2) 考虑是否能用单处理器实现。

(3) 如果需要用多个处理器，则选用能够满足需求的最少数量实现。

(4) 在多处理器设计中，控制和管理用一个处理器实现，简化操作。系统中其他处理器分别处理系统中的工作负载(例如数字信号处理)。

2) 选择处理器

嵌入式系统硬件的核心部件是嵌入式微处理器。在选择处理器时主要考虑以下几方面的因素：

(1) 处理器性能。处理器的性能取决于多个方面的因素，如处理器的时钟频率、内部寄存器的大小、指令字的长度等。对于许多需要使用处理器的嵌入式系统设计来说，目标不在于挑选速度最快的处理器，而在于选取能够满足系统要求的处理器。

(2) 处理器技术指标。目前许多嵌入式处理器都集成了外围设备的功能，减少了芯片的数量，增强了系统的功能，降低了整个系统的开发费用。选择处理器必须首先考虑，系统所要求的硬件能否较容易连接到处理器；其次考虑该处理器的一些支持芯片，如 DMA 控制器、内存管理器、中断控制器、串行设备和时钟等的配置。

(3) 处理器功耗。嵌入式微处理器最大并且增长最快的市场是手持设备、电子记事本、PDA、手机、GPS 导航器、智能家电等消费类电子产品。这些产品中应用的微处理器要求具有高性能、低功耗等特点，同时要求具有较强的续航能力，如果用于工业控制，则对这方面的考虑较弱。

(4) 软件支持工具。选择合适的软件开发工具对系统的开发效率会起到很重要的作用。

(5) 处理器是否内置调试工具。如果处理器内置了调试工具，则可以大大缩小调试周期，降低调试的难度。

2. 硬件功能模块的划分

完成嵌入式系统硬件选择之后，进行系统硬件功能模块的划分，主要是对系统硬件资源进行合理的布局。硬件布局是针对于不同的硬件模块、硬件模块与嵌入式处理器之间以及模块之间的连接关系对硬件位置所做的调整。具体布局原则及模块划分原则在后面将详细描述。

3. 硬件的可信性设计

系统的相当一部分可靠性体现在硬件设计的可信性上，如果硬件不能可靠稳定的运行，就会影响整个嵌入式系统的稳定运行。因此，需要人为地加入硬件保护电路、硬件检测电路或硬件复位电路来保证硬件可靠的运行。

1.2 嵌入式系统的软件设计

嵌入式系统的软件设计不同于 Windows 环境下的软件编程流程，在嵌入式软件开发交叉开发过程中有主机和目标机。主机是执行编译、链接、定址过程的计算机；目标机是指运行嵌入式软件的硬件平台。因此需要把应用程序转换成可以在目标机上运行的二进制代码。这一过程包含 3 个步骤：编译、链接、定址。编译过程由交叉编译器实现。所谓交叉编译器，就是运行在一个计算机平台上并为另一个平台产生代码的编译器。编译过程产生的所有目标文件被链接成一个目标文件，称为链接过程。定址过程会把物理存储器地址指定给目标文件的每个相对偏移处。该过程生成的文件是可以在嵌入式平台上执行的二进制文件。

在软/硬件划分阶段之后，就进入到了软/硬件分别实现阶段。嵌入式软件设计是实现嵌入式系统功能的关键，根据嵌入式软件的特点和实际应用中嵌入式系统的具体要求，在进行嵌入式系统软件设计时，通常要考虑以下几个方面因素或达到其提出的要求。

1.2.1　嵌入式软件平台的选择

1. 平台选择

(1) 平台的实时性要求。

(2) 平台的开发工具支持。

(3) 平台的设备驱动程序支持(是否能够提供用户开发的设备驱动程序)。

(4) 平台对通信协议的支持，如平台是否支持 TCP/IP、HTTP、UDP 等。

2. 操作系统选择

硬件方案确定完成后，选择操作系统就相对容易了。硬件的不同会影响操作系统的选择。通常操作系统的选择需要考虑到以下几个方面：

(1) 操作系统本身所提供的开发工具。有些实时操作系统(RTOS)只支持该系统供应商的开发工具，用户必须从操作系统供应商获取编译器和调试器；而有些操作系统应用广泛，且有第三方工具可用，可选择余地大。

(2) 操作系统向硬件接口移植工作量考虑。操作系统移植是一个重要的问题，是关系到整个产品工作量的关键因素。因此，选择可移植性好的操作系统能够加快整个系统的开发进度。

(3) 操作系统对内存等硬件资源的要求。

(4) 开发人员是否熟悉此操作系统及其提供的系统 API。

(5) 操作系统是否提供硬件的驱动程序，如同卡驱动程序等。

(6) 操作系统是否具有可剪裁性。

3. 编程语言的选择

编程语言的选择主要考虑以下因素：

(1) 通用性。不同种类的微处理器都有专用的汇编语言。采用汇编进行系统编程较困难，软件重用性差。而高级语言(如 C 语言)一般和具体机器的硬件结构联系较少，多数微处理器都有良好的支持，通用性较好。

(2) 可移植性。汇编语言和具体的微处理器密切相关，为某个微处理器设计的程序不能直接移植到另一个不同种类的微处理器上使用，移植性差；而高级语言对所有微处理器都是通用的，程序可以在不同的微处理器上运行，可移植性较好。

(3) 执行效率。一般来说，越是高级的语言，其编译器和开销就越大，应用程序也就越大、执行效率越低；但低级语言(如汇编语言)应用程序的开发编程复杂、开发周期长。因此，必须权衡一个开发时间和运行性能。

(4) 可维护性。低级语言(如汇编语言)可维护性不高。高级语言程序采用模块化设计，各个模块之间的接口是固定的，当出现问题时可以很快地定位问题。另外，模块化设计也便于系统功能的扩充和升级。

4. 集成开发环境的因素

集成开发环境(IDE)应考虑以下因素：

(1) 系统调试器的功能。例如是否支持远程调试。

(2) 支持库函数。能否提供大量使用的库函数和模板代码，例如大家比较熟悉的 C++ 编译器就带有标准的模板库，它提供了一套用于定义各种有用的集装、存储、搜寻、排序对象。与选择硬件和操作系统的原则一样：除非必要，尽量采用标准的 glibc。

(3) 编译器开发商是否具备持续升级编译器能力。

(4) 连接程序对多种文件格式和符号格式的支持能力。

5. 硬件调试工具的选择

好的软件调试工具可以有效地发现大多数的错误，常用的硬件调试工具有以下几种：

(1) 实时在线仿真器(ICE)。用户从仿真插头向 ICE 看，ICE 应是一个可被控制的 MCU。ICE 是通过一根短电缆连接到目标系统上的。该电缆的一端有一个插件，插到处理器的插座上，而处理器则插到这个插件上。ICE 支持常规的调试操作，例如单步运行、断点、反汇编、内存检查、源程序级的调试等。

(2) 驻留监控软件。驻留监控程序运行在目标板上，PC 机端调试软件可以通过并口、串行接口、网口与之交互，以完成程序执行、存储器及寄存器读写、断点设置等任务。

(3) ROM 仿真器。ROM 仿真器用于插入目标上的 ROM 插座中的元件，用于仿真 ROM 芯片。可以将程序下载到 ROM 仿真器中，然后调试目标上的程序，就好像程序烧结在 PROM 中一样，从而避免了每次修改程序后直接烧结的麻烦。

(4) JTAG 仿真器。通过 ARM 芯片的 JTAG 边界扫描口与 ARM 核进行通信，不占用目标板的资源，是目前使用最广泛的调试手段。

6. 软件组件的选择

有些软件组件是免费的，有些软件组件是授权的。授权软件组件的费用一般都很高，但大都经过严格的测试，可靠性高，调试时间短。现在也有一些免费的自由软件组件，它们的性能、可靠性也很好。因此开发人员在选择的时候要加以权衡。

1.2.2 嵌入式软件性能的设计

1. 软件的实时性设计

在嵌入式系统软件设计时，要充分考虑实时性要求(即系统对于一个激励要在规定的时间内做出反应)，对任务按照实时性分类，分别进行设计。

2. 软件的可行性设计

嵌入式应用也有可靠性的要求，除硬件必须具备的可靠性之外，软件的可靠性也必不可少。在软件设计中要充分考虑软件的运行条件，减少程序错误执行的可能，在程序运行错误的情况下能够进行排错处理，并重新恢复软件的正确执行。

3. 软件的可扩展设计

软件的可扩展设计是指在系统升级或者软件进一步开发时，新编写的程序能够很容易地插入到原来的程序中，可以不必改写(或较少改写)原来的代码。这样有利于系统功能的扩展和升级。

1.2.3　嵌入式软件开发流程

嵌入式应用软件的开发综合了硬件、软件、人力资源等并进行适当的项目管理，以实现目标应用对功能和性能的需求。

如图 1-6 所示，整个软件的开发流程可分为在软硬件划分阶段确定硬件驱动接口、软件功能模块实时性划分、各软件功能模块的代码生成、软件功能模块的集成调试和代码固化及固化调试。

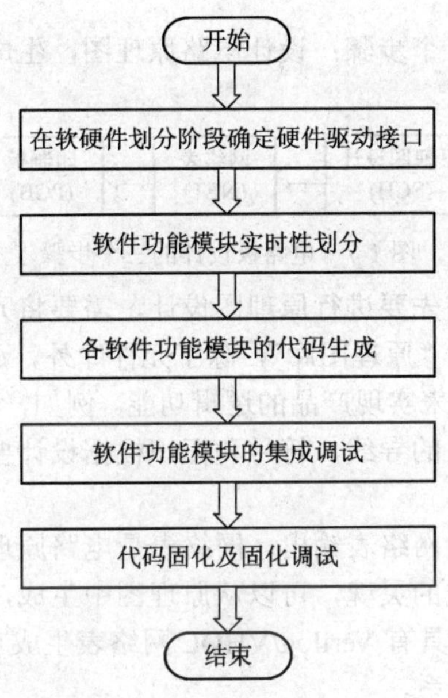

图 1-6　嵌入式软件设计流程

1. 在软硬件划分阶段确定硬件驱动接口

在软硬件划分阶段确定硬件驱动层以及硬件驱动的软件接口，所有嵌入式系统软件都要在这个硬件驱动层基础之上来实现。

2. 软件功能模块实时性划分

此阶段是将系统软件总体划分为实时部分和分时部分。由于实时和分时部分的要求不同，因此这样划分可以按照不同要求，分别对实时部分和分时部分进行实现，在满足要求的情况下，简化了整个系统的实时性设计。

3. 各软件功能模块代码生成

此阶段将对系统各个功能模块分别进行具体的代码编写和生成。

4. 软件功能模块集成调试

在系统各功能模块编写完成后，要对功能模块进行集成联合调试，及时发现功能模块设计中的问题，以及各模块间的协调问题。

5. 代码固化及固化调试

在以上所有阶段完成后，就进入了代码的固化及固化后的调试阶段。此时将对移植到目标机上的系统代码进行固化，脱离调试环境进行运行。

1.3　嵌入式开发电路基础

1.3.1　电路原理图设计

1. 电路原理图设计

电路板的设计主要分为三个步骤：设计电路原理图，生成网络表，设计印制电路板，如图 1-7 所示。

图 1-7　电路板设计的三个步骤

进行硬件设计开发时，首先要进行原理图设计，需要将元件按一定的逻辑关系连接起来。设计原理图的元件来源是“原理图库”，除了元件库外，还可以由用户自己增加建立新的元件。用户可以用这些元件来实现产品的逻辑功能。例如，利用 Protel 中的画线，总线等工具，将电路中具有电气意义的导线、符号和标识根据设计要求连接起来，构成完整的原理图。

原理图设计完成后要进行网络表输出。网络表是电路原理设计和印制电路板设计的桥梁，是设计工具软件自动布线的灵魂，可以从原理图中生成，也可以从印刷电路板图中提取。常见的原理图输入工具都具有 Verilog/VHDL 网络表生成功能，这些网络表包含所有的元件及元件之间的网络连接关系。

原理图设计完成后就可进行印制电路板设计。进行印制电路板设计时，可以利用 Protel 提供的自动布线、各种设计规则的确定、叠层的设计、布线方式的设计、信号完整性设计等强大的布线功能，完成复杂的印制电路板设计，达到系统的准确性、功能性、可靠性要求。

2. 电路设计方法

电路原理图设计不仅是整个电路设计的第一步，也是电路设计的基础。由于以后的设计工作都是以此为基础，因此电路原理图设计的好坏直接影响到以后的设计工作。原理图的设计流程图如图 1-8 所示。

(1) 建立元件库中没有的元器件库。元件库中保存的元件只有常用元件，设计者在设计时首先碰到的问题往往就是库中没有原理图中的部分元件。这时设计者只有利用设计软件提供的元件编辑功能建立新的库元件，然后才能进行原理图设计。

(2) 设置图纸属性。设计者根据实际电路的复杂程度设置图纸大小和类型。图纸属性的设置过程实际上是建立设计平台的过程。

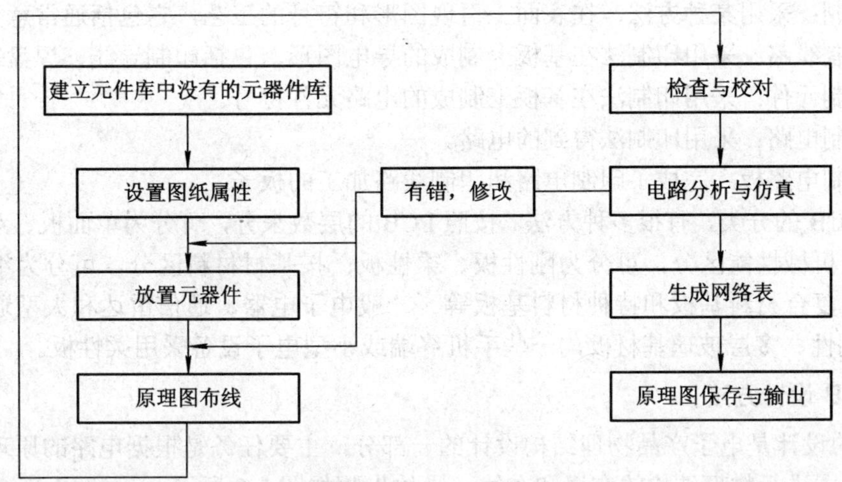

图 1-8　原理图设计流程图

(3) 放置元器件。设计者根据原理图的需要，将元件从元件库中取出放置到图纸上，并根据原理图的需要进行调整，修改位置，对元件的编号、封装进行设置等。

(4) 原理图布线。设计者根据原理图的需要，利用设计软件提供的各种工具和指令进行布线，将工作平面上的元件用具有电气意义的导线、符号连接起来，构成一个完整的原理图。

(5) 检查与校对。设计者利用设计软件提供的各种检测功能对所绘制的原理图进行检查与校对，以保证原理图符合电气规则，同时还应力求做到布局美观。这个过程包括校对元件、导线位置调整以及更改元件的属性等。

(6) 电路分析与仿真。设计者利用原理图仿真软件或设计软件提供的强大的电路仿真功能，对原理图的性能指标进行仿真，使设计者在原理图中就能对自己设计的电路性能指标进行观察、测试，从而避免前期问题后移，造成不必要的返工。

(7) 生成网络表。设计者利用设计软件提供的网络表生成工具，建立起该原理图的网络表。其实每个电路就是一个网络表，由节点、元件和连线组成。电路原理图的网络表是电路板自动布线的灵魂，也是原理图设计软件与印刷电路设计软件之间的接口。

(8) 原理图保存与输出。设计者对设计好的原理图进行存盘，输出打印，以供存档。这个过程实际是对设计的图形文件输出的管理过程。

1.3.2　电路 PCB 设计基础

1．PCB 设计基础原理

原理图设计完成后就可以进行印制电路板(Printed Circuit Board，PCB)设计。印制电路板是电子产品的基石，电子产品都是由各种电子元件组成的，而这些电子元件的载体和相互连接所依靠的正是印制电路板。不断发展的 PCB 技术使电子产品设计和装配走向标准化、规模化、自动化，并使得电子产品体积减小，成本降低，可靠性和稳定性提高，装配、维修简单。

PCB 是由印制电路加上基板构成的。PCB 相关的概念如下：

(1) 印制：采用某种方法，在表面上再现图形和符号的工艺，它包括通常意义的印刷。

(2) 印制线路：采用印制法在基板上制成的导电图形，包括印制导线、焊盘等。

(3) 印制元件：采用印制法在基板上制成的电路元件符号。

(4) 印制电路：采用印制法得到的电路。

(5) 印制电路板：完成了印制电路和印制线路加工的板子。

对于PCB的分类，有很多种方法。按照PCB的层数来分，可分为单面板、双面板和多层板；按照机械性能区分，可分为刚性板、柔性板；按基材材料区分，可分为纸基极、玻璃布基板、复合材料基板和特种材料基板等。一般电子电器、通信雷达和大型通信产品的PCB多是刚性、多层玻璃基材板，一些手机终端或小型电子设备采用柔性板。

2．PCB设计方法

PCB的设计是电子产品物理结构设计的一部分，主要任务是根据电路的原理和所需元件的封装形式进行物理结构的布局和布线，具体步骤如图1-9所示。

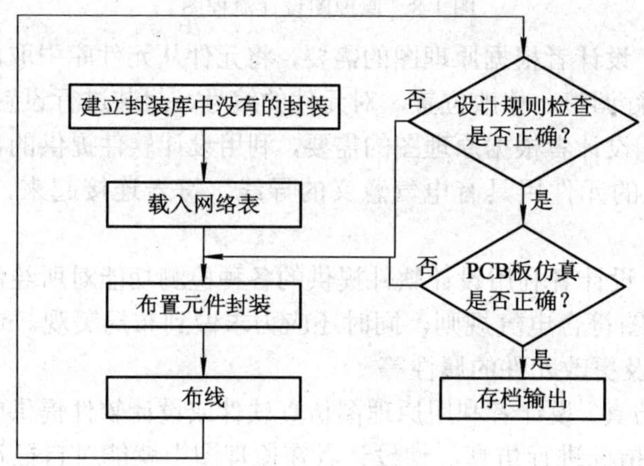

图1-9　PCB设计流程图

1) 建立封装库中没有元器件PCB封装

封装库里保存的只有常用元件的封装，设计者在设计PCB时，首先遇到的问题就是在封装库中找不到合适的封装，这时只能先利用设计工具(如Protel99 SE)提供的元件封装编辑器新建该元器件的封装。总之，在设计相应的PCB图之前，先要保证所用的元件的封装在封装库中是齐全的。

2) 规划电路板

在封装库准备好以后，设计PCB的第一步是规划电路板。规划内容包括设置习惯性的环境参数和文档参数，如选择层面、外形标尺大小等。

3) 载入网络表和元件封装

在规划好电路板以后，就要载入前面所准备的网络表，将元件封装自动放入电路规划的外形范围内。

4) 布置元件封装

元件封装的布置可采用自动布置和手工布置结合的方法，将元件封装放置在适当的位置。一是使元件放置整齐美观；二是使元件放置在有利于布线的位置。

5) 布线

在元件布置完成后，可设置设计规划，开始自动或手工布线了。通常采用手工布线的效率高、可靠。

6) 设计规则检查

设计的 PCB 板图是由许多图件构成的，如元件、铜箔线、过孔等，在旋转多个图件时，需要顾及到它周围的图件，例如元件不能重叠，网络不可短路，电源网络与其他信号线的间距应足够大等。这些要求称为 PCB 设计规划。大多数设计软件都提供一种功能，可以对设计完的 PCB 自动地进行设计规划检查，并给出详细的违规报告。设计者可根据违规报告进行修改。

7) PCB 仿真分析

PCB 仿真分析可使用所用软件的自带功能，也可使用其他专用仿真软件。保证在物理制作之前，对 PCB 的信号处理进行仿真分析，以便进一步完善、修改。PCB 仿真分析同设计规划检查的内容是不同的，主要分析布局布线对各参数的影响。

8) 存档输出

将设计好的印制板图保存为 PCB 图或其他类型的文档，以便今后使用、加工。如需要，可利用各种图形输出设备输出，如打印机、绘图仪等。

3．多层 PCB 设计所遵循的基本原则

在多层 PCB 布线时应注意以下事项：

(1) 高频信号线一定要短，不可以有尖角(90° 直角)，两根线之间的距离不宜平行、过近，否则可能会产生寄生电容。

(2) 如果是两面板，一面的线布成横线，一面的线布成竖线。尽量不要布成斜线。

(3) 如果使用自动布线无法完成所有布线，建议设计者首先手工将比较复杂的线布好，将布好的线锁定后，再使用自动布线功能，一般就可以完成全部布线了。

(4) 一般来说，线宽为 8～10 mil。但是电源线、或者大电流线应该有足够宽度，一般需要 60～80 mil。焊盘一般应为 64 mil。如果是单面板，必须考虑焊盘，因为生产单面板的工艺都很差，所以单面板的焊盘尽量做得大一些，线要尽量粗一些。

(5) 做好屏蔽。铜膜线的地线应该在电路板的周边，同时将电路上可以利用的空间全部使用钢箔做地线，增强屏蔽能力，并且防止寄生电容。多层板因为内层作为电源层和地线层，一般不会有屏蔽的问题。大面积敷铜应改用网格状，以防止焊接时板子产生气泡和因为热应力作用而弯曲。

(6) 焊盘的内孔尺寸如表 1-2 所示，必须从元件引线直径、公差尺寸、镀层厚度、孔径公差及孔金属化电镀层厚度等方面考虑，通常情况下以金属引脚直径加上 0.2 mm 作为焊盘的内孔直径。例如，电阻的金属引脚直径为 0.5 mm，则焊盘孔直径为 0.7 mm，而焊盘外径应该为焊盘孔径加 1.2 mm，最小应该为焊盘孔径加 1.0 mm。当焊盘直径为 1.5 mm 时，为了增加焊盘的抗剥离强度，可采用方形焊盘。对于孔直径小于 0.4 mm 的焊盘，焊盘外径/焊盘孔直径为 0.5～3 mm。对于孔直径为 2 mm 的焊盘，焊盘外径/焊盘孔直径为 1.5～2 mm。焊盘一般应该补成泪滴状，这样线与焊盘的连接强度会大大增强。

表 1-2　常用焊盘尺寸

焊盘孔直径/mm	焊盘外径/mm	焊盘孔直径/mm	焊盘外径/mm
0.4	1.5	1.0	2.5
0.5	1.5	1.2	3.0
0.6	2.0	1.6	3.5
0.8	2.0	2.0	4

(7) 地线的共阻抗干扰。电路图上的地线表示电路中的零电位，并用作电路中其他各点的公共参考点。在实际电路中，由于地线(铜膜线)阻抗的存在，必然会带来共阻抗干扰，因此在布线时，不能将具有地线符号的点随便连接在一起，这可能会引起有害的耦合而影响电路的正常工作。

4. PCB 设计中的可靠性

目前电子器材用于各类电子设备和系统仍然以 PCB 为主要装配方式。实践证明，即使电路原理图设计正确，如果 PCB 设计不当，也会对电子设备的可靠性产生不利影响。因此，在设计 PCB 的时候，应注意采用正确的方法。

1) 地线设计

在电子设备中，接地是控制干扰的重要方法。如能将接地和屏蔽正确结合起来使用，可解决大部分干扰问题。电子设备中地线结构大致有系统地、机壳地(屏蔽地)、数字地(逻辑地)和模拟地等。在地线设计中应注意以下几点：

(1) 正确选择单点接地与多点接地。在低频电路中，信号的工作频率小于 1 MHz，布线和元件间电感影响较小，而接地电路形成的环流对干扰影响较大，因而应采用一点接地。当信号工作频率大于 10 MHz 时，地线阻抗变得很大，此时应尽量降低地线阻抗，应采用就近多点接地。当工作频率在 1～10 MHz 时，如果采用一点接地，其地线长度不应超过波长的 1/20，否则应采用多点接地法。

(2) 将数字电路与模拟电路分开。电路板上既有高速逻辑电路，又有线性电路，应尽量分开，而两者的地线不要相混，分别与电源端地线相连。要尽量加大线性电路的接地面积。

(3) 尽量加粗接地线。若接地线很细，接地电位则随电流的变化而变化，致使电子设备的定时信号电平不稳，抗噪声性能变坏。因此应将接地线尽量加粗，使它能通过三倍于 PCB 的允许电流。如有可能，接地线的宽度应大于 3 mm。

(4) 将接地线构成闭环路。设计只由数字电路组成的 PCB 的地线系统时，应将接地线做成闭环路，这样可以明显地提高抗噪声能力。

2) 电磁兼容性设计

电磁兼容性是指电子设备在各种电磁环境中仍能够协调、有效地进行工作的能力。电磁兼容性设计的目的是使电子设备既能抑制各种外来的干扰，使电子设备在特定的电磁环境中能够正常工作，又能减少电子设备本身对其他电子设备的电磁干扰。

(1) 选择合理的导线宽度。由于瞬变电流在印制线条上所产生的冲击干扰主要是由印制导线的电感成分造成的，因此应尽量减小印制导线的电感量。印制导线的电感量与其长度成正比，与其宽度成反比，因而短而精的导线对抑制干扰是有利的。时钟引线、行驱动器或总线驱动器的信号线常常载有大的瞬变电流，印制导线要尽可能地短。对于分立元件电路，印制导线宽度在 1.5 mm 左右时，即可完全满足要求；对于集成电路，印制导线宽度可在 0.1～1.0 mm 之间选择。

(2) 采用正确的布线策略：

① 采用平行线可以减少导线电感，但导线之间的互感和分布电容增加，如果布局允许，最好采用井字形网状布线结构。具体做法是，PCB 的一面横向布线，另一面纵向布线，然后在交叉孔处用金属化孔相连。

② 为了抑制 PCB 导线之间的串扰，在设计布线时应尽量避免长距离的平行走线，尽可能拉开线与线之间的距离，信号线与地线及电源线尽可能不交叉。在一些对干扰十分敏感的信号线之间布地隔离，可以有效地抑制串扰。

③ 为了避免高频信号通过印制导线时产生的电磁辐射，在 PCB 布线时，还应注意以下几点：

- 尽量减少印制导线的不连续性，例如导线宽度不要突变，导线的拐角应大于 90°，禁止环状走线等。
- 时钟信号引线最容易产生电磁辐射干扰，走线时应与地线回路相靠近，驱动器应紧挨着连接器。
- 总线驱动器应紧挨其欲驱动的总线。对于那些离开 PCB 的引线，驱动器应紧紧挨着连接器。
- 数据总线的布线应每两根信号线之间夹一根接地线。最好是紧挨着不重要的地址引线放置地回路。
- 在 PCB 布置高速、中速和低速逻辑电路时，应按照图 1-10 的方式排列元件。

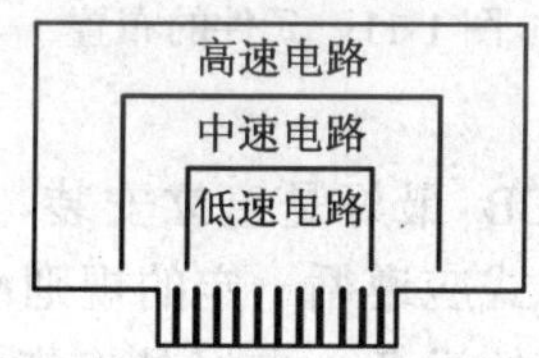

图 1-10　元件的排列方式

(3) 抑制反射干扰。为了抑制出现在印制线条终端的反射干扰，应尽可能缩短印制线的长度和采用慢速电路。必要时可加终端匹配，即在传输线的末端对地和电源端各加接相同阻值的匹配电阻。根据经验，对一般速度较快的 TTL 电路，其印制线条长于 10 cm 以上时就应采用终端匹配措施。匹配电阻的阻值应根据集成电路的输出驱动电流及吸收电流的最大值来决定。

3) 去耦电容配置

在直流电源回路中，负载的变化会引起电源噪声。例如在数字电路中，当电路状态转换时，就会在电源线上产生很大的尖峰电流，形成瞬变的噪声电压。配置去耦电容可以抑制因负载变化而产生的噪声，是印制电路板的可靠性设计的常规做法，配置原则如下：

(1) 电源输入端跨接一个 10～100 pF 的电解电容器，如果 PCB 的位置允许，采用 100 μF 以上的电解电容器的抗干扰效果会更好。

(2) 为每个集成电路芯片配置一个 0.01 pF 的陶瓷电容器。如遇到 PCB 空间小而装不下时，可每 4～10 个芯片配置一个 1～10 pF 钽电解电容器，这种元件的高频阻抗特别小，在 500 kHz～20 MHz 范围内阻抗小于 1 Ω，而且漏电流很小(0.5 μA 以下)。

(3) 对于噪声能力弱、关断时电流变化大的器件和 ROM、RAM 等存储型器件，应在芯片的电源线(VCC)和地线(GND)间直接接入去耦电容。去耦电容的引线不能过长，特别是高频旁路电容不能带引线。

4) PCB 的尺寸与器件的布置

PCB 大小要适中，过大时印制线条长，阻抗增加，易受临近线条干扰。

在元件布置方面与其他逻辑电路一样，应把相互有关的元件尽量靠近，这样可以获得较好的抗噪声效果，如图 1-11 所示。时钟发生器、晶振和 CPU 的时钟输入端都易产生噪声，应集中放置。易产生噪声的元件、小电流电路、大电流电路等应尽量远离逻辑电路，如有可能，采用数块 PCB 实现。

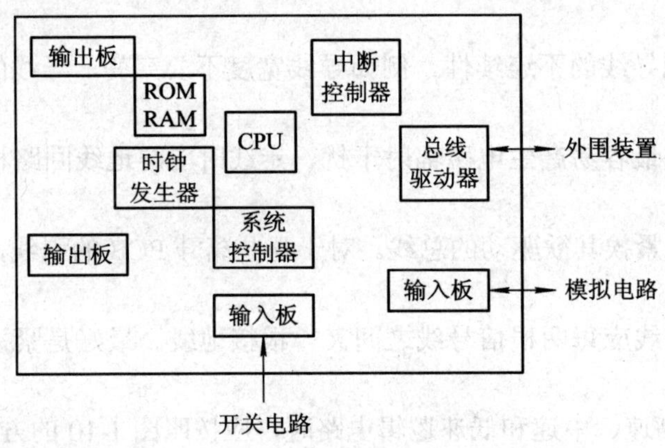

图 1-11　元件的布置

5) 散热设计

从有利于散热的角度出发，PCB 最好是直立安装，板与极之间的距离一般不应小于 2 cm，而且器件在 PCB 上的排列方式应遵循一定的规则：

● 对于采用自主对流空气冷却的设备，最好是将集成电路(或其他元件)按纵长方式排列，如图 1-12 所示。对于采用强制空气冷却的设备，最好是将集成电路(或其他元件)按横长方式排列，如图 1-13 所示。

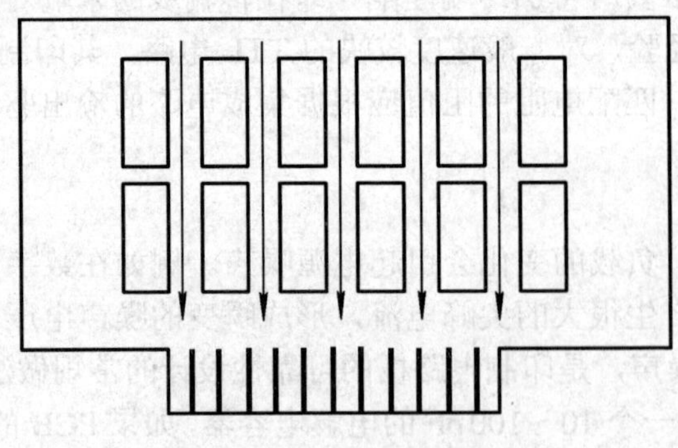

图 1-12　纵长方式排列

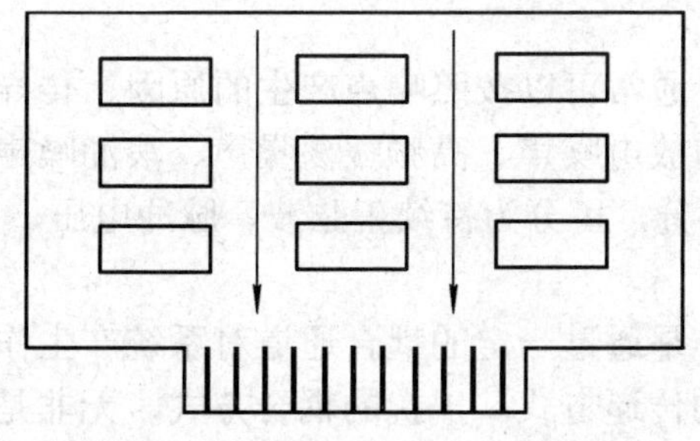

图 1-13　横长方式排列

● 同一块 PCB 上的元件应尽可能按其发热量大小及散热程度分区排列，发热量小或耐热性差的元件(如小信号晶体管、小规模集成电路、电解电容等)放在冷却气流的最上游(入口处)，发热量大或耐热性好的元件(如功率晶体管、大规模集成电路等)放在冷却气流最下游。

● 在水平方向上，大功率元件尽量靠近 PCB 边沿布置，以便缩短传热路径；在垂直方向上，大功率元件尽量靠近 PCB 上方布置，以便减少这些元件工作时对其他元件温度的影响。

● 对温度比较敏感的元件最好安置在温度最低的区域(如设备的底部)，千万不要将它放在发热器件的正上方，多个元件最好是在水平面上交错布局。

● 设备内 PCB 的散热主要依靠空气流动，所以在设计时要研究空气流动路径，合理配置器件或 PCB。空气流动时总是趋向于阻力小的地方流动，所以在 PCB 上配置元件时，要避免在某个区域有较大的空域。整机中多块 PCB 的配置也应注意同样的问题。

● 采用合理的器件排列方式，可以有效地降低印制电路的温升，从而使元件及设备的故障率明显下降。

以上所述只是 PCB 可靠性设计的一些通用原则，PCB 可靠性与具体电路有着密切的关系，在设计中还需根据具体电路进行相应处理，才能最大限度地保证 PCB 的可靠性。

1.3.3　电子电路抗干扰技术

1. 硬件抗干扰

影响系统可靠安全运行的因素主要来自系统内部和外部的各种电气干扰，并受系统结构设计、元件选择、安装、制造工艺的影响。这些都构成嵌入式系统的干扰因素，导致嵌入式系统运行失控。

对嵌入式系统形成干扰的基本要素有：

(1) 干扰源：指产生干扰的元件、设备或信号，如雷电、继电器、可控硅、电机、高频时钟等都可能成为干扰源。

(2) 传播路径：指干扰从干扰源传播到敏感器件的通路或媒介。典型的干扰传播路径是通过导线的传导和空间的辐射。

(3) 敏感器件：指容易被干扰的对象，如 A/D 转换器、D/A 转换器、单片机、数字 IC、弱信号放大器等。

1) 干扰的分类

干扰的分类有好多种，通常可以按照噪声产生的原因、传导方式、波形特性等进行分类。按产生的原因，可分为放电噪声、高频振荡噪声、浪涌噪声；按传导方式，可分为共模噪声和串模噪声；按波形分，可分为持续正弦波、脉冲电压、脉冲序列等。

2) 干扰的耦合方式

干扰源产生的干扰信号是通过一定的耦合通道对系统产生作用的。因此，有必要看看干扰源和被干扰对象之间的传递方式。干扰的耦合方式，无非是通过导线、空间、公共线等方式，主要有以下几种：

(1) 直接耦合：是最直接的方式，也是最普遍的方式。比如干扰信号通过电源线侵入系统。对于这种形式，最有效的方法就是加入去耦电路。

(2) 公共阻抗耦合：是常见的耦合方式，这种方式常常发生在两个电路电流有共同通路的情况。为了防止这种耦合，通常在电路设计上就要考虑，使干扰源和被干扰对象间没有公共阻抗。

(3) 电容耦合：又称电场耦合或静电耦合，是由于分布电容的存在而产生的耦合。

(4) 电磁感应耦合：又称磁场耦合，是由于分布电磁感应而产生的耦合。

(5) 漏电耦合：是纯电阻性的，绝缘不好时就会发生。

3) 常用硬件抗干扰技术

针对形成干扰的 3 要素，主要采取以下手段进行抗干扰：

(1) 抑制干扰源。抑制干扰源的常用措施如下：

● 继电器线圈增加续流二极管，消除断开线圈时产生的反电动势干扰。仅加续流二极管会使继电器的断开时间滞后，增加稳压二极管后，继电器在单位时间内动作的次数增多。

● 在继电器接点两端并接火花抑制电路(一般是 RC 串联电路，电阻一般选几 kΩ 到几十 kΩ，电容选 0.01 μF)，减小电火花影响。

● 电机加滤波电路，注意电容、电感引线要尽量短。

● 电路板上每个 IC 要并接一个 0.01～0.1 μF 的高频电容，以减小 IC 对电源的影响。注意高频电容的布线，连线应靠近电源端并尽量粗短，否则，等于增大了电容的等效串联电阻，会影响滤波效果。

● 可控硅两端并接 RC 抑制电路，减小可控硅产生的噪声(这个噪声严重时可能会把可控硅击穿的)。

(2) 切断干扰传播路径。按干扰的传播路径可分为传导干扰和辐射干扰两类。所谓传导干扰，是指通过导线传播到敏感元件的干扰。高频干扰噪声和有用信号的频带不同，可以通过在导线上增加滤波器的方法切断高频干扰噪声的传播；有时也可加隔离光耦来解决。电源噪声的危害最大，要特别注意处理。所谓辐射干扰，是指通过空间辐射传播到敏感元件的干扰。一般的解决方法是空间隔离干扰源与敏感元件，用地线把它们隔离并对敏感元件部分加屏蔽罩。

切断干扰传播路径的常用措施如下：

● 充分考虑电源对嵌入式系统的的影响。电源抗干扰措施到位，整个电路的抗干扰性能会有很大提高。嵌入式系统对电源噪声很敏感，要给嵌入式系统电源加滤波电路或稳压器，以减小电源噪声对嵌入式系统的干扰。比如，可以利用磁珠和电容组成滤波电路，当然条件要求不高时也可用低阻值 100 Ω 电阻代替磁珠。

● 对于用来控制电机等噪声器件的嵌入式微处理器 I/O 接口，在 I/O 接口与噪声源之间应加隔离。

● 注意晶振布线。晶振与嵌入式微处理器引脚尽量靠近，用地线把时钟区隔离起来，晶振外壳接地并固定。

● 电路板合理分区(如强、弱信号，数字、模拟信号)。尽可能把干扰源(如电机、继电器)与敏感元件(如单片机)空间隔离。

● 用地把数字区与模拟区隔离。数字地与模拟地要分离，最后在一点接于电源地。A/D、D/A 芯片布线也以此为原则。

● 嵌入式微处理器和大功率器件的地线要单独接地，以减小相互干扰。大功率器件尽可能放在电路板边缘。

● 在嵌入式微处理器的 I/O 接口、电源线、电路板连接线等关键地方使用抗干扰元件如磁珠、磁环、电源滤波器、屏蔽罩，可显著提高电路的抗干扰性能。

2. 敏感元件的抗干扰

提高敏感元件的抗干扰性能是指从敏感元件这边考虑尽量减少对干扰噪声的拾取，以及从不正常状态尽快恢复的方法。提高敏感元件抗干扰性能的常用措施如下：

● 布线时尽量减少回路环的面积，以降低感应噪声。

● 布线时，电源线和地线要尽量粗。除减小压降外，更重要的是降低耦合噪声。

● 对于嵌入式微处理器闲置的 I/O 接口，不要悬空，接地或接电源。其他 IC 的闲置端在不改变系统逻辑的情况下接地或接电源。

● 对嵌入式微处理器使用电源监控及看门狗电路，可大幅度提高整个电路的抗干扰性能。在速度能满足要求的前提下，尽量降低嵌入式微处理器的晶振并选用低速数字电路。

● IC 器件尽量直接焊在电路板上，少用 IC 座。

● 控制线加上拉电阻。

3. 其他常用抗干扰措施

其他常用抗干扰措施如下：

● 交流端用电感电容滤波：去掉高频低频干扰脉冲。

● 变压器双隔离措施：变压器初级输入端串接电容，初、次级线圈间屏蔽层与初级间电容中心接点接大地，次级外屏蔽层接 PCB，这是硬件抗干扰的关键手段。次级加低通滤波器，以吸收变压器产生的浪涌电压。

● 采用集成式直流稳压电源：提供过流、过压、过热等保护。

● I/O 接口采用光电、磁电、继电器等隔离方式，同时去掉公共地。

● 通信线用双绞线设计，排除平行互感。

● A/D 转换通过隔离放大器或采用现场转换以减少误差。

● 外壳接地以解决人身安全及防外界电磁场干扰。

● 加复位电压检测电路。防止复位不充分，CPU 就工作，尤其有 EEPROM 的元件，复位不充分会改变 EEPROM 的内容。

● PCB 工艺抗干扰方法。

● 电源线加粗，尽可能短距离走线，合理走线、接地，三总线分开以减少互感振荡。

● CPU、RAM、ROM 等主芯片，VCC 和 GND 之间接电解电容及瓷片电容，去掉高、低频干扰信号。

● 独立系统结构，减少接插件与连线，提高可靠性，减少故障率。

● 集成块与插座接触可靠，用双簧插座，最好集成块直接焊在 PCB 上，防止元件接触不良故障。

● 有条件地采用四层以上 PCB，中间两层为电源及地，隔离信号。

1.3.4　PCB 设计中常用定义、符号和缩略语

PCB 设计中常用下列定义、符号和缩略语。

(1) 印制电路(Printed Circuit)。在绝缘基材上，按预定设计形成的印制元件或印制线路以及两者结合的导电图形。

(2) 印制电路板(Printed Circuit Board)。缩写为 PCB，印制电路或印制线路成品板的通称，简称印制板。包括刚性、挠性和刚挠结合的单面、双面和多层印制板。

(3) 覆铜箔层压板(Metal Clad Laminate)。在一面或两面覆有铜箔的层压板，用于制造印制板，简称覆铜箔板。

(4) 裸铜覆阻焊工艺(Solder Mask on Bare Copper)。缩写为 SMOBC，在全部是铜导线(包括孔)的印制板上选择性地涂覆阻焊剂后进行焊料整平或其他处理的工艺。

(5) A 面(A Side)。安装有数量较多或较复杂器件的封装互联结构面(Packaging and Interconnecting Structure)，在 IPC 标准中称为主面(Primary Side)，在本书中为了方便，称为 A 面(对应 EDA 软件的 TOP 面)。对后背板而言，插入单板的那一面，称为 A 面；对插件板而言，元件面就是 A 面；对 SMT 板而言，贴有较多 IC 或较大元件的那一面，称为 A 面。

(6) B 面(B Side)。与 A 面相对的互联结构面。在 IPC 标准中称为辅面(Secondary Side)，在本书中为了方便，称为 B 面(对应 EDA 软件的 BOTTOM 面)。对插件板而言，就是焊接面。

(7) 波峰焊。将熔化的软钎焊料，经过机械泵或电磁泵喷流成焊料波峰，使预先装有电子元器件的 PCB 通过焊料波峰，实现元器件焊端或引脚与 PCB 焊盘之间机械和电气连接的一种软钎焊工艺。

(8) 再流焊。通过熔化预先分配到 PCB 焊盘上的膏状软钎焊料，实现表面组装元器件焊端或引脚与 PCB 焊盘之间机械和电气连接的一种软钎焊工艺。

(9) 表面组装元器件或表面贴片元器件(Surface Mounted Devices)。缩写为 SMD，指焊接端子或引线制作在同一平面内，并适合于表面组装的电子元器件。

(10) 通孔插装元器件(Through Hole Components)。缩写为 THC，指适合于插装的电子元器件。

(11) 小外形晶体管(Small Outline Transistor)。缩写为 SOT，指采用小外形封装结构的表面组装晶体管。

(12) 小外形封装(Small Outline Package)。缩写为 SOP，指两侧具有翼形或 J 形引线的一种表面组装元器件的封装形式。

(13) 塑封有引线芯片载体(Plastic Leaded Chip Carriers)。缩写为 PLCC，指四边具有 J 形引线，采用塑料封装的表面组装集成电路。外形有正方形和矩形两种形式，典型引线中心距为 1.27 mm。

(14) 四边扁平封装器件(Quad Flat Package)。缩写为 QFP，指四边具有翼形短引线，采用塑料封装的薄形表面组装集成电路。

(15) 球栅阵列封装器件(Ball Grid Array)。缩写为 BGA，指在元件底部以矩阵方式布置的焊锡球为引出端的面阵式封装集成电路。目前有塑封 BGA(P-BGA)和陶瓷封装 BGA(C-BGA)两种。焊锡球中心距有 1.5 mm、1.27 mm、1 mm、0.8 mm、0.65 mm、0.5 mm、0.4 mm。

(16) 片式元件(Chip)。本标准特指片式电阻器、片式电容器(不包括立式贴片电解电容)、片式电感器等两引脚的表面组装元件。

(17) 光学定位基准符号(Fiducia)。PCB 上用于定位的图形识别符号。丝印机、贴片机要靠它进行定位，没有它，无法进行生产。

(18) 金属化孔(Plated Through Hole)。指孔壁沉积有金属层的孔。主要用于层间导电图形的电气连接。

(19) 连接盘(Land)。是导电图形的一部分，可用来连接和焊接元器件。用来焊接元器件时又叫焊盘。

(20) 导通孔(Via Hole)。用于导线转接的金属化孔，也叫中继孔、过孔。

(21) 元件孔(Component Hole)。用于把元件引线(包括导线、插针等)电气连接到 PCB 上的孔，连接方式有焊接和压接。

1.3.5 PCB 工艺设计考虑的基本问题

PCB 的工艺设计非常重要，关系到所设计的 PCB 能否高效率、低成本地制造出来。新一代的 SMT 装联工艺，由于其复杂性，要求设计者从开始就必须考虑制造的问题。因为一旦设计完成后再进行修改势必延长转产时间、增加开发成本。即使改 SMT 元件一个焊盘的位置也要进行重新布线、重新制作 PCB 加工菲林和焊膏印刷钢板，硬件成本至少要上万元以上。对模拟电路来说就更加困难，甚至要重新进行设计、调试。但是，如果不进行修改，批量生产造成的损失就会更大，所付出的代价将是前一阶段修改成本的数十倍以上。因此，设计者必须从设计工作开始就需重视工艺问题。

工艺性设计要考虑以下方面：

- 自动化生产所需的传送边、定位孔、光学定位符号；
- 与生产效率有关的拼板；
- 与焊接合格率有关的元件封装选型、基板材质选择、组装方式、元件布局、焊盘设计、阻焊层设计；
- 与检查、维修、测试有关的元件间距、测试焊盘设计；
- 与 PCB 制造有关的导通孔和元件孔径设计、焊盘环宽设计、隔离环宽设计、线宽和线距设计；
- 与装配、调试、接线有关的丝印或腐蚀字符；
- 与压接、焊接、螺装、铆接工艺有关的孔径，安装空间。

1.3.6　印制板常用基板设计要求

1. 常用基板性能

根据产品的特点，一般推荐采用 FR-4 基板。表 1-3 列出了几种常用基板材料性能。

表 1-3　常用基板性能

类　型	最高连续温度/℃	说　　明
G-10 CPFCP-31/33	130	环氧玻璃布层压板，不含阻燃剂，可以钻孔但不允许用冲床冲孔。性能与 FR-4 层板相似，适用于多层板，在美国得到广泛应用
G-11	170	同 G-10，但可耐更高的工作温度
FR-4 CEPGC-32F CEPEG-34F	130	环氧玻璃布层压板，含阻燃剂，具有良好的电性能和加工性能，适用于多层板，广泛应用于电子工业，具有可取的性能价格比。推荐使用
FR-5	170	同 FR-4，但可在更高的温度下保持良好强度和电性能。温度高于 170℃后，电性能下降。对双面再流焊的板可以考虑选用
GPY	260	聚酰亚胺玻璃纤维层压板，在高温下它的强度和稳定性都优于 FR-4 层板，用于高可靠的军品中
GT	220	聚四氟乙烯玻璃纤维层压板，介电性能可控，用于高频电路
GX	220	同 GT，但介电性能更好
Al_2O_3		材料为 96%高纯 Al_2O_3，具有良好的电绝缘性能和优异的导热性，可用于高功率密度电路的基板。主要用于厚、薄膜混合集成电路

注：表中基板类型代号为(美)NEMA 中的代号。

2. PCB 厚度

PCB 厚度是指其标称厚度(即绝缘层加铜箔的厚度)。推荐采用的 PCB 厚度：0.5 mm，0.7 mm，0.8 mm，1 mm，1.5 mm，1.6 mm，(1.8 mm)，2 mm，2.4 mm，(3.0 mm)，3.2 mm，4.0 mm，6.4 mm。其中，0.7 mm 和 1.5 mm 板厚的 PCB 用于带金手指双面板的设计。PCB 厚度的选取应该根据板尺寸大小和所安装元件的重量选取。

注：1.8 mm、3.0 mm 为非标准尺寸，尽可能少用。

3. 铜箔厚度

PCB 铜箔厚度指成品厚度，图纸上应该明确标注为成品厚度(Finished Conductor Thickness)。

工艺上要注意的是，铜箔厚度要与设计的线宽/线距相匹配，表 1-4 列出了基铜厚度(底铜厚度)可蚀刻的最小线宽和线间距，供选择时参考。

表 1-4　PCB 铜箔的选择

基 铜 厚 度		设计的最小线宽/线间距/mil
(oz/ft^2)	公制/μm	
2	70	8/8
1	35	6/6
0.5	18	4/4

注：外层成品厚度一般为基铜厚度+0.5 OZ/ft^2；内层厚度基本与基铜厚度相等。

1.3.7　PCB 制造一般技术要求

PCB 制造技术要求一般标注在钻孔图上，主要有以下项目(根据需要取舍)：

(1) 基板材质、厚度及公差。

(2) 铜箔厚度：铜箔厚度的选择主要取决于导体的载流量和允许的工作温度，可参考 IPC-D-275 第 3.5 条中的经验曲线确定。

(3) 焊盘表面处理。一般有以下几种：

● 一般采用喷锡铅合金工艺，锡层表面应该平整无露铜。只要确保 6 个月内可焊性良好即可。

● 如果 PCB 上有细间距器件(如 0.5 mm 间距的 BGA)或板厚≤0.8 mm，可以考虑化学(无电)镍金(Ep.Ni2.Au0.05)。还有一种有机涂覆工艺(Organic Solderability Preservative，简称 OSP)，由于还存在可焊期短、发粘和不耐焊等问题，因而暂时不宜选用。

● 对板上有裸芯片(需要热压焊或超声焊，俗称 Bonding)或有按键(如手机板)的板，就一定要采用化学镀镍/金工艺(Et.Ni5.Au0.1)，有的厂家也采用整板镀金工艺(Ep.Ni5.Au0.05)处理。前者表面更平整，镀层厚度更均匀、更耐焊，而后者便宜、亮度好。从成本上讲，化学镀镍/金工艺(Et.Ni5.Au0.1)比喷锡贵，而整板镀金工艺则比喷锡便宜。

● 对印制插头，一般镀硬金，即纯度为 99.5%～99.7% 含镍、钴的金合金。一般厚度为 0.5～0.7 μm，标注为 Ep.Ni5.Au0.5。镀层厚度根据插拔次数确定，一般 0.5 μm 厚度可经受 500 次插拔，1 μm 厚度可经受 1000 次插拔。

(4) 阻焊剂。

(5) 丝印字符。要求对一般涂敷绿色阻焊剂的板采用白色永久性绝缘油墨；对全板喷锡板，建议采用黄色永久性绝缘油墨，以便看清字符。

(6) 成品板翘曲度。

(7) 成品板厚度公差。一般来讲，板厚 < 0.8 mm，±0.08 mm；板厚≥0.8 mm，±10%。

(8) 成品板离子污染度。按照 IPC-TM-650 的 2.3.25 和 2.3.26 方法进行离子污染物试验，试验时用于清洗试样的溶剂的电阻率不小于 2 × 106 Ω/cm，或相当于≤1.56 $\mu g/cm^2$ 的 NaCI 含量。

1.3.8　PCB 设计基本工艺要求

PCB 设计最好不要超越目前厂家批量生产时所能达到的技术水平，否则无法加工或成本过高。

1. 层压多层板工艺

层压多层板工艺是目前广泛使用的多层板制造技术，是用减成法制作电路层，通过层压→机械钻孔→化学沉铜→镀铜等工艺使各层电路实现互连，最后涂敷阻焊剂、喷锡、丝印字符完成多层 PCB 的制造。目前国内主要厂家的工艺水平如表 1-5 所示。

表 1-5 层压多层板国内制造水平

技术指标			批量生产工艺水平
一般指标	基板类型		FR-4(Tg=140℃) FR-5(Tg=170℃)
	最大层数		24
	最大铜厚	外层	OZ/Ft^2
		内层	3 OZ/Ft^2
	最小铜厚	外层	1/3 OZ/Ft^2
		内层	1/2 OZ/Ft^2
	最大 PCB 尺寸		500 mm(20") × 860 mm(34")
加工能力	最小线宽/线距	外层	0.1 mm(4 mil)/0.1 mm(4 mil)
		内层	0.075 mm(3 mil)/0.075 mm(3 mil)
	最小钻孔孔径		0.25 mm(10 mil)
	最小金属化孔径		0.2 mm(8 mil)
	最小焊盘环宽	导通孔	0.127 mm(5 mil)
		元件孔	0.2 mm(8 mil)
	阻焊桥最小宽度		0.1 mm(4 mil)
	最小槽宽		≥1 mm(40 mil)
	字符最小线宽		0.127 mm(5 mil)
	负片效果的电源、地层隔离盘环宽		≥0.3 mm(12 mil)
精度指标	层与层图形的重合度		±0.127 mm(5 mil)
	图形对孔位精度		±0.127 mm(5mil)
	图形对板边精度		±0.254 mm(10 mil)
	孔位对孔位精度(可理解为孔基准孔)		±0.127 mm(5 mil)
	孔位对板边精度		±0.254 mm(10 mil)
	铣外形公差		±0.1 mm(4 mil)
尺寸指标	翘曲度	双面板/多层板	<1.0%/<0.5%
	成品板厚度公差	板厚＞0.8 mm	±10%
		板厚≤0.8 mm	±0.08 mm(3 mil)

2. BUM(积层法多层板)工艺

BUM 板(Build-up multilayer PCB)是以传统工艺制造的刚性核心内层，并在一面或双面再积层上更高密度互连的一层或两层，最多为四层，如图 1-14 所示。BUM 板的最大特点是其积层很薄、线宽线间距和导通孔径很小、互连密度很高，因而可用于芯片级高密度封装。BUM 板设计准则见表 1-6。

表 1-6 BUM 板设计准则 μm

<table>
<tr><th>设计要素</th><th>标准型</th><th colspan="2">精细型 I</th><th>精细型 II</th><th>精细型III</th></tr>
<tr><td>积层介电层厚(d1)</td><td colspan="5">40～75</td></tr>
<tr><td>外层基铜厚度(c1)</td><td colspan="5">9～18</td></tr>
<tr><td>线宽/线距</td><td>100/100</td><td>75/75</td><td>75/75</td><td>50/50</td><td>30/30</td></tr>
<tr><td>内层铜箔厚度</td><td colspan="5">35</td></tr>
<tr><td>微盲孔孔径(v)</td><td>300</td><td>200</td><td>150</td><td>100</td><td>50</td></tr>
<tr><td>微盲孔连接盘(c)</td><td>500</td><td>400</td><td>300</td><td>200</td><td>75</td></tr>
<tr><td>微盲孔底连接盘(t)</td><td>500</td><td>400</td><td>300</td><td>200</td><td>75</td></tr>
<tr><td>微盲孔电镀厚度</td><td colspan="5">>12.7</td></tr>
<tr><td>微盲孔孔深/孔径比</td><td colspan="5"><0.7:1</td></tr>
<tr><td rowspan="3">应用说明</td><td colspan="3">用于 n 层与 n－2 层</td><td colspan="2">用于 n 层与 n－1 层</td></tr>
<tr><td rowspan="2">一般含 IVH(Inner Via Hole)的基板</td><td colspan="4">安装 Flip chip、MCM、BGA、CSP 的基板</td></tr>
<tr><td>I/O 间距 0.8 mm</td><td>I/O 间距 0.5 mm</td><td>>500 引脚</td><td>>1000 引脚</td></tr>
</table>

注：精细型 II 和精细型III目前工艺上还不十分成熟，暂时不要选。

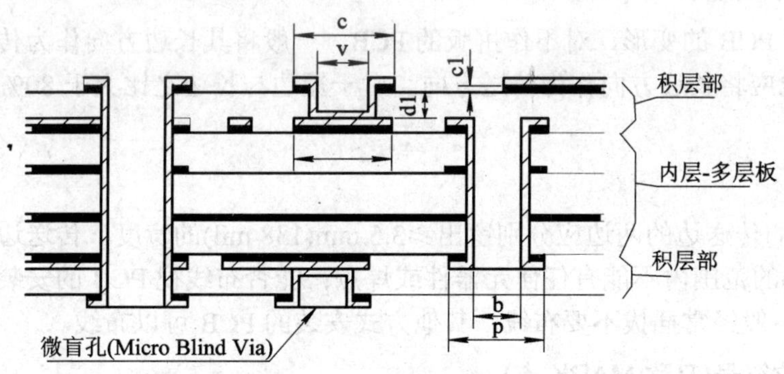

图 1-14 BUM 板结构示意图

3. 尺寸范围

从生产角度考虑，理想的尺寸范围是“宽(200～250 mm) × 长(250～350 mm)”。对长边尺寸小于 125 mm、或短边小于 100 mm 的 PCB，采用拼板的方式，使之转换为符合生产要求的理想尺寸，以便插件和焊接。

4. 外形

● 对波峰焊，PCB 的外形必须是矩形的(四角为 R = 1～2 mm 圆角更好，但不做严格要求)。偏离这种形状会引起 PCB 传送不稳、插件时翻板和波峰焊时熔融焊料汲起等问题。因此，设计时应考虑采用工艺拼板的方式将不规则形状的 PCB 转换为矩形形状，特别是角部缺口一定要补齐，如图 1-15(a)所示，否则要专门为此设计工装。

对纯 SMT 板，允许有缺口，但缺口尺寸须小于所在边长度的 1/3，应该确保 PCB 在链条上传送平稳，如图 1-15(b)所示。

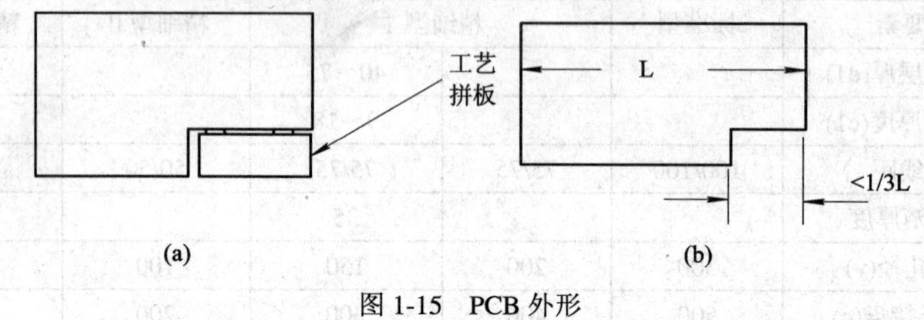

图 1-15 PCB 外形

(a) 工艺拼板示意图；(b) 允许缺口尺寸

● 对于金手指的设计要求见图 1-16 所示，除了插入边按要求设计倒角外，插板两侧边也应该设计(1～1.5) × 45° 的倒角或 R1～R1.5 的圆角，以利于插入。

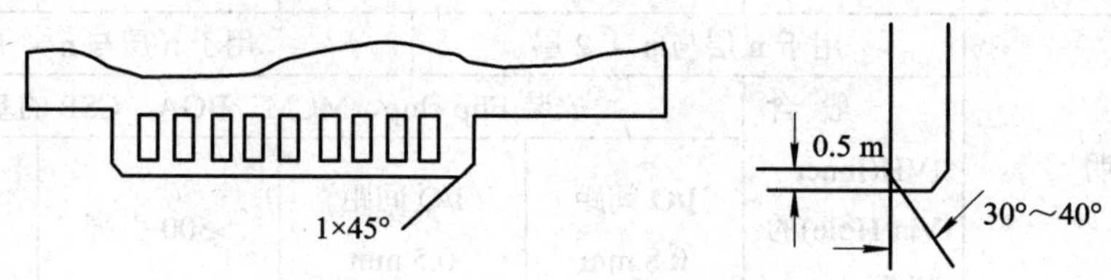

图 1-16 金手指倒角的设计

5. 传送方向的选择

减少焊接时 PCB 的变形，对不作拼版的 PCB，一般将其长边方向作为传送方向；对于拼版的 PCB，也应将长边方向作为传送方向。对于短边与长边之比大于 80%的 PCB，可以用短边传送。

6. 传送边

作为 PCB 的传送边的两边应分别留出≥3.5 mm(138 mil)的宽度，传送边正反面在离边 3.5 mm(138 mil)的范围内不能有任何元器件或焊点；能否布线视 PCB 的安装方式而定，导槽安装的 PCB 一般经常插拔不要布线，其他方式安装的 PCB 可以布线。

7. 光学定位符号(又称 MARK 点)

要布设光学定位基准符号的场合有以下几种：

(1) 在有贴片元器件的 PCB 面上，必须在板的四角部位选设 3 个光学定位基准符号，以对 PCB 整板定位。对于拼版，每块小板上对角处至少有两个。引线中心距≤0.5 mm(20 mil)的 QFP 以及中心距≤0.8 mm(31 mil)的 BGA 等器件，应在通过该元件中心点对角线附近的对角处设置光学定位基准符号，以便对其精确定位。

(2) 如果上述几个器件比较靠近(<100 mm)，可以把它们看作一个整体，在其对角位置设计两个光学定位基准符号。

(3) 如果双面都有贴装元器件，则每一面都应该有光学定位基准符号。

光学定位基准符号的中心应离边 5 mm 以上，如图 1-17 所示。光学定位基准符号设计成Φ1 mm(40 mil)的圆形图形，一般为 PCB 上覆铜箔腐蚀图形。考虑到材料颜色与环境的反差，留出比光学定位基准符号大 1 mm(40 mil)的无阻焊区，也不允许有任何字符，见图 1-18。同一板上的光学定位基准符号其内层背景要相同，即三个基准符号下有无铜箔应一致。周围 10 mm 无布线的孤立光学定位符号应设计一个内径为 3 mm、环宽为 1 mm 的保护圈。特别注意，光学定位基准符号必须赋予坐标值(当做元件设计)，不允许在 PCB 设计完后以一个符号的形式加上去。

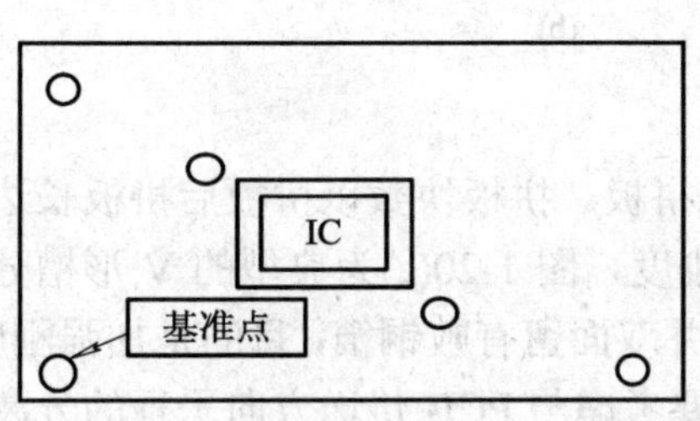

图 1-17　光学定位基准符号的应用

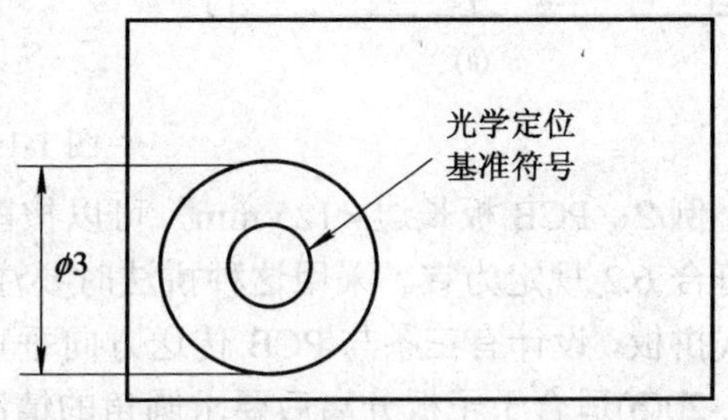

图 1-18　光学定位基准符号设计要求

8. 定位孔

每一块 PCB 应在其角部位置设计至少三个定位孔，以便在线测试和 PCB 本身加工时进行定位。如果作拼板，可以把拼板也看做一块 PCB，整个拼板只要有三个定位孔即可。

9. 挡条边

对需要进行波峰焊的宽度超过 200 mm(784 mil)的板，除与用户板类似的装有欧式插座的板外，一般非送边也应该留出≥3.5 mm(138 mil)宽度的边；在 B 面(焊接面)上，距挡条边 8 mm 范围内不能有元件或焊点，以便装挡条。如果元器件较多，安装面积不够，可以将元器件安装到边，但必须另加上工艺挡条边(通过拼板方式)。

10. 孔金属化问题

定位孔、非接地安装孔，一般均应设计成非金属化孔。

1.3.9　拼板设计

拼板设计主要考虑两个问题：一是拼板的布局；二是拼板的连接方式。

1. 拼板的布局

拼板设计首先考虑是小板如何摆放，拼成较大的板，考虑如何拼最省材料、最有利于提高拼板后的 PCB 刚度以及更有利于生产分板。关于拼板尺寸，建议以拼板后最终尺寸接近理想的尺寸为拼板设计的依据，过大，焊接时容易变形。以下几例仅供参考。

例 1：PCB 板长边≥125 mm，可以按图 1-19 模式拼板。拼板块数以拼板后尺寸符合规定为宜。这种拼法刚度较好，利于波峰焊。图 1-19(a)为典型的拼板，图 1-19(b)适合于子板分离后要求圆角的情况。

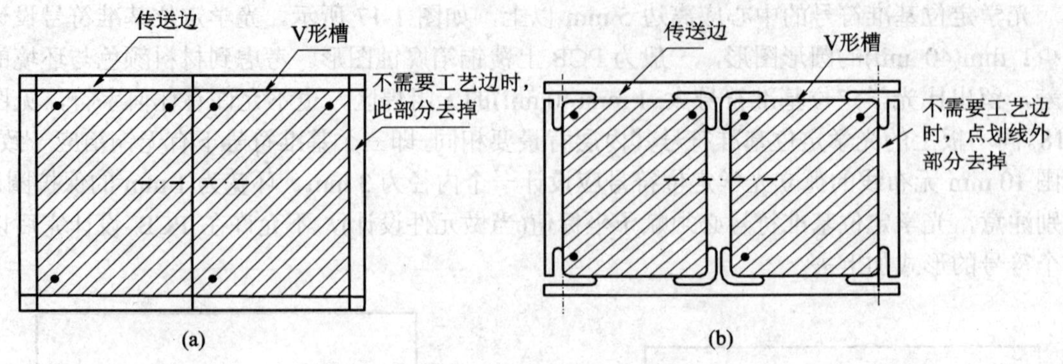

图 1-19　拼板图(1)

例 2：PCB 板长边 <125 mm，可以按图 1-20 模式拼板。拼板块数以拼板后拼板长边尺寸符合 6.2 规定为宜。采用这种拼法时要注意拼板的刚度，图 1-20(a)为典型的 V 形槽分离方式拼板，设计有三条与 PCB 传送方向垂直的工艺边并双面留有敷铜箔，目的是加强刚度。图 1-20(b)适合于子板分离后要求圆角的情况，设计时要考虑与 PCB 传送方向平行的分离边的连接刚度。

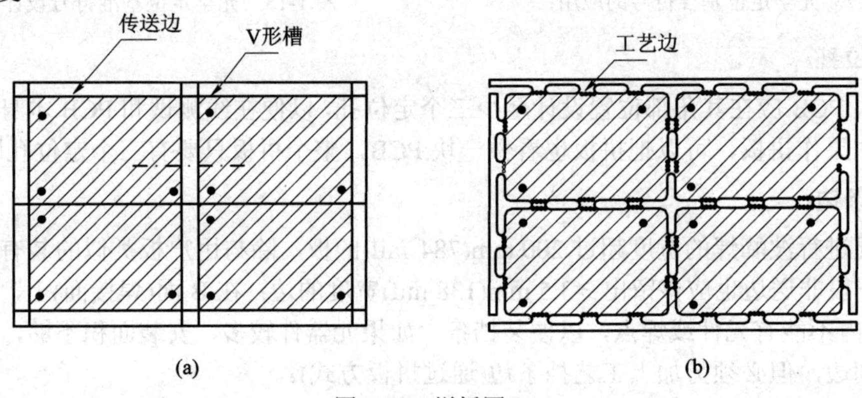

图 1-20　拼板图(2)

(a) V 形槽分离方式；(b) 长槽孔加小圆孔分离方式

例 3：异形板的拼板，要注意子板与子板间的连接，尽量使每一步分离的连接处处在一条线上，如图 1-21 所示。

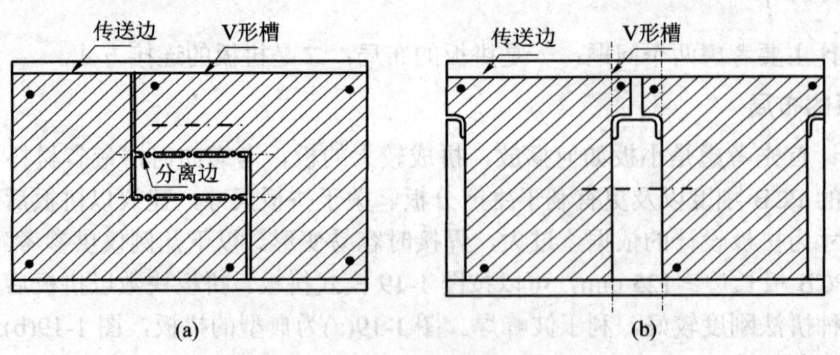

图 1-21　拼板图

(a) L 形板的拼板；(b) T 形板的拼板

2. 拼板的连接方式

拼板的连接方式主要有双面对刻 V 形槽、长槽孔加小圆孔(俗称邮票孔)，视 PCB 的外形而定。

1) 双面对刻 V 形槽的拼板方式

V 形槽适合于分离边为一直线的 PCB，如外形为矩形的 PCB。目前 SMT 板应用较多，特点是分离后边缘整齐，加工成本低，建议优先选用。V 形槽的设计要求如图 1-22 所示。开 V 型槽后，剩余的厚度 X 应为(1/4～1/3)板厚 L，但最小厚度 X≥0.4 mm。对承重较重的板子可取上限，对承重较轻的板子可取下限。V 型槽上下两侧切口的错位 S 应小于 0.1 mm。由于最小有效厚度的限制，对厚度小于 1.2mm 的板，不宜采用 V 槽拼板方式。

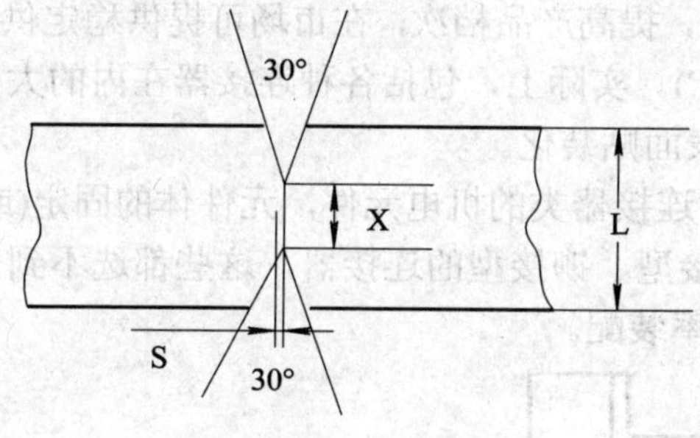

图 1-22　V 形槽的设计

2) 长槽孔加小圆孔的拼板方式

长槽孔加小圆孔的拼板方式也称邮票孔方式，适合于各种外形的子板的拼板。由于分离后边缘部整齐，因而采用导槽固定的 PCB 一般尽量不要采用。

长槽孔加小圆孔的设计要求：长槽宽一般为 1.6～3.0 mm，槽长为 25～80 mm，槽与槽之间的连接桥一般为 5～7 mm，并布设几个小圆孔，孔径ϕ为 0.8～1 mm，孔中心距为孔径加 0.4～0.5 mm，板厚取较小值，板薄取较大的值，图 1-23 为一典型值。分割槽长度的设计视 PCB 传送方向、组装工艺和 PCB 大小而定，孔越小，边越整齐。

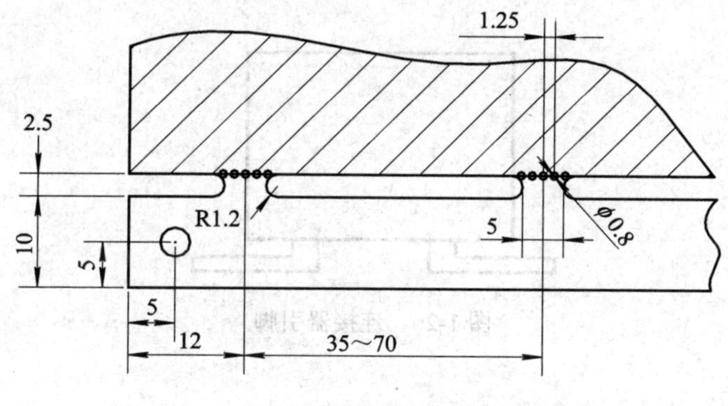

图 1-23　孔-槽分离边

3. 连接桥的设计

连接桥的设计主要考虑：拼版分离厚边缘是否整齐；分离是否方便；生产时刚度是否足够。拼板分离后为了使其边缘整齐，一般将分离孔中心设计在子版的边线上或稍内处，如图 1-24 所示。

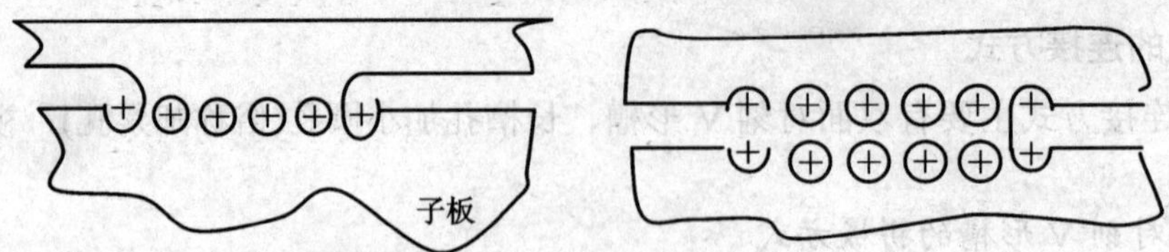

图 1-24　连接桥位置的设计

1.3.10　元件的选用原则

元件的选用原则如下：

(1) 为了优化工艺流程，提高产品档次，在市场可提供稳定供货的条件下，尽可能选用表面贴装元器件(SMD/SMC)。实际上，包括各种连接器在内的大多数元件都有表面贴装型的，对有些板完全可以全表面贴装化。

(2) 为了简化工序，对连接器类的机电元件，元件体的固定(或加强)方式尽可能选用压接安装的结构，其次选焊接型、铆接型的连接器，这些都选不到，再考虑选用螺装型的，如图 1-25 所示，以便高效率装配。

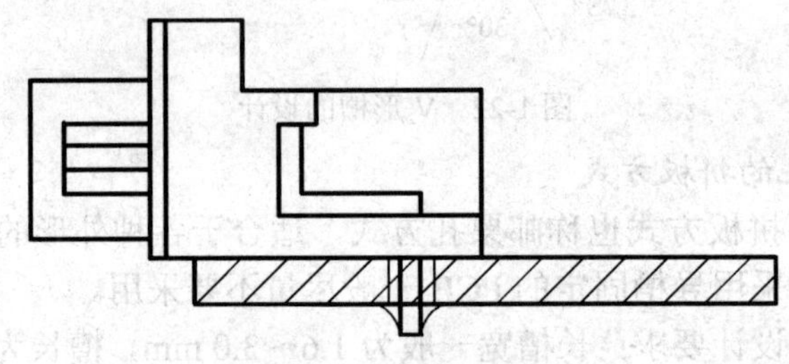

图 1-25　连接器定位方式

(3) 表面贴装连接器引脚形式的选用，尽可能选引脚外伸型，如图 1-26 所示，以便返修。对位置有要求的，一定要选带定位销的连接器件，否则会因焊接时位置的漂移给装配带来困难。

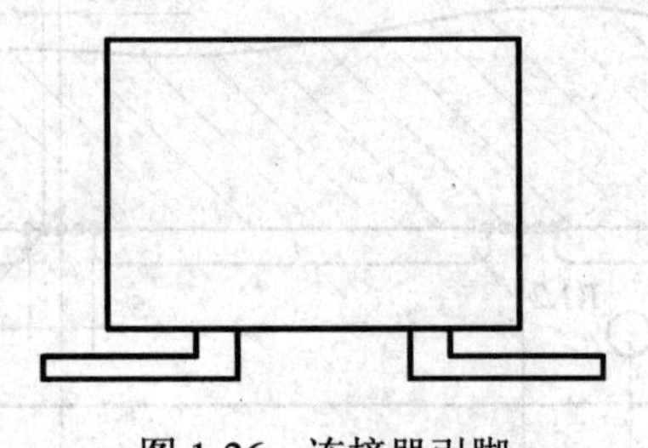

图 1-26　连接器引脚

1.3.11　组装方式

1. 推荐的组装方式

组装形式，即 SMD 与 THC 在 PCB 正反两面上的布局。不同的组装形式对应不同的工艺流程，它受现有生产线限制。针对公司实际情况，应该优选表 1-7 所列形式之一，采用其他形式需要与工艺人员商议。

表 1-7　PCB 组装形式

组装形式	示 意 图	PCB 设计特征
单面全 SMD		仅一面装有 SMD
双面全 SMD		A/B 面装有 SMD
单面元件混装		仅 A 面装有元件，既有 SMD 又有 THC
A 面元件混装 B 面仅贴简单 SMD		A 面混装，B 面仅装简单 SMD
A 面插件 B 面仅贴简单 SMD		A 面装 THC，B 面仅装简单 SMD

另外还应该注意：在波峰焊的板面上尽量避免出现仅有几个 SMD 的情况，否则会增加组装流程。

2. 组装方式说明

(1) 关于双面纯 SMD 板：两面全 SMD，这类板采用两次再流焊工艺，在焊接第二面时，已焊好的第一面上的元件焊点同时再次熔化，仅靠焊料的表面张力附在 PCB 下面，较大较重的元件容易掉落。因此，元件布局时尽量将较重的元件集中布放在 A 面，较轻的布放在 B 面。

(2) 关于混装板：混装板 B 面(即焊接面)采用波峰焊进行焊接，在此面所布元件种类、位向、间距一定要符合规定。

1.3.12　元件布局

1. A 面上元件的布局

元器件尽可能有规则地、均匀地分布排列。在 A 面上的有极性元器件的正极、集成电路的缺口等统一朝上、朝左放置，如果布线困难，可以有例外。有规则地排列方便检查、利于提高贴片/插件速度；均匀分布利于散热和焊接工艺的优化。

2. 间距要求

考虑到焊接、检查、测试、安装的需要，元件之间的间隔不能太近，如图 1-27 所示。建议按照以下原则设计(其中间隙指不同元器件焊盘间的间隙和元件体间隙中的较小值)，对批量生产的手机板可灵活设计：

- PLCC、QFP、SOP 各自之间和相互之间间隙≥2.5 mm(100 mil)。

● PLCC、QFP、SOP 与 Chip、SOT 之间间隙≥1.5 mm(60 mil)。

● Chip、SOT 相互之间再流焊面间隙≥0.3 mm(12 mil)，波峰焊面的间隙≥0.8 mm (32 mil)。

特别注意，如果波峰焊面上相邻元件是错开的或高度不一致，要遵守相关的规定。

● BGA 外形与其他元器件的间隙≥5 mm(200 mil)。如果不考虑返修，可以小至 2 mm(进行 Underfill 的需要)。

● PLCC 表面贴转接插座与其他元器件的间隙≥3 mm(120 mil)。

● 压接插座周围 5 mm 范围内，为保证压接模具的支撑及操作空间，合理的工艺流程下，应保证在 A 面，不允许有超过压接件高度的元件；B 面，不允许有元件或焊点。

● 表面贴片连接器与连接器之间应该确保能够检查和返修。一般连接器引线侧应该留有比连接器高度大的空间。

● 元件到喷锡铜带(屏蔽罩焊接用)应该为 2 mm(80 mil)以上。

● 元件到拼板分离边需大于 1 mm(40 mil)以上。

● 如果 B 面(焊接面)上贴片元件很多、很密、很小，而插件焊点又不多，建议插件引脚离开贴片元件焊盘 5 mm 以上，以便采用掩膜夹具进行局部波峰焊。

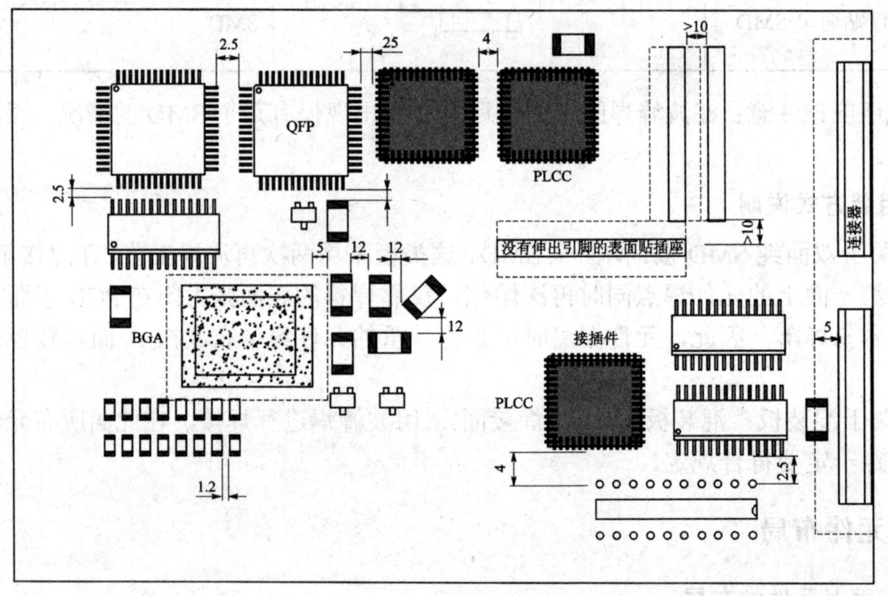

图 1-27　元件间距要求

3. 波峰焊接面上(B 面)贴片元件布局的特殊要求

1) 允许布设元件种类

1608(0603)封装尺寸以上贴片电阻、贴片电容(不含立式铝电解电容)、SOT、SOP(引线中心距≥1 mm(40 mil))且高度小于 6 mm。

2) 放置位向

采用波峰焊焊接贴片元器件时，常常因前面元器件挡住后面元器件而产生漏焊现象，即通常所说的遮蔽效应。因此，必须将元器件引线垂直于波峰焊焊接时 PCB 的传送方向，即按照图 1-28 所示的正确布局方式进行元器件布局，且每相邻两个元器件必须满足一定的间距要求，否则将产生严重的漏焊现象。

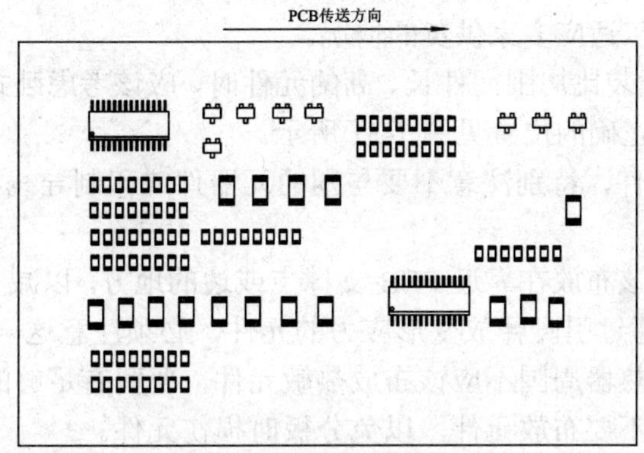

图 1-28　焊接面元件布局要求

3) 间距要求

波峰焊时，两个大小不同的元器件或错开排列的元器件，它们之间的间距按照图 1-27 所示的尺寸要求，否则，易产生漏焊或桥连。元件的间距和相对位置见图 1-29。

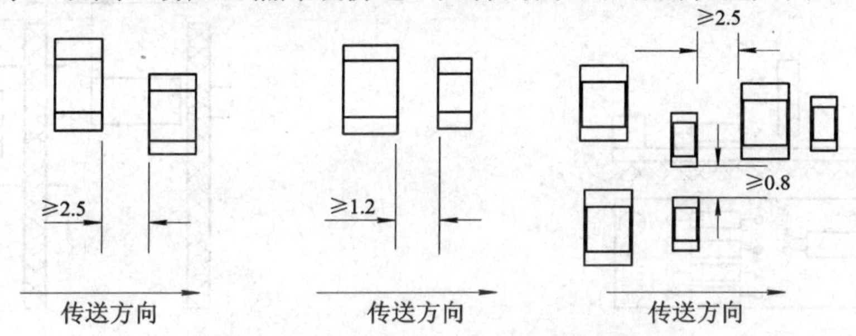

图 1-29　间距和相对位置要求

4) 焊盘要求

波峰焊时，对于 0805/0603、SOT、SOP、钽电容器，在焊盘设计上应该按照以下工艺要求做一些修改，这样有利于减少类似漏焊、桥连这样的一些焊接缺陷。对于 0805/0603 元件按照 Q/EY　04.100.5-2008《SMD 元器件封装尺寸要求》的要求设计；对 SOT、钽电容器，焊盘应比正常设计的焊盘向外扩展 0.3 mm(12 mil)，以免产生漏焊缺陷；对于 SOP，如果方便的话，应该在每个元器件一排引线的前后设计一个工艺焊盘，其尺寸一般比焊盘稍宽一些，用于防止产生桥连缺陷，如图 1-30 所示。焊接面上所布高度超过 6 mm 的元件(波峰焊后补焊的插装元件)尽量集中布置，以减少测试针床制造的复杂性。

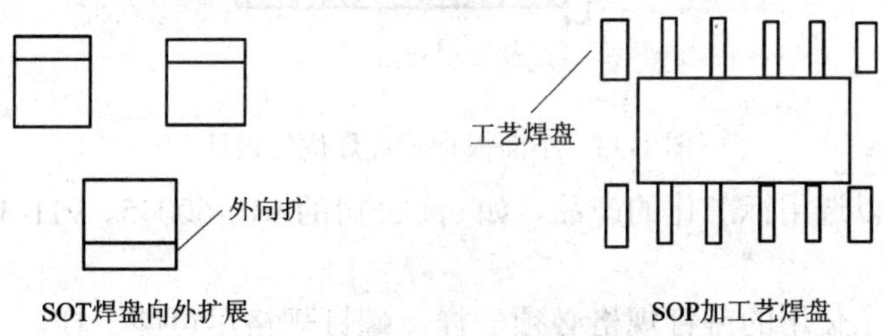

图 1-30　焊盘优化实例

4. 其他要求

● 由于目前插装元件封装尺寸不是很标准，各元件厂家产品差别很大，设计时一定要留有足够的空间位置，以适应多家供货的情况。

● 在 PCB 上轴向插装比周围元件长、高的元件时，应该考虑卧式安装，留出卧放空间。卧放时注意元件孔位，正确的位置见图 1-31 所示。

● 金属壳体的元器件，特别注意不要与别的元器件或印制导线相碰，要留有足够的空间位置。

● 较重的元器件应该布放在靠近 PCB 支撑点或边的地方，以减少 PCB 的翘曲。特别是 PCB 上有 BGA 等不能通过引脚释放变形应力的元件，必须注意这一点。

● 功率元器件、散热器周围不应该布放热敏元件，要留有足够的距离。

● 拼板连接处最好不要布放元件，以免分板时损伤元件。

● 对需要用胶加固的元件，如较大的电容器、较重的瓷环等，要留有注胶地方。

● 对有结构尺寸要求的单板，如插箱安装的单板，其元件的高度应该保证距相邻板 6 mm 以上空间，如图 1-32 所示。

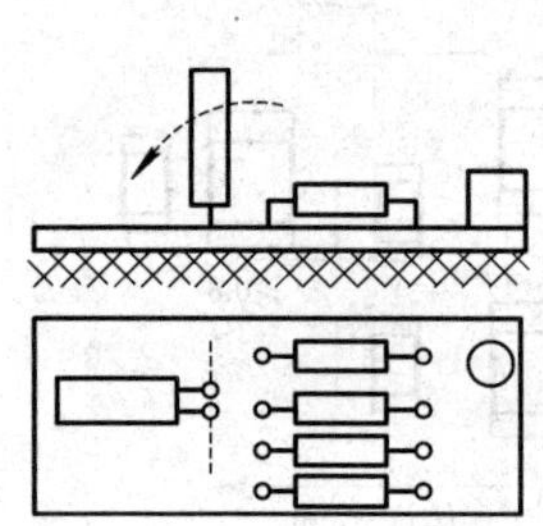

图 1-31　比周围元件高的元件应该卧倒

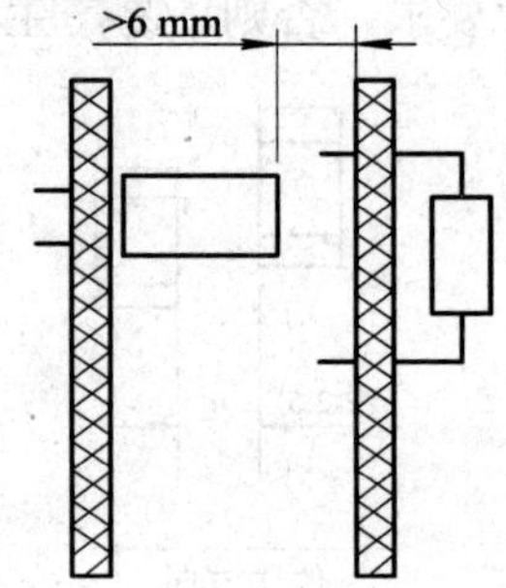

图 1-32　元件高度限制

5. 规范化设计要求

为了减少生产准备(引线成形和工装设计制造)时间，应该积极推行规范化设计工作，希望设计者在新品设计中按以下要求进行设计：

● 小面板(标准单板)指示灯位的设计，按图 1-33 所示尺寸要求设计(图中单位：mm)。

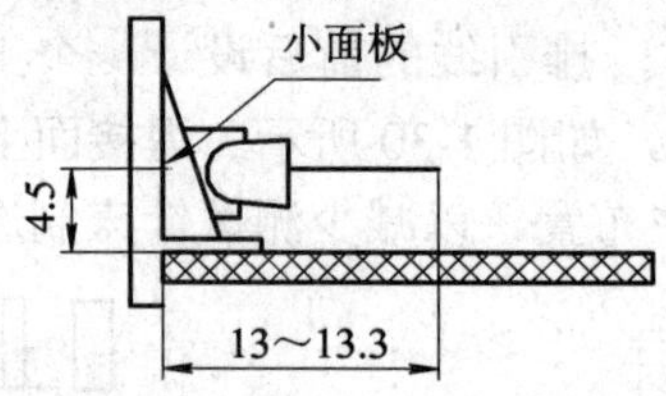

图 1-33　小面板指示灯灯位的设计

● 电源端子可以选用标准化的产品，如 ept 公司的 910-60045、911-32004，工艺性好又省事。

● 每一块单板上使用的铆钉规格必须一样，螺钉规格尽可能一样。

1.3.13　布线要求

1. 布线范围

布线范围见表 1-8。

表 1-8　内外层线路及铜箔到板边、非金属化孔壁的尺寸要求　mm(mil)

<table>
<tr><th colspan="3">板外形要素</th><th>内层线路及铜箔</th><th>外层线路及铜箔</th></tr>
<tr><td rowspan="4">距边最小尺寸</td><td colspan="2">一般边</td><td>≥0.5(20)</td><td>≥0.5(20)</td></tr>
<tr><td colspan="2">导槽边</td><td>≥1(40)</td><td>导轨深+2</td></tr>
<tr><td rowspan="2">拼板分离边</td><td>V 槽中心</td><td>≥1(40)</td><td>≥1(40)</td></tr>
<tr><td>邮票孔孔边</td><td>≥0.5(20)</td><td>≥0.5(20)</td></tr>
<tr><td rowspan="2">距非金属化孔壁最小尺寸</td><td colspan="2">一般孔</td><td>0.5(20)(隔离圈)</td><td>0.3(12)(封孔圈)</td></tr>
<tr><td colspan="2">单板起拔扳手轴孔</td><td>2(80)</td><td>扳手活动区不能布线</td></tr>
</table>

2. 布线的线宽和线距

在组装密度许可的情况下，尽量选用较低密度布线设计，以提高无缺陷和可靠性的制造能力。目前厂家加工能力为：最小线宽/线距为 0.127mm(5mil)/0.127mm(5mil)。常用布线密度设计参考表 1-9。

表 1-9　布线密度说明　mm(mil)

功　能	12/10	8/8	6/6	5/5
线宽	0.3 (12)	0.2 (8)	0.15 (6)	0.127 (5)
线距	0.25 (10)	0.2 (8)	0.15 (6)	0.127 (5)
线—焊盘间距	0.25 (10)	0.2 (8)	0.15 (6)	0.127 (5)
焊盘间距	0.25 (10)	0.2 (8)	0.15 (6)	0.127 (5)

1.3.14　焊盘与线路的连接

1. 线路与元器件的连接

线路与元件连接时，原则上可以在任意点连接。但对采用再流焊进行焊接的元器件，最好按以下原则设计：

对于两个焊盘安装的元件，如电阻、电容，与其焊盘连接的印制线最好从焊盘中心位置对称引出，且与焊盘连接的印制线必须具有一样的宽度，如图 1-34 所示。对线宽小于 0.3 mm(12 mil)的引出线可以不考虑此条规定。

与较宽印制线连接的焊盘，中间最好通过一段窄的印制线过渡，这一段窄的印制线通常被称为“隔热路径”，否则，对 2125(英制即 0805)及其以下 CHIP 类 SMD，焊接时极易出现“立片”缺陷。具体要求如图 1-35 所示。

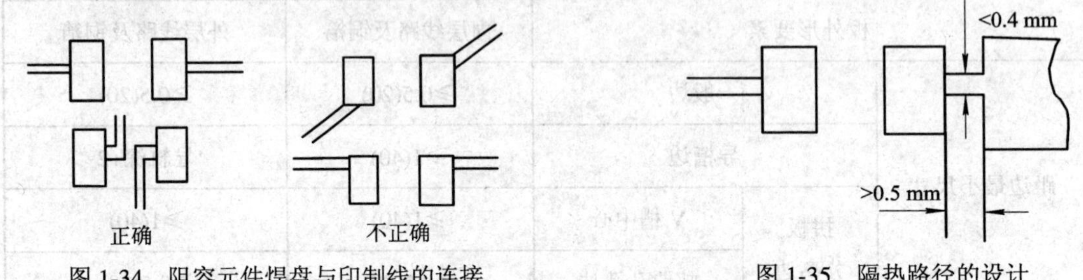

图 1-34　阻容元件焊盘与印制线的连接　　图 1-35　隔热路径的设计

2. 线路与 SOIC、PLCC、QFP、SOT 等器件的焊盘连接

线路与 SOIC、PLCC、QFP、SOT 等器件的焊盘连接时，印制线一般建议从焊盘两端引出，如图 1-36 所示。

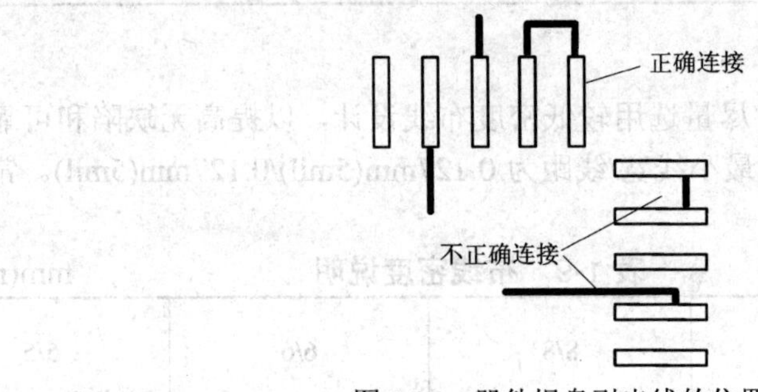

图 1-36　器件焊盘引出线的位置

1.3.15　大面积电源区和接地区的设计

直径超过 25 mm(1000 mil)范围电源区和接地区，应根据需要，一般都应该开设网状窗口或采用实铜加过孔矩阵的方式，以免其在焊接时间过长时，产生铜箔膨胀、脱落现象，如图 1-37 所示。

大面积电源区和接地区的元件连接焊盘，应设计成如图 1-38 所示形状，以免大面积铜箔传热过快，影响元件的焊接质量，或造成虚焊；对于有电流要求的特殊情况允许使用阻焊膜限定的焊盘。

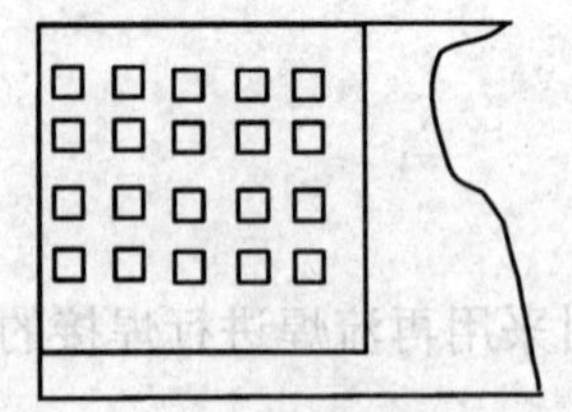

图 1-37　大面积铜箔区窗口的设计

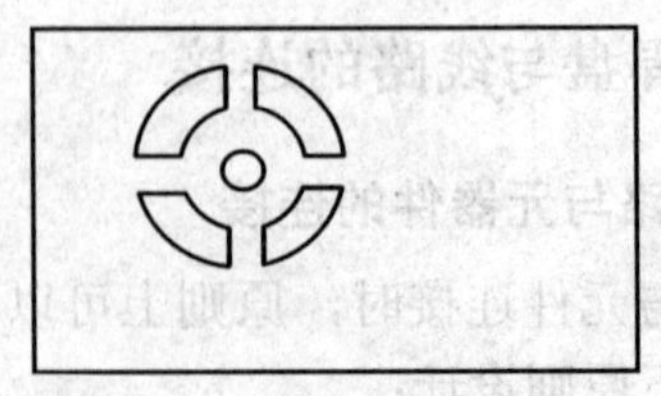

图 1-38　花焊盘的设计

1.3.16　通孔插装元件焊盘设计

1. 插装元件孔径

插装元器件孔径的设计主要依据引线大小、引线成形情况以及波峰焊工艺而定。在考虑工艺要求的基础上尽量选用标准的孔径尺寸。

标准孔径尺寸序列：0.25 mm(10 mil)，0.4 mm(16 mil)，0.5 mm(20 mil)，0.6 mm(24 mil)，0.7 mm(28 mil)，0.8 mm(32 mil)，0.9 mm(36 mil)，1.0 mm(40 mil)，1.3 mm(51 mil)，1.6 mm (63 mil)，2.0 mm(79 mil)。

注：0.25～0.6 mm 的孔径尺寸一般用作导通孔。

对于金属化孔，使用圆形引线时，孔径比引线直径大 0.2 mm(8 mil)～0.6 mm(24 mil)，视板厚选取，一般厚板选大值，薄板选小值。

对于板厚在 1.6 mm(63 mil)～2 mm(79 mil)的板，孔径比引线直径一般大 0.2 mm (8 mil)～0.4 mm(16 mil)即可。对引线直径≥0.8 mm(32 mil)的板，板厚在 2 mm 以上的安装孔，间隙适当大点，可以取 0.4～0.6 mm。在同一块电路板上，孔径的尺寸规格应当少一些。要尽可能避免异形孔，以便降低加工成本。

2. 焊盘

焊盘外径设计主要依据布线密度以及安装孔径和金属化状态而定；对于金属化孔孔径≤1 mm 的 PCB，连接盘外径一般为元件孔径加 0.45 mm(18 mil)～0.6 mm(24 mil)，具体依布线密度而定。其他情况下，焊盘外径按孔径的 1.5～2 倍设计，但要满足最小连接盘环宽≥0.225 mm(9 mil)的要求。从焊接的工艺性考虑，可以将插装元件的焊盘分为表 1-10 所列的几类，推荐的焊盘尺寸见表中内容。

表 1-10　插装元件焊盘环宽设计

焊盘类型	简　图	焊盘设计说明
轴向引线元件焊盘		焊盘分散，如果布线密度许可，焊盘环宽可以较大，一般焊盘环宽取 0.3 mm(12 mil)
径向元件引线焊盘		一般情况下，焊盘环宽取 0.25 mm(10 mil)
单排焊盘		DIP、单排插属于此类焊盘，由于单排，焊接时工艺性较好，一般焊盘环宽取 0.25 mm (10 mil)
矩阵焊盘		连接器的焊盘多属于此情况，有的两排或多排。对此类焊盘的设计要根据引脚截面形状确定。对扁形引角，焊盘环宽可以大些，而对方形引角，焊盘环宽就要小些。一般焊盘环宽取 0.25 mm(10 mil)

3. 跨距

PCB 上元器件安装跨距大小的设计主要依据元件的封装尺寸、安装方式和元器件在 PCB 上布局而定。

对于轴向元件，引线直径在 0.8 mm 以下的轴向元件，安装孔距应选取比封装体长度长 4 mm 以上的标准孔距。

对于引线直径在 0.8 mm 及以上的轴向元件，安装孔距应选取比封装体长度长 6 mm 以上的标准孔距。

标准安装孔距建议使用公制系列，即 2.0 mm、2.5 mm、3.5 mm、5.0 mm、7.5 mm、10.0 mm、12.5 mm、15.0 mm、17.5 mm、20.0 mm、22.5 mm、25.0 mm。为实现短插工艺，优先选用 2.5 mm、5 mm、10 mm 跨距。

对于径向元器件，安装孔距应选取与元器件引线间距一致的安装孔距。

4. 常用元器件的安装孔径和焊盘尺寸

对板厚为 1.6～2 mm 的 PCB，常用元器件的安装孔径和焊盘尺寸见表 1-11 和表 1-12。

表 1-11　常用插装元器件的焊盘和孔径　mm(mil)

元件引脚类型	孔径	焊盘	跨距或间距	实　例
轴向引线 ϕ0.45～0.55 ϕ0.8	ϕ0.8(32) ϕ1.0(40)	ϕ1.40(56) ϕ1.60(64)	10.0 (400)	各类电阻器，跨距根据元件体长度尺寸加 3～4 mm 的余量，选接近的标准跨距
径向引线 ϕ0.45～0.55 ϕ0.8	ϕ0.8(32) ϕ1.0(40)	ϕ1.40(56) ϕ1.60(64)	2.54/5 (100/200)	各类电容器，按照元件引脚间距值选取对应的标准跨距值
单排方形引线 0.64 × 0.64 0.5 × 0.5	ϕ1.0(40) ϕ0.8(32)	ϕ1.5(60) ϕ1.3(52)	2.54(100) 2(80)	单排插头
单排扁形引线 0.45 × 0.2 0.5 × 0.2 0.6 × 0.2	ϕ0.7(28) ϕ0.7(28) ϕ0.8(32)	ϕ1.3(52) ϕ1.3(52) ϕ1.4(56)	2.54(100) 2.54(100) 2.54(100)	DIP DIP 转接插座/DIP DIP 转接插座/DIP
2.54 mm 矩阵布局 方形引线 (焊接型) 0.6 × 0.6	ϕ1.0(40)	ϕ1.5(60)	2.54 × 2.54 (100) × (100)	96 芯 DIN 型单板用插头
2.54 mm 矩阵布局 扁形引线 (焊接型) 0.6 × 0.25	ϕ1.0(40)	ϕ1.5(60)	2.54 × 2.54 (100) × (100)	96 芯 DIN 型单板用插座

表 1-12　背板常用 2 mm 连接器压接孔和焊盘　mm(mil)

方形引线截面尺寸	压接孔尺寸	最小焊盘外径	针间距	适用元件
0.6×0.6/0.64×0.64	ϕ 1.0 ± 0.05 (40 ± 2)	≥ϕ 1.4 (56)	2.54 × 2.54	96 芯 DIN 型插头
0.5×0.5	ϕ 0.7 ± 0.05 (28 ± 2)	≥ϕ 1.2 (48)	2 × 2	2 mm-1 系列插头(板内)
0.4×0.4	ϕ 0.6 ± 0.05 (24 ± 2)	≥ϕ 1.0 (40)	2 × 2	2 mm-2 系列插头(板外)

注：2 mm 连接器压接孔应以元件说明书为准，本表仅供参考。

1.3.17　导通孔的设计

1. 导通孔位置的设计

导通孔的位置主要与再流焊工艺有关，导通孔不能设计在焊盘上，应该通过一小段印制线连接，否则容易产生“立片”、“焊料不足”缺陷，如图 1-39 所示。如果导通孔焊盘涂敷有阻焊剂，距离可以小至 0.1 mm(4 mil)。而对波峰焊，一般希望导通孔与焊盘靠得近些，以利于排气，甚至在极端情况下可以设计在焊盘上，只要不被元件压住。

导通孔不能设计在焊接面上片式元件的焊盘中心位置，如图 1-40 所示。

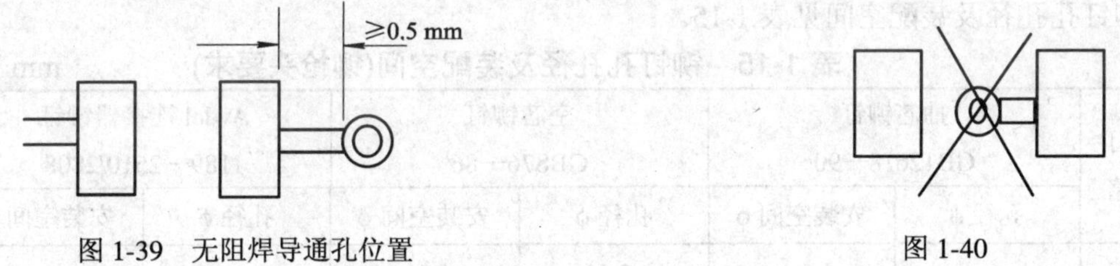

图 1-39　无阻焊导通孔位置　　图 1-40

排成一列的无阻焊导通孔焊盘，焊盘的间隔建议大于 0.5 mm(20 mil)，如图 1-41 所示。

图 1-41　导通孔焊盘间隔要求

2. 导通孔孔径和焊盘

导通孔主要用作多层板层间电路的连接，在 PCB 工艺可行条件下孔径和焊盘越小，布线密度越高。对导通孔来讲，一般外层焊盘最小环宽不应小于 0.127 mm(5 mil)，一般内层焊盘最小环宽不应小于 0.2 mm(8 mil)。推荐的导通孔孔径及焊盘尺寸见表 1-13。如果用做测试，要求焊盘外径≥0.9 mm。目前厂家的最小钻孔成品尺寸为 0.2 mm。

表 1-13 导通孔焊盘的设计 mm(mil)

导通孔尺寸	层次	钻孔方法	最小焊盘尺寸		应用场合
			外层线路	内层线路	
0.10(4)	仅在外层	激光			BUM 板
0.15(6)	全部	激光/钻孔			
0.25(10)	全部	钻孔	0.5(20)	0.7(28)	≤2.0mm 板
0.30(12)	全部	钻孔	0.6(24)	0.7(28)	≤3.0mm 板
0.40(16)	全部	钻孔	0.7(28)	0.85(34)	≤4.0mm 板
0.50(20)	全部	钻孔	0.9(35)	1(40)	≤4.8mm 板

3. 螺钉/铆钉孔

螺钉安装空间见表 1-14。

表 1-14 螺钉安装空间 mm

	M3	M4	M5	M6
孔径 φ	3.5	4.5	6	7
焊盘(有接地要求)	8	10	11	13
安装空间	10	12	13	15

4. 铆钉孔孔径及装配空间

铆钉孔孔径及装配空间见表 1-15。

表 1-15 铆钉孔孔径及装配空间(铆枪头要求) mm

铆钉规格	抽芯铆钉 GB12618—90		空芯铆钉 GB876—86		Avdel 连接器铆钉 1189—2510/2808	
	孔径 φ	安装空间 φ	孔径 φ	安装空间 φ	孔径 φ	安装空间 φ
2			2.2	4		
2.5			2.7	5	2.5～2.6	6
3	3.2	8	3.2	6		
4	4.2	10				
5	5.2	12				

1.3.18 阻焊层设计

阻焊层主要目的是防止波峰焊焊接时桥连现象的产生。阻焊膜的设计主要是确定开窗方式和焊盘余隙。

1. 开窗方式

● 当表面组装元件焊盘间隙≥0.25 mm(10 mil)时，采用单焊盘式窗口设计；间隙<0.25 mm(10 mil)时，采用群焊盘式窗口设计，如图 1-42 所示。

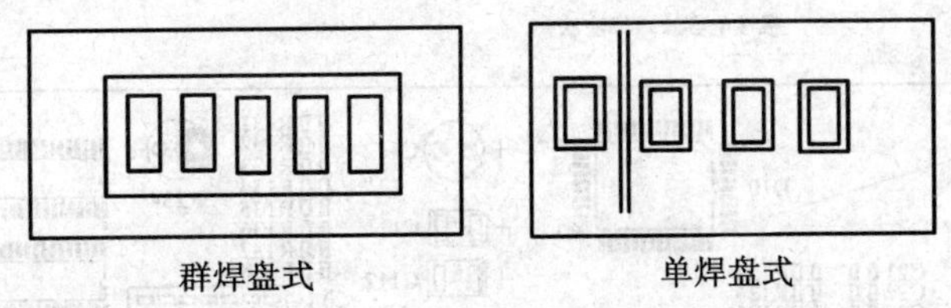

图 1-42　阻焊膜的涂覆方式

● 对金手指，应该开大窗口(类似群焊盘式)，且金手指顶部与附近焊盘间距离≥0.5 mm(20 mil)。

● 导通孔阻焊方式应根据 PCB 的生产工艺流程来设计。如果采用双面回流工艺，过孔的阻焊方式可以采用塞孔、开满窗的设计；对于 BGA 下的过孔，元件面可以采用覆盖方式。如果采用波峰焊接工艺，则只能采用塞孔的方式。

2. 焊盘余隙

表面组装 PCB 的阻焊涂层大多数采用液体光致成像阻焊剂工艺来实现。采用这种工艺，阻焊窗口的尺寸一般应该比 PCB 上对应焊盘单边大 0.1 mm(4 mil)，如图 1-43 所示，以防止阻焊剂污染焊盘。对细间距器件，单边可以小至 0.075 mm(3 mil)。

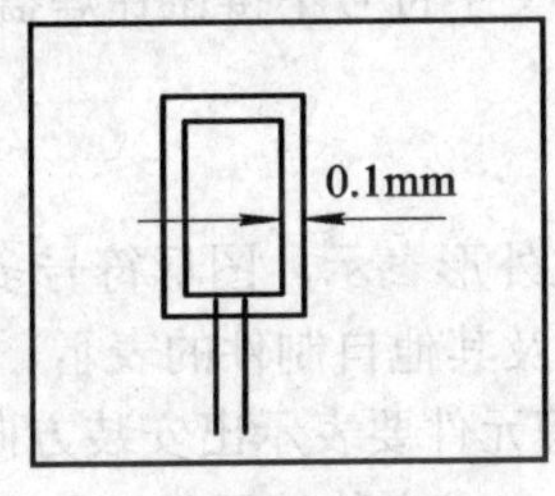

图 1-43　阻焊膜的尺寸

3. 蓝胶的采用

如果 PCB 在波峰焊前，有非常多的地方需要保护，如金手指、金属化孔、元件孔，可以考虑在这些地方印刷可剥蓝色阻焊剂(因其成本较高，一般情况下不宜采用)。

1.3.19　字符图

1. 丝印字符图绘制要求

字符图应包括元器件的图形符号、位号，PCB 编码。字符图不仅是 PCB 上丝印字符的模板，也是 PCB 装配图的一部分，必须仔细绘制，以便正确指导 PCB 的装配、接线和调试。绘制时须注意下列几点：

一般在每个元器件上必须标出位号(代号)。对于高密度 SMT 板，如果空间不够，可以采用引出的标注方法或标号标注的方法，将位号标在 PCB 其他有空间的地方，如图 1-44 所示。如果实在无空间标注位号，在得到 PCB 工艺评审人员许可后可以不标，但必须给出字符图，以便指导安装和检查。

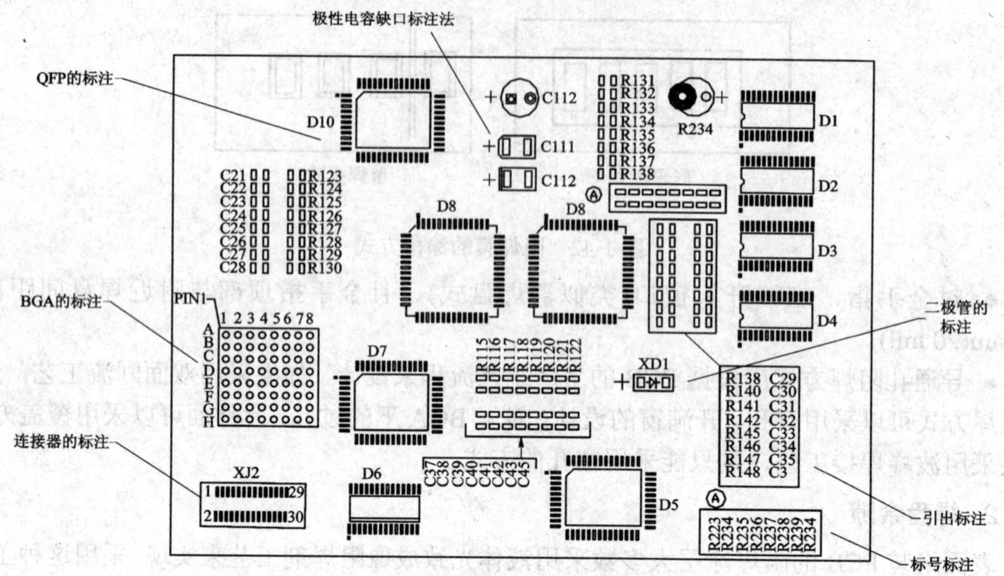

图 1-44　丝印符号的标注示例

字符图中丝印线、图形符号、文字符号不得压住焊盘，以免焊接不良。

1.3.20　元器件的表示方法

元器件一般用图形符号或简化外形表示，图形符号多用于插装元件的表示，简化外形多用于表面贴片元器件、连接器以及其他自制件的表示。

IC 器件、极性元件、连接器等元件要表示出安装方向，一般用缺口、倒脚边或用与元件外形对应的丝印标识来表示。对立式安装的元件，为了方便装配，建议将元件侧的孔用实芯圈标出，若有极性，还要在引线侧标注极性。

IC 器件一般要表示出 1 号脚位置，用小圆圈表示。对 BGA 器件用英语字母和阿拉伯数字构成的矩阵方式表示；极性元件要表示出正极，用“+”表示；二极管采用元件的图形符号表示，并表示出“+”极；转接插座有时为了调试和连接方便，也需要标出针脚号。

元件丝印字符、安装方向、极性和引脚号的标识方法见图 1-44、图 1-45、图 1-46。

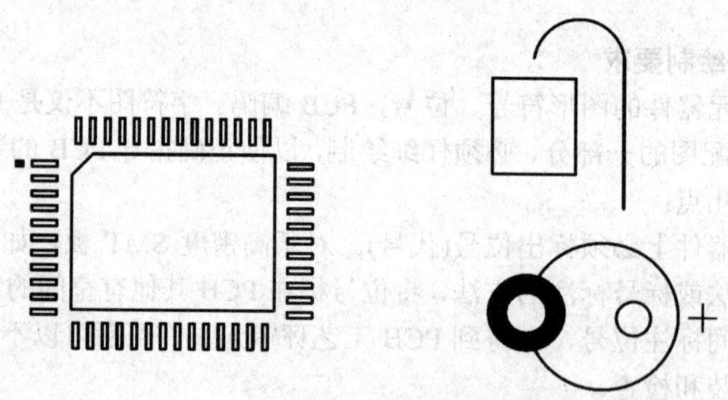

图 1-45　安装方向的表示

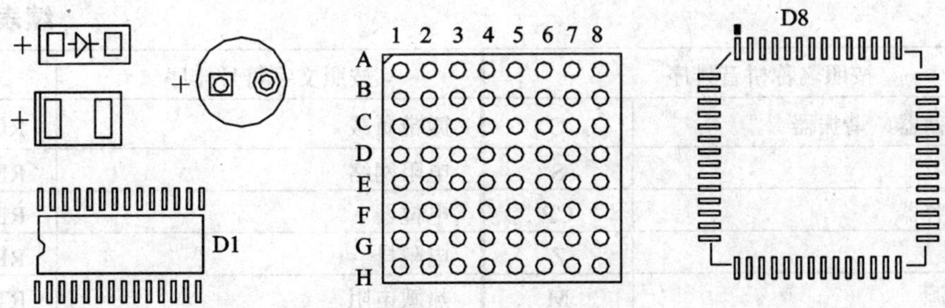

图 1-46 极性和引脚号的表示

字符大小、位置和方向的规定见表 1-16。表 1-16 规定的字符大小为原则性规定，设计时应以成品板的实际效果为准。当单板面积很小时，PCB 编码可相应缩小并灵活安排在板上相应的位置。有些产品的后背板的背面因为已经被机柜封住，不可能从背面看见，这种情况下 PCB 编码可以放在前面适当的位置。

表 1-16 字符尺寸、位置要求 mil

字 符	层面	大小	线宽	位置、方向
元器件标记(通常情况)	丝印层	60	10	元件面，向上、向左
元器件标记(高密度情况)	丝印层	50	8	元件面，向上、向左
元器件标记(甚高密度)	丝印层	45	6	元件面，向上、向左
PCB 编码(单板)	铜箔面	80	10	元件面左上方
PCB 编码(背板)	铜箔面	100	20	焊接面右上方

元器件文字符号的统一规定见表 1-17。

表 1-17 元器件对应文字符号的统一规定

按照名称拼音排序		按照文字符号排序	
短路器、连接器	XJ	电池	GB
二极管、稳压二极管	VD	射频压控振荡器	GR
发光二极管	HL	发光二极管	HL
峰鸣器	B	指示灯	HL
功分器	W	继电器	K
过压保护器	FV	接触器	KM
厚膜电路	NF	电感器	L
环形器	NL	模块电源	M
霍尔传感器	SH	匹配网络	MN
激光器	AL	衰减器	N
集成电路、三端稳压块、光耦	D	射频放大器	NA
集成运放	D	厚膜电路	NF
继电器	K	环形器	NL
接触器	KM	电阻器	R

续表

按照名称拼音排序		按照文字符号排序	
晶体振荡器、谐振器	G	微带负载	RL
开关	S	电阻网络	RN
可变电容器	CP	电位器	RP
滤波器	Z	电阻排	RR
模块电源	M	热敏电阻	RT
匹配网络	MN	压敏电阻	RV
热敏电阻	RT	开关	S
熔断器	FU	霍尔传感器	SH
三极管	VT	温度传感器	ST
射频放大器	NA	变压器	T
射频混频器	U	测试点(焊盘)	TP
射频压控振荡器	GR	调制器	U
衰减器	N	射频混频器	U
微带负载	RL	二极管、稳压二极管	VD
温度变换器	BT	三极管	VT
温度传感器	ST	功分器	W
压敏电阻	RV	插头、插座、插针	X
印制电路板	AP	短路器、连接器	XJ
整流器	UR	滤波器	Z
指示灯	HL		
变压器	T	激光器	AL
测试点(焊盘)	TP	印制电路板	AP
插头、插座、插针	X	峰鸣器	B
电池	GB	温度变换器	BT
电感器	L	电容器	C
电容器	C	可变电容器	CP
电位器	RP	集成运放	D
电阻排	RR	集成电路、三端稳压块、光耦	D
电阻器	R	熔断器	FU
电阻网络	RN	过压保护器	FV
调制器	U	晶体振荡器、谐振器	G

背板的标识直接影响整机布线、电缆组件的设计与加工、现场工程安装。背板的标识除符合单板的设计规范外，还应有如下标识：

● 连接器在B面应有脚号的顺序标识。

● 连接器在B面应标识槽位号和槽位名称(单板名称)，一般槽位名称标在插槽的上方，槽位号标识在插槽的下方。

● 连接器在 B 面应有护套安装标识方向标识。建议采用虚线与 A 面的丝印区别。

● 器件的简化外形必须是器件的实际最大外形。设计时应考虑锁片拨动和牛角拨动的活动范围的空间。

● 插座位号、功能的标注见表 1-18。

表 1-18　后背板元件的标注方法

元件	内　容	标注面	相对于元件的位置	方向	示例	注
单板插座	位号	Top Overlay	左上方	向上	X12	
	插座外形		包围元件			简化外形轮廓，应有方向
	针脚功能	Bottom Overlay	针脚两侧	向上	TEST1	根据需要而设
	针脚序号		针脚两侧	向上	5a,5c	如后面连接线缆，应根据线缆插座类型标注。如 3X8 插座，应从 1～8、9～16 类推
6 芯插座	简化外形	Bottom Overlay	包围元件			应能区分大头、小头
	针脚功能		针脚两侧	向上	TEST0	根据需要而设
	位号		左上侧面	向上	X14	
电源插座	位号	Bottom verlay	左上方	向上	X14	
	信号示意图(见图 39)		附近空闲区			

第 2 章 嵌入式微处理器及 S3C2440 处理器

嵌入式系统开发与硬件平台紧密相连，没有硬件支持的嵌入式开发是不完整的。本章将学习基于ARM处理器的嵌入式硬件开发平台。在介绍当前主流的ARM处理器的基础上，重点学习 S3C2440X 处理器的主要特点及寄存器定义，为后面章节的学习打下坚实的硬件基础。

2.1 嵌入式微处理器的结构和类型

2.1.1 嵌入式微处理器的分类

嵌入式微处理器是指应用在嵌入式计算机系统中的微处理器。与通用计算机系统的CPU 相比，嵌入式微处理器具有品种多、体积小、成本低、集成度高的特点。从 1971 年 Intel 公司推出第一块微处理器芯片 4004 到今天，嵌入式微处理器已经过了近 40 年的发展历史。

如图 2-1 所示，嵌入式硬件系统一般由嵌入式微处理器、存储器和输入/输出部分组成。其中嵌入式微处理器是嵌入式硬件系统的核心，通常由三大部分组成：控制单元、算术逻辑单元和寄存器。

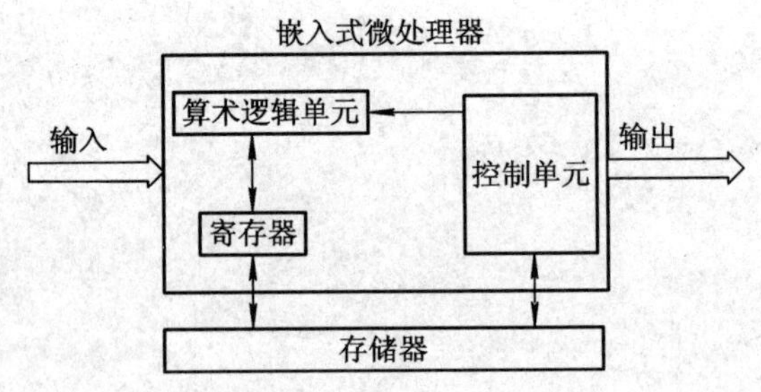

图 2-1 嵌入式硬件系统的基本结构

各部分的主要功能如下：

- 控制单元：主要负责取指、译码和取操作数等基本动作，并发送主要的控制指令。控制单元中包括两个重要的寄存器：程序计数器(PC)和指令寄存器(IR)。程序计数器用于记录下一条程序指令在内存中的位置，以便控制单元到正确的内存处取指；指令寄存器负责存放被控制单元所取的指令，通过译码，产生必要的控制信号送到算术逻辑单元进行相关的数据处理工作。
- 算术逻辑单元：算术逻辑单元分为两部分，一部分是算术运算单元，主要处理数值型的数据，进行数学运算，如加、减、乘、除或数值的比较；另一部分是逻辑运算单元，主要处理逻辑运算工作，如 AND、OR、XOR 或 NOT 等运算。

● 寄存器：用于存储暂时性的数据。主要是指从存储器中所得到的数据(这些数据被送到算术逻辑单元中进行处理)和算术逻辑单元中处理好的数据，再进行算术逻辑运算或存入到存储器中。

根据嵌入式微处理器的字长宽度，微处理器可分为 4 位、8 位、16 位、32 位和 64 位的。一般把 16 位及以下的称为嵌入式微控制器，32 位及以上的称为嵌入式微处理器。

如果按嵌入式微处理器系统集成度划分，可将其分为两类：一类是微处理器内部仅包含单纯的中央处理器单元，称为一般用途的微处理器；另一类则是将 CPU、ROM、RAM 及 I/O 等部件集成到同一个芯片上，称为单芯片微控制器。

如果根据嵌入式微处理器用途，可分为以下几类：

(1) 嵌入式微控制器(MCU)，又称为单片机。微控制器的片上外设资源一般比较丰富，适合于控制，因此称为微控制器。微控制器芯片内部集成有 ROM/EPROM、RAM、总线、总线逻辑、定时/计数器、看门狗、I/O、串行口、脉宽调制输出(PWM)、A/D、D/A、Flash、EEPROM 等各种必要功能和外设。和嵌入式微处理器相比，微控制器的最大特点是单片化，体积大、幅度减小，从而使功耗和成本下降，可靠性提高。由于嵌入式微控制器低廉的价格、优良的性能，因此拥有的品种和数量最多，比较有代表性的包括 8051、MCS-251、MCS-96/196/296、C166/167、68K 系列以及 MCU8XC930/931、C540、C541 等，目前嵌入式微控制器占嵌入式系统约 70% 的市场份额。

(2) 嵌入式微处理器(EMPU)。它由通用计算机中的 CPU 发展而来，主要特征是具有 32 位以上的处理器，具有较高的性能，当然其价格也相应较高。但与计算机 CPU 不同的是，在实际嵌入式应用中，只保留和嵌入式应用紧密相关的功能硬件，去除其他的冗余功能部分，这样就以最低的功耗和资源实现嵌入式应用的特殊要求。嵌入式微处理器与用于桌面计算机的 CPU 相比具有体积小、重量轻、功耗低、成本低及可靠性高的优点。通常嵌入式微处理器把 CPU、ROM、RAM 及 I/O 等元件做到同一个芯片上，也称为单板计算机。当前，主要的嵌入式微处理器有 ARM、MIPS、POWER PC 和基于 X86 的 386EX 等。

(3) 嵌入式 DSP 处理器。它是专门用于信号处理方面的处理器，其在系统结构和指令算法方面进行了特殊设计，具有很高的编译效率和指令执行速度。主要应用在数字滤波、FFT、频谱分析等各种仪器上。

DSP 芯片内部采用程序和数据分开存储和传输的哈佛结构，具有专门硬件乘法器，广泛采用流水线操作，提供特殊的 DSP 指令，可用来快速地实现各种数字信号处理算法，加之集成电路的优化设计，使其处理速度比最快的 CPU 还快 10～50 倍。

DSP 发展历程大致分 3 个阶段：20 世纪 70 年代理论先行，20 世纪 80 年代产品普及，20 世纪 90 年代突飞猛进。在 DSP 出现之前，数字信号处理只能依靠微处理器(MPU)来完成，但微处理器的低处理速度无法满足高速实时的要求，直到 20 世纪 70 年代，才有人提出了 DSP 的理论和算法基础。那时的 DSP 仅停留在教科书上，即便是研制出来的 DSP 系统也是由分立元件组成的，其应用领域仅局限于军事、航空航天部门。

随着大规模集成电路技术的发展，1982 年，世界上诞生了首枚 DSP 芯片。这种 DSP 器件采用微米工艺 NMOS 技术制作，虽功耗和尺寸稍大，但运算速度却比微处理器快了几十倍，尤其在语音合成和编码解码器中得到了广泛应用。DSP 芯片的问世是个里程碑，它标志着 DSP 应用系统由大型系统向小型化迈进了一大步。到 20 世纪 8 0 年代中期，随着 CMOS 技术的进步与发展，第 2 代基于 CMOS 工艺的 DSP 芯片应运而生，其存储容量和运算速度都得到成倍提高，成为语音处理和图像硬件处理技术的基础。

20 世纪 80 年代后期，第 3 代芯片问世，运算速度进一步提高，其应用范围逐步扩大到通信和计算机领域。

20 世纪 90 年代，DSP 发展最快，相继出现了第 4 代和第 5 代 DSP 器件。现在的 DSP 属于第 5 代产品，与第 4 代相比，其系统集成度更高，并将 DSP 芯核及外围元件综合集成在单一芯片上。这种集成度极高的 DSP 芯片不仅在通信和计算机领域发挥着重要作用，而且逐渐渗透到人们日常的消费领域。

(4) 嵌入式片上系统(SOC)。它是追求产品系统最大包容的集成器件。SOC 最大的特点是成功实现了软硬件无缝结合，直接在处理器片内嵌入操作系统的代码模块。而且 SOC 具有极高的综合性，在一个硅片内部运用 VHDL 等硬件描述语言，实现一个复杂的系统。用户不需要再像传统的系统设计一样，绘制庞大复杂的电路板，一点点地连接焊制，只需要使用精确的语言，综合时序设计直接在器件库中调用各种通用处理器的标准，然后通过仿真之后就可以直接交付芯片厂商进行生产。由于绝大部分系统构件都是在系统内部，整个系统就特别简洁，不仅减小了系统的体积和功耗，而且提高了系统的可靠性，提高了设计生产效率。

2.1.2　典型 32 位 ARM 微处理器的结构和特点

32 位微处理器采用 32 位的地址和数据总线，其地址空间达到了 4 GB。目前主流的 32 位嵌入式微处理器系列主要有 ARM 系列、MIPS 系列、PoweRPC 系列等。属于这些系列的嵌入式微处理器产品很多，有千种以上。

1．ARM 处理器

1) ARM 概述

ARM(Advanced RISC Machine)有 3 种含义，首先是一个公司的名称，是一类微处理器的统称，还是一种技术的名称。

ARM 公司是一家专门从事芯片 IP 设计与授权业务的英国公司，其产品有 ARM 内核以及外围接口。ARM 内核是一种 32 位 RISC 微处理器，具有功耗低、性价比高和代码密度高等特点。

ARM 微处理器核技术广泛用于便携式通信产品、手持运算、多媒体和嵌入式解决方案等领域，已成为 AISC 标准。ARM 处理器核是系统中的引擎，它从存储器中读取 ARM 或 Thumb 指令并执行。ARM 微处理器体系结构目前被公认为是嵌入式应用领域领先的 32 位嵌入式 RISC 微处理器结构。自诞生至今，ARM 体系结构发展并定义了 7 种不同的版本。从版本 1 到版本 7，ARM 体系的指令集功能不断扩大。ARM 处理器系列中的各种处理器，虽然在实现技术、应用场合和性能方面都不相同，但只要支持相同的 ARM 体系版本，基于它们的应用软件都是兼容的。目前基于 ARM 核的处理器有以下几类：ARM7 系列处理器、ARM9 系列处理器、ARM9E 系列处理器、ARM 10E 系列处理器、ARM11 系列处理器、

SecurCore 系列处理器、OPtimoDE 数据引擎内核、MPCore 多处理器系列处理器、Intel 公司的 StrongARM/XScale 系列处理器。

(1) ARM7 系列处理器。ARM7 系列处理器包括 ARM720T、ARM7EJ-S、ARM7TDMI 和 ARM7TDMI-S。最常用的是 ARM7TDMI，T 代表支持 Thumb 指令集，D 代表支持片上调试，M 代表内嵌硬件乘法器，I 代表支持片上断点和调试点。主要应用于个人音频设备(如 MP3)、无线手持设备等。最适合对价位和功耗要求较高的消费类应用。

(2) ARM9 系列处理器。ARM9 系列处理器包括 ARM920T、ARM922T 和 ARM940T。这一系列处理器主要应用在下一代手持产品、视频电话、PDA、数字消费产品、机顶盒、家用网关等方面。

(3) ARM9E 系列处理器。ARM9E 系列处理器包括 ARM926EJ-S、ARM946E-S、ARM966E-S 和 ARM68E-S。这一系列处理器为可综合处理器，使用单一的处理器内核提供了微控制器、DSP、Java 应用系统的解决方案，因此适用于同时使用 DSP 和微控制器的场合。该系列强化了数字信号处理功能，可应用于需要 DSP 与微控制器结合使用的情况，将 Thumb 技术和 DSP 都扩展到 ARM 指令集中，并具有 EmbeddedICE. RT 逻辑，更好地适应了实时系统的开发需要。

(4) ARM10E 系列处理器。ARM10E 系列处理器包括 ARM1020E、ARM1022E 和 ARM1026EJ。这一系列的处理器具有高性能、低功耗的特点，采用了新的体系结构，同 ARM9 相比，其性能有了很大的提高。其中 ARM 1020E 的组织与 ARM920T 非常相似，所不同的是 Cache 的大小和总线宽度。ARM10E 系列处理器主要应用于下一代无线设备、数字消费品等。

(5) ARM11 系列处理器。ARM 11 系列处理器包括 ARMl136J(F)-S、ARMl156T2(F)-S 和 ARMl176JZ(F)-S。ARMl156TZ-S 和 ARMl156TZ(F)-S 内核都基于 ARMv6 指令集体系结构，是首批含有 ARM Thumb-2 内核技术的产品，可令合作伙伴进一步减少与存储系统相关的生产成本。两款新内核主要用于多种深嵌入式存储器、汽车网络和成像应用产品当中，提供了更高的 CPU 性能和吞吐量，并增加了许多特殊功能，可解决新一代装置的设计难题。例如，体系结构中增添的存储器容错功能对于汽车安全系统类安全应用产品的开发至关重要。ARMl156T2-S 和 ARMl156T2F-S 内核与新的 AMBA 3.0 AXI 总线标准一致，可满足高性能系统的大量数据存取需求。Thumb-2 内核技术结合了 16 位、32 位指令集体系结构，提供更低的功耗、更高的性能、更短的编码，该技术提供的软件技术方案较现用的 ARM 技术方案减少了 26%的存储空间，较现用的 Thumb 技术方案增速 25%。

ARMl176JZ-S 和 ARMl176JZF-S 内核及 PrimeXsys 平台是首批以 ARM TrustZone 技术实现手持装置和消费电子装置中公开操作系统的超强安全性的产品，同时也是首次对可节约高达 75%处理器功耗的 ARM 智能能量管理(ARM Intelligent Energy Manager)的一体化支持。ARMl176JZ-S 和 ARMl176JZF-S 内核基于 ARMv6 指令集体系结构，主要为服务供应商和运营商所提供的新一代消费电子装置的电子商务和安全的网络下载提供支持。

(6) SecurCore 系列处理器。SecurCore 系列处理器包括 SecurCore SC100、SecurCore SC110，SecurCore SC200 和 SecurCore SC210。SecurCore 系列处理器专为安全需要设计，提供了完善的 32 位 RISC 技术的安全解决方案。这类处理器主要应用在对安全性要求很高的应用中，比如电子商务、电子银行、网络认证系统等。

(7) OptimoDE。OptimoDE 数据引擎内核采用 VLIW 体系结构，拥有一个完整的用户自定义数据通道。数据通道的可配置性为设计者提供了对数据通道类型和数量的定义和扩展，对数据通道带宽和指令带宽的定义和扩展，以及依据应用的实际需求定义和扩展输入/输出(I/O)量。指令长度可变换，本地存储的容量和拓扑结构及互连级也都完全可配置，因而每个数据都能尽可能地高效执行。

(8) MPCore。MPCore 支持多达四路缓存的协同式对称多任务处理(Four-way Cache Coherent Synuntric Multiprocessing，SMP)、多达四路的非对称多任务处理(Four-Way Asymmetric Multinrocessing，AMP)，或以上两种模式的混合。此种弹性化的设计能提高流量及系统处理的反应速度，使现有的应用具备可移植性，并提升多线程(Multithreaded)应用可扩充的软件性能。这种支持多任务作业的能力可协助各种网络装置处理更高的包流量及更高的数据处理量。

(9) StrongARM/Xscale 系列处理器。StrongARM 系列处理器是采用 ARM 体系结构高度集成的 32 位 RISC 微处理器。它融合了 Intel 公司的设计和处理技术，以及 ARM 体系结构的电源效率，其体系结构在软件上兼容 ARMv4 体系结构，同时又具有 Intel 技术优点。StrongARM 是 Intel 公司为手持消费类电子设备和移动计算与通信设备生产的嵌入式处理器。采用 StrongARM 架构的处理器有 SA-1、SA-110、SA-1100 SA-1110 和 IXP1200。

Xscale 是基于 ARMv5TE 体系结构的解决方案，是一款性能全、性价比高、功耗低的处理器，支持 32 位的 Thumb 指令和 DSP 指令集，主要应用在数字移动电话、个人数字助理和网络产品等场合。采用 Xscale 架构的处理器有 PXA250 PXA255 和 PXA270 等。

目前，70% 的移动电话、大量的游戏机、手持 PC 和机顶盒等都已采用了 ARM 处理器，许多一流的芯片厂商都是 ARM 的授权用户，如 Intel、samsung 等公司。

作为一种 RISC 体系结构的微处理器，ARM 处理器具有 RISC 体系结构的典型特征，同时具有以下特点：

- 在每条数据处理指令当中，都控制算术逻辑单元 ALU 和移位器，以使 ALU 和移位器获得最大的利用率。
- 自动递增和自动寻址模式，以优化程序中的循环。
- 同时执行 Load 和 Store 多条指令，以增加数据吞吐量。
- 所有指令都可以条件执行，以提高执行吞吐量。

这些是对基本 RISC 体系结构的增强，使得 ARM 处理器可以在高性能、小代码尺寸、低功耗和小芯片面积之间获得好的平衡。

2) ARM 的数据类型

ARM 的数据类型有：

- 字(Word)：在 ARM 体系结构中，字的长度为 32 位，而在 8/16 位处理器体系结构中，字的长度一般为 16 位。
- 半字(Half-word)：在 ARM 体系结构中，半字的长度为 16 位，与 8/16 位处理器体系结构中字的长度一致。
- 字节(Byte)：在 ARM 体系结构和 8/16 位处理器体系结构中，字节的长度均为 8 位。

3) ARM 的运行模式

ARM 处理器有 7 种运行模式，如表 2-1 所示。大多数应用程序在 User 模式下执行，当出现特定的异常时，进入相应的 6 种异常模式之一。每种模式都有某些附加的寄存器保存相应的状态。除 User 模式外，其他模式都被称为特权模式，可以存取系统中的任何资源。

User 模式下程序不能访问有些受保护的资源，也不能直接改变 CPU 的模式，而只能通过异常的形式来改变 CPU 的当前运行模式。软件可以控制 CPU 模式的改变，外部中断也可以引起模式的改变。

表 2-1　ARM 处理器的 7 种运行模式

处理器模式	说　明
用户模式(User)	正常程序执行模式，用于应用程序
快速中断模式(FIQ)	快速中断处理，用于高速数据传输或通道处理
外部中断模式(IRQ)	用于通用的中断处理
管理模式(Supervisor)	特权模式，操作系统使用的保护模式
数据访问终止模式(Abort)	存储器保护异常处理
未定义指令终止模式(Undefined)	未定义指令异常处理
系统模式(System)	运行特权操作系统任务(ARM v4 以上版本)

4) 寄存器结构

ARM 微处理器共有 37 个 32 位寄存器，其中 31 个为通用寄存器，6 个为状态寄存器。但是这些寄存器不能被同时访问，具体哪些寄存器是可编程访问的，取决于微处理器的工作状态及具体的运行模式。但在任何时候，通用寄存器 R14～R0、程序计数器 PC、一个或两个状态寄存器都是可访问的。

(1) 通用寄存器 R0～R15。ARM 中的通用寄存器是 R0～R15(R15 也是 PC)，它们可以被分为以下三类：

● 未分组的寄存器 R0～R7。对于所有的模式，R0～R7 所对应的物理寄存器都是相同的。这 8 个寄存器是真正意义上的通用寄存器，ARM 体系结构中对它们没有作任何特殊的假设，它们的功能都是等同的。在中断或者异常处理程序中一般都需要对这几个寄存器进行保存。

● 分组的寄存器 R8～R14。程序访问的物理寄存器取决于当前的处理器模式。若要访问特定的物理寄存器而不依赖于当前的处理器模式，则要使用规定的名字。

对于 R8～R12 来说，每个寄存器对应两个不同的物理寄存器：一组是 FIQ 模式；另一组是除 FIQ 以外的其他模式。

对 R13～R14 来说，每个寄存器对应 6 个不同的物理寄存器，一组用于用户模式和系统模式，其他 5 组分别用于 5 种异常模式。

R13(也被称为 SP 指针)被用做堆栈指针，通常在系统初始化时需要对所有模式的 SP 指针赋值；当 CPU 在不同的模式时堆栈指针会被自动切换成相应模式下的值。

R14(也称做子程序链接寄存器 LR)有两个用途：一是在调用子程序时用于保存调用返回地址；二是在发生异常时用于保存异常返回地址。

● 程序计数器 R15(或者 PC)。寄存器 R15 用作程序计数器 PC。R15 虽然可以用作通用寄存器，但是有一些指令在使用 R15 时有一些特殊限制，若不注意，执行的结果将是不可预料的。

(2) 当前程序状态寄存器 CPSR。CPSR(当前程序状态寄存器)在所有的模式下都是可以读/写的。它主要包含条件标志、中断标志、当前处理器的模式、其他的一些状态和控制标志。CPSR 的格式如下：

31	30	29	28	27～8	7	6	5	4	3	2	1	0
N	Z	C	V	DNM(RAZ)	I	F	T	M4	M3	M2	M1	M0

- 条件标志包括 N，Z，C，V。

N 表示 Negative，负标志。

Z 表示 Zero，零标志。

C 表示 Carry，进位标志。

V 表示 overflow，溢出标志。

- 中断标志包括 I，F。

I 置 1 表示禁止 IRQ 中断的响应，置 0 表示允许 CPU 响应 IRQ 中断。

F 置 1 表示禁止 FIQ 中断的响应，置 0 表示允许 CPU 响应 FIQ 中断。

- ARM/Thumb 控制标志 T。

T 置 0 表示执行 32 bits 的 ARM 指令。

T 置 1 表示执行 16 bits 的 Thumb 指令。

- 模式控制位 M0～M4，见表 2-2。

表 2-2 模式控制位 M0～M4

M[4:0]	模式	可用寄存器
0b10000	User	PC，R14～R0，CPSR
0b10001	FIQ	PC，R14_fiq～R8_fiq，R7～R0，CPSR，SPSR_fiq
0b10010	IRQ	PC，R14_irq，R13_irq，R12～R0，CPSR SPSR_irq
0b10011	Supervisor	PC，R14_svc，R13_ svc，R12～R0，CPSR SPSR_ svc
0b10111	Abort	PC，R14_ abt，R13_ abt，R12～R0，CPSR SPSR_ abt
0b11011	Undefined	PC，R14_und，R13_ und，R12～R0，CPSR SPSR_ und
0b11111	System	PC，R14～R0，CPSR

5) 指令集

一个 CPU 的指令集是硬件和软件之间的一个重要的分水岭。根据分层的思想，指令集向上要支持编译器，向下要方便硬件的设计实现。ARM 是典型的 RISC 体系，根据 RISC 的设计思想，其指令集的设计应该尽可能地简单。和 CISC 体系相比，它可以通过一系列简单的指令来实现复杂指令的功能。

ARM 的指令集包括 6 种典型的指令：分支指令(如 B，BL 等)；数据处理指令(如 ADD，SUB，AND 等)、转移指令(如 MRS，MSR 等)、Load-Store 数据移动指令(如 LDR 等)、协处理器指令(如 LDC，STC 等)、异常处理指令(如 SWI 等)。

ARM 指令集是一个非常优秀的指令集。它有以下特点：

- 所有 ARM 指令都是 32 位定长，在内存中以 4 字节边界保存(地址最后两位为 0)，这样方便译码电路和流水线的实现。ARM 内核一般也支持一种 16 位的指令集 Thumb。Thumb 指令集的功能是 32 位 ARM 指令集的功能子集，它在处理器中仍然要扩展为标准的 32 位 ARM 指令来运行。用户采用 16 位 Thumb 指令集最大的好处就是可以获得更高的代码密度和降低功耗。

● Load-Store 体系结构。ARM 指令集属于 RISC 体系。RISC 体系的特征就是：一般指令只能把内部寄存器和立即数作为操作数，只有 Load-StoRe 类型的数据移动指令才可以访问内存，在内存和寄存器之间转移数据。

● 由于硬件上有桶形(barrel)移位器，所以 ARM 可以在一条指令中用一个指令周期完成一个移位操作和一个 ALU(算术逻辑)操作。

● 任何指令的高 4 位都是条件指示位，根据 CPSR 中的 N，Z，C，V 决定该指令是否执行。这样可以方便高级语言的编译器设计，很容易实现分支和循环。

● 具有功能很强的加载和存储(Load-Store)多个寄存器的指令：LDM 和 STM。当发生过程调用或中断处理时，只用一条指令就能把当前多个寄存器的内容保护到内存堆栈中。

6) 异常

异常是由内部或外部原因引起。当异常发生时，CPU 自动到指定的向量地址读取指令或地址并且执行。

对 X86 CPU，当有异常发生时，CPU 首先到指定的向量地址读取要执行的程序的地址，然后跳转到相应的地址并执行程序；而对于 ARM CPU，当有异常发生时 CPU 是到向量地址的地方读取指令并执行，也就是 ARM 的向量地址处存放的是一条指令(一般是一条跳转指令)。

ARM 将引起异常的类型分为 7 种，如表 2-3 所列。

表 2-3　ARM 的异常类型

异常种类	模式	优先级	一般向量地址	高向量地址
Reset	Supervisor	1	0x00000000	0xFFFF0000
UndefinedInstruction	Undefined	6	0x00000004	0xFFFF0004
Software Interrupt	Supervisor	6	0x00000008	0xFFFF0008
Ptefetch Abort	Abort	5	0x0000000C	0xFFFF000C
Data Abort	Abort	2	0x00000010	0xFFFF0010
IRQ(interrupt)	IRQ	4	0x00000018	0xFFFF0018
FIQ(fast interrupt)	FIQ	3	0x0000001C	0xFFFF001C

7) 内存和 I/O 地址

ARM 的寻址空间是线性地址空间，最大为 4 GB。ARM 支持大端和小端的内存数据方式，可以通过硬件的方式设置端模式。

I/O 端口的编址方法即地址安排方式有两种：I/O 映射编址和存储器映射编址。

(1) I/O 映射编址。如图 2-2 所示，I/O 映射编址采用 I/O 端口与内存单元分开编址，互不影响。I/O 单元与内存单元都有自己独立的地址空间。通过专门的输入指令(IN)和输出指令(OUT)来完成 I/O 操作。

I/O 映射编址的优点是 I/O 单元不占用内存空间，易区分 I/O 程序；缺点只用 I/O 指令访问 I/O 端口，功能有限且要采用专用 I/O 周期和专用 I/O 控制线，使微处理器复杂化。X86 体系的微处理器大多采用 I/O 映射编址方式。

(2) 存储器映射编址。如图 2-3 所示，存储器映射编址采用 I/O 端口的地址与内存地址统一编址方式，I/O 单元与内存单元在共享同一地址空间。这种编址方式不区分存储器地址空间和 I/O 端口地址空间，把所有的 I/O 端口都当做是存储器的一个单元对待，每个接口芯片都安排一个或几个与存储器统一编号的地址号。也不设专门的输入/输出指令，所有传送和访问存储器的指令都可用来对 I/O 端口操作。

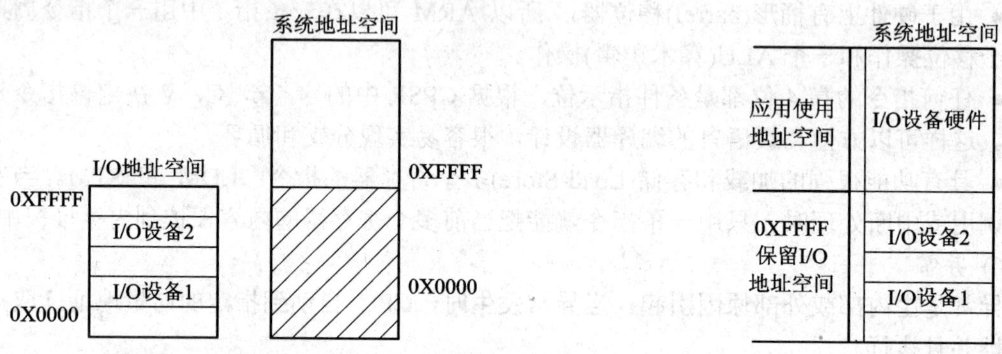

图 2-2 I/O 映射编址方式　　　　图 2-3 存储器映射编址方式

存储器映射编址的优点是可采用丰富的内存操作指令访问 I/O 单元，无需单独的 I/O 地址译码电路，无需专用的 I/O 指令；缺点是外设占用内存空间，不易区分 I/O 程序，ARM 微处理器大多采用存储器映射编址方式。

2. Intel XScale PXA270 处理器

Intel XScale PXA270 微处理器提供了一种全新的、高性价比、低功耗且基于 ARMv5TE 体系结构的解决方案，支持 16 位 Thumb 指令和 DSP 扩充，是 Intel 公司的 StRongARM 系列处理器的升级换代产品。Intel XScale CPU 内核采用带有一个增强型存储器管道的超级流水线 RISC 处理器体系结构，这种微体系结构在 ARM 核的周围提供了指令与数据存储器管理单元，指令、数据和微小数据 Cache，写缓冲、全缓冲、挂起缓冲和分支目标缓冲器，电源管理，性能监控、调试和 JTAG 单元以及协处理器接口，MAC 协处理器和内核存储总线。

其特点如下：

- Intel 7～8 级超流水线结构带来的高性能和超低功耗；
- Intel 动态电压管理，可以动态管理芯片电压和时钟频率，让使用者可以在功耗和性能上取得平衡；
- Intel 媒体处理技术，可有效处理多媒体指令；
- 128 个跳转指令目的地址缓存可存储跳转指令的目的地，让指令预取和指令流水线获得更高效率；
- 32 KB 数据缓存和指令缓存；调试单元拥有硬件中断功能，可存储 256 个断点位置；
- 64 位内核内存数据宽度，可以让内核在 600 MHz 时钟频率下获得 4.8 GB/s 的高速数流。

Intel PXA270 处理器是针对高端便携式手持设备及工业设备推出的一款高性能、低功耗、功能强大的嵌入式 SOC 微处理器产品，它采用 Intel Xscale 微结构体系结构，最高主频达 624 MHz；具备 Intel 的无线多媒体扩展技术(Wireless MMX)，能够流畅地运行三维游戏和播放高质量的多媒体及视频文件；PXA270 的 Quick Capture 技术使其能够拍摄高达 400 万像素的图像和视频，并支持低功耗、实时的回放处理；支持 24 位色的 LCD 显示，具有 256 KB 的片上 SRAM 帧缓冲，和 Quick Capture 一起加速了图像的回放；支持 Intel 专用的无线加 Speedstep 动态电源管理技术，使处理器根据系统运行的不同电源状况，自动切换工作频率和电压，从而实现嵌入的、智能的电源管理；此外还具有丰富的外围接口，如 USB Host/Client、USB OTG、4 位的 SDI/O、MMC/SD 卡、CMOS/CCD、OTG、IDE、LAN、Memery Stick、USIM 卡接口、Keypad 控制器等。

PXA270 处理器加入了 wirelessMMX 技术和 Speedstep 动态电源管理技术，不但增强了 PXA270 的媒体处理能力，而且极大地降低了系统功耗，延长便携产品的电池寿命。PXA270 的 Quick Capture 技术最大可支持 400 万像素的 CCD 摄像头，数码摄像功能强大；且具备 3D 加速功能，满足了游戏应用；支持 LAN 接口，可以扩展网络应用。PXA270 处理器作为一款性能强劲的嵌入式处理器，被广泛应用于手机、高端 PDA 等高端便携式手持设备及工业设备中。

下面详细分析 PXA270 处理器的一些特性：

● Wireless MMX。Pentinm's MMX 是一种基于 Intel MMXT 先进的多媒体指令集 MMX 技术，使基于 PXA270 的嵌入式设备在拥有多媒体处理能力的同时，能够最大限度降低系统功耗；另一方面，也有助于软件开发商提供游戏、MPEG4 视频文件及语音识别等应用服务。该款芯片把 X 86 体系结构 Pentium4 系列上的多媒体扩展功能引入到 Xscale 芯片组的产品线中，用户通过该无线多媒体扩展技术(MMX)可以在嵌入式设备上播放高质量的视频，流畅地运行三维游戏。

PXA270 处理器支持无线 MMX 技术。这是一种基于 IntelMMXT 的先进多媒体指令集技术，使基于 PXA270 的嵌入式设备在拥有多媒体处理能力的同时，能够最大限度降低系统功耗；另一方面，由于无线 MMX 类似于桌面处理器的 MMX 技术，因此，针对桌面应用且为 MMX 优化的程序可以很好的运行在 PXA27x 处理器上，并且最终的 MMX 优化方式同桌面 MMX 的优化技术几乎是一样的，这便于程序开发商将很多 PC 上运行的程序移植到基于 PXA270 处理器的系统上来。

● Quick Capture。Quick Capture 作为成像设备与无线设备间的接口，有助于改进图像质量，降低产品整体成本。该项技术包括快速流览、快速拍照和快速视频拍摄 3 种操作模式。该技术使 PXA270 最高可以支持 2048 × 2048 像素分辨率的 400 万像素的图像拍摄和处理，同时具有最高 25 MB/s 的传输和处理速度，使用户能够进行高速实时回放和传输等操作。此外，PXA270 处理器还提供了对扩展 MD 的支持，这种技术允许处理器支持第二个 24 位真彩色的 LCD 屏幕，同时其包括的 256 KB SRAM 帧缓冲使两个屏幕都可以高速正常地显示图像。

● SpeedStep。SpeedStep 技术原用于 Intel 移动处理器。这种技术用通俗的语言表述就是系统需要多高的主频，它就调节到多高的频率，系统不需要时，它就将处理器主频调节到最低，从而降低系统功耗。Speedstep 技术可以智能地切换空闲、待机和深层睡眠 3 种低功耗状态，以提高动态电压管理性能，在保证 CPU 性能的情况下，最大限度地降低嵌入式设备的功耗。

PXA270 处理器支持专用的无线 SpeedStep 技术，这种技术可以使处理器根据系统运行的不同电源状况，自动切换工作频率和电压。虽然之前的 PXA 系列处理器在运行过程中也能够改变处理器的时钟频率，但采用无线 SpeedStep 技术的 PXA270 处理器，却能够结合处理器的工作频率，在 26～624 MHz(最高)之间自由调节，改变电压，实现低电能消耗。也就是说，在系统完全空闲时，PXA270 可以运行在 26 MHz 的主频下，此时它的功耗将低于 0.1 mA。根据 Intel 公司的资料，在启用无线 MMX 和无线 SpeedStep 技术之后可以节省 30%～77%的功耗。

2.2　ARM9 微处理器简介

目前市场上的主流 ARM 处理器基本上都是使用 ARM7 或 ARM9 内核。本书所采用的弋炀公司开发平台使用了基于 ARM9 核心的处理器，因此将重点介绍 Samsung S3C2440 ARM9 处理器。

2.2.1　ARM9 与 ARM7 处理器的比较

与 ARM7TDMI 相比，ARM9TDMI 核将处理器的功能显著提高到更高、更强的水平。ARM9TDMI 也支持 Thumb 指令集，并支持片上调试。最显著的区别是流水线从 3 级增加到 5 级。其实，ARM9 使用 5 级流水线也是受 StrongARM 流水线的启发而设计的，并针对 StrongARM 的某些不足加以改进，从而获得了更好的性能。流水线操作如图 2-4 所示。

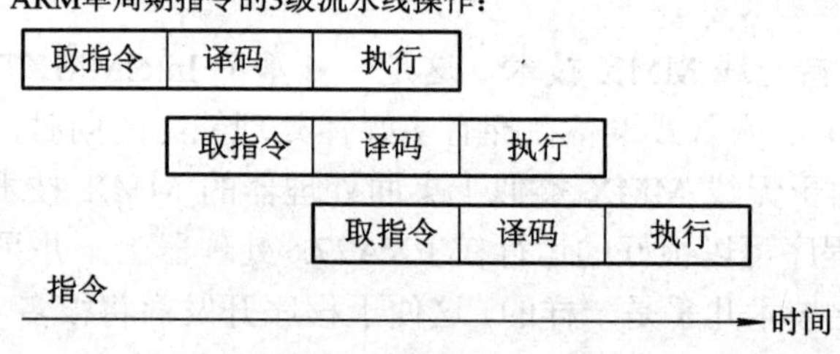

图 2-4　ARM7 的流水线操作

到 ARM7 为止，上述的 3 级流水线性价比很高，随着对性能要求不断提高，使用原有的 3 级流水线无法满足要求，因此 ARM9 处理器使用了 5 级流水线。同时具有分开的指令和数据存储器，减少了在每个时钟周期内必须完成的最大工作，进而允许使用更高的时钟频率。5 级流水线具体如下：

- 取指：从存储器中取出指令，并将其放入指令流水线。
- 译码：对指令进行译码。
- 执行：把一个操作数移位，产生 ALU 的结果。
- 缓冲/数据：如果需要，则访问数据存储器；否则 ALU 的结果只是简单地缓冲一个时钟周期，以便所有的指令具有同样的流水线流程。
- 回写：将指令产生的结果回写到寄存器堆，包括任何从存储器中读取的数据。

图 2-5 比较了 ARM7 的 3 级流水线和 ARM9 的 5 级流水线。该图显示了处理器的主要处理功能如何在增加的流水线之间重新分配，以使时钟频率在相同的工艺下得到提高。

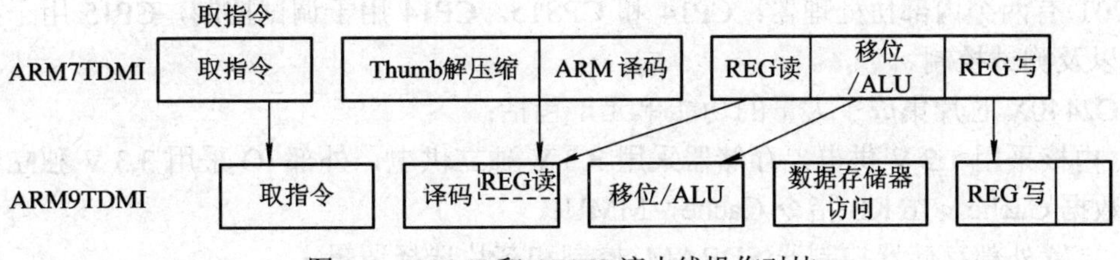

图 2-5　ARM7 和 ARM9 流水线操作对比

2.2.2　三星 S3C2440X ARM9 处理器基础

本书所采用的硬件平台是基于 ARM 体系结构，由陕西弋炀电子科技有限公司开发的 EY-2440-S 实验仪器。EY-2440-S 的 CPU 为 ARM920T 内核的三星 S3C2440 芯片，由于有 MMU 可以运行标准的 ARM-LINUX 内核。EY-2440-S 及相关产品的资料可以访问博创公司的网站 www.eyangtech.com 获得。本书以 UP-NetARM2440-S 为例，详细介绍嵌入式 Linux 的开发过程。

EY-2440-S 开发箱的硬件配置如表 2-4 所示。

表 2-4　UP-NetARM2440-S 的硬件配置

配置名称	型　号	说　明
CPU	ARM920T 结构芯片三星 S3C2440X	工作频率 400 MHz
Flash	SAMSUNG　K9F1208	64 M NAND
SDRAM	HY57V561620AT－H	32 MB × 2 = 64 MB
EtherNet 网卡	CS8900A	10 MB
LCD	A043FL01	4.3 英寸 TFT
触摸屏	利用 S3C2410 芯片内部集成接口	四线电阻
USB 接口	2 个 HOST /1 个 DEVICE	其中一个 HOST 可以用跳线转换成 DEVICE
UART/IrDA	3 个 RS232，1 个 IrDA	一个五线制串口，两个三线制串口
SD 卡	一个 SD 卡接口	
按键	六个独立的按键	可以组合成上、下、左、右、确认、取消等，一个复位按键
LED	4 个独立的 LED	
AUDIO	IIS 总线，UDA1341 芯片	44.1 kHz 音频
CAN BUS	由 MCP2510 和 TJA1050 构成	由扩展接口外接
VGA 接口	由 ADV7120 组成	由液晶接口转换
调试接口	JTAG	20 针

ARM920T 核由 ARM9TDMI、存储管理单元(MMU)和高速缓存三部分组成。其中，MMU 可以管理虚拟内存，高速缓存由独立的 16 KB 地址和 16 KB 数据高速 Cache 组成。ARM920T 有两个内部协处理器：CP14 和 CPS15。CP14 用于调试控制，CP15 用于存储系统控制以及测试控制。

S3C2440X 芯片集成了大量的功能单元，包括：

① 内核采用 1.2 V 供电，存储器采用 3.3 V 独立供电，外部 IO 采用 3.3 V 独立供电，16 KB 数据 Cache，16 KB 指令 Cache，MMU；

② 内置外部存储器控制器(SDRAM 控制和芯片选择逻辑)；

③ LCD 控制器(最高 4K 色 STN 和 256K 彩色 TFT)，一个 LCD 专用 DMA；

④ 4 路带外部请求线的 DMA；

⑤ 3 个通用异步串行端口(IrDA1.0、16-Byte Tx FIFO 和 16-Byte Rx FIFO)，2 通道 SPI；

⑥ 一个多主 IIC 总线，1 个 IIS 总线控制器；

⑦ SD 主接口版本 1.0 和多媒体卡协议版本 2.11 兼容；

⑧ 2 个 USB Host 接口，1 个 USB Device(VER1.1)接口；

⑨ 4 个 PWM 定时器和 1 个内部定时器；

⑩ 看门狗定时器；

⑪ 130 个通用 I/O；

⑫ 24 个外部中断；

⑬ 电源控制模式：标准、慢速、休眠、掉电；

⑭ 8 通道 10 位 ADC 和触摸屏接口；

⑮ 带日历功能的实时时钟；

⑯ 芯片内置 PLL；

⑰ 数码相机接口；

⑱ 设计用于手持设备和通用嵌入式系统；

⑲ 16/32 位 RISC 体系结构，使用 ARM920T CPU 核的强大指令集；

⑳ ARM 带 MMU 的先进的体系结构支持 Windows CE、EPOC32、Linux；

㉑ 指令缓存(Cache)、数据缓存、写缓冲和物理地址 TAG RAM，减小了对主存储器带宽和性能的影响；

㉒ ARM920T CPU 核支持 ARM 调试的体系结构；

㉓ 内部先进的位控制器总线(AMBA2.0，AHB/APB)。

系统管理方面的特点如下：

① 小端/大端支持；

② 地址空间：每个 BANK 为 128 MB(全部 1 GB)；

③ 每个 BANK 可编程数据总线为 8/16/32 位；

④ BANK 0～BANK 6 为固定起始地址；

⑤ BANK 7 可编程 BANK 起始地址和大小；

⑥ 共有 8 个存储器 BANK；

⑦ 6 个存储器 BANK 用于 ROM，SRAM 和其他；

⑧ 2 个存储器 BANK 用于 ROM，SRAM 和同步 DRAM；

⑨ 每个存储器 BANK 可编程存取周期；

⑩ 支持等待信号，用以扩展总线周期；

⑪ 支持 SDRAM 掉电模式下的自刷新；

⑫ 支持不同类型的 ROM，如用于启动 NOR/NAND Flash、EEPROM 和其他。

在时钟方面，该芯片集成了一个具有日历功能的 RTC 和具有 PLL(MPLL 和 UPLL)的芯片时钟发生器。MPLL 产生主时钟，能够使处理器工作频率最高达到 400 MHz。这个工作频率能够使处理器轻松运行于 Wndows CE、 Linux 等操作系统以及进行较为复杂的信息处理。UPLL 产生实现主从 USB 功能的时钟。

S3C2440X 将系统的存储空间分成 8 组(BANK)，每组的大小是 128 MB，共 IGB。BANK0 到 BANK7 的开始地址是固定的， 用于 ROM 或 SRAM。 BANK6 和 BANK7 用于 ROM、SRAM 或 SDRAM，这两个组可编程且大小相同。BANK7 的开始地址是 BANK6 的结束地址，灵活可变。所有内存块的访问周期都可编程。S3C2440X 采用 nGCS[7:0]8 个通用片选信号选择这些组。

S3C2440X 支持从 NAND Flash 启动，NAND Flash 具有容量大、比 NOR Flash 价格低等特点。系统采用 NAND Flash 与 SDRAM 组合，可以获得非常高的性价比。S3C2440X 具有三种启动方式，可通过 OM[1:0]管脚进行选择：

OM[1:0]= 00 时处理器从 NAND Flash 启动；

OM[1:0]= 01 时处理器从 16 位 ROM 启动；

OM[1:0]= 10 时处理器从 32 位 ROM 启动。

用户可以将引导代码和操作系统镜像存放在外部的 NAND Flash 中，并从 NAND Flash 启动。当处理器在这种模式下电复位时，内置的 NAND Flash 将访问控制接口，并将引导代码自动加载到内部 SRAM(此时该 SRAM 定位于起始地址空间 0X00000000，容量为 4 KB)并且运行。之后，SRAM 中的引导程序将操作系统镜像加载到 SDRAM 中，操作系统就能够在 SDRAM 中运行。启动完毕后，4 KB 的启动 SRAM 就可以用于其他用途。如果从其他方式启动，启动 ROM 就要定位于内存的起始地址空间 0x00000000，处理器直接在 ROM 上运行启动程序，而 4 KB 启动 SRAM 被定位于内存地址的 0x40000000 处。

S3C2440X 对于片内的各个部件采用了独立的电源供给方式：内核采用 1.2 V 供电；存储单元采用 3.3 V 独立供电，对于一般 SDRAM 可以采用 3.3 V，对于移动 SDRAM 可以采用 U_{DD} = 1.8/2.5 V；U_{DDQ} = 3.0/3.3 V；I/O 采用独立 3.3 V 供电。

第 3 章　Linux Flash 驱动及应用实例

3.1　Flash 简 介

通常 Flash 只是一个笼统的称呼，准确地说，是非易失随机访问存储器(NVRAM)的俗称，特点是断电后数据不消失，因此可以作为外部存储器使用。Flash 主要分为 Nor 型和 Nand 型两大类。

Nor Flash 有独立的地址线和数据线，但价格较贵，容量较小；Nand Flash 地址线和数据线共用 I/O 线，容量大，成本低廉。近年来，Nand Flash 以其更高的单元存储密度，更低廉的成本，更快的读写速度得到了越来越广泛的应用。

1. Nand Flash 的特点

不同于传统的存储设备，Nand Flash 的基本存储单元不是 bit，而是页(Page)。每一页的有效容量是 512 字节的倍数。所谓的有效容量，是指用于数据存储的部分，实际上还要加上 16 字节的校验信息，我们可以在闪存厂商的技术资料当中看到“(512+16)Byte”的表示方式。

Nand Flash 写入的最小单位是页；写入之前必须先进行擦除操作，擦除的最小单位是块(Block)，通常一个块包含 32 个 512 字节的页，容量为 16 KB。

由于制造工艺等问题，Nand Flash 存在一定数量随机分布的坏块，因此必须对介质进行初始化扫描以发现坏块，将坏块标记为不可用。在实际使用中通常采用错误探测/错误更正(EDC/ECC)算法来保证数据的可靠性。

2. Nand Flash 的规格

Namd Flash 通常采用(512+16)字节的页面容量。大容量的 Nand Flash 则将页容量扩大到(2048+64)字节。

Nand flash 一个块包含 32 个 512 字节的页，容量为 16 KB。大容量 Nand flash 采用 2 KB 页，每个块包含 64 个页，容量为 128 KB。

以 Samsung 的 K9F4G08U0M 为例，

1 Page = (2K + 64)Bytes

1 Block = (2K + 64)B × 64 Pages= (128K + 4K) Bytes

1 Device = (2K+64)B × 64Pages × 4，096 Blocks = 4，224 Mbits = 512 MB

所以这个 Nand Flash 大小就是 512 MB。

3. Nand Flash 操作方式

下面以 Samsung 的 K9F4G08U0M 为例，介绍如何对 Nand Flash 进行读/写操作。其引脚定义及说明如表 3-1 所示。

表 3-1　K9F4G08U0M 引脚定义

引脚名称	引脚功能
I/O_0～I/O_7	数据输入/输出
CLE	指令锁存使能
ALE	地址锁存使能
$\overline{CE}$	芯片使能
$\overline{RE}$	读取使能
$\overline{WE}$	写入使能
$\overline{WP}$	写入保护
$R/\overline{B}$	就绪/繁忙输出
Vcc	电源
Vss	接地
N.C	无连接

特殊引脚：

CLE，使能端，只有使能有效，才能进行后续的操作。

ALE，锁存信号，在发送地址时，要锁住地址总线，才可以操作。

RE/WE，读/写信号，在读/写之前，要对应的引脚有效，才可以进行读/写。

对 Nand Flash 进行“写”操作，其流程如图 3-1 所示。

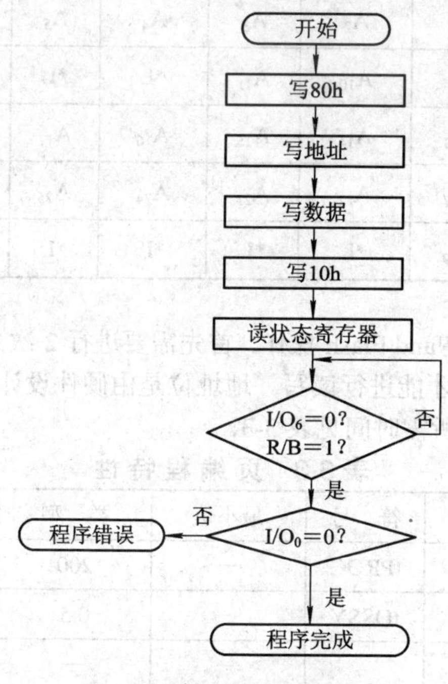

图 3-1　写操作/写编程流程

时序图如图 3-2 所示。

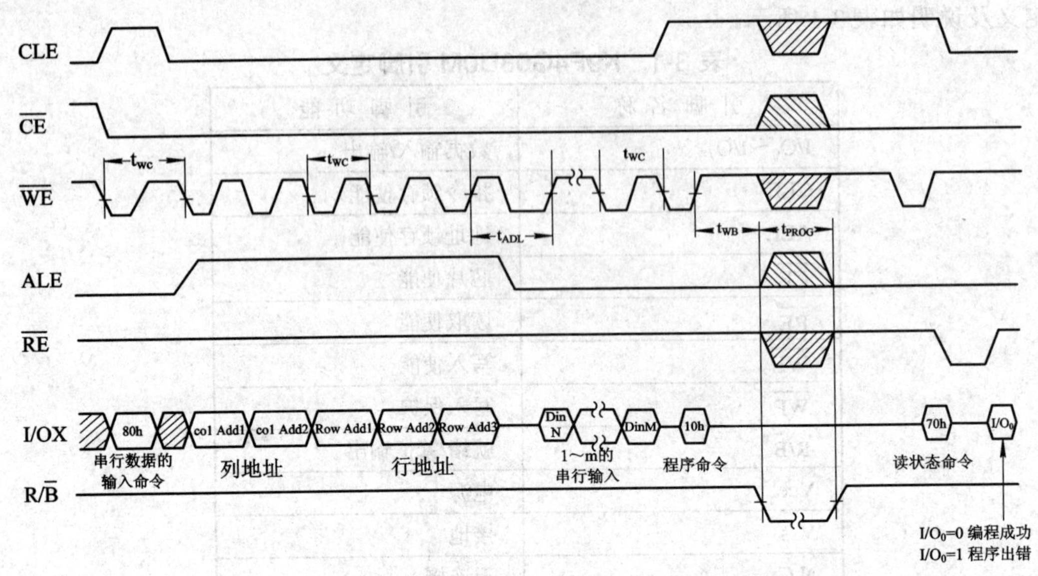

图 3-2　80h 命令含义

由图 3-2 可以看出，80h 是 Page Program 的起点。时序图中的 2 个列地址、3 个行地址、是根据表 3-2 确定的。

表 3-2　命令行列地址

	I/O_0	I/O_1	I/O_2	I/O_3	I/O_4	I/O_5	I/O_6	I/O_7	
第一次循环	A_0	A_1	A_2	A_3	A_4	A_5	A_6	A_7	列地址
第二次循环	A_8	A_9	A_{10}	A_{11}	*L	*L	*L	*L	列地址
第三次循环	A_{12}	A_{13}	A_{14}	A_{15}	A_{16}	A_{17}	A_{18}	A_{19}	行地址
第四次循环	A_{20}	A_{21}	A_{22}	A_{23}	A_{24}	A_{25}	A_{26}	A_{27}	行地址
第五次循环	A_{28}	A_{29}	*L	*L	*L	*L	*L	*L	行地址

如图 3-2 所示，对这个 Nand Flash 操作，首先需要进行 2 次列寻址和 3 次行寻址，然后定位到所要操作的地方页，才能进行读写。地址位是由硬件设计本身确定的。

Nand Flash 的硬件操作所需时间见表 3-3。

表 3-3　页 编 程 特 性

参　数		符　号	最小值	类　型	最大值	单　位
编程时间		tPROG	—	200	700	μs
页面编程的虚拟繁忙时间		tOSSY	—	0.5	1	μs
同一页里部分编程循环的数量	主队列	Nop	—	—	4	cycles
	副队列		—	—	4	cycles
块擦除时间		tBERG	—	1.5	2	ms

表 3-3 可以看出，写一个典型的页需要 200 μs，最大需要 700 μs。驱动开发者只有掌握了这些硬件特性，才能开发出稳定高效的驱动程序，对存储设备进行安全可靠的快速操作。

3.2　S3C2440 Nand Flash 接口硬件及寄存器介绍

3.2.1　S3C2440 Nand Flash 电路介绍

图 3-3 为 Nand Flash 接口电路。其中开关 SW 的 1、2 连接时，R/B 表示准备好/忙；2、3 连接时，nWAIT 可用于增加读/写访问的额外等待周期。在 S3C2440 处理器中已经集成了 Nand Flash 控制器。

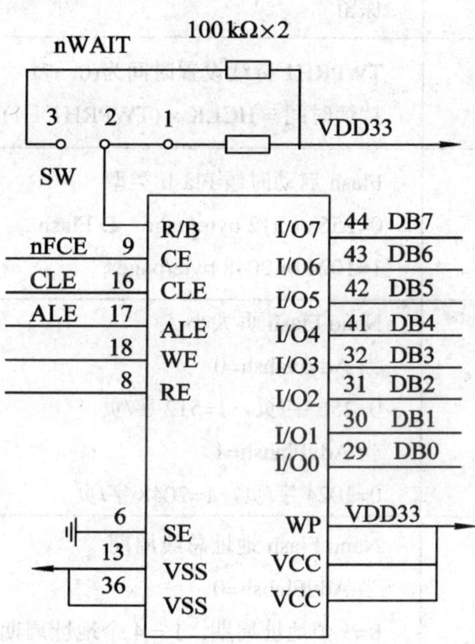

图 3-3　Nand Flash 接口电路

3.2.2　Nand Flash 寄存器介绍

1. Nand Flash 配置寄存器

Nand Flash 配置寄存器各位定义如表 3-4 和表 3-5 所示。

表 3-4　Nand Flash 配置寄存器 1

寄存器	地　址	读/写	描　　述	默认值
NFCONF	0X4E000000	R/W	Nand Flash 配置寄存器	0x0000100x

表 3-5　Nand Flash 配置寄存器位定义

NFCONF	位	描　述	初始状态
保留	[15:14]	保留	—
TACLS	[13:12]	CLE&ALE 持续时间设置的值为(0～7) 持续时间 = HCLK × (TACLS + 1)	01
保留	[11]	保留	0
TWPRH0	[10:8]	TWPRH0 持续设置时间为(0～7) 持续时间 = HCLK × (TWPRH0 + 1)	000
保留	[7]	保留	0
TWPRH1	[6:4]	TWPRH1 持续设置时间为(0～7) 持续时间 = HCLK × (TWPRH1 + 1)	000
AdvFlash	[3]	Flash 启动时候 Flash 类型 0=256 or 512 byte/page　D Flash 1=1024 or 2048 byte/page	H/W Set(NCON0)
PageSize	[2]	Nand Flash 页大小 当 AdvFlahsh=0 0=256 字/页，1=512 字/页 当 AdvFlahsh=1 0=1024 字/页，1=2048 字/页	H/W Set(GPG13)
AddrCycle	[1]	Nand Flash 地址总线周期 当 AdvFlahsh=0 0=3 个地址周期，1 = 4 个地址周期 当 AdvFlahsh=1 0=4 个地址周期，1 = 5 个地址周期	H/W Set GPG14)
BUSWidth	[0]	Nand Flash I/O 总线的宽度 0=8 位，1=16 位	H/W Set(GPG15)

2. Nand Flash 控制寄存器

Nand Flash 控制寄存器各位定义如表 3-6 和表 3-7 所示。

表 3-6　Nand Flash 控制寄存器

寄存器	地　址	读/写	描　　述	默认值
NFCONF	0X4E000004	R/W	Nand Flash 控制寄存器	0x0384

表 3-7　Nand Flash 控制寄存器位定义

NFCONF	位	描　述	初始状态
保留	[14:15]	保留	0
Lock-tight	[13]	Lock-tight 配置 0=禁止 Lock-tight 1=打开 Lock-tight	0
Soft Lock	[12]	Soft Lock 配置	1
保留	[11]	保留	0
EnbIlegalACCINT	[10]	非法中断访问控制使能 1=禁止中断 1=使能中断	0
EnbRnBINT	[9]	状态输入信号传输状态控制中断使能 0=禁止中断 1=使能中断	0
RnB_TransMode	[8]	RnB 传输检测配置 0=上升沿检测 1=下降沿检测	0
保留	[7]	保留	
SPareECCLock	[6]	是否锁定 Spare ared ECC 0=不锁定 1=锁定	1
MainECCLock	[5]	是否锁定 ECC 主数据区 0=不锁定 1=锁定	1
initECC	[4]	初始化 ECC 解码/编码	0
保留	[2:3]	保留	00
Reg_Nce	[1]	Nand Flash nFCE 控制信号 0=强制 nFCE 信号低电平 1=强制 nFCE 信号高电平	1
MODE	[0]	Nand Flash 控制器操作模式 0=Nand Flash 控制器禁止 1=Nand Flash 寄存器打开	0

3. Nand Flash 命令寄存器

Nand Flash 命令寄存器各位定义如表 3-8 和表 3-9 所示。

表 3-8　Nand Flash 命令寄存器

寄存器	地　址	读/写	描　　述	默认值
NFCMMD	0X4E000008	R/W	Nand　Flash 命令寄存器	0x00

表 3-9　Nand Flash 命令寄存器位定义

NFCMMD	位	描　述	初始状态
保留	[15:8]	保留	0x00
NFCMMD	[7:0]	Nand Flash 命令值	0x00

4. Nand Flash 地址寄存器

Nand Flash 地址寄存器各位定义如表 3-10 和表 3-11 所示。

表 3-10　Nand Flash 地址寄存器

寄存器	地　址	读/写	描　　述	默认值
NFADDR	0X4E00000C	R/W	Nand Flash 地址寄存器	0x0000XX00

表 3-11　Nand Flash 地址寄存器位定义

NFADDR	位	描　　述	初始状态
保留	[15:8]	保留	0x00
NFCMMD	[7:0]	Nand Flash 地址值	0x00

5. Nand Flash 数据寄存器

Nand Flash 数据寄存器各位定义如表 3-12 和表 3-13 所示。

表 3-12　Nand Flash 数据寄存器

寄存器	地　址	读/写	描　　述	默认值
NFDATA	0X4E000010	R/W	Nand Flash 数据寄存器	0xXXXX

表 3-13　Nand Flash 数据寄存器位定义

NFADDR	位	描　　述	初始状态
NFDATA	[31:0]	Nand Flash 读/写编程的值	0xXXXX

6. Nand Flash 主数据区寄存器

Nand Flash 主数据区寄存器各位定义如表 3-14 至表 3-16 所示。

表 3-14　Nand Flash 主数据区寄存器

寄存器	地　址	读/写	描　　述	默认值
NFMECCD0	0X4E0000014	R/W	Nand Flash ECC1 和 ECC2 寄存器在主数据区读	0x00
NFMECCD1	0X4E0000018	R/W	Nand Flash ECC3 和 ECC4 寄存器在主数据区读	0x00

表 3-15　Nand Flash 主数据区寄存器位定义

NFMECCD0	位	描　　述	初始状态
ECCData1_1	[31:24]	ECC 2 在 I/O[15:8]	0x00
ECCData1_0	[23:16]	ECC 2 在 I/O[7:0]	0x00
ECCData0_1	[15:8]	ECC 1 在 I/O[15:8]	0x00
ECCData0_0	[7:0]	ECC 1 在 I/O[7:0]	0x00

表 3-16　Nand Flash 主数据寄存器 1 位定义

NFMECCD1	位	描　　述	初始状态
ECCData3_1	[31:24]	ECC 3 在 I/O[15:8]	0x00
ECCData3_0	[23:16]	ECC 3 在 I/O[7:0]	0x00
ECCData2_1	[15:8]	ECC 2 在 I/O[15:8]	0x00
ECCData2_0	[7:0]	ECC 2 在 I/O[7:0]	0x00

7. Nand Flash 备份区寄存器

Nand Flash 备份区寄存器各位定义如表 3-17 和表 3-18 所示。

表 3-17　Nand Flash 备份区寄存器

寄存器	地　址	读/写	描　述	默认值
NFSECCD	0X4E000001C	R/W	Nand Flash ECC(错误校验)寄存器在备份区的读	0x00

表 3-18　Nand Flash 备份区寄存器位定义

NFMECCD0	位	描　述	初始状态
ECCData1_1	[31:24]	ECC 2 在 I/O[15:8]	0x00
ECCData1_0	[23:16]	ECC 2 在 I/O[7:0]	0x00
ECCData0_1	[15:8]	ECC 1 在 I/O[15:8]	0x00
ECCData0_0	[7:0]	ECC 1 在 I/O[7:0]	0x00

8. Nand Flash 控制状态寄存器

Nand Flash 控制状态寄存器各位定义如表 3-19 和表 3-20 所示。

表 3-19　Flash 控制状态寄存器

寄存器	地　址	读/写	描　述	默认值
NFSTAT	0X4E0000020	R/W	Nand Flash 操作状态寄存器	0xXX00

表 3-20　Nand Flash 控制状态寄存器位定义

NFSTAT	位	描　述	初始状态
保留	[7]	保留	0
保留	[4:6]	保留	x
IlleagaAccess	[3]	0：未检测非法访问 1：检测到非法访问	0
RnB_TransDetect	[2]	0：未检测到 RnB 传输 1：检测到 RnB 传输	0
nCE (Read-only)	[1]	nCE 输出管脚状态	1
RnB (Read-only)	[0]	RnB 输出管脚状态 0：Nand　Flash 忙信号 1：Nand　Flash 准备读信号	1

9. Nand Flash Spare ECC 寄存器

Nand Flash Spare ECC 寄存器各位定义如表 3-21 和表 3-22 所示。

表 3-21　Nand Flash SPARE ECC 寄存器

寄存器	地　址	读/写	描　述	默认值
NFSECCD	0X4E000001C	R/W	Nand Flash ECC1 和 ECC2 寄存器在 Spare 数据读	0x00000000

表 3-22　Nand Flash Spare ECC 寄存器

NFMECCD0	位	描　述	初始状态
ECCData1_1	[31:24]	ECC 2 在 I/O[15:8]	0x00
ECCData1_0	[23:16]	ECC 2 在 I/O[7:0]	0x00
ECCData0_1	[15:8]	ECC 1 在 I/O[15:8]	0x00
ECCData0_0	[7:0]	ECC 1 在 I/O[7:0]	0x00

10. ECC 0/1 状态寄存器

ECC 0/1 状态寄存器各位定义如表 3-23～表 3-25 所示。

表 3-23　ECC0/1 状态寄存器

寄存器	地　址	读/写	描　述	默认值
NFESTAT0	0X4E0000024	R/W	Nand Flash ECC1 状态寄存器位 I/O [7:0]	0x00000000
NFESTAT1	0X4E0000028	R/W	Nand Flash ECC1 状态寄存器位 I/O [15:0]	0x00000000

表 3-24　ECC0 状态寄存器位定义

NFESTAT0	位	描　述	初始状态
SErrorDataNo	[24:21]	在备份区，指示数据错误编号	00
SerrorBitNo	[20:18]	在备份区，指示数据错误位	000
MerrorDataNo	[17:7]	在主数据区，指示数据错误编号	0x00
MerrorBitNo	[6:4]	在主数据区，指示数据错误位	000
SpareError	[3:2]	指示备份区数据位是否发生失败或错误发生 00=没有错误，01=1-bit 错误，10=多个错误，11=ECC 区域错误	00
MainError	[1:0]	指示主区数据位是否发生失败或错误发生 00=没有错误，01=1-bit 错误，10=多个错误，11=ECC 区域错误	00

表 3-25　ECC1 状态寄存器位定义

NFESTAT1	位	描　述	初始状态
SErrorDataNo	[24:21]	在备份区，指示数据错误编号	00
SErrorBitNo	[20:18]	在备份区，指示数据错误位	000
MErrorDataNo	[17:7]	在主数据区，指示数据错误编号	0x00
MErrorBitNo	[6:4]	在主数据区，指示数据错误位	000
SpareError	[3:2]	指示备份区数据位是否发生失败或错误发生 00=没有错误，01=1-bit 错误，10=多个错误，11=ECC 区域错误	00
MainError	[1:0]	指示主区数据位是否发生失败或错误发生 00=没有错误，01=1-bit 错误，10=多个错误，11=ECC 区域错误	00

11. 主数据区 ECC 0/1 状态寄存器

主数据区 ECC 0/1 状态寄存器各位定义如表 3-26～表 3-28 所示。

表 3-26　主数据区 ECC 0/1 状态寄存器

寄存器	地　址	读/写	描　述	默认值
NFMECC0	0X4E000002C	R	Nand Flash ECC 寄存器 data[7:0]	0xXXXXXX
NFMECC1	0X4E0000030	R	Nand Flash ECC 寄存器 data[15:8]	0xXXXXXX

表 3-27　主数据区 0 状态寄存器位定义

NFMECC0	位	描　述	初始状态
MECC0_3	[31:24]	ECC3 数据 data[7:0]	0xXX
MECC0_2	[23:16]	ECC2 数据 data[7:0]	0xXX
MECC0_1	[15:8]	ECC1 数据 data[7:0]	0xXX
MECC0_0	[7:0]	ECC0 数据 data[7:0]	0xXX

表 3-28　主数据区 1 状态寄存器位定义

NFMECC1	位	描　述	初始状态
MECC1_3	[31:24]	ECC3 数据 data[15:8]	0xXX
MECC1_2	[23:16]	ECC2 数据 data[15:8]	0xXX
MECC1_1	[15:8]	ECC1 数据 data[15:8]	0xXX
MECC1_0	[7:0]	ECC0 数据 data[15:8]	0xXX

12. 备份区 ECC 状态寄存器

备份区 ECC 状态寄存器各位定义如表 3-29 和表 3-30 所示。

表 3-29　备份区 ECC 状态寄存器

寄存器	地　址	读/写	描　述	默认值
NFSECC0	0X4E0000034	R	Nand Flash ECC 寄存器 I/O[15:0]	0xXXXXXX

表 3-30　备份区 ECC 状态寄存器位定义

NFSECC	位	描　述	初始状态
SECC1_1	[31:24]	备份区 ECC1 I/O 状态 I/O[15:8]	0xXX
SECC1_0	[23:16]	备份区 ECC0 I/O 状态 I/O[15::8]	0xXX
SECC1_1	[15:8]	备份区 ECC1 I/O 状态 I/O[7:0]	0xXX
SECC1_0	[7:0]	备份区 ECC0 I/O 状态 I/O[7:0]	0xXX

13. 块地址寄存器

块地址寄存器各位定义如表 3-31 和表 3-32 所示。

表 3-31　块地址寄存器

寄存器	地　址	读/写	描　述	默认值
NFSBLK	0X4E0000038	R	Nand Flash 编程块起始地址	0x000000
NFEBLK	0X4E000003C	R	Nand Flash 编程块结束地址	0x000000

表 3-32　块地址寄存器位定义

NFSBLK	位	描　述	初始状态
SBLK_ADDR2	[23:16]	在块擦出操作中块地址第三部分	0x00
SBLK_ADDR1	[15:8]	在块擦出操作中块地址第二部分	0x00
SBLK_ADDR0	[7:0]	在块擦出操作中块地址第一部分	0x00

3.3　S3C2440 Flash 控制器驱动程序分析

3.3.1　寄存器地址和功能定义

S3C2440 Flash 控制器相关寄存器地址及初始值定义如下：

```
#define S3C2410_NFREG(x) (x)
#define S3C2410_NFCONF    S3C2410_NFREG(0x00)
#define S3C2410_NFCMD     S3C2410_NFREG(0x04)
#define S3C2410_NFADDR    S3C2410_NFREG(0x08)
#define S3C2410_NFDATA    S3C2410_NFREG(0x0C)
#define S3C2410_NFSTAT    S3C2410_NFREG(0x10)
#define S3C2410_NFECC     S3C2410_NFREG(0x14)
#define S3C2440_NFCONT    S3C2410_NFREG(0x04)
#define S3C2440_NFCMD     S3C2410_NFREG(0x08)
#define S3C2440_NFADDR    S3C2410_NFREG(0x0C)
#define S3C2440_NFDATA    S3C2410_NFREG(0x10)
#define S3C2440_NFECCD0  S3C2410_NFREG(0x14)
#define S3C2440_NFECCD1  S3C2410_NFREG(0x18)
#define S3C2440_NFECCD   S3C2410_NFREG(0x1C)
#define S3C2440_NFSTAT    S3C2410_NFREG(0x20)
#define S3C2440_NFESTAT0 S3C2410_NFREG(0x24)
#define S3C2440_NFESTAT1 S3C2410_NFREG(0x28)
#define S3C2440_NFMECC0  S3C2410_NFREG(0x2C)
#define S3C2440_NFMECC1 S3C2410_NFREG(0x30)
#define S3C2440_NFSECC    S3C2410_NFREG(0x34)
#define S3C2440_NFSBLK    S3C2410_NFREG(0x38)
#define S3C2440_NFEBLK    S3C2410_NFREG(0x3C)
#define S3C2410_NFCONF_EN              (1<<15)
#define S3C2410_NFCONF_512BYTE         (1<<14)
#define S3C2410_NFCONF_4STEP           (1<<13)
#define S3C2410_NFCONF_INITECC         (1<<12)
#define S3C2410_NFCONF_nFCE            (1<<11)
#define S3C2410_NFCONF_TACLS(x)        ((x)<<8)
#define S3C2410_NFCONF_TWRPH0(x)       ((x)<<4)
#define S3C2410_NFCONF_TWRPH1(x)       ((x)<<0)
#define S3C2410_NFSTAT_BUSY            (1<<0)
#define S3C2440_NFCONF_BUSWIDTH_8  (0<<0)
```

```
#define S3C2440_NFCONF_BUSWIDTH_16 (1<<0)
#define S3C2440_NFCONF_ADVFLASH     (1<<3)
#define S3C2440_NFCONF_TACLS(x)     ((x)<<12)
#define S3C2440_NFCONF_TWRPH0(x)    ((x)<<8)
#define S3C2440_NFCONF_TWRPH1(x)    ((x)<<4)

#define S3C2440_NFCONT_LOCKTIGHT        (1<<13)
#define S3C2440_NFCONT_SOFTLOCK         (1<<12)
#define S3C2440_NFCONT_ILLEGALACC_EN    (1<<10)
#define S3C2440_NFCONT_RNBINT_EN        (1<<9)
#define S3C2440_NFCONT_RN_FALLING       (1<<8)
#define S3C2440_NFCONT_SPARE_ECCLOCK    (1<<6)
#define S3C2440_NFCONT_MAIN_ECCLOCK     (1<<5)
#define S3C2440_NFCONT_INITECC          (1<<4)
#define S3C2440_NFCONT_nFCE             (1<<1)
#define S3C2440_NFCONT_ENABLE           (1<<0)
#define S3C2440_NFSTAT_READY            (1<<0)
#define S3C2440_NFSTAT_nCE              (1<<1)
#define S3C2440_NFSTAT_RnB_CHANGE       (1<<2)
#define S3C2440_NFSTAT_ILLEGAL_ACCESS   (1<<3)

#endif /*__ASM_ARM_REGS_NAND   */
```

3.3.2 数据结构和变量描述

相关数据结构关系如图 3-4 所示。

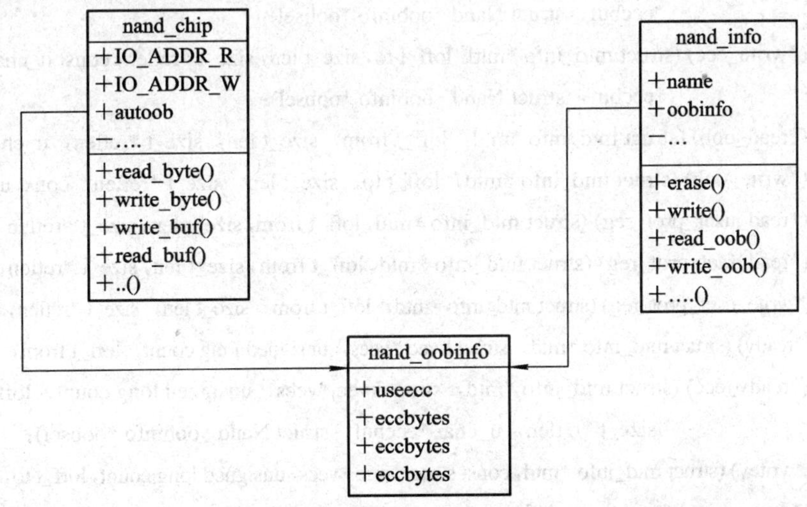

图 3-4　相关数据结构图

1. 结构体 struct mtd_info

用于描述 MTD 原始设备的数据结构是 mtd_info，这其中定义了大量的关于 MTD 的数据和操作函数。代码描述如下：

```
struct mtd_info
{
    u_char type;                    // MTD 设备的类型
    u_int32_t flags;                // 标志位
    u_int32_t size;                 // MTD 总共尺寸
    u_int32_t erasesize;            // 擦写尺寸
    u_int32_t oobblock;             // oob 块大小
    u_int32_t oobsize;              // oob 特别数据大小
    u_int32_t oobavail;             // Number of bytes in OOB area available for fs
    u_int32_t ecctype;
    u_int32_t eccsize;
    char *name;
    int index;
    struct Nand _oobinfo oobinfo;
    int numeraseregions;
    struct mtd_erase_region_info *eraseregions;
    int(*erase) (struct mtd_info *mtd, struct erase_info *instr);
    int(*point) (struct mtd_info *mtd, loff_t from, size_t len, size_t *retlen, u_char **mtdbuf);
    void(*unpoint) (struct mtd_info *mtd, u_char * addr, loff_t from, size_t len);
    int(*read) (struct mtd_info *mtd, loff_t from, size_t len, size_t *retlen, u_char *buf);
    int(*write) (struct mtd_info *mtd, loff_t to, size_t len, size_t *retlen, const u_char *buf);
    int(*read_ecc) (struct mtd_info *mtd, loff_t from, size_t len, size_t *retlen, u_char *buf, u_char
                *eccbuf, struct Nand _oobinfo *oobsel);
    int(*write_ecc) (struct mtd_info *mtd, loff_t to, size_t len, size_t *retlen, const u_char *buf, u_char
                *eccbuf, struct Nand _oobinfo *oobsel);
    int(*read_oob) (struct mtd_info *mtd, loff_t from, size_t len, size_t *retlen, u_char *buf);
    int(*write_oob) (struct mtd_info *mtd, loff_t to, size_t len, size_t *retlen, const u_char *buf);
    int(*read_user_prot_reg) (struct mtd_info *mtd, loff_t from, size_t len, size_t *retlen, u_char *buf);
    int(*read_fact_prot_reg) (struct mtd_info *mtd, loff_t from, size_t len, size_t *retlen, u_char *buf);
    int(*write_user_prot_reg) (struct mtd_info *mtd, loff_t from, size_t len, size_t *retlen, u_char *buf);
    int(*readv) (struct mtd_info *mtd, struct kvec *vecs, unsigned long count, loff_t from, size_t *retlen);
    int(*readv_ecc) (struct mtd_info *mtd, struct kvec *vecs, unsigned long count, loff_t from,
                size_t *retlen, u_char *eccbuf, struct Nand _oobinfo *oobsel);
    int(*writev) (struct mtd_info *mtd, const struct kvec *vecs, unsigned long count, loff_t to, size_t *retlen);
    int(*writev_ecc) (struct mtd_info*mtd, const struct kvec*vecs, unsigned long count, loff_t to,
                size_t *retlen, u_char *eccbuf, struct Nand _oobinfo *oobsel);
```

```
    /* Sync */
    void (*sync) (struct mtd_info *mtd);
    int (*lock) (struct mtd_info *mtd, loff_t ofs, size_t len);
    int (*unlock) (struct mtd_info *mtd, loff_t ofs, size_t len);
    int (*suspend) (struct mtd_info *mtd);
    void (*resume) (struct mtd_info *mtd);
    int (*block_isbad) (struct mtd_info *mtd, loff_t ofs);
    int (*block_markbad) (struct mtd_info *mtd, loff_t ofs);
    void *priv;
    struct module *owner;
    int usecount;
}
```

2. 结构体 struct Nand _chip

该结构体用来描述芯片参数的结构，代码描述如下：

```
struct Nand _chip
{
   void__iomem *IO_ADDR_R;
   void__iomem *IO_ADDR_W;
   u_char (*read_byte)(struct mtd_info *mtd);
   void (*write_byte)(struct mtd_info *mtd, u_char byte);
   u16 (*read_word)(struct mtd_info *mtd);
   void (*write_word)(struct mtd_info *mtd, u16 word);
   void (*write_buf)(struct mtd_info *mtd, const u_char *buf, int len);
   void (*read_buf)(struct mtd_info *mtd, u_char *buf, int len);
   int (*verify_buf)(struct mtd_info *mtd, const u_char *buf, int len);
   void (*select_chip)(struct mtd_info *mtd, int chip);
   int (*block_bad)(struct mtd_info *mtd, loff_t ofs, int getchip);
   int (*block_markbad)(struct mtd_info *mtd, loff_t ofs);
   void (*hwcontrol)(struct mtd_info *mtd, int cmd);
   int (*dev_ready)(struct mtd_info *mtd);
   void (*cmdfunc)(struct mtd_info *mtd, unsigned command, int column, int page_addr);
   int (*waitfunc)(struct mtd_info *mtd, struct Nand _chip *this, int state);
   int (*calculate_ecc)(struct mtd_info*mtd, const u_char*dat, u_char *ecc_code);
   int (*correct_data)(struct mtd_info *mtd, u_char *dat, u_char *read_ecc, u_char *calc_ecc);
   void (*enable_hwecc)(struct mtd_info *mtd, int mode);
   void (*erase_cmd)(struct mtd_info *mtd, int page);
   int (*scan_bbt)(struct mtd_info *mtd);
   int    eccmode;
   int    eccsize;
```

```
    int    eccbytes;
    int    eccsteps;
    int    chip_delay;
    #if 0
      spinlock_t          chip_lock;
      wait_queue_head_t wq;
      Nand _state_t       state;
    #endif
    Int    page_shift;
    int    phys_erase_shift;
    int    bbt_erase_shift;
    int    chip_shift;
    u_char    *data_buf;
    u_char    *oob_buf;
    int    oobdirty;
    u_char    *data_poi;
    unsigned int    options;
    int    badblockpos;
    int    numchips;
    unsigned long     chipsize;
    int    pagemask;
    int    pagebuf;
    struct Nand _oobinfo          *autooob;
    uint8_t        *bbt;
    struct Nand _bbt_descr        *bbt_td;
    struct Nand _bbt_descr        *bbt_md;
    struct Nand _bbt_descr        *badblock_pattern;
    struct Nand _hw_control       *controller;
    void    *priv;
  };
```

3. 结构体 Nand _flash_dev

该结构体代码描述如下：

```
struct Nand _flash_dev
{
    int model_id;
    int chipshift;
    char pageshift;
    char blockshift;
    char zoneshift;                    /* 1<<zs blocks in a zone */
```

```
    /* # of logical blocks is 125/128 of this */
    char pageadrlen;            /* length of an address in bytes - 1 */
};
```

4. mtdblock_tr 变量

该结构体定义了 mtd 设备的相关操作，代码描述如下：

```
static struct mtd_blktrans_ops mtdblock_tr = {
    .name      = "mtdblock",
    .major     = 31,
    .part_bits = 0,
    .open      = mtdblock_open,
    .flush     = mtdblock_flush,
    .release   = mtdblock_release,
    .readsect  = mtdblock_readsect,
    .writesect= mtdblock_writesect,
    .add_mtd = mtdblock_add_mtd,
    .remove_dev= mtdblock_remove_dev,
    .owner= THIS_MODULE,
};
```

5. s3c2410_Nand _driver mtdblock_tr 变量

```
static struct platform_driver s3c2410_Nand _driver = {
    .probe     = s3c2410_Nand _probe,
    .remove    = s3c2410_Nand _remove,
    .suspend   = s3c24xx_Nand _suspend,
    .resume    = s3c24xx_Nand _resume,
    .driver= {
        .name       = "s3c2410-Nand ",
        .owner = THIS_MODULE,
    },
};
```

3.3.3　主要函数描述

Nand 设备驱动结构如图 3-5 所示。

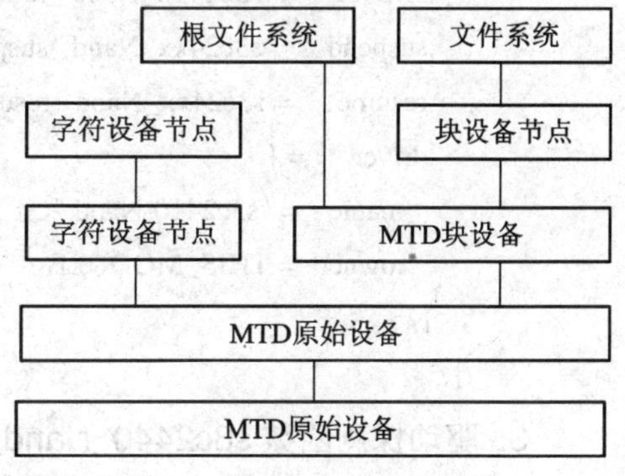

图 3-5　Nand 设备驱动结构

1. Nand 设备及资源的定义注册

通过 MACHINE_START 定义了 smdk2410 的 machine_desc 对象，这个对象里有一个 init_machine 的函数指针，这里指向 smdk_machine_init()，Nand 设备就是在这个函数里注册到系统的。该代码描述如下：

```
void_init smdk_machine_init(void)
{
  ….
  s3c_device_Nand .dev.platform_data = &smdk_Nand _info;
  //注册设备到系统中
  platform_add_device(smdk_devs, ARRAY_SIZE(smdk_devs));
  …
}
Static struct platform_device __initdata *smdk_devs[] =
{
  &s3c_device_Nand ,      //这样在上面的函数里我们的 Nand 设备就注册好了。
  ...
}
```

2. 系统初始化函数

系统初始化函数代码描述如下：

```
static int_init s3c2410_Nand _init(void)
{
  printk("S3C24XX Nand   Driver,   (c) 2004 Simtec Electronics\n");
  platform_driver_register(&s3c2412_Nand _driver);    /*注册 Nand 驱动*/
  platform_driver_register(&s3c2440_Nand _driver);    /*注册 Nand 驱动*/
  return platform_driver_register(&s3c2410_Nand _driver);    /*注册 Nand 驱动*/
}
```

在前面注册了 2 个驱动程序，但在系统 probe 时只会匹配到 s3c2410_Nand_driver 的驱动，因为各个驱动的名字是不一样的，而系统是按照名字来 probe 的。

```
static struct platform_driver s3c2410_Nand _driver = {
  .probe      = s3c2410_Nand _probe,
  .remove     = s3c2410_Nand _remove,
  .suspend    = s3c24xx_Nand _suspend,
  .resume     = s3c24xx_Nand _resume,
  .driver     = {
    .name   = "s3c2410-Nand ",    /*这里的名字一定要与设备定义的名字相同*/
    .owner  = THIS_MODULE,
  },
};
```

3. 驱动探测函数 s3c2440_Nand_probe()

驱动探测函数 s3c2440_Nand _probe()最终调用 s3c24xx_Nand_probe()函数，调用开始时得到 Nand 详细信息，获取用于 Nand 的时钟，请求指定 memory 区域，确定虚实地址映射后初始化 Nand 设备及 Nand chip 实例，不确定时卸载驱动。其流程如图 3-6 所示。

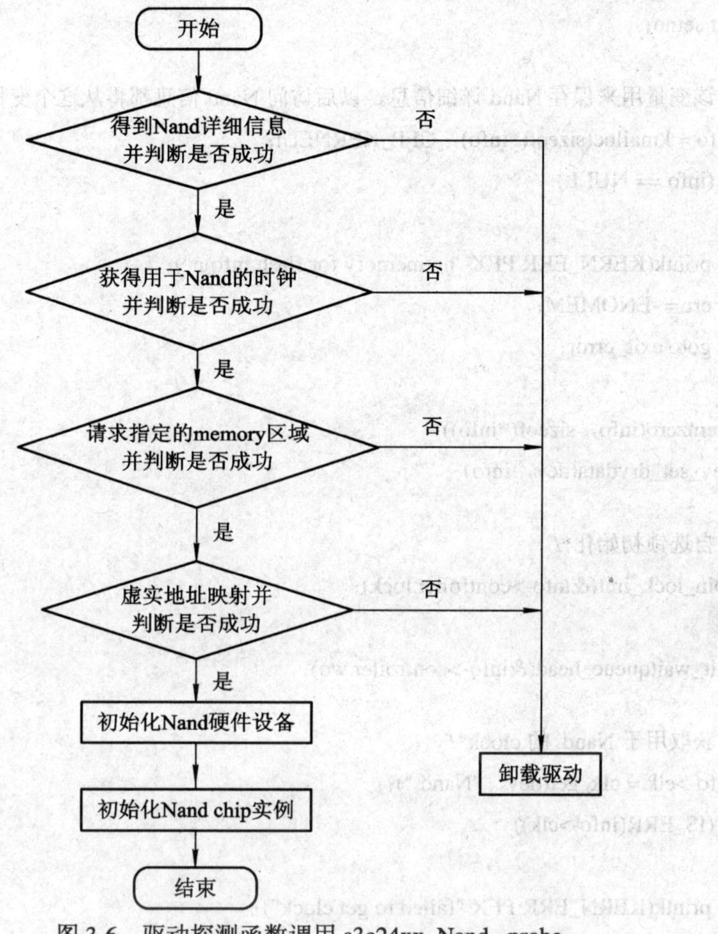

图 3-6　驱动探测函数调用 s3c24xx_Nand _probe

代码描述如下：

```
static int s3c2440_Nand _probe(struct device *dev)
{
   return s3c24xx_Nand _probe(dev, 1);
}
static int s3c24xx_Nand _probe(struct device *dev, int is_s3c2440)
{
   struct platform_device *pdev = to_platform_device(dev);
   struct s3c2410_platform_Nand    *plat = to_Nand _plat(dev);
   struct s3c2410_Nand _info *info;
   struct s3c2410_Nand _mtd *nmtd;
   struct s3c2410_Nand _set *sets;
   struct resource *res;
   int err = 0;
   int size;
   int nr_sets;
```

```
int setno;

/*该变量用来保存 Nand 详细信息，以后访问 Nand 信息都将从这个变量里得到*/
info = kmalloc(sizeof(*info), GFP_KERNEL);
if (info == NULL)
{
   printk(KERN_ERR PFX "no memory for flash info\n");
   err = -ENOMEM;
   goto exit_error;
}
memzero(info, sizeof(*info));
dev_set_drvdata(dev, info);

/*自选锁初始化*/
spin_lock_init(&info->controller.lock);

init_waitqueue_head(&info->controller.wq);

/*获取用于 Nand 的 clock*/
info->clk = clk_get(dev, "Nand ");
if (IS_ERR(info->clk))
{
   printk(KERN_ERR PFX "failed to get clock");
   err = -ENOENT;
   goto exit_error;
}

clk_use(info->clk);
clk_enable(info->clk);

 /*请求指定的 memory 区域，实际上是 Nand 的寄存器区域，这是物理内存，实际上只是检测
 该区域是否空闲的*/
res = pdev->resource;
size = res->end - res->start + 1;

info->area = request_mem_region(res->start, size, pdev->name);
if (info->area == NULL)
{
   printk(KERN_ERR PFX "cannot reserve register region\n");
   err = -ENOENT;
```

```
    goto exit_error;
  }

  /*虚实地址映射，以后程序里就可以直接访问 Nand 的寄存器了*/
  info->device        = dev;
  info->platform      = plat;
  info->regs          = ioremap(res->start, size);
  info->is_s3c2440  = is_s3c2440;

  if (info->regs == NULL)
  {
    printk(KERN_ERR PFX "cannot reserve register region\n");
    err = -EIO;
    goto exit_error;
  }

  /*初始化 Nand 硬件设备*/
  err = s3c2410_Nand _inithw(info, dev);
  if (err != 0)
  goto exit_error;
  sets = (plat != NULL) ? plat->sets : NULL;
  nr_sets = (plat != NULL) ? plat->nr_sets : 1;
  info->mtd_count = nr_sets;

  size = nr_sets * sizeof(*info->mtds);
  info->mtds = kmalloc(size, GFP_KERNEL);
  if (info->mtds == NULL)
  {
    printk(KERN_ERR PFX "failed to allocate mtd storage\n");
    err = -ENOMEM;
    goto exit_error;
  }

  memzero(info->mtds,  size);
  /*初始化所有可能的芯片*/
  nmtd = info->mtds;
  for (setno = 0;  setno < nr_sets;  setno++, nmtd++)
  {
     pr_debug("initialising set %d (%p, info%p)\n", setno, nmtd, info);
```

```
        /*初始化 Nand chip 实例*/
        s3c2410_Nand_init_chip(info, nmtd, sets);
        nmtd->scan_res = Nand_scan(&nmtd->mtd, (sets) ? sets->nr_chips : 1);
        if (nmtd->scan_res == 0)
        {
            s3c2410_Nand _add_partition(info, nmtd, sets);
        }
        if (sets != NULL)
            sets++;
    }
    pr_debug("initialised ok\n");
    return 0;
    exit_error:
    s3c2410_Nand _remove(dev);
    if (err == 0)
        err = -EINVAL;
    return err;
}
```

4. 芯片初始化函数 s3c2410_Nand_init_chip()

Nand_chip 是 Nand Flash 的核心数据结构体，这个结构体的成员函数直接对应有 Nand flash 的底层操作，针对具体的 Nand Flash 控制器，驱动中初始化了 write_buf()、read_buf()、select_chip()、chinp_deay()以及几个 ECC 相关的成员函数。其流程如图 3-7 所示。

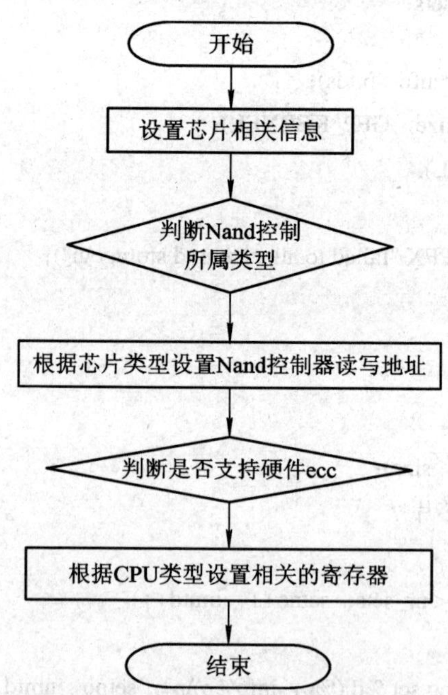

图 3-7　芯片初始化函数 s3c2410_Nand _init_chip 流程

代码描述如下：

```
static void s3c2410_Nand _init_chip(struct s3c2410_Nand_info *info,
                                    struct s3c2410_Nand _mtd *nmtd,
                                    struct s3c2410_Nand _set *set)
{
    /*设置芯片相关信息*/
    struct Nand _chip *chip = &nmtd->chip;
    chip->IO_ADDR_R= info->regs + S3C2410_NFDATA;
    chip->IO_ADDR_W= info->regs + S3C2410_NFDATA;
    chip->hwcontrol = s3c2410_Nand _hwcontrol;
    chip->dev_ready = s3c2410_Nand _devready;
    chip->write_buf = s3c2410_Nand _write_buf;
    chip->read_buf = s3c2410_Nand _read_buf;
    chip->select_chip = s3c2410_Nand _select_chip;
    chip->chip_delay = 50;
    chip->priv = nmtd;
    chip->options = 0;
    chip->controller = &info->controller;
    switch (info->cpu_type)
    {
      case TYPE_S3C2410:
          chip->IO_ADDR_W = regs + S3C2410_NFDATA;
          info->sel_reg   = regs + S3C2410_NFCONF;
          info->sel_bit   = S3C2410_NFCONF_nFCE;
          chip->cmd_ctrl  = s3c2410_Nand _hwcontrol;
          chip->dev_ready = s3c2410_Nand _devready;
      break;
      case TYPE_S3C2440:
          chip->IO_ADDR_W = regs + S3C2440_NFDATA;
          info->sel_reg   = regs + S3C2440_NFCONT;
          info->sel_bit   = S3C2440_NFCONT_nFCE;
          chip->cmd_ctrl  = s3c2440_Nand _hwcontrol;
          chip->dev_ready = s3c2440_Nand _devready;
      break;
      case TYPE_S3C2412:
          chip->IO_ADDR_W = regs + S3C2440_NFDATA;
          info->sel_reg   = regs + S3C2440_NFCONT;
          info->sel_bit   = S3C2412_NFCONT_nFCE0;
          chip->cmd_ctrl  = s3c2440_Nand _hwcontrol;
```

```
            chip->dev_ready = s3c2412_Nand _devready;
            if (readl(regs + S3C2410_NFCONF) & S3C2412_NFCONF_NAND BOOT)
                dev_info(info->device, "System booted from NAND \n");
        break;
    }
    chip->IO_ADDR_R = chip->IO_ADDR_W;
    nmtd->info      = info;
    nmtd->mtd.priv      = chip;
    nmtd->mtd.owner     = THIS_MODULE;
    nmtd->set       = set;
    if (hardware_ecc)
    {
        chip->ecc.calculate = s3c2410_Nand _calculate_ecc;
        chip->ecc.correct   = s3c2410_Nand _correct_data;
        chip->ecc.mode      = NAND _ECC_HW;
        chip->ecc.size      = 512;
        chip->ecc.bytes     = 3;
        chip->ecc.layout    = &Nand _hw_eccoob;
        switch (info->cpu_type)
        {
            case TYPE_S3C2410:
                chip->ecc.hwctl     = s3c2410_Nand _enable_hwecc;
                chip->ecc.calculate = s3c2410_Nand _calculate_ecc;
            break;
            case TYPE_S3C2412:
            case TYPE_S3C2440:
                chip->ecc.hwctl     = s3c2440_Nand _enable_hwecc;
                chip->ecc.calculate = s3c2440_Nand _calculate_ecc;
            break;
        }
    }
    else
    {
        chip->ecc.mode      = NAND _ECC_SOFT;
    }
    nmtd->info      = info;
    nmtd->mtd.priv      = chip;
    nmtd->set       = set;
```

```
if (hardware_ecc)
{
    chip->correct_data = s3c2410_Nand _correct_data;
    chip->enable_hwecc = s3c2410_Nand _enable_hwecc;
    chip->calculate_ecc = s3c2410_Nand _calculate_ecc;
    chip->eccmode        = NAND _ECC_HW3_512;
    chip->autooob          = &Nand _hw_eccoob;

    if (info->is_s3c2440)
    {
        chip->enable_hwecc   = s3c2440_Nand _enable_hwecc;
        chip->calculate_ecc = s3c2440_Nand _calculate_ecc;
    }
}
else
{
    chip->eccmode          = NAND _ECC_NONE;  //SOFT BEFORE
}
#if 0
{
    _u32 chip_id;
    printk("NF_CONF is 0x%lx\n", readl(info->regs + S3C2410_NFCONF));
    chip->select_chip(&nmtd->mtd, 0);
    chip->hwcontrol(&nmtd->mtd, NAND _CTL_SETCLE);
    printk("NF_CONT is 0x%lx\n", readl(info->regs + S3C2440_NFCONT));
    chip->hwcontrol(&nmtd->mtd, NAND _CTL_SETNCE);
    writeb(0x90,   chip->IO_ADDR_W);
    chip->hwcontrol(&nmtd->mtd, NAND _CTL_CLRCLE);
    chip->hwcontrol(&nmtd->mtd, NAND _CTL_SETALE);
    writeb(0x00, chip->IO_ADDR_W);
    chip->hwcontrol(&nmtd->mtd, NAND _CTL_CLRALE);
    udelay(10);
    chip_id = readb(chip->IO_ADDR_R) << 8;
    chip_id |= readb(chip->IO_ADDR_R);
    chip->hwcontrol(&nmtd->mtd, NAND _CTL_CLRNCE);
    chip->select_chip(&nmtd->mtd, -1);
    printk("NF_CONT is 0x%lx\n", readl(info->regs + S3C2440_NFCONT));
    printk("NAND   chip ID is 0x%x\n", chip_id);
```

```
    }
    #endif
}
```

5. Nand 控制器的初始化函数 s3c2410_Nand_inithw()

s3c2410_Nand_inithw()函数完成 Nand 控制器的初始化，代码描述如下：

```
static int s3c2410_Nand_inithw(struct s3c2410_Nand _info *info,
                struct platform_device *pdev)
{
    struct s3c2410_platform_Nand    *plat = to_Nand _plat(pdev);
    unsigned long clkrate = clk_get_rate(info->clk);    /*Nand 时钟主频*/
    int tacls_max = (info->cpu_type == TYPE_S3C2412) ? 8 : 4;
    int tacls,  twrph0,  twrph1;
    unsigned long cfg = 0;

    clkrate /= 1000;    /* turn clock into kHz for ease of use */

    /*计算各时钟频率，这些时钟参数可参考 2410 的 datasheet*/
    if (plat != NULL)
    {
      tacls = s3c_Nand _calc_rate(plat->tacls,  clkrate,  tacls_max);
      twrph0 = s3c_Nand _calc_rate(plat->twrph0,  clkrate,  8);
      twrph1 = s3c_Nand _calc_rate(plat->twrph1,  clkrate,  8);
    }
    else
    {
      /* default timings */
      tacls = tacls_max;
      twrph0 = 8;
      twrph1 = 8;
    }

    if (tacls < 0 || twrph0 < 0 || twrph1 < 0)
    {
      dev_err(info->device,   "cannot get suitable timings\n");
      return -EINVAL;
    }

    dev_info(info->device,  "Tacls=%d,  %dns Twrph0=%d %dns,  Twrph1=%d %dns\n",
```

```
            tacls, to_ns(tacls, clkrate), twrph0, to_ns(twrph0, clkrate), twrph1, to_ns(twrph1,  clkrate));

    switch (info->cpu_type)
    {
      case TYPE_S3C2410:
        cfg = S3C2410_NFCONF_EN;     /*使能*/
        cfg |= S3C2410_NFCONF_TACLS(tacls - 1);
        cfg |= S3C2410_NFCONF_TWRPH0(twrph0 - 1);
        cfg |= S3C2410_NFCONF_TWRPH1(twrph1 - 1);
      break;

      case TYPE_S3C2440:
      case TYPE_S3C2412:
        cfg = S3C2440_NFCONF_TACLS(tacls - 1);
        cfg |= S3C2440_NFCONF_TWRPH0(twrph0 - 1);
        cfg |= S3C2440_NFCONF_TWRPH1(twrph1 - 1);

      /* enable the controller and de-assert nFCE */

      writel(S3C2440_NFCONT_ENABLE,  info->regs + S3C2440_NFCONT);
    }
    dev_dbg(info->device,  "NF_CONF is 0x%lx\n",  cfg);

    /*把使能参数，时钟参数设到寄存器 NFCONF 里*/
    writel(cfg,  info->regs + S3C2410_NFCONF);
    return 0;
  }
```

6. Nand 命令处理函数 Nand_command()

Nand_command()函数主要处理 Nand 相关的一些命令，代码描述如下：

```
  static void Nand_command (struct mtd_info *mtd,  unsigned command,  int column,  int page_addr)
  {
    register struct Nand _chip *this = mtd->priv;
    this->hwcontrol(mtd,  NAND _CTL_SETCLE);  //选择写入 S3C2410_NFCMD 寄存器
    /* Write out the command to the device.*/
    if (command == NAND _CMD_SEQIN)
    {
      int readcmd;
      if (column >= mtd->oobblock)
      {           //读/写位置超出 512，读 oob_data
```

```
        /* OOB area */
        column -= mtd->oobblock;
        readcmd = NAND _CMD_READOOB;
      }
      else if (column < 256)
      {
        //读/写位置在前 512，使用 read0 命令
        /* First 256 bytes --> READ0 */
        readcmd = NAND _CMD_READ0;
      }
      else
      {
        //读/写位置在后 512，使用 read1 命令
        column -= 256;
        readcmd = NAND _CMD_READ1;
      }
      this->write_byte(mtd, readcmd);          //写入具体命令
    }
    this->write_byte(mtd, command);
    /* Set ALE and clear CLE to start address cycle */
    /*清除 CLE，锁存命令；置位 ALE，开始传输地址*/
    this->hwcontrol(mtd, NAND _CTL_CLRCLE);    //锁存命令
    if (column != -1 || page_addr != -1)
    {
      this->hwcontrol(mtd, NAND_CTL_SETALE);   //选择写入 S3C2410_NFADDR 寄存器
      /* Serially input address */
      if (column != -1)
      {
        /* Adjust columns for 16 bit buswidth */
        if (this->options & NAND _BUSWIDTH_16)
          column >>= 1;
        this->write_byte(mtd, column);       //写入列地址
      }
      if (page_addr != -1)
      {                           //写入页地址(分三个字节写入)
        this->write_byte(mtd, (unsigned char) (page_addr & 0xff));
        this->write_byte(mtd, (unsigned char) ((page_addr >> 8) & 0xff));
        /* One more address cycle for devices > 32MiB */
        if (this->chipsize > (32 << 20))
```

```
            this->write_byte(mtd， (unsigned char) ((page_addr >> 16) & 0x0f));
        }
        /* Latch in address */
        /*锁存地址*/
        this->hwcontrol(mtd， NAND _CTL_CLRALE);
    }
    switch (command)
    {
        case NAND _CMD_PAGEPROG:
        case NAND _CMD_ERASE1:
        case NAND _CMD_ERASE2:
        case NAND _CMD_SEQIN:
        case NAND _CMD_STATUS:
            return;
        case NAND _CMD_RESET:   //复位操作
                                     //等待 Nand flash become ready
            if (this->dev_ready)   //判断 Nand flash 是否 busy(1:ready 0:busy)
                break;
            udelay(this->chip_delay);
            this->hwcontrol(mtd，NAND_CTL_SETCLE);
            this->write_byte(mtd，NAND_CMD_STATUS);
            this->hwcontrol(mtd，NAND_CTL_CLRCLE);
            while ( !(this->read_byte(mtd) & NAND_STATUS_READY));
        return;
        if (!this->dev_ready)
        {
            udelay (this->chip_delay);  //稍作延迟
            return;
        }
    }
    ndelay (100);
    Nand _wait_ready(mtd);
}
```

第 4 章　S3C2440 SD/MMC Linux 驱动及应用案例

4.1　SD/MMC 概述

SD 卡和 MMC 卡应用广泛，具有体积小，容量大，速度快等特点，因此广泛用于数码相机、手机、PDA、随身听等数码产品。

SD 卡(Secure Digital Memory Card)是一种基于半导体快闪记忆器的新一代记忆设备。SD 卡由日本松下、东芝及美国 SanDisk 公司于 1999 年 8 月共同开发研制。大小如一张邮票的 SD 记忆卡，重量只有 2 克，拥有高记忆容量、快速数据传输率、极大的移动灵活性以及很好的安全性。

MMC 卡(MultimediaCard)是一种快闪存储器卡，于 1997 年由西门子及 SanDisk 公司共同开发，技术基于东芝的 Nand 快闪记忆技术。MMC 卡大小与一张邮票相近，它具有小型轻量的特点，重量在 2 克以下，并且耐冲击，可反复进行读写记录 30 万次。驱动电压为 2.7～3.6 V。目前，MMC 卡的容量多达 2 GB，并且用于几乎所有使用存储卡的设备上，如移动电话、数字音频播放机、数码相机和 PDA 中。近年，MMC 卡技术基本被 SD 卡所代替，但由于 MMC 卡仍可被兼容 SD 卡的设备所读取，因此仍有其作用。本书主要介绍 SD 卡。

4.1.1　SD 卡总线协议及工作原理

作为一种新型的存储设备，SD 卡具有以下特点：内置加密技术，适应基于 SDMI 协议的著作版权保护功能；高速数据传送；高存储容量；体积小，便于携带，具有很强的抗冲击能力。

SD 卡的电气参数如下:

(1) 物理特性。大小和 MMC 接近，尺寸为 32 mm × 24 mm × 2.1 mm。长度和 MMC 一样，厚度仅为 0.7 mm，可以容纳更大容量的存储单元。

(2) 电源要求：

电压：3.3 V ± 10%，5.0 V ± 10%。

读电流：15 mA@5.0 V，12 mA@3.3 V。

写电流：40 mA@5.0 V，20 mA@3.3 V。

(3) 数据传输速度：2 Mb/s。

(4) 使用环境：

抗冲击：50 G@11 ms。

抗震动：15Gs peak-to-peak。

使用温度：0～55℃。

保存温度：-20～65℃。

SD 卡基于 9 针接口，最大可工作在 25 MHz。SD 卡的结构如图 4-1 所示。SD 卡内部的结构分为外接口驱动、SD 卡接口驱动、电源检测、存储器内核接口及内存储器内核 5 部分。外接口驱动主要功能为驱动连接外部数据和控制引脚；电源检测主要用于整个 SD 卡的内部复位；SD 卡接口驱动功能是连接内部各个功能模块；存储器内核接口是连接 SD 卡接口驱动与存储器内核的接口；存储器内核为真正的 SD 卡数据存储区。

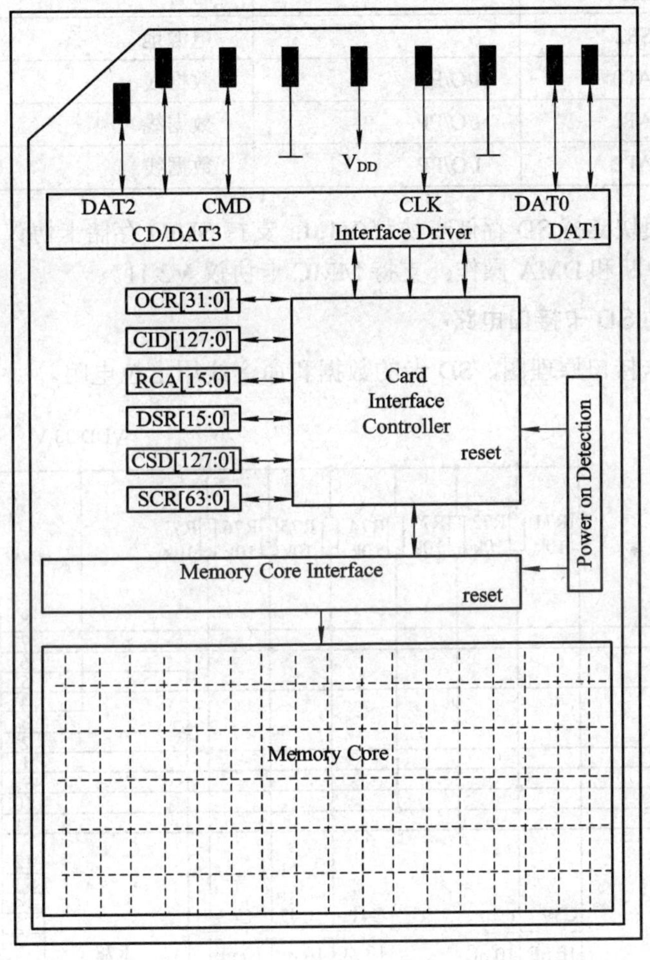

图 4-1　SD 卡结构示意图

4.1.2　SD 卡引脚及接口电路

1. SD 卡引脚说明

SD 卡引脚如表 4-1 所示。

表 4-1　SD 卡引脚说明

引　脚	SD 模式		
	名　字	类　型	概　述
1	CD/DAT3	I/O/PP	SD 卡探测/数据
2	CMD	PP	指令/应答
3	VSS1	S	电源地
4	VDD	S	电源
5	CLK	I	时钟
6	VSS2	S	电源地
7	DAT0	I/O/PP	数据线
8	DAT1	I/O/PP	数据线
9	DAT2	I/O/PP	数据线

SD 卡的内部模块支持 SD 存储卡协议 V1.0；支持 SDIO 存储卡协议 V1.0；传送和接收均有 FIFO；基于中断和 DMA 操作；支持 MMC 卡协议 V2.11。

2. S3C2410 的 SD 卡接口电路

图 4-2 为 SD 卡接口原理图，SD 卡的数据和命令线用上拉电阻。

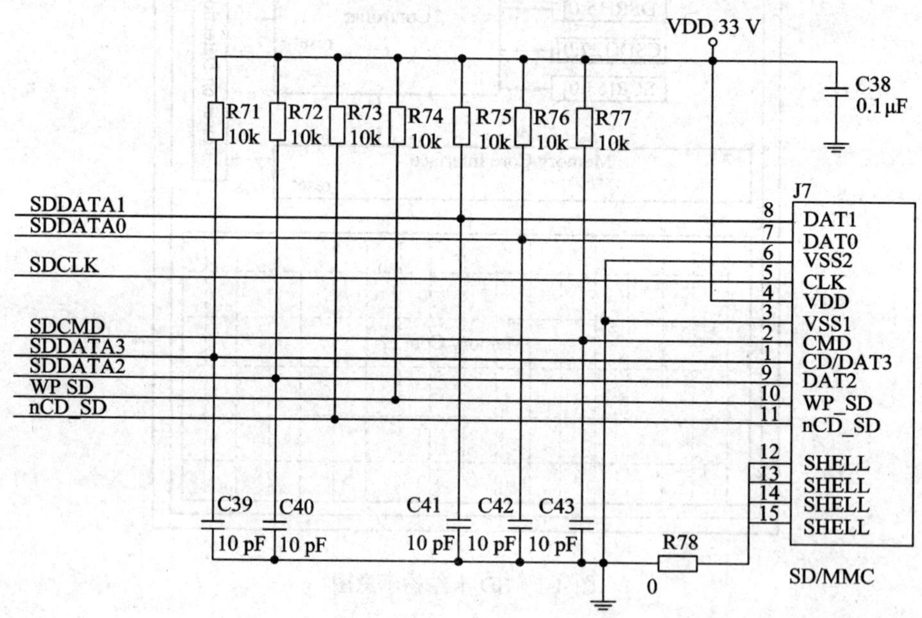

图 4-2　SD 卡接口原理图

S3C2410 的 SD 卡兼容 SD 存储卡(1.0 版)/MMC(2.11 版)；兼容 SDIO 卡(1.0 版)；16 字(64 字节)的 FIFO 寄存器，用于接收/发送数据；40 位的命令寄存器；136 位的应答寄存器；8 位的预分频逻辑电路(Freq = System Clock/(P + 1))；支持普通和 DMA 传送模式(字节、半字、字传输)；1 位或 4 位线宽模式，区块/串流(block/stream)的传输模式。

4.2　S3C2440 SD/MMC 接口寄存器介绍

1. SDI 控制寄存器

SDI 控制寄存器各位定义如表 4-2 和表 4-3 所示。

表 4-2　SDI 控制寄存器

寄存器	地　址	读/写	描　述	默认值
SDIC0N	0x5A000000	R/W	SDI 控制寄存器	0x0

表 4-3　SDI 控制寄存器位定义

SDICON	位	描　述	初始值
Reserved	[31:9]	保留位	
SDMMC Reset (SDreset)	[8]	全体 sdmmc 块复位。该位会自动清零 0=正常模式，1=SDMMC 复位	0
Reserved	[7:6]	保留位	0
ClockType(CTYP)	[5]	设置 SDCLK 运行在哪种时钟方式 0=SD 方式，1=MMC 方式	0
Byte Order Type(ByteOrder)	[4]	设置字节的 SD 主机的 FIFO 读写顺序 0=方式 A (Type A)，1=方式 B (Type B)	0
Receive SDIO Interrupt from card (RcvIOInt)	[3]	设置 SD 主机是否响应 SD 卡发出的 SDIO 中断请求 0=不响应，1=接收 SDIO 中断请求	0
Read Wait Enable(RWaitEn)	[2]	设置 SD 主机在多块读模式下产生等待下一块数据的请求信号产生，需要等待 SD 卡发送下一块数据(SDIO 方式)。 0=禁止(不产生)，1=允许读等待(使用 SDIO)	0
Reserved	[1]	保留位	0
Clock Out Enable (ENCLK)	[0]	设置 SDCLK 是否输出时钟信号 0=禁止(预分频关闭)，1=允许	

2. SDI 预设分频寄存器

SDI 预设分频寄存器各位定义如表 4-4 和表 4-5 所示。

表 4-4　SDI 预设分频寄存器

寄存器	地　址	读/写	描　述	默认值
SDIPRE	0x5A000004	R/W	SDI 预设分频寄存器	0x01

表 4-5　SDI 预设分频寄存器位定义

SDIPRE	位	描　述	初始状态
分频值	[7:0]]	计算 SDI 时钟频率值 速率=PCLK/2/(Prescaler+1)	0x01

3. SDI 命令参数寄存器

SDI 命令参数寄存器各位定义如表 4-6 和表 4-7 所示。

表 4-6　SDI 命令参数寄存器

寄存器	地　址	读/写	描　述	默认值
SDICARG	0x5A000008	R/W	SDI 命令参数寄存器	0x0

表 4-7　SDI 命令参数寄存器位定义

SDIPRE	位	描　述	初始状态
CmdArg	[31:0]]	命令参数寄存器	0x0000000

4．SDI 命令控制寄存器

SDI 命令控制寄存器各位定义如表 4-8 和 4-9 所示。

表 4-8　SDI 命令控制寄存器

寄存器	地　址	读/写	描　述	默认值
SDICMDCON	0x5A00000C	R/W	SDI 命令控制寄存器	0x0

表 4-9　SDI 命令控制寄存器位定义

SDIPRE	位	描　述	初始状态
保留	[31:13]		
Abrot Command	[12]	检测是不是异常的命令类型 1=普通命令 1=异常命令(CMD12，CMD52)	0
Command With Data	[11]	检测	0
LongRsp	[10]		0
Waitrsp	[9]	检测主机是在等待一个应答还是没有 0=没有应答 1=等待应答	0
Command Start (CMDST)	[8]	检测命令是不是开始操作还是其他 0=命令准备 1=命令开始	0
CmdIndex	[7:0]	命令索引从 2 位开始	0x00

5. SDI 命令状态寄存器

SDI 命令状态寄存器各位定义如表 4-10 和表 4-11 所示。

表 4-10　SDI 命令状态寄存器

寄存器	地　址	读/写	描　　述	默认值
SDICSTA	0x5A000010	R/W	SDI 命令状态寄存器	0x0

表 4-11　SDI 命令状态寄存器位定义

SDICSTA	位	描　　述	初始状态
保留	[31:13]		
Responese CRC Fail(RspCrc)	[12]	CRC 检查当命令收到回应是，这个标志能够设定一次后清除 1=没有检测 1=CRC 失败	0
Comamd Sent (CmdSent)	[11]	检测	0
Comamd Time out (CmdSent)	[10]	命令响应超时(64 clk) 0=没有超时 1=超时	0
Response Receive end (RspFin)	[9]	是否收到命令应答 0=没有检测到 1=收到引导	0
CMD line progress on (CmdOn)	[8]	命令传输在处理	0
RspIndex	[7:0]	应答索引值 6 位和始于 2 位	0x00

6. SDI 应答寄存器

SDI 应答寄存器各位定义如表 4-12 和表 4-13 所示。

表 4-12　SDI 应答寄存器

寄存器	地　址	R/W	描　　述	初始值
SDIRSP0	0x5A000014	R	SDI 响应寄存器 0	0x0

表 4-13　SDI 应答寄存器位定义

SDIRSP0	位	描　　述	初始值
Response0	[31:0]	卡状态[31:0](短)，卡状态[127:96](长)	0x00000000

7. SDI 应答寄存器 1(SDIRSP1)

SDI 应答寄存器各位定义如表 4-14 和表 4-15 所示。

表 4-14　SDI 应答寄存器 1

寄存器	地　址	R/W	描　　述	初始值
SDIRSP1	0x5A000018	R	SDI 寄存器 1	0x0

表 4-15　SDI 应答寄存器 1 位定义

SDIRSP1	位	描　述	初始值
RCRC7	[31:24]	CRC7(最后一位，短)，卡状态[95:88](长)	0x00
Response1	[23:0]	不使用(短)，卡状态[87:64](长)	0x000000

8．SDI 应答寄存器 2(SDIRSP2)

SDI 应答寄存器 2 各位定义如表 4-16 和表 4-17 所示。

表 4-16　SDI 应答寄存器 2

寄存器	地　址	R/W	描　述	初始值
SDIRSP1	0x5A00001C	R	SDI 应答寄存器 2	0x0

表 4-17　SDI 响应寄存器 2 位定义

SDIRSP1	位	描　述	初始值
Response2	[31:0]	不使用(短)，卡状态[63:32](长)	0x000000

9．SDI 响应寄存器 3(SDIRSP3)

SDI 应答寄存器 3 各位定义如表 4-18 和表 4-19 所示。

表 4-18　SDI 应答寄存器 3

寄存器	地　址	R/W	描　述	初始值
SDIRSP3	0x5A000020	R	SDI 应答寄存器 3	0x0

表 4-19　SDI 应答寄存器 3 位定义

SDIRSP3	位	描　述	初始值
Response3	[31:0]	不使用(短)，卡状态[31:0](长)	0x000000

10．数据/测忙定时寄存器(SDIDTimer)

数据/测忙定时寄存器各位定义如表 4-20 和表 4-21 所示。

表 4-20　数据/测忙定时寄存器

寄存器	地　址	R/W	描　述	初始值
SDIDTimer	0x5A000024	R/W	SDI 数据/测忙定时寄存器	0x0

表 4-21　数据/测忙定时寄存器位定义

SDIDTimer	位	描　述	初始值
Reserved	[31:23]	保留位	—
DataTimer	[22:0]	数据/测忙超时周期	0x10000

11．SDI 块大小寄存器(SDIBSize)

SDI 块大小寄存器各位定义如表 4-22 和表 4-23 所示。

表 4-22　SDI 块大小寄存器

寄存器	地　址	R/W	描　述	初始值
SDIBSize	0x5A000028	R/W	SDI 块大小寄存器	0x0

表 4-23　SDI 块大小寄存器位定义

SDIBSize	位	描　述	初始值
Reserved	[31:12]	保留位	—
BlkSize	[11:0]	块大小值(0～4095 byte)，串流模式不用设置	0x000

12. 数据控制寄存器(SDIDatCon)

数据控制寄存器各位定义如表 4-24 和表 4-25 所示。

表 4-24　数据控制寄存器位定义

SDIDatCon	位	描　述	初始值
Reserved	[31:25]	保留位	—
Burst4 enable (Burst4)	[24]	允许 DMA 模式的 Burst4 方式。该位的设置只能在数据为字。 0=禁止，1=允许 Burst4	0
Data Size (DataSize)	[23:22]	指定 FIFO 传输方式的大小。 00=字节传输，01=半字传输 10=字传输，11=保留	0
SDIO Interrupt Period Type (PrdType)	[21]	设置 SDIO 中断周期是 2 周期还是更多周期。 0=2 周期，1=多周期	0
Transmit After Response (TARSP)	[20]	设置数据传输是否在接收到响应后开始 0=设置 DatMode 方式后直接传输 1=接收到响应后传输	0
Receive After Command (RACMD)	[19]	设置是否在发送命令后开始接收数据 0=设置 DatMode 方式后直接传输 1=接收到响应后传输	0
Busy After Command (BACMD)	[18]	设置是否在发送命令后开始接收测忙信号 0=设置 DatMode 方式后直接传输 1=接收到响应后传输	0
Block mode (BlkMode)	[17]	数据传输模式 0=串流数据传输，1=区块数据传输	0
Wide bus enable (WideBus)	[16]	设置允许宽总线模式 0=标准总线模式(只使用 SDIDAT[0]) 1=宽总线模式(使用 SDIDAT[3:0])	0
DMA Enable (EnDMA)	[15]	允许 DMA 0=禁止，1=允许 当 DMA 操作完成后，该位会被清零	0
Data Transfer Start(DTST)	[14]	设置数据传输是否开始。该位自动清零 0=数据准备，1=数据开始	0
Data Transfer Mode (DatMode)	[13:12]	设置数据传输方向 00=没有操作，01=测忙模式，10=数据接收模式，11=数据发送模式	00
BlkNum	[11:0]	区块数(0～4095)，串流模式没有效	0x000

表 4-25 数据控制寄存器

寄存器	地 址	R/W	描 述	初始值
SDIDatCon	0x5A00002C	R/W	SDI 数据控制寄存器	0x0

4.3 Linux SD/MMC 驱动程序分析

4.3.1 寄存器地址和功能定义

S3C2440 SDI 控制器相关寄存器地址及初始值定义如下：

```
#define S3C2410_SDICON          (0x00)
#define S3C2410_SDIPRE          (0x04)
#define S3C2410_SDICMDARG       (0x08)
#define S3C2410_SDICMDCON       (0x0C)
#define S3C2410_SDICMDSTAT      (0x10)
#define S3C2410_SDIRSP0         (0x14)
#define S3C2410_SDIRSP1         (0x18)
#define S3C2410_SDIRSP2         (0x1C)
#define S3C2410_SDIRSP3         (0x20)
#define S3C2410_SDITIMER        (0x24)
#define S3C2410_SDIBSIZE        (0x28)
#define S3C2410_SDIDCON         (0x2C)
#define S3C2410_SDIDCNT         (0x30)
#define S3C2410_SDIDSTA         (0x34)
#define S3C2410_SDIFSTA         (0x38)
#ifdef CONFIG_CPU_S3C2440
#define S3C2410_SDIDATA         (0x40)
#define S3C2410_SDIIMSK         (0x3c)
#else
#define S3C2410_SDIDATA         (0x3C)
#define S3C2410_SDIIMSK         (0x40)
#endif

#define S3C2410_SDICON_MMCRESET     (1<<8)
#define S3C2410_SDICON_CLOCKTYPE    (1<<5)
#define S3C2410_SDICON_BYTEORDER    (1<<4)
#define S3C2410_SDICON_SDIOIRQ      (1<<3)
```

```
#define S3C2410_SDICON_RWAITEN              (1<<2)
#define S3C2410_SDICON_CLKEN                (1<<0)

#define S3C2410_SDICMDCON_ABORT             (1<<12)
#define S3C2410_SDICMDCON_WITHDATA          (1<<11)
#define S3C2410_SDICMDCON_LONGRSP           (1<<10)
#define S3C2410_SDICMDCON_WAITRSP           (1<<9)
#define S3C2410_SDICMDCON_CMDSTART          (1<<8)
#define S3C2410_SDICMDCON_SENDERHOST        (1<<6)
#define S3C2410_SDICMDCON_INDEX             (0xff)

#define S3C2410_SDICMDSTAT_CRCFAIL          (1<<12)
#define S3C2410_SDICMDSTAT_CMDSENT          (1<<11)
#define S3C2410_SDICMDSTAT_CMDTIMEOUT       (1<<10)
#define S3C2410_SDICMDSTAT_RSPFIN           (1<<9)
#define S3C2410_SDICMDSTAT_XFERING          (1<<8)
#define S3C2410_SDICMDSTAT_INDEX            (0xff)

#define S3C2410_SDIDCON_BURST4              (1<<24) //FOR 2440
#define S3C2410_SDIDCON_DATASIZE            (3<<22) //FOR 2440
#define S3C2410_SDIDCON_IRQPERIOD           (1<<21)
#define S3C2410_SDIDCON_TXAFTERRESP         (1<<20)
#define S3C2410_SDIDCON_RXAFTERCMD          (1<<19)
#define S3C2410_SDIDCON_BUSYAFTERCMD        (1<<18)
#define S3C2410_SDIDCON_BLOCKMODE           (1<<17)
#define S3C2410_SDIDCON_WIDEBUS             (1<<16)
#define S3C2410_SDIDCON_DMAEN               (1<<15)
//#define S3C2410_SDIDCON_STOP              (1<<14)
#define S3C2410_SDIDCON_DTST                (1<<14)
#define S3C2410_SDIDCON_DATMODE             (3<<12)
#define S3C2410_SDIDCON_BLKNUM              (0x7ff)

/* constants for S3C2410_SDIDCON_DATMODE */
#define S3C2410_SDIDCON_XFER_READY          (0<<12)
#define S3C2410_SDIDCON_XFER_CHKSTART       (1<<12)
#define S3C2410_SDIDCON_XFER_RXSTART        (2<<12)
#define S3C2410_SDIDCON_XFER_TXSTART        (3<<12)
```

```
#define S3C2410_SDIDCON_DAT_BYTE          (0<<22) //FOR 2440
#define S3C2410_SDIDCON_DAT_HW            (1<<22) //FOR 2440
#define S3C2410_SDIDCON_DAT_WD            (2<<22) //FOR 2440

#define S3C2410_SDIDCON_BLKNUM_MASK       (0xFFF)
#define S3C2410_SDIDCNT_BLKNUM_SHIFT      (12)

#define S3C2410_SDIDSTA_RDYWAITREQ        (1<<10)
#define S3C2410_SDIDSTA_SDIOIRQDETECT     (1<<9)
#define S3C2410_SDIDSTA_FIFOFAIL          (1<<8)    /*reserved on 2440*/
#define S3C2410_SDIDSTA_CRCFAIL           (1<<7)
#define S3C2410_SDIDSTA_RXCRCFAIL         (1<<6)
#define S3C2410_SDIDSTA_DATATIMEOUT       (1<<5)
#define S3C2410_SDIDSTA_XFERFINISH        (1<<4)
#define S3C2410_SDIDSTA_BUSYFINISH        (1<<3)
#define S3C2410_SDIDSTA_SBITERR           (1<<2)    /*reserved on 2410a/2440*/
#define S3C2410_SDIDSTA_TXDATAON          (1<<1)
#define S3C2410_SDIDSTA_RXDATAON          (1<<0)

#define S3C2410_SDICON_FIFORESET          (1<<16) // for s3c2440

#define S3C2410_SDIFSTA_TFDET             (1<<13)
#define S3C2410_SDIFSTA_RFDET             (1<<12)
#define S3C2410_SDIFSTA_TXHALF            (1<<11)
#define S3C2410_SDIFSTA_TXEMPTY           (1<<10)
#define S3C2410_SDIFSTA_RFLAST            (1<<9)
#define S3C2410_SDIFSTA_RFFULL            (1<<8)
#define S3C2410_SDIFSTA_RFHALF            (1<<7)
#define S3C2410_SDIFSTA_COUNTMASK         (0x7f)

#define S3C2410_SDIIMSK_RESPONSECRC       (1<<17)
#define S3C2410_SDIIMSK_CMDSENT           (1<<16)
#define S3C2410_SDIIMSK_CMDTIMEOUT        (1<<15)
#define S3C2410_SDIIMSK_RESPONSEND        (1<<14)
#define S3C2410_SDIIMSK_READWAIT          (1<<13)
#define S3C2410_SDIIMSK_SDIOIRQ           (1<<12)
#define S3C2410_SDIIMSK_FIFOFAIL          (1<<11)
#define S3C2410_SDIIMSK_CRCSTATUS         (1<<10)
```

```
#define S3C2410_SDIIMSK_DATACRC          (1<<9)
#define S3C2410_SDIIMSK_DATATIMEOUT      (1<<8)
#define S3C2410_SDIIMSK_DATAFINISH       (1<<7)
#define S3C2410_SDIIMSK_BUSYFINISH       (1<<6)
#define S3C2410_SDIIMSK_SBITERR          (1<<5)     /*reserved 2440/2410a*/
#define S3C2410_SDIIMSK_TXFIFOHALF       (1<<4)
#define S3C2410_SDIIMSK_TXFIFOEMPTY      (1<<3)
#define S3C2410_SDIIMSK_RXFIFOLAST       (1<<2)
#define S3C2410_SDIIMSK_RXFIFOFULL       (1<<1)
#define S3C2410_SDIIMSK_RXFIFOHALF       (1<<0)
```

4.3.2　数据结构和变量描述

1. 结构体 mmc_blk_data

SD/MMC 设备由控制器及插卡组成，对应设备结构为 mmc_host 结构和 mmc_card 结构体。每个卡的插槽都对应一个块的数据结构体 mmc_blk_data，其结构体代码描述如下：

```
struct mmc_blk_data
{
   spinlock_t      lock;
   struct gendisk *disk;          /*通用硬盘结构*/
   struct mmc_queue queue;        /*MMC 请求队列结构*/

   unsigned int    usage;
   unsigned int    block_bits;    /*卡每一块大小所占的 bit 位*/
};
```

2. 结构体 mmc_card

结构体 mmc_card 描述了插卡的特性，它带有一个插卡，代码描述如下：

```
struct mmc_card
{
   struct list_head     node;                  /*在主设备链表中的节点*/
   struct mmc_host      *host;                 /*卡所属的控制器*/
   struct device        dev;                   /*通用设备结构*/
   unsigned char        sd;
   unsigned int         rca;                   /*设备相对本地系统的地址*/
   unsigned int         state;                 /*卡的状态*/
   u8             bus_width;                   /*总线宽度*/
   #define MMC_STATE_PRESENT     (1<<0)        /*卡出现在 sys 文件系统中 */
   #define MMC_STATE_DEAD        (1<<1)        /*卡不在工作状态*/
```

```
    #define MMC_STATE_BAD          (1<<2)     /*不认识的设备*/
    u32              raw_cid[4];              /*raw-card  cid*/
    u32              raw_csd[4];              /*raw  card  CSD */
    struct mmc_cid        cid;                /*卡身份鉴别，值来自卡的 CID 寄存器*/
    struct mmc_csd        csd;                /*卡特定信息，值来自卡的 CSD 寄存器*/
};
```

3. 结构体 mmc_host

结构体 mmc_host 描述了一个 MMC 卡控制器的特性及操作等，代码描述如下：

```
struct mmc_host
{
    struct device    *dev;                    /*通用设备结构*/
    struct mmc_host_ops    *ops;              /*控制器操作函数集结构*/
    void    *priv;
      unsigned int    f_min;
      unsigned int    f_max;
      u32   ocr_avail;                        /*卡可用的 ocr 寄存器*/
      char    host_name[8];                   /*控制器名字*/

      /*私有数据 */
   struct mmc_ios    ios;                     /*当前 io 总线设置*/
      u32    ocr;                             /*当前 OCR 设置*/

   struct list_head cards;                    /*接在主控制器的卡*/

   wait_queue_head_t    wq;                   /*等待队列*/
   spinlock_t   lock;                         /*卡忙的锁*/
   struct mmc_card    *card_busy;             /* the MMC card claiming host */
   struct mmc_card    *card_selected;         /*选择 MMC 卡*/

    struct work_struct    detect;
};
```

4. 结构体 s3c2410sdi_host

结构体 s3c2410sdi_host 描述了 s3c2440 控制器的相关特性，代码描述如下：

```
struct s3c2410sdi_host
{
    struct mmc_host    *mmc;              /*通用 mmc_host 结构体指针*/
    s3c24xx_mmc_pdata_t    *pdata;
    struct resource    *mem;              /*设备内存资源*/
```

```
    struct clk   *clk;                          /*设备时钟*/
    void __iomem   *base;                       /*设备 d 端口 I/O 基地址*/
    int  irq;                                   /*中断号*/
    int  irq_cd;
    int  dma;

    struct scatterlist*  cur_sg;
    unsigned int  num_sg;
    void*  mapped_sg;
    unsigned int  offset;
    unsigned int  remain;
    int  size;                                  /*传输的大小*/
    struct mmc_request  *mrq;
    unsigned char  bus_width;                   /*总线宽度*/
    spinlock_t  complete_lock;
    struct completion  complete_request;
    struct completion  complete_dma;
    enum s3c2410sdi_waitfor complete_what;
};
```

5. s3c2410sdi_ops 变量

s3c2410sdi_ops 变量定义了 mmc host 相关操作，代码描述如下：

```
static struct mmc_host_ops s3c2410sdi_ops =
{
    .request = s3c2410sdi_request,
    .set_ios   = s3c2410sdi_set_ios,
};
```

6. 结构体 mmc_ios

结构体 mmc_ios 描述了控制器对卡的 I/O 状态，代码描述如下：

```
struct mmc_ios
{
    unsigned int  clock;                        /*时钟频率*/
    unsigned short vdd;                         /*SD 工作电压值*/
    unsigned char bus_mode;                     /*命令输出模式*/
    unsigned char chip_select;                  /*芯片选择*/
    unsigned char power_mode;                   /*电源模式*/
    unsigned char bus_width;                    /*数据总线宽度*/
}
```

7. 结构体变量 s3c2410sdi_driver

结构体变量 s3c2410sdi_driver 描述了 sd/mmc 初始化和移除的操作，代码描述如下：

```
static struct device_driver s3c2410sdi_driver =
{
    .name = "s3c2440-sdi",
    .bus = &platform_bus_type,
    .probe = s3c2410sdi_probe,
    .remove = s3c2410sdi_remove,
};
```

4.3.3　主要函数描述

驱动程序结构如图 4-3 所示。

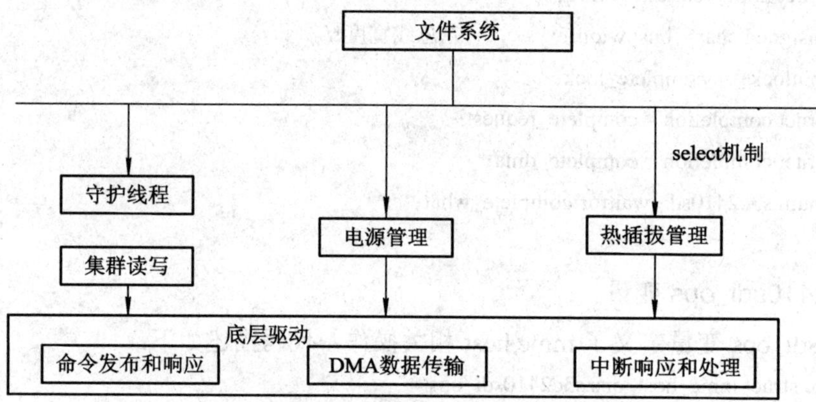

图 4-3　驱动程序结构图

1. 模块初始化函数 s3c2410sdi_init()

模块初始化函数 s3c2410 sdi_init()代码描述如下：

```
static int_init s3c2410sdi_init(void)
{
    return driver_register(&s3c2410sdi_driver);
}
```

2. SD/MMC 驱动卸载函数 s3c2410sdi_exit()

SD/MMC 驱动卸载函数 s3c2410sdi_exit()代码描述如下：

```
static void __exit s3c2410sdi_exit(void)
{
    driver_unregister(&s3c2410sdi_driver);
}
```

3. SD/MMC 探测函数 s3c2410sdi_probe()

s3c2410sdi_probe()函数主要完成 SD 控制器驱动结构分配、GPIO 中的的配置、IO 地址空间分配、中断的分配、时钟的设置等。其主要流程如图 4-4 所示。

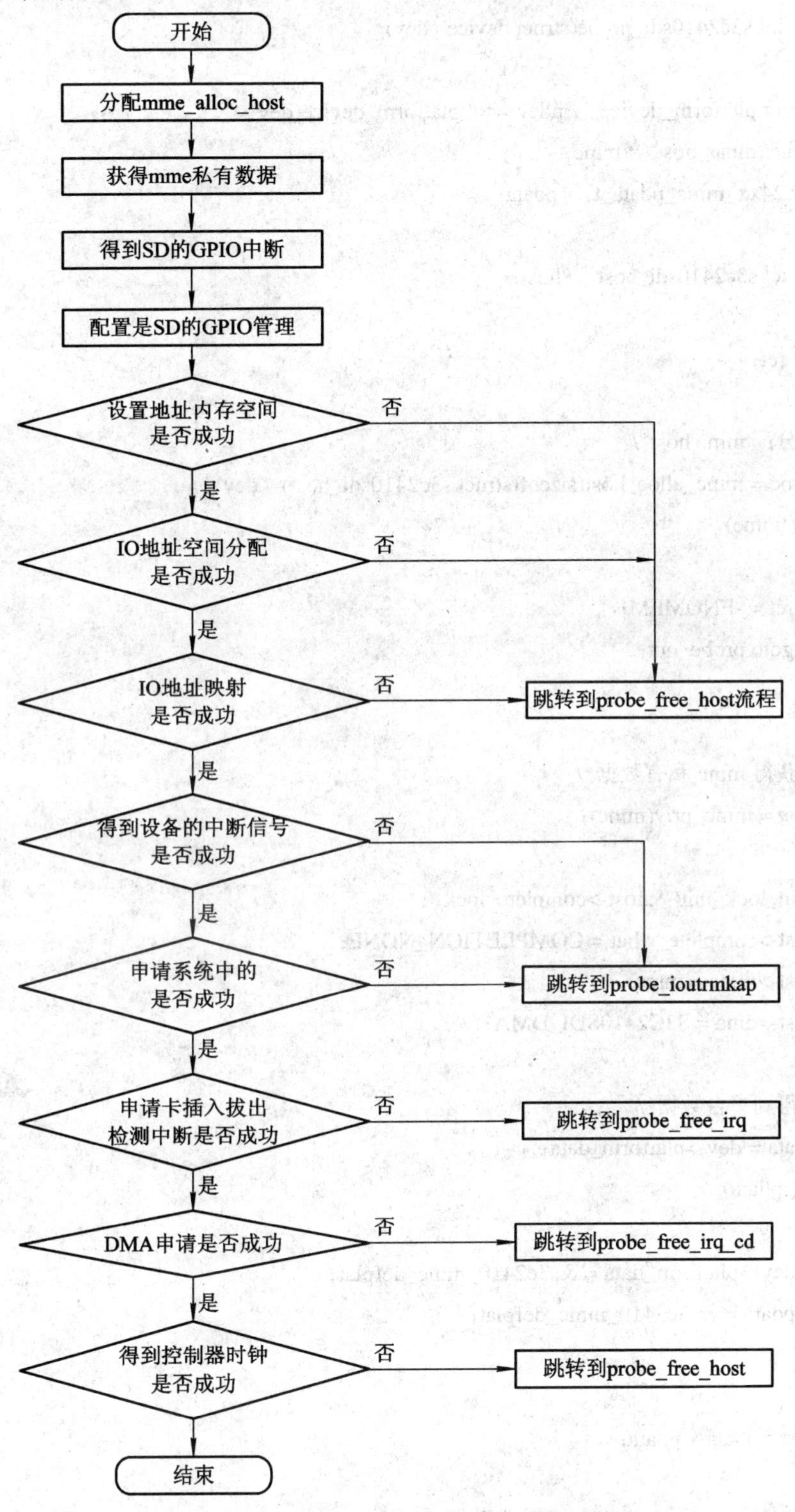

图 4-4　SD/MMC 探测函数流程图

代码描述如下：

```
static int s3c2410sdi_probe(struct device *dev)
{
  struct platform_device   *pdev = to_platform_device(dev);
  struct mmc_host    *mmc;
  s3c24xx_mmc_pdata_t    *pdata;

  struct s3c2410sdi_host    *host;

  int ret;

  /*分配 mmc host*/
  mmc = mmc_alloc_host(sizeof(struct s3c2410sdi_host), dev);
  if (!mmc)
  {
    ret = -ENOMEM;
    goto probe_out;
  }

  /*获得 mmc 私有数据*/
  host = mmc_priv(mmc);

  spin_lock_init( &host->complete_lock );
  host->complete_what = COMPLETION_NONE;
  host->mmc = mmc;
  host->dma = S3C2410SDI_DMA;

  /*得到平台数据*/
  pdata = dev->platform_data;
  if (!pdata)
  {
    dev->platform_data = &s3c2410_mmc_defplat;
    pdata = &s3c2410_mmc_defplat;
  }

  host->pdata = pdata;

  /*得到 SD/MMC 检测卡 gpio 中断号*/
  host->irq_cd = s3c2410_gpio_getirq(pdata->gpio_detect);
```

```
/*配置 SD/MMC GPIO 管脚*/
s3c2410_gpio_cfgpin(pdata->gpio_detect, S3C2410_GPG8_EINT16);

/*分配内存空间*/
host->mem = platform_get_resource(pdev, IORESOURCE_MEM, 0);
if (!host->mem)
{
    goto probe_free_host;
}

/*IO 地址空间分配*/
host->mem = request_mem_region(host->mem->start,
    RESSIZE(host->mem), pdev->name);

if (!host->mem)
{
    printk(KERN_INFO PFX "failed to request io memory region.\n");
    ret = -ENOENT;
    goto probe_free_host;
}

/*io 地址映射*/
host->base = ioremap(host->mem->start, RESSIZE(host->mem));
if (host->base == 0)
{
    printk(KERN_INFO PFX "failed to ioremap() io memory region.\n");
    ret = -EINVAL;
    goto probe_free_mem_region;
}

/*得到中断号*/
host->irq = platform_get_irq(pdev, 0);
if (host->irq == 0)
{
    printk(KERN_INFO PFX "failed to get interrupt resouce.\n");
    ret = -EINVAL;
    goto probe_iounmap;
}
```

```
/*系统申请中断*/
if(request_irq(host->irq，s3c2410sdi_irq，0，DRIVER_NAME，host))
{
   printk(KERN_INFO PFX "failed to request sdi interrupt.\n");
   ret = -ENOENT;
   goto probe_iounmap;
}

/*设置中断类型*/
set_irq_type(host->irq_cd，IRQT_BOTHEDGE);

/*申请卡插入拔出检测中断*/
if(request_irq(host->irq_cd，s3c2410sdi_irq_cd，0，DRIVER_NAME，  host))
{
   printk(KERN_WARNING PFX "failed to request card detect interrupt.\n" );
   ret = -ENOENT;
   goto probe_free_irq;
}
/*DMA 申请*/
if(s3c2410_dma_request(S3C2410SDI_DMA，&s3c2410sdi_dma_client，  NULL))
{
   printk(KERN_WARNING PFX "unable to get DMA channel.\n" );
   ret = -EBUSY;
   goto probe_free_irq_cd;
}

/*得到 SD/MMC 时钟*/
host->clk = clk_get(dev，"sdi");
if (IS_ERR(host->clk))
{
   printk(KERN_INFO PFX "failed to find clock source.\n");
   ret = PTR_ERR(host->clk);
   host->clk = NULL;
   goto probe_free_host;
}
if((ret = clk_use(host->clk)))
{
   printk(KERN_INFO PFX "failed to use clock source.\n");
   goto clk_free;
```

```
}

if((ret = clk_enable(host->clk)))
{
   printk(KERN_INFO PFX "failed to enable clock source.\n");
   goto clk_unuse;
}
s3c2410_sdi_test(mmc);

mmc->ops = &s3c2410sdi_ops;
mmc->ocr_avail= MMC_VDD_32_33;
mmc->f_min = clk_get_rate(host->clk) / 512;
mmc->f_max  = clk_get_rate(host->clk) / 2;
mmc->caps = MMC_CAP_4_BIT_DATA;

//HACK: There seems to be a hardware bug in TomTom GO.
if(mmc->f_max>3000000) mmc->f_max=3000000;

mmc->max_sectors = 64;
mmc->max_seg_size = mmc->max_sectors << 9;

if((ret = mmc_add_host(mmc)))
{
   printk(KERN_INFO PFX "failed to add mmc host.\n");
   goto clk_disable;
}

dev_set_drvdata(dev, mmc);

return 0;

clk_disable:
clk_disable(host->clk);

clk_unuse:
clk_unuse(host->clk);

clk_free:
   clk_put(host->clk);
```

```
    probe_free_irq_cd:
      free_irq(host->irq_cd, host);

    probe_free_irq:
      free_irq(host->irq, host);

    probe_iounmap:
      iounmap(host->base);

    probe_free_mem_region:
      release_mem_region(host->mem->start, RESSIZE(host->mem));

    probe_free_host:
      mmc_free_host(mmc);
    probe_out:
      return ret;
  }
```

4. SD/MMC 驱动移除函数 s3c2410sdi_remove( )

SD/MMC 驱动移除函数 s3c2410 sdi_remove()代码描述如下：

```
static int s3c2410sdi_remove(struct device *dev)
{
  struct mmc_host    *mmc = dev_get_drvdata(dev);
  struct s3c2410sdi_host    *host = mmc_priv(mmc);

  mmc_remove_host(mmc);
  clk_disable(host->clk);
  clk_unuse(host->clk);
  clk_put(host->clk);
  free_irq(host->irq_cd, host);
  free_irq(host->irq, host);
  iounmap(host->base);
  release_mem_region(host->mem->start, RESSIZE(host->mem));
  mmc_free_host(mmc);

  return 0;
}
```

5. SD/MMC 中断处理函数 s3c2410sdi_irq( )

s3c2410sdi_irq()函数主要根据 SD 卡相关寄存器，完成 SD 控制器中的的处理，如判断数据的收发，校验等。其主要流程如图 4-5 所示。

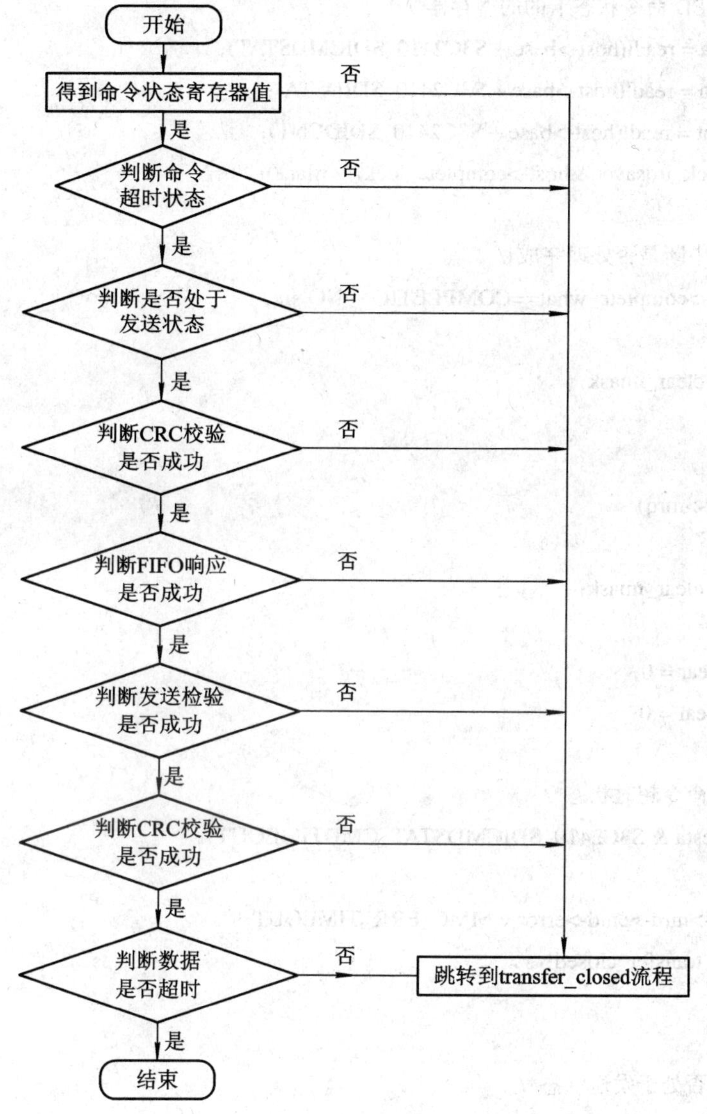

图 4-5　SD/MMC 中断处理函数流程图

代码描述如下：

```
static irqreturn_t s3c2410sdi_irq(int irq， void *dev_id， struct pt_regs *regs)
{
  struct s3c2410sdi_host *host;
  u32 sdi_csta， sdi_dsta， sdi_dcnt;
  u32 sdi_cclear， sdi_dclear;
  unsigned long iflags;
```

```
host = (struct s3c2410sdi_host *)dev_id;
if(!host) return IRQ_HANDLED;

/*读取 SD 命令状态卡的的寄存器*/
sdi_csta = readl(host->base + S3C2410_SDICMDSTAT);
sdi_dsta = readl(host->base + S3C2410_SDIDSTA);
sdi_dcnt = readl(host->base + S3C2410_SDIDCNT);
spin_lock_irqsave( &host->complete_lock,  iflags);

/*判断中断是否处理完成*/
if( host->complete_what==COMPLETION_NONE )
{
   goto clear_imask;
}

if(!host->mrq)
{
   goto clear_imask;
}
sdi_cclear = 0;
sdi_dclear = 0;

/*判断命令超时状态*/
if(sdi_csta & S3C2410_SDICMDSTAT_CMDTIMEOUT)
{
   host->mrq->cmd->error = MMC_ERR_TIMEOUT;
   goto transfer_closed;
}

/*判断否处于发送状态*/
if(sdi_csta & S3C2410_SDICMDSTAT_CMDSENT)
{
   if(host->complete_what == COMPLETION_CMDSENT)
   {
      host->mrq->cmd->error = MMC_ERR_NONE;
      goto transfer_closed;
   }

   sdi_cclear |= S3C2410_SDICMDSTAT_CMDSENT;
```

```
}

/*判断 CRC 校验是否成功*/
if(sdi_csta & S3C2410_SDICMDSTAT_CRCFAIL)
{
  if (host->mrq->cmd->flags & MMC_RSP_LONG)
  {
    DBG(PFX "s3c2410 fixup : ignore CRC fail with long rsp\n");
  }
  else
  {
    DBG(PFX "COMMAND CRC FAILED %x\n", sdi_csta);
    if(host->mrq->cmd->flags & MMC_RSP_CRC)
    {
      host->mrq->cmd->error = MMC_ERR_BADCRC;
      goto transfer_closed;
    }
  }
  sdi_cclear |= S3C2410_SDICMDSTAT_CRCFAIL;
}

/*判断是否有响应*/
if(sdi_csta & S3C2410_SDICMDSTAT_RSPFIN)
{
  if(host->complete_what == COMPLETION_RSPFIN)
  {
    host->mrq->cmd->error = MMC_ERR_NONE;
    goto transfer_closed;
  }

  if(host->complete_what == COMPLETION_XFERFINISH_RSPFIN)
  {
    host->mrq->cmd->error = MMC_ERR_NONE;
    host->complete_what = COMPLETION_XFERFINISH;
  }

  sdi_cclear |= S3C2410_SDICMDSTAT_RSPFIN;
}
/*判断 FIFO 响应是否成功*./
```

```
if(sdi_dsta & S3C2410_SDIDSTA_FIFOFAIL)
{
  host->mrq->cmd->error = MMC_ERR_NONE;
  host->mrq->data->error = MMC_ERR_FIFO;
  goto transfer_closed;
}

/*判断发送校验是否成功*/
if(sdi_dsta & S3C2410_SDIDSTA_RXCRCFAIL)
{
  host->mrq->cmd->error = MMC_ERR_NONE;
  host->mrq->data->error = MMC_ERR_BADCRC;
  goto transfer_closed;
}
/*判断 CRC 校验是否成功*
if(sdi_dsta & S3C2410_SDIDSTA_CRCFAIL)
{
  host->mrq->cmd->error = MMC_ERR_NONE;
  host->mrq->data->error = MMC_ERR_BADCRC;
  goto transfer_closed;
}

/*判断数据是否超时*/
if(sdi_dsta & S3C2410_SDIDSTA_DATATIMEOUT)
{
  host->mrq->cmd->error = MMC_ERR_NONE;
  host->mrq->data->error = MMC_ERR_TIMEOUT;
  goto transfer_closed;
}

if(sdi_dsta & S3C2410_SDIDSTA_XFERFINISH)
{
  if(host->complete_what == COMPLETION_XFERFINISH)
  {
    host->mrq->cmd->error = MMC_ERR_NONE;
    host->mrq->data->error = MMC_ERR_NONE;
    goto transfer_closed;
  }
```

```
    if(host->complete_what == COMPLETION_XFERFINISH_RSPFIN)
    {
      host->mrq->data->error = MMC_ERR_NONE;
      host->complete_what = COMPLETION_RSPFIN;
    }

    sdi_dclear |= S3C2410_SDIDSTA_XFERFINISH;
  }

  writel(sdi_cclear，host->base + S3C2410_SDICMDSTAT);
  writel(sdi_dclear，host->base + S3C2410_SDIDSTA);

  spin_unlock_irqrestore(&host->complete_lock，iflags);
  DBG(PFX "IRQ still waiting.\n");
  return IRQ_HANDLED;

  transfer_closed:
    writel(sdi_cclear，host->base + S3C2410_SDICMDSTAT);
    writel(sdi_dclear，host->base + S3C2410_SDIDSTA);
    host->complete_what = COMPLETION_NONE;
    complete(&host->complete_request);
    writel(0，host->base + S3C2410_SDIIMSK);
    spin_unlock_irqrestore(&host->complete_lock，iflags);
    DBG(PFX "IRQ transfer closed.\n");
    return IRQ_HANDLED;

  clear_imask:
    writel(0，host->base + S3C2410_SDIIMSK);
    spin_unlock_irqrestore(&host->complete_lock，iflags);
    DBG(PFX "IRQ clear imask.\n");
    return IRQ_HANDLED;
}
```

6. s3c2410sdi_dma_done_callback( )函数

s3c2410sdi_dma_done_callback()函数用于处理 SD/MMC 的 dma 操作，代码描述如下：

```
void s3c2410sdi_dma_done_callback(s3c2410_dma_chan_t *dma_ch，void *buf_id，
                                   int size，s3c2410_dma_buffresult_t result)
{
  unsigned long iflags;
```

```
u32 sdi_csta, sdi_dsta, sdi_dcnt;
struct s3c2410sdi_host    *host = (struct s3c2410sdi_host *)buf_id;

//读取SD/MMC卡寄存器值
sdi_csta = readl(host->base + S3C2410_SDICMDSTAT);
sdi_dsta = readl(host->base + S3C2410_SDIDSTA);
sdi_dcnt = readl(host->base + S3C2410_SDIDCNT);

spin_lock_irqsave(&host->complete_lock, iflags);

if(!host->mrq) goto out;
if(!host->mrq->data) goto out;

sdi_csta = readl(host->base + S3C2410_SDICMDSTAT);
sdi_dsta = readl(host->base + S3C2410_SDIDSTA);
sdi_dcnt = readl(host->base + S3C2410_SDIDCNT);

if(result!=S3C2410_RES_OK)
{
  printk("result !=S3C2410_RES_OK\n");
  goto fail_request;
}

if(host->mrq->data->flags & MMC_DATA_READ)
{
  if( sdi_dcnt>0)
  {
    printk("MMC_DATA_READ:sdi_dcnt>0\n");
    goto fail_request;
  }
}

out:
  complete(&host->complete_dma);
  spin_unlock_irqrestore(&host->complete_lock, iflags);
return;

fail_request:
  host->mrq->data->error = MMC_ERR_FAILED;
```

```
        host->complete_what = COMPLETION_NONE;
        complete(&host->complete_request);
        writel(0, host->base + S3C2410_SDIIMSK);
    goto out;
}
```

7. s3c2410sdi_request( )函数

s3c2410sdi_reques( )函数，主要处理 SD 卡的请求，包括命令、数据等，代码描述如下：

```
static void s3c2410sdi_request(struct mmc_host *mmc, struct mmc_request *mrq)
{
    struct s3c2410sdi_host *host = mmc_priv(mmc);
    struct device *dev = mmc_dev(host->mmc);
    struct platform_device *pdev = to_platform_device(dev);
    u32 sdi_carg, sdi_ccon, sdi_timer;
    u32 sdi_bsize, sdi_dcon, sdi_imsk;
    int dma_len = 0;
    u32 sdifsta;

    sdi_ccon = mrq->cmd->opcode & S3C2410_SDICMDCON_INDEX;
    sdi_ccon|= S3C2410_SDICMDCON_SENDERHOST;
    sdi_ccon|= S3C2410_SDICMDCON_CMDSTART;

    sdi_carg = mrq->cmd->arg;

    sdi_timer= 0x007FFFFF;

    sdi_bsize= 0;
    sdi_dcon = 0;
    sdi_imsk = 0;

    /*使能传输错误中断*/
    sdi_imsk |= S3C2410_SDIIMSK_RESPONSEND;
    sdi_imsk |= S3C2410_SDIIMSK_CRCSTATUS;

    host->complete_what = COMPLETION_CMDSENT;

    if (mrq->cmd->flags & MMC_RSP_MASK)
    {
        host->complete_what = COMPLETION_RSPFIN;
```

```
        sdi_ccon |= S3C2410_SDICMDCON_WAITRSP;
        sdi_imsk |= S3C2410_SDIIMSK_CMDTIMEOUT;
    }
    else
    {
        sdi_imsk |= S3C2410_SDIIMSK_CMDSENT;
    }

    if(mrq->cmd->flags & MMC_RSP_LONG)
    {
        sdi_ccon|= S3C2410_SDICMDCON_LONGRSP;
    }

    if(mrq->cmd->flags & MMC_RSP_CRC)
    {
        sdi_imsk |= S3C2410_SDIIMSK_RESPONSECRC;
    }

    if (mrq->data)
    {
        sdifsta = readl(host->base + S3C2410_SDIFSTA);
        sdifsta |= S3C2410_SDICON_FIFORESET;
        writel(sdifsta, host->base + S3C2410_SDIFSTA);

        host->complete_what = COMPLETION_XFERFINISH_RSPFIN;

        sdi_bsize = (1 << mrq->data->blksz_bits);

        sdi_dcon    = (mrq->data->blocks & S3C2410_SDIDCON_BLKNUM_MASK);
        sdi_dcon |= S3C2410_SDIDCON_DMAEN;
        sdi_dcon |=S3C2410_SDIDCON_DTST;

        sdi_imsk |= S3C2410_SDIIMSK_FIFOFAIL;
        sdi_imsk |= S3C2410_SDIIMSK_DATACRC;
        sdi_imsk |= S3C2410_SDIIMSK_DATATIMEOUT;
        sdi_imsk |= S3C2410_SDIIMSK_DATAFINISH;
        sdi_imsk |= 0xFFFFFFE0;

        if (host->bus_width == MMC_BUS_WIDTH_4)
```

```
{
  DBG(PFX "MMC_BUS_WIDTH_4\n");
  sdi_dcon |= S3C2410_SDIDCON_WIDEBUS;
}

if(!(mrq->data->flags & MMC_DATA_STREAM))
{
  sdi_dcon |= S3C2410_SDIDCON_BLOCKMODE;
  DBG(PFX "MMC_DATA_BLOCK\n");
}

if(mrq->data->flags & MMC_DATA_WRITE)
{
  DBG(PFX "MMC_DATA_WRITE\n");
  sdi_dcon |= S3C2410_SDIDCON_TXAFTERRESP;
  sdi_dcon |= S3C2410_SDIDCON_XFER_TXSTART;
  sdi_dcon |=S3C2410_SDIDCON_DAT_WD;
  sdi_dcon |=S3C2410_SDIDCON_BURST4;
}

if(mrq->data->flags & MMC_DATA_READ)
{
  DBG(PFX "MMC_DATA_READ\n");
  sdi_dcon |= S3C2410_SDIDCON_RXAFTERCMD;
  sdi_dcon |= S3C2410_SDIDCON_XFER_RXSTART;
  sdi_dcon |=S3C2410_SDIDCON_DAT_WD;
  //sdi_dcon |=S3C2410_SDIDCON_BURST4;
}

s3c2410sdi_dma_setup(host, mrq->data->flags &MMC_DATA_WRITE ?
                     S3C2410_DMASRC_MEM : S3C2410_DMASRC_HW);

dma_len = dma_map_sg(&pdev->dev, mrq->data->sg, mrq->data->sg_len, mrq->data->flags
                     & MMC_DATA_READ ? DMA_FROM_DEVICE: DMA_TO_DEVICE);
DBG(PFX "dma_len: 0x%08x\n", dma_len);

/*开始 DMA*/
s3c2410_dma_enqueue(host->dma, (void*) host,
                    sg_dma_address(&mrq->data->sg[0]),
```

```
                    (mrq->data->blocks << mrq->data->blksz_bits) );
    }

    host->mrq = mrq;

    init_completion(&host->complete_request);
    init_completion(&host->complete_dma);

    /*清除命令状态寄存器*/
    writel(0xFFFFFFFF, host->base + S3C2410_SDICMDSTAT);
    writel(0xFFFFFFFF, host->base + S3C2410_SDIDSTA);

    /*设置 SDI 控制器*/
    writel(sdi_bsize, host->base + S3C2410_SDIBSIZE);
    writel(sdi_timer, host->base + S3C2410_SDITIMER);
    writel(sdi_imsk, host->base + S3C2410_SDIIMSK);

    /*设置 SDI 命令参数和数据寄存器*/
    writel(sdi_carg, host->base + S3C2410_SDICMDARG);
    writel(sdi_dcon, host->base + S3C2410_SDIDCON);
    // This initiates transfer
    writel(sdi_ccon, host->base + S3C2410_SDICMDCON);

    /*等待传输完成*/
    wait_for_completion(&host->complete_request);
    DBG("[CMD] request complete.\n");
    if(mrq->data)
    {
      wait_for_completion(&host->complete_dma);
    }

    /*清除 SD/MMC 控制器和寄存器*/
    writel(0, host->base + S3C2410_SDICMDARG);
    writel(0, host->base + S3C2410_SDIDCON);
    writel(0, host->base + S3C2410_SDICMDCON);
    writel(0, host->base + S3C2410_SDIIMSK);

    /*读取响应*/
    mrq->cmd->resp[0] = readl(host->base + S3C2410_SDIRSP0);
```

```
    mrq->cmd->resp[1] = readl(host->base + S3C2410_SDIRSP1);
    mrq->cmd->resp[2] = readl(host->base + S3C2410_SDIRSP2);
    mrq->cmd->resp[3] = readl(host->base + S3C2410_SDIRSP3);

    host->mrq = NULL;

    if (!mrq->data) goto request_done;

    dma_unmap_sg(&pdev->dev, mrq->data->sg, dma_len, \
                 mrq->data->flags & MMC_DATA_READ ? DMA_FROM_DEVICE:
                 DMA_TO_DEVICE);

    if(mrq->data->error == MMC_ERR_NONE)
    {
      mrq->data->bytes_xfered = (mrq->data->blocks << mrq->data->blksz_bits);
      if(mrq->data->flags & MMC_DATA_READ);
    }
    else
    {
      mrq->data->bytes_xfered = 0;
    }

    if(mrq->data->error != MMC_ERR_NONE)
    {
      s3c2410_dma_ctrl(host->dma, S3C2410_DMAOP_FLUSH);
      DBG(PFX "flushing DMA.\n");
    }
    // Issue stop command
    if(mrq->data->stop) mmc_wait_for_cmd(mmc, mrq->data->stop, 3);

    request_done:

    mrq->done(mrq);
  }
```

8. ios 设置函数 s3c2410sdi_set_ios( )

ios 设置函数 s3c2410 sdi_set_ios( )代码描述如下：

```
static void s3c2410sdi_set_ios(struct mmc_host *mmc,   struct mmc_ios *ios)
{
```

```
struct s3c2410sdi_host *host = mmc_priv(mmc);
  u32 sdi_psc,  sdi_con;
  u32 sdifsta;

//Set power
sdi_con = readl(host->base + S3C2410_SDICON);

switch(ios->power_mode)
{
  case MMC_POWER_ON:
  case MMC_POWER_UP:
  //s3c2410_gpio_setpin(S3C2410_GPA17,  1);  // card power on

  s3c2410_gpio_cfgpin(S3C2410_GPE5,  S3C2410_GPE5_SDCLK);
  s3c2410_gpio_cfgpin(S3C2410_GPE6,  S3C2410_GPE6_SDCMD);
  s3c2410_gpio_cfgpin(S3C2410_GPE7,  S3C2410_GPE7_SDDAT0);
  s3c2410_gpio_cfgpin(S3C2410_GPE8,  S3C2410_GPE8_SDDAT1);
  s3c2410_gpio_cfgpin(S3C2410_GPE9,  S3C2410_GPE9_SDDAT2);
  s3c2410_gpio_cfgpin(S3C2410_GPE10,  S3C2410_GPE10_SDDAT3);
  if (host->pdata->set_power)
    (host->pdata->set_power)(1);
    sdifsta = readl(host->base + S3C2410_SDIFSTA);

    sdifsta |= S3C2410_SDICON_FIFORESET;
    writel(sdifsta, host->base + S3C2410_SDIFSTA);
    //sdi_con|= S3C2410_SDICON_FIFORESET;
  break;

  case MMC_POWER_OFF:
  default:
  if (host->pdata->set_power)
    (host->pdata->set_power)(0);
  break;
}

//Set clock
for(sdi_psc=0; sdi_psc<255; sdi_psc++)
{
  if( (clk_get_rate(host->clk) / ((sdi_psc+1))) <= ios->clock)
```

```
    break;
  }
  //printk("clk rate = %d\n", clk_get_rate(host->clk));
  //printk("ios->clock = %d\n", ios->clock);
  if(sdi_psc > 255) sdi_psc = 255;
  //printk("sdi_psc = %x\n", sdi_psc);

  sdi_psc = 3;
  writel(sdi_psc,    host->base + S3C2410_SDIPRE);

  //Set CLOCK_ENABLE
  if(ios->clock)  sdi_con |= S3C2410_SDICON_CLKEN;
  else            sdi_con &=~S3C2410_SDICON_CLKEN;

  // according to s3c2440
  //sdi_con =|S3C2410_SDICON_MMCRESET;
  writel(sdi_con,    host->base + S3C2410_SDICON);

  host->bus_width = ios->bus_width;
}
```

9. SD 卡侦测中断处理函数 s3c2410sdi_irq_cd( )

SD 卡侦测中断处理函数 s3c2410 sdi_irq_cd( )代码描述如下：

```
static irqreturn_t s3c2410sdi_irq_cd(int irq,   void *dev_id,   struct pt_regs *regs)
{
  struct s3c2410sdi_host *host = (struct s3c2410sdi_host *)dev_id;
  //printk("s3c2410sdi_irq_cd\n");
  mmc_detect_change(host->mmc,   S3C2410SDI_CDLATENCY);
  return IRQ_HANDLED;
}
```

第 5 章　S3C2440 I/O 接口 Linux 驱动及应用实例

5.1　GPIO 接口基础

GPIO(General-Purpose I/O ports)即通用 I/O 接口，是在嵌入式系统中数量众多，结构却比较简单的外部设备/电路，对这些设备/电路有的需要 CPU 为之提供控制手段，有的则需要被 CPU 用作输入信号。而且，这样的设备/电路只要求一位控制，即只要有开/关两种状态就够了，比如灯的亮与灭。对这些设备/电路的控制，使用传统的串行口或并行口都不合适。所以在微控制器芯片上一般都会提供“通用可编程 I/O 接口”，即 GPIO。GPIO 接口至少有两个寄存器，即“通用 I/O 控制寄存器”与“通用 I/O 数据寄存器”。数据寄存器的各位都直接引到芯片外部，而对这种寄存器中每一位的作用，即每一位的信号流通方向，则可以通过控制寄存器中对应位独立地加以设置。这样，有无 GPIO 接口也就成为微控制器区别于微处理器的一个特征。

在 MCU 中，GPIO 是有多种形式的，有的数据寄存器可以按照位寻址，有些却不能按照位寻址，这两种情况编程时有较大区别。传统的 8051 系列，区分成可位寻址和不可位寻址两种寄存器。为了使用方便，很多 MCU 把 glue logic 等集成到芯片内部，增强了系统的稳定性，GPIO 接口除了必须具备两个标准寄存器外，还提供上拉寄存器，可以设置 I/O 的输出模式是高阻，还是带上拉的电平输出，或者不带上拉的电平输出。从而在电路设计中简化了外围电路。

不同的 MCU，提供的 GPIO 接口的数目不同，可选择的 glue logic 也不同。

对于不同的计算机体系结构，设备可能是端口映射的，也可能是内存映射的。如果系统结构支持独立的 I/O 地址空间，并且是端口映射的，就必须使用汇编语言完成实际对设备的控制，因为 C 语言并没有提供真正的“端口”概念。如果通过内存映射，则很方便。例如寄存器 A(地址假定为 0x48000000)写入数据 0x01，就可设置为

```
#define A (*(volatile unsigned long *)0x48000000)
    A = 0x01;
```

其中，volatile 关键字是嵌入式系统开发的一个重要特点。上述表达式拆开分析，(volatile unsigned long *)0x48000000 是把 0x48000000 强制转换成 volatile unsigned long 类型的指针，暂记为 p，那么就是#define A *p，即 A 为 p 指针指向位置的内容。这里通过内存寻址访问到寄存器 A，可以进行读/写操作。

5.2　S3C2440 GPIO 接口硬件及寄存器

5.2.1　S3C2440 GPIO 接口硬件

S3C2440 的 GPIO 有 130 pin，可以通过下面 8 个寄存器进行控制和设置。

Port A (GPA): 25-output port

Port B (GPB): 11-input/output port

Port C (GPC): 16-input/output port

Port D (GPD): 16-input/output port

Port E (GPE): 16-input/output port

Port F (GPF): 8-input/output port

Port G (GPG): 16-input/output port

Port H (GPH): 9-input/output port

Port J (GPJ): 13-input/output port

S3C2440 的 I/O 接口很多是有复合功能的，既可以作为普通的 I/O 接口，也可以作为特殊外设接口。在程序设计时，要对整体的资源有所规划，避免应用时出现问题。

S3C2440 的 9 个端口，其寄存器是相似的。除了两个通用寄存器 GPxCON、GPxDAT 外，还提供了 GPxUP 用于确定是否使用内部上拉电阻(其中 x 为 A～J，需要注意的是没有 GPAUP)。

初始化完成后，可以通过对 GPxDAT 的操作来实现相应的应用。其中，PORT A 与 PORT B～J 在功能选择方面有所不同，GPACON 的每一位对应一根引脚(共 23 pin 有效)。

当某位设为 0 时，相应引脚为输出引脚，此时往 GPADAT 中写 0/1，可以让引脚输出低电平/高电平；当某位设为 1 时，则相应引脚为地址线，或者用于地址控制，此时 GPADAT 没有用。

一般而言，GPACON 通常全设为 1，以便访问外部存储器件。PORT B～H 在寄存器操作方面完全相同。GPxCON 中每两位控制一根引脚：00 表示输入，01 表示输出，10 表示特殊功能，11 保留。GPxDAT 用于读/写引脚：当引脚设为输入时，读此寄存器可知相应引脚状态是高/低；当引脚设为输出时，写此寄存器相应位可以使相应引脚输出低电平或高电平。GPxUP：某位设为 1，相应引脚无内部上拉；为 0 时，相应引脚使用内部上拉。关于特殊功能，就需要结合特殊外设来进行设置。

5.2.2　GPIO 寄存器

1．端口 A 控制寄存器(GPACON)

端口 A 控制寄存器各位定义如表 5-1～表 5-3 所示。

表 5-1 端口 A 控制寄存器

寄存器	地 址	读/写	描 述	默认值
GPACON	0x56000000	R/W	端口 A 引脚配置寄存器	0xffffff
GPADAT	0x56000004	R/W	端口 A 的数据寄存器	未定义
保留	0x56000008	—	保留	未定义
保留	0x5600000C	—	保留	未定义

表 5-2 端口 A 控制寄存器位定义

GPACON	位	描 述
GPA24	[24]	保留
GPA23	[23]	保留
GPA22	[22]	0=输出，1=nFCE
GPA21	[21]	0=输出，1=nRSTOUT
GPA20	[20]	0=输出，1=nFRE
GPA19	[19]	0=输出，1=nFWE
GPA18	[18]	0=输出，1=ALE
GPA17	[17]	0=输出，1=CLE
GPA16	[16]	0=输出，1=nGCS[5]
GPA15	[15]	0=输出，1=nGCS[4]
GPA14	[14]	0=输出，1=nGCS[3]
GPA13	[13]	0=输出，1=nGCS[2]
GPA12	[12]	0=输出，1=nGCS[1]
GPA11	[11]	0=输出，1=ADDR26
GPA10	[10]	0=输出，1=ADDR25
GPA9	[9]	0=输出，1=ADDR24
GPA8	[8]	0=输出，1=ADDR23
GPA7	[7]	0=输出，1=ADDR22
GPA6	[6]	0=输出，1=ADDR21
GPA5	[5]	0=输出，1=ADDR20
GPA4	[4]	0=输出，1=ADDR19
GPA3	[3]	0=输出，1=ADDR18
GPA2	[2]	0=输出，1=ADDR17
GPA1	[1]	0=输出，1=ADDR16
GPA0	[0]	0=输出，1=ADDR0

表 5-3 端口 A 数据寄存器位定义

GPADAT	位	描 述
GPA[24:0]	[24:0]	如果端口配置为输出端口，数据可以被写到 GPnDAT 寄存器对应位；如果端口配置为输入端口，能从 GPnDAT 寄存器对应位读出数据

2．端口 B 控制寄存器(GPBCON，GPBDAT，GPBUP)

端口 B 控制寄存器各位定义如表 5-4～表 5-7 所示。

表 5-4　端口 B 控制寄存器

寄存器	地　址	读/写	描　　述	默认值
GPBCON	0x56000010	R/W	端口 B　引脚配置寄存器	0x0
GPBDAT	0x56000014	R/W	端口 B 的数据寄存器	未定义
GPBUP	0x56000018	R/W	消除端口 B 上拉使能寄存器	0x0
保留	0x5600001C	—	—	—

表 5-5　端口 B 控制寄存器位定义

GPBCON	位	描　　述
GPB10	[21:20]	00=输入，01=输出，10=nXDREQ0，11=Reserved
GPB9	[19:18]	00=输入，01=输出，10=nXDACK0，11=Reserved
GPB8	[17:16]	00=输入，01=输出，10=nXDREQ1，11=Reserved
GPB7	[15:14]	00=输入，01=输出，10=nXDACK1，11=Reserved
GPB6	[13:12]	00=输入，01=输出，10=nXBREQ，11=Reserved
GPB5	[11:10]	00=输入，01=输出，10=nXBACK，11=Reserved
GPB4	[9:8]	00=输入，01=输出，10=TCLK[0]，11=Reserved
GPB3	[7:6]	00=输入，01=输出，10=TOUT3，11=Reserved
GPB2	[5:4]	00=输入，01=输出，10=TOUT2，11=Reserved]
GPB1	[3:2]	00=输入，01=输出，10=TOUT1，11=Reserved
GPB0	[1:0]	00=输入，01=输出，10=TOUT0，11=Reserved

表 5-6　端口 B 数据寄存器位定义

GPBDAT	位	描　　述
GPB[10:0]	[10:0]	如果端口配置为输入端口，则可以从引脚上读出相应的外部输入的数据；如果端口配置为输出端口，则向该位写入的数据可以被发送到相应的引脚上；如果该引脚被配置成功能引脚，则读出的数据不确定

表 5-7　端口 B 上拉寄存器位定义

GPBUP	位	描　　述
GPB[10:0]	[10:0]	0=允许端口 B 相应引脚的上拉功能 1=禁止上拉功能

3．端口 C 控制寄存器(GPCCON，GPCDAT，GPCUP)

端口 C 控制寄存器各位定义如表 5-8～表 5-11 所示。

表 5-8　端口 C 控制寄存器

寄存器	地　址	读/写	描　　述	默认值
GPCCON	0x56000020	R/W	端口 C 引脚配置寄存器	0x0
GPCDAT	0x56000024	R/W	端口 C 的数据寄存器	未定义
GPCUP	0x56000028	R/W	消除端口 C 上拉使能寄存器	0x0
保留	0x5600002C	—	—	—

表 5-9　端口 C 控制寄存器位定义

GPCCON	位	描　述
GPC15	[31:30]	00=输入，01=输出，10=VD[7]，11=Reserved
GPC14	[29:28]	00=输入，01=输出，10=VD[6]，11=Reserved
GPC13	[27:26]	00=输入，01=输出，10=VD[5]，11=Reserved
GPC12	[25:24]	00=输入，01=输出，10=VD[4]，11=Reserved
GPC11	[23:22]	00=输入，01=输出，10=VD[3]，11=Reserved
GPC10	[21:20]	00=输入，01=输出，10=VD[2]，11=Reserved
GPC9	[19:18]	00=输入，01=输出，10=VD[1]，11=Reserved
GPC8	[17:16]	00=输入，01=输出，10=VD[0]，11=Reserved
GPC7	[15:14]	00=输入，01=输出，10=LCD_LPCREVB，11=Reserved
GPC6	[13:12]	00=输入，01=输出，10=LCD_LPCREV，11=Reserved
GPC5	[11:10]	00=输入，01=输出，10=LCD_LPCOE，11=Reserved
GPC4	[9:8]	00=输入，01=输出，10=VM，11=I2SSDI
GPC3	[7:6]	00=输入，01=输出，10=VFRAME，11=Reserved
GPC2	[5:4]	00=输入，01=输出，10=VLINE，11=Reserved
GPC1	[3:2]	00=输入，01=输出，10=VCLK，11=Reserved
GPC0	[1:0]	00=输入，01=输出，10=LEND，11=Reserved

表 5-10　端口 C 数据寄存器位定义

GPCDAT	位	描　述
GPC[15:0]	[15:0]	如果端口配置为输入端口，则可以从引脚上读出相应的外部输入的数据；如果端口配置为输出端口，则向该位写入的数据可以被发送到相应的引脚上；如果该引脚被配置成功能引脚，则读出的数据不确定

表 5-11　端口 C 上拉寄存器位定义

GPCUP	位	描　述
GPC[15:0]	[15:0]	0=允许端口 C 相应引脚的上拉功能 1=禁止上拉功能

4．端口 D 控制寄存器(GPDCON，GPDDAT，GPDUP)

端口 D 控制寄存器各位定义如表 5-12～表 5-15 所示。

表 5-12　端口 D 控制寄存器

寄存器	地　址	读/写	描　述	默认值
GPDCON	0x56000030	R/W	端口 D 引脚配置寄存器	0x0
GPDDAT	0x56000034	R/W	端口 D 的数据寄存器	未定义
GPDUP	0x56000038	R/W	消除端口 D 上拉使能寄存器	0xf000
保留	0x5600003C	—	—	—

表 5-13　端口 D 控制寄存器位定义

GPDCON	位	描　述
GPD15	[31:30]	00=输入，01=输出，10=VD[23]，11=nSS0
GPD14	[29:28]	00=输入，01=输出，10=VD[22]，11=nSS1
GPD13	[27:26]	00=输入，01=输出，10=VD[21]，11=Reserved
GPD12	[25:24]	00=输入，01=输出，10=VD[20]，11=Reserved
GPD11	[23:22]	00=输入，01=输出，10=VD[19]，11=Reserved
GPD10	[21:20]	00=输入，01=输出，10=VD[18]，11=Reserved
GPD9	[19:18]	00=输入，01=输出，10=VD[17]，11=Reserved
GPD8	[17:16]	00=输入，01=输出，10=VD[16]，11=Reserved
GPD7	[15:14]	00=输入，01=输出，10=VD[15]，11=SPICLK1
GPD6	[13:12]	00=输入，01=输出，10=VD[14]，11=Reserved
GPD5	[11:10]	00=输入，01=输出，10=VD[13]，11=Reserved
GPD4	[9:8]	00=输入，01=输出，10=VD[12]，11=Reserved
GPD3	[7:6]	00=输入，01=输出，10=VD[11]，11=Reserved
GPD2	[5:4]	00=输入，01=输出，10=VD[10]，11=Reserved
GPD1	[3:2]	00=输入，01=输出，10=VD[9]，11=Reserved
GPD0	[1:0]	00=输入，01=输出，10=VD[8]，11=Reserved

表 5-14　端口 D 数据寄存器位定义

GPDDAT	位	描　述
GPD[15:0]	[15:0]	如果端口配置为输入端口，则可以从引脚上读出相应的外部输入的数据；如果端口配置为输出端口，则向该位写入的数据可以被发送到相应的引脚上；如果该引脚被配置成功能引脚，则读出的数据不确定

表 5-15　端口 D 上拉寄存器位定义

GPDUP	位	描　述
GPD[15:0]	[15:0]	0=允许端口 D 相应引脚的上拉功能 1=禁止上拉功能

5．端口 E 控制寄存器(GPECON、GPEDAT、GPEUP)

端口 E 控制寄存器各位定义如表 5-16 至表 5-19 所示。

表 5-16　端口 E 控制寄存器

寄存器	地　址	读/写	描　述	默认值
GPECON	0x56000040	R/W	端口 E 引脚配置寄存器	0x0
GPEDAT	0x56000044	R/W	端口 E 的数据寄存器	未定义
GPEUP	0x56000048	R/W	消除端口 E 上拉使能寄存器	0x0000
保留	0x5600004C	—	—	—

表 5-17　端口 E 控制寄存器位定义

GPECON	位	描　述
GPE15	[31:30]	00=输入，01=输出，10=IICSDA，11=Reserved Thispadisopen-drain，ThereisnoPull-upoption.
GPE14	[29:28]	00=输入，01=输出，10=IICSDA，11=Reserved Thispadisopen-drain，ThereisnoPull-upoption.
GPE13	[27:26]	00=输入，01=输出，10=SPICLK0，11=Reserved
GPE12	[25:24]	00=输入，01=输出，10=SPIMOSI0，11=Reserved
GPE11	[23:22]	00=输入，01=输出，10=SPIMISO0，11=Reserved
GPE10	[21:20]	00=输入，01=输出，10=SDDAT3，11=Reserved
GPE9	[19:18]	00=输入，01=输出，10=SDDAT2，11=Reserved
GPE8	[17:16]	00=输入，01=输出，10=SDDAT1，11=Reserved
GPE7	[15:14]	00=输入，01=输出，10=SDDAT0，11=Reserved
GPE6	[13:12]	00=输入，01=输出，10=SDCMD，11=Reserved
GPE5	[11:10]	00=输入，01=输出，10=SDCLK，11=Reserved
GPE4	[9:8]	00=输入，01=输出，10=I2SDO，11=AC_SDATA_OUT
GPE3	[7:6]	00=输入，01=输出，10=I2SDI，11=AC_SDATA_IN
GPE2	[5:4]	00=输入，01=输出，10=CDCLK，11=AC_nRESET
GPE1	[3:2]	00=输入，01=输出，10=I2SSCLK，11=AC_BIT_CLK
GPE0	[1:0]	00=输入，01=输出，10=VD[8]，11=Reserved

表 5-18　端口 E 数据寄存器 G 位定义

GPEDAT	位	描　述
GPE[15:0]	[15:0]	如果端口配置为输入端口，则可以从引脚上读出相应的外部输入的数据；如果端口配置为输出端口，则向该位写入的数据可以被发送到相应的引脚上；如果该引脚被配置成功能引脚，则读出的数据不确定

表 5-19　端口 E 上拉寄存器位定义

GPEUP	位	描　述
GPE[15:0]	[15:0]	0=允许端口 E 相应引脚的上拉功能 1=禁止上拉功能

6．端口 F 控制寄存器(GPFCON，GPFDAT，GPFUP)

端口 F 控制寄存器各位定义如表 5-20～表 5-23 所示。

表 5-20　端口 F 控制寄存器

寄存器	地　址	读/写	描　述	默认值
GPFCON	0x56000050	R/W	端口 F 引脚配置寄存器	0x0
GPFDAT	0x56000054	R/W	端口 F 的数据寄存器	未定义
GPFUP	0x56000058	R/W	消除端口 F 上拉使能寄存器	0x000
保留	0x5600005C	—	—	—

表 5-21　端口 F 控制寄存器位定义

GPFCON	位	描　述
GPF7	[15:14]	00=输入，01=输出，10=EINT[7]，11=Reserved
GPF6	[13:12]	00=输入，01=输出，10=EINT[6]，11=Reserved
GPF5	[11:10]	00=输入，01=输出，10=EINT[5]，11=Reserved
GPF4	[9:8]	00=输入，01=输出，10=EINT[4]，11=Reserved
GPF3	[7:6]	00=输入，01=输出，10=EINT[3]，11=Reserved
GPF2	[5:4]	00=输入，01=输出，10=EINT[2]，11=Reserved
GPF1	[3:2]	00=输入，01=输出，10=EINT[1]，11=Reserved
GPF0	[1:0]	00=输入，01=输出，10=EINT[0]，11=Reserved

表 5-22　端口 F 数据寄存器位定义

GPFDAT	位	描　述
GPF[7:0]	[7:0]	如果端口配置为输入端口，则可以从引脚上读出相应的外部输入的数据；如果端口配置为输出端口，则向该位写入的数据可以被发送到相应的引脚上；如果该引脚被配置成功能引脚，则读出的数据不确定

表 5-23　端口 F 上拉寄存器位定义

GPFUP	位	描　述
GPF[7:0]	[7:0]	0=允许端口 F 相应引脚的上拉功能 1=禁止上拉功能

7. 端口 G 控制寄存器(GPGCON，GPGDAT，GPGUP)

端口 G 控制寄存器各位定义如表 5-24～表 5-27 所示。

表 5-24　端口 G 控制寄存器

寄存器	地　址	读/写	描　述	默认值
GPGCON	0x56000060	R/W	端口 G 引脚配置寄存器	0x0
GPGDAT	0x56000064	R/W	端口 G 的数据寄存器	未定义
GPGUP	0x56000068	R/W	消除端口 G 上拉使能寄存器	0xfc00

表 5-25　端口 G 控制寄存器位定义

GPGCON	位	描　述
GPG15	[31:30]	00=输入，01=输出，10=EINT[23]，11=Reserved
GPG14	[29:28]	00=输入，01=输出，10=EINT[22]，11=Reserved
GPG13	[27:26]	00=输入，01=输出，10=EINT[21]，11=Reserved
GPG12	[25:24]	00=输入，01=输出，10=EINT[20]，11=Reserved
GPG11	[23:22]	00=输入，01=输出，10=EINT[19]，11=Reserved
GPG10	[21:20]	00=输入，01=输出，10=EINT[18]，11=Reserved
GPG9	[19:18]	00=输入，01=输出，10=EINT[17]，11=Reserved
GPG8	[17:16]	00=输入，01=输出，10=EINT[16]，11=Reserved
GPG7	[15:14]	00=输入，01=输出，10=EINT[15]，11=SPICLK1

续表

GPGCON	位	描　述
GPG6	[13:12]	00=输入，01=输出，10=EINT[14]，11=SPIMOSI1
GPG5	[11:10]	00=输入，01=输出，10=EINT[13]，11=SPIMISO1
GPG4	[9:8]	00=输入，01=输出，10=EINT[12]，11=LCD_PWRDN
GPG3	[7:6]	00=输入，01=输出，10=EINT[11]，11=nSS1
GPG2	[5:4]	00=输入，01=输出，10=EINT[10]，11=nSS0
GPG1	[3:2]	00=输入，01=输出，10=EINT[9]，11=Reserved
GPG0	[1:0]	00=输入，01=输出，10=EINT[8]，11=Reserved

表 5-26　端口 G 数据寄存器位定义

GPGDAT	位	描　述
GPG[15:0]	[15:0]	如果端口配置为输入端口，则可以从引脚上读出相应的外部输入的数据；如果端口配置为输出端口，则向该位写入的数据可以被发送到相应的引脚上；如果该引脚被配置成功能引脚，则读出的数据不确定

表 5-27　端口 G 上拉寄存器位定义

GPGUP	位	描　述
GPG[15:0]	[15:0]	0=允许端口 G 相应引脚的上拉功能 1=禁止上拉功能

8．端口 H 控制寄存器(GPHCON，GPHDAT，GPHUP)

端口 H 控制寄存器各位定义如表 5-28～表 5-31 所示。

表 5-28　端口 H 控制寄存器

寄存器	地　址	读/写	描　述	默认值
GPHCON	0x56000070	R/W	端口 H 引脚配置寄存器	0x0
GPHDAT	0x56000074	R/W	端口 H 的数据寄存器	未定义
GPHUP	0x56000078	R/W	消除端口 H 上拉使能寄存器	0x000

表 5-29　端口 H 控制寄存器位定义

GPHCON	位	描　述
GPH10	[21:20]	00=输入，01=输出，10=CLKOUT1，11=Reserved
GPH9	[19:18]	00=输入，01=输出，10=CLKOUT0，11=Reserved
GPH8	[17:16]	00=输入，01=输出，10=UEXTCLK，11=Reserved
GPH7	[15:14]	00=输入，01=输出，10=RXD[2]，11=nCTS1
GPH6	[13:12]	00=输入，01=输出，10=TXD[2]，11=nRTS1
GPH5	[11:10]	00=输入，01=输出，10=RXD[1]，11=Reserved
GPH4	[9:8]	00=输入，01=输出，10=TXD[1]，11=Reserved
GPH3	[7:6]	00=输入，01=输出，10=RXD[0]，11=Reserved
GPH2	[5:4]	00=输入，01=输出，10=TXD[0]，11=Reserved
GPH1	[3:2]	00=输入，01=输出，10=nRTS0，11=Reserved
GPH0	[1:0]	00=输入，01=输出，10=nCTS0，11=Reserved

表 5-30　端口 H 数据寄存器位定义

GPHDAT	位	描　述
GPH[10:0]	[10:0]	如果端口配置为输入端口，则可以从引脚上读出相应的外部输入的数据；如果端口配置为输出端口，则向该位写入的数据可以被发送到相应的引脚上；如果该引脚被配置成功能引脚，则读出的数据不确定

表 5-31　端口 H 上拉寄存器位定义

GPHUP	位	描　述
GPH[10:0]	[10:0]	0=允许端口 H 相应引脚的上拉功能 1=禁止上拉功能

9．端口 J 控制寄存器(GPJCON，GPJDAT，GPJUP)

端口 J 控制寄存器各位定义如表 5-32～表 5-35 所示。

表 5-32　端口 J 控制寄存器

寄存器	地　址	读/写	描　述	默认值
GPJCON	0x560000d0	R/W	端口 J 引脚配置寄存器	0x0
GPJDAT	0x560000d4	R/W	端口 J 的数据寄存器	未定义
GPJUP	0x560000d8	R/W	消除端口 J 上拉使能寄存器	0x000
Reserved	0x560000dc	—	—	—

表 5-33　端口 J 控制寄存器位定义

GPJCON	位	描　述
GPJ12	[25:24]	00=输入，01=输出，10=CAMRESET，11=Reserved
GPJ11	[23:22]	00=输入，01=输出，10=CAMCLKOUT，11=Reserved
GPJ10	[21:20]	00=输入，01=输出，10=CAMHREF，11=Reserved
GPJ9	[19:18]	00=输入，01=输出，10=CAMVSYNC，11=Reserved
GPJ8	[17:16]	00=输入，01=输出，10=CAMPCLK，11=Reserved
GPJ7	[15:14]	00=输入，01=输出，10=CAMDATA[7]，11=Reserved
GPJ6	[13:12]	00=输入，01=输出，10=CAMDATA[6]，11=Reserved
GPJ5	[11:10]	00=输入，01=输出，10=CAMDATA[5]，11=Reserved
GPJ4	[9:8]	00=输入，01=输出，10=CAMDATA[4]，11=Reserved
GPJ3	[7:6]	00=输入，01=输出，10=CAMDATA[3]，11=Reserved
GPJ2	[5:4]	00=输入，01=输出，10=CAMDATA[2]，11=Reserved
GPJ1	[3:2]	00=输入，01=输出，10=CAMDATA[1]，11=Reserved
GPJ0	[1:0]	00=输入，01=输出，10=CAMDATA[0]，11=Reserved

表 5-34　端口 J 数据寄存器位定义

GPJDAT	位	描　述
GPJ[12:0]	[12:0]	如果端口配置为输入端口，则可以从引脚上读出相应的外部输入的数据；如果端口配置为输出端口，则向该位写入的数据可以被发送到相应的引脚上；如果该引脚被配置成功能引脚，则读出的数据不确定

表 5-35　端口 J 上拉寄存器位定义

GPJUP	位	描　述
GPJ[15:0]	[12:0]	0=允许端口 J 相应引脚的上拉功能 1=禁止上拉功能

5.3　S3C2440 GPIO 驱动及 LED 应用程序分析

5.3.1　寄存器地址和功能定义

S3C2440 GPIO 控制器相关寄存器地址及初始值定义如下：

```
#define S3C24XX_VA_GPIO      S3C2410_ADDR(0x00E00000)
#define S3C2400_PA_GPIO      (0x15600000)
#define S3C2410_PA_GPIO      (0x56000000)
#define S3C24XX_SZ_GPIO      SZ_1M
#define S3C2410_GPIONO(bank, offset) ((bank) + (offset))
#define S3C2410_GPIO_BANKA  (32*0)
#define S3C2410_GPIO_BANKB  (32*1)
#define S3C2410_GPIO_BANKC  (32*2)
#define S3C2410_GPIO_BANKD  (32*3)
#define S3C2410_GPIO_BANKE  (32*4)
#define S3C2410_GPIO_BANKF  (32*5)
#define S3C2410_GPIO_BANKG  (32*6)
#define S3C2410_GPIO_BANKH  (32*7)
#define S3C2410_GPIO_BANKJ  (32*8)

#define S3C2410_GPIO_BASE(pin)     ((((pin) &~31) >> 1) + S3C24XX_VA_GPIO)
#define S3C2410_GPIO_OFFSET(pin) ((pin) & 31)

/*一般的配置选项*/
#define S3C2410_GPIO_LEAVE     (0xFFFFFFFF)

/* configure GPIO ports A..J*/

#define S3C2410_GPIOREG(x) ((x) + S3C24XX_VA_GPIO)

#define S3C2410_GPACON       S3C2410_GPIOREG(0x00)
#define S3C2410_GPADAT       S3C2410_GPIOREG(0x04)

#define S3C2410_GPA0                S3C2410_GPIONO(S3C2410_GPIO_BANKA, 0)
#define S3C2410_GPA0_OUT            (0<<0)
```

```
#define S3C2410_GPA0_ADDR0          (1<<0)

#define S3C2410_GPA1                S3C2410_GPIONO(S3C2410_GPIO_BANKA，1)
#define S3C2410_GPA1_OUT            (0<<1)
#define S3C2410_GPA1_ADDR16         (1<<1)

#define S3C2410_GPA2                S3C2410_GPIONO(S3C2410_GPIO_BANKA，2)
#define S3C2410_GPA2_OUT            (0<<2)
#define S3C2410_GPA2_ADDR17         (1<<2)

#define S3C2410_GPA3                S3C2410_GPIONO(S3C2410_GPIO_BANKA，3)
#define S3C2410_GPA3_OUT            (0<<3)
#define S3C2410_GPA3_ADDR18         (1<<3)

#define S3C2410_GPA4                S3C2410_GPIONO(S3C2410_GPIO_BANKA，4)
#define S3C2410_GPA4_OUT            (0<<4)
#define S3C2410_GPA4_ADDR19         (1<<4)

#define S3C2410_GPA5                S3C2410_GPIONO(S3C2410_GPIO_BANKA，5)
#define S3C2410_GPA5_OUT            (0<<5)
#define S3C2410_GPA5_ADDR20         (1<<5)

#define S3C2410_GPA6                S3C2410_GPIONO(S3C2410_GPIO_BANKA，6)
#define S3C2410_GPA6_OUT            (0<<6)
#define S3C2410_GPA6_ADDR21         (1<<6)

#define S3C2410_GPA7                S3C2410_GPIONO(S3C2410_GPIO_BANKA，7)
#define S3C2410_GPA7_OUT            (0<<7)
#define S3C2410_GPA7_ADDR22         (1<<7)

#define S3C2410_GPA8                S3C2410_GPIONO(S3C2410_GPIO_BANKA，8)
#define S3C2410_GPA8_OUT            (0<<8)
#define S3C2410_GPA8_ADDR23         (1<<8)

#define S3C2410_GPA9                S3C2410_GPIONO(S3C2410_GPIO_BANKA，9)
#define S3C2410_GPA9_OUT            (0<<9)
#define S3C2410_GPA9_ADDR24         (1<<9)

#define S3C2410_GPA10               S3C2410_GPIONO(S3C2410_GPIO_BANKA，10)
#define S3C2410_GPA10_OUT           (0<<10)
#define S3C2410_GPA10_ADDR25        (1<<10)
```

```
#define S3C2410_GPA11              S3C2410_GPIONO(S3C2410_GPIO_BANKA, 11)
#define S3C2410_GPA11_OUT          (0<<11)
#define S3C2410_GPA11_ADDR26       (1<<11)

#define S3C2410_GPA12              S3C2410_GPIONO(S3C2410_GPIO_BANKA, 12)
#define S3C2410_GPA12_OUT          (0<<12)
#define S3C2410_GPA12_nGCS1        (1<<12)

#define S3C2410_GPA13              S3C2410_GPIONO(S3C2410_GPIO_BANKA, 13)
#define S3C2410_GPA13_OUT          (0<<13)
#define S3C2410_GPA13_nGCS2        (1<<13)

#define S3C2410_GPA14              S3C2410_GPIONO(S3C2410_GPIO_BANKA, 14)
#define S3C2410_GPA14_OUT          (0<<14)
#define S3C2410_GPA14_nGCS3        (1<<14)

#define S3C2410_GPA15              S3C2410_GPIONO(S3C2410_GPIO_BANKA, 15)
#define S3C2410_GPA15_OUT          (0<<15)
#define S3C2410_GPA15_nGCS4        (1<<15)

#define S3C2410_GPA16              S3C2410_GPIONO(S3C2410_GPIO_BANKA, 16)
#define S3C2410_GPA16_OUT          (0<<16)
#define S3C2410_GPA16_nGCS5        (1<<16)

#define S3C2410_GPA17              S3C2410_GPIONO(S3C2410_GPIO_BANKA, 17)
#define S3C2410_GPA17_OUT          (0<<17)
#define S3C2410_GPA17_CLE          (1<<17)

#define S3C2410_GPA18              S3C2410_GPIONO(S3C2410_GPIO_BANKA, 18)
#define S3C2410_GPA18_OUT          (0<<18)
#define S3C2410_GPA18_ALE          (1<<18)

#define S3C2410_GPA19              S3C2410_GPIONO(S3C2410_GPIO_BANKA, 19)
#define S3C2410_GPA19_OUT          (0<<19)
#define S3C2410_GPA19_nFWE         (1<<19)

#define S3C2410_GPA20              S3C2410_GPIONO(S3C2410_GPIO_BANKA, 20)
#define S3C2410_GPA20_OUT          (0<<20)
#define S3C2410_GPA20_nFRE         (1<<20)

#define S3C2410_GPA21              S3C2410_GPIONO(S3C2410_GPIO_BANKA, 21)
#define S3C2410_GPA21_OUT          (0<<21)
#define S3C2410_GPA21_nRSTOUT      (1<<21)
```

```
#define S3C2410_GPA22            S3C2410_GPIONO(S3C2410_GPIO_BANKA，22)
#define S3C2410_GPA22_OUT        (0<<22)
#define S3C2410_GPA22_nFCE       (1<<22)

#define S3C2410_GPBCON      S3C2410_GPIOREG(0x10)
#define S3C2410_GPBDAT      S3C2410_GPIOREG(0x14)
#define S3C2410_GPBUP       S3C2410_GPIOREG(0x18)

/*no i/o pin in port b can have value 3!*/

#define S3C2410_GPB0             S3C2410_GPIONO(S3C2410_GPIO_BANKB，0)
#define S3C2410_GPB0_INP         (0x00 << 0)
#define S3C2410_GPB0_OUTP        (0x01 << 0)
#define S3C2410_GPB0_TOUT0       (0x02 << 0)

#define S3C2410_GPB1             S3C2410_GPIONO(S3C2410_GPIO_BANKB，1)
#define S3C2410_GPB1_INP         (0x00 << 2)
#define S3C2410_GPB1_OUTP        (0x01 << 2)
#define S3C2410_GPB1_TOUT1       (0x02 << 2)

#define S3C2410_GPB2             S3C2410_GPIONO(S3C2410_GPIO_BANKB，2)
#define S3C2410_GPB2_INP         (0x00 << 4)
#define S3C2410_GPB2_OUTP        (0x01 << 4)
#define S3C2410_GPB2_TOUT2       (0x02 << 4)

#define S3C2410_GPB3             S3C2410_GPIONO(S3C2410_GPIO_BANKB，3)
#define S3C2410_GPB3_INP         (0x00 << 6)
#define S3C2410_GPB3_OUTP        (0x01 << 6)
#define S3C2410_GPB3_TOUT3       (0x02 << 6)

#define S3C2410_GPB4             S3C2410_GPIONO(S3C2410_GPIO_BANKB，4)
#define S3C2410_GPB4_INP         (0x00 << 8)
#define S3C2410_GPB4_OUTP        (0x01 << 8)
#define S3C2410_GPB4_TCLK0       (0x02 << 8)
#define S3C2410_GPB4_MASK        (0x03 << 8)

#define S3C2410_GPB5             S3C2410_GPIONO(S3C2410_GPIO_BANKB，5)
#define S3C2410_GPB5_INP         (0x00 << 10)
#define S3C2410_GPB5_OUTP        (0x01 << 10)
#define S3C2410_GPB5_nXBACK      (0x02 << 10)

#define S3C2410_GPB6             S3C2410_GPIONO(S3C2410_GPIO_BANKB，6)
#define S3C2410_GPB6_INP         (0x00 << 12)
```

```
#define S3C2410_GPB6_OUTP           (0x01 << 12)
#define S3C2410_GPB6_nXBREQ         (0x02 << 12)

#define S3C2410_GPB7                S3C2410_GPIONO(S3C2410_GPIO_BANKB, 7)
#define S3C2410_GPB7_INP            (0x00 << 14)
#define S3C2410_GPB7_OUTP           (0x01 << 14)
#define S3C2410_GPB7_nXDACK1        (0x02 << 14)

#define S3C2410_GPB8                S3C2410_GPIONO(S3C2410_GPIO_BANKB, 8)
#define S3C2410_GPB8_INP            (0x00 << 16)
#define S3C2410_GPB8_OUTP           (0x01 << 16)
#define S3C2410_GPB8_nXDREQ1        (0x02 << 16)

#define S3C2410_GPB9                S3C2410_GPIONO(S3C2410_GPIO_BANKB, 9)
#define S3C2410_GPB9_INP            (0x00 << 18)
#define S3C2410_GPB9_OUTP           (0x01 << 18)
#define S3C2410_GPB9_nXDACK0        (0x02 << 18)
#define S3C2410_GPB10               S3C2410_GPIONO(S3C2410_GPIO_BANKB, 10)
#define S3C2410_GPB10_INP           (0x00 << 20)
#define S3C2410_GPB10_OUTP          (0x01 << 20)
#define S3C2410_GPB10_nXDREQ0       (0x02 << 20)


#define S3C2410_GPCCON              S3C2410_GPIOREG(0x20)
#define S3C2410_GPCDAT              S3C2410_GPIOREG(0x24)
#define S3C2410_GPCUP               S3C2410_GPIOREG(0x28)
#define S3C2410_GPC0                S3C2410_GPIONO(S3C2410_GPIO_BANKC, 0)
#define S3C2410_GPC0_INP            (0x00 << 0)
#define S3C2410_GPC0_OUTP           (0x01 << 0)
#define S3C2410_GPC0_LEND           (0x02 << 0)
#define S3C2410_GPC1                S3C2410_GPIONO(S3C2410_GPIO_BANKC, 1)
#define S3C2410_GPC1_INP            (0x00 << 2)
#define S3C2410_GPC1_OUTP           (0x01 << 2)
#define S3C2410_GPC1_VCLK           (0x02 << 2)
#define S3C2410_GPC2                S3C2410_GPIONO(S3C2410_GPIO_BANKC, 2)
#define S3C2410_GPC2_INP            (0x00 << 4)
#define S3C2410_GPC2_OUTP           (0x01 << 4)
#define S3C2410_GPC2_VLINE          (0x02 << 4)
#define S3C2410_GPC3                S3C2410_GPIONO(S3C2410_GPIO_BANKC, 3)
#define S3C2410_GPC3_INP            (0x00 << 6)
#define S3C2410_GPC3_OUTP           (0x01 << 6)
#define S3C2410_GPC3_VFRAME         (0x02 << 6)
```

```
#define S3C2410_GPC4                 S3C2410_GPIONO(S3C2410_GPIO_BANKC, 4)
#define S3C2410_GPC4_INP             (0x00 << 8)
#define S3C2410_GPC4_OUTP            (0x01 << 8)
#define S3C2410_GPC4_VM              (0x02 << 8)
#define S3C2410_GPC5                 S3C2410_GPIONO(S3C2410_GPIO_BANKC, 5)
#define S3C2410_GPC5_INP             (0x00 << 10)
#define S3C2410_GPC5_OUTP            (0x01 << 10)
#define S3C2410_GPC5_LCD_LPCOE       (0x02 << 10)
#define S3C2410_GPC6                 S3C2410_GPIONO(S3C2410_GPIO_BANKC, 6)
#define S3C2410_GPC6_INP             (0x00 << 12)
#define S3C2410_GPC6_OUTP            (0x01 << 12)
#define S3C2410_GPC6_LCD_LPCREV          (0x02 << 12)
#define S3C2410_GPC7                 S3C2410_GPIONO(S3C2410_GPIO_BANKC, 7)
#define S3C2410_GPC7_INP             (0x00 << 14)
#define S3C2410_GPC7_OUTP            (0x01 << 14)
#define S3C2410_GPC7_LCD_LPCREVB         (0x02 << 14)
#define S3C2410_GPC8                 S3C2410_GPIONO(S3C2410_GPIO_BANKC, 8)
#define S3C2410_GPC8_INP             (0x00 << 16)
#define S3C2410_GPC8_OUTP            (0x01 << 16)
#define S3C2410_GPC8_VD0             (0x02 << 16)
#define S3C2410_GPC9                 S3C2410_GPIONO(S3C2410_GPIO_BANKC, 9)
#define S3C2410_GPC9_INP             (0x00 << 18)
#define S3C2410_GPC9_OUTP            (0x01 << 18)
#define S3C2410_GPC9_VD1             (0x02 << 18)
#define S3C2410_GPC10                S3C2410_GPIONO(S3C2410_GPIO_BANKC, 10)
#define S3C2410_GPC10_INP            (0x00 << 20)
#define S3C2410_GPC10_OUTP           (0x01 << 20)
#define S3C2410_GPC10_VD2            (0x02 << 20)
#define S3C2410_GPC11                S3C2410_GPIONO(S3C2410_GPIO_BANKC, 11)
#define S3C2410_GPC11_INP            (0x00 << 22)
#define S3C2410_GPC11_OUTP           (0x01 << 22)
#define S3C2410_GPC11_VD3            (0x02 << 22)
#define S3C2410_GPC12                S3C2410_GPIONO(S3C2410_GPIO_BANKC, 12)
#define S3C2410_GPC12_INP            (0x00 << 24)
#define S3C2410_GPC12_OUTP           (0x01 << 24)
#define S3C2410_GPC12_VD4            (0x02 << 24)
#define S3C2410_GPC13                S3C2410_GPIONO(S3C2410_GPIO_BANKC, 13)
#define S3C2410_GPC13_INP            (0x00 << 26)
#define S3C2410_GPC13_OUTP           (0x01 << 26)
#define S3C2410_GPC13_VD5            (0x02 << 26)
```

```
#define S3C2410_GPC14           S3C2410_GPIONO(S3C2410_GPIO_BANKC, 14)
#define S3C2410_GPC14_INP       (0x00 << 28)
#define S3C2410_GPC14_OUTP      (0x01 << 28)
#define S3C2410_GPC14_VD6       (0x02 << 28)
#define S3C2410_GPC15           S3C2410_GPIONO(S3C2410_GPIO_BANKC, 15)
#define S3C2410_GPC15_INP       (0x00 << 30)
#define S3C2410_GPC15_OUTP      (0x01 << 30)
#define S3C2410_GPC15_VD7       (0x02 << 30)

#define S3C2410_GPDCON          S3C2410_GPIOREG(0x30)
#define S3C2410_GPDDAT          S3C2410_GPIOREG(0x34)
#define S3C2410_GPDUP           S3C2410_GPIOREG(0x38)
#define S3C2410_GPD0            S3C2410_GPIONO(S3C2410_GPIO_BANKD, 0)
#define S3C2410_GPD0_INP        (0x00 << 0)
#define S3C2410_GPD0_OUTP       (0x01 << 0)
#define S3C2410_GPD0_VD8        (0x02 << 0)
#define S3C2410_GPD1            S3C2410_GPIONO(S3C2410_GPIO_BANKD, 1)
#define S3C2410_GPD1_INP        (0x00 << 2)
#define S3C2410_GPD1_OUTP       (0x01 << 2)
#define S3C2410_GPD1_VD9        (0x02 << 2)
#define S3C2410_GPD2            S3C2410_GPIONO(S3C2410_GPIO_BANKD, 2)
#define S3C2410_GPD2_INP        (0x00 << 4)
#define S3C2410_GPD2_OUTP       (0x01 << 4)
#define S3C2410_GPD2_VD10       (0x02 << 4)
#define S3C2410_GPD3            S3C2410_GPIONO(S3C2410_GPIO_BANKD, 3)
#define S3C2410_GPD3_INP        (0x00 << 6)
#define S3C2410_GPD3_OUTP       (0x01 << 6)
#define S3C2410_GPD3_VD11       (0x02 << 6)
#define S3C2410_GPD4            S3C2410_GPIONO(S3C2410_GPIO_BANKD, 4)
#define S3C2410_GPD4_INP        (0x00 << 8)
#define S3C2410_GPD4_OUTP       (0x01 << 8)
#define S3C2410_GPD4_VD12       (0x02 << 8)
#define S3C2410_GPD5            S3C2410_GPIONO(S3C2410_GPIO_BANKD, 5)
#define S3C2410_GPD5_INP        (0x00 << 10)
#define S3C2410_GPD5_OUTP       (0x01 << 10)
#define S3C2410_GPD5_VD13       (0x02 << 10)
#define S3C2410_GPD6            S3C2410_GPIONO(S3C2410_GPIO_BANKD, 6)
#define S3C2410_GPD6_INP        (0x00 << 12)
#define S3C2410_GPD6_OUTP       (0x01 << 12)
#define S3C2410_GPD6_VD14       (0x02 << 12)
```

```
#define S3C2410_GPD7              S3C2410_GPIONO(S3C2410_GPIO_BANKD, 7)
#define S3C2410_GPD7_INP          (0x00 << 14)
#define S3C2410_GPD7_OUTP         (0x01 << 14)
#define S3C2410_GPD7_VD15         (0x02 << 14)
#define S3C2410_GPD8              S3C2410_GPIONO(S3C2410_GPIO_BANKD, 8)
#define S3C2410_GPD8_INP          (0x00 << 16)
#define S3C2410_GPD8_OUTP         (0x01 << 16)
#define S3C2410_GPD8_VD16         (0x02 << 16)
#define S3C2410_GPD9              S3C2410_GPIONO(S3C2410_GPIO_BANKD, 9)
#define S3C2410_GPD9_INP          (0x00 << 18)
#define S3C2410_GPD9_OUTP         (0x01 << 18)
#define S3C2410_GPD9_VD17         (0x02 << 18)
#define S3C2410_GPD10             S3C2410_GPIONO(S3C2410_GPIO_BANKD, 10)
#define S3C2410_GPD10_INP         (0x00 << 20)
#define S3C2410_GPD10_OUTP        (0x01 << 20)
#define S3C2410_GPD10_VD18        (0x02 << 20)
#define S3C2410_GPD11             S3C2410_GPIONO(S3C2410_GPIO_BANKD, 11)
#define S3C2410_GPD11_INP         (0x00 << 22)
#define S3C2410_GPD11_OUTP        (0x01 << 22)
#define S3C2410_GPD11_VD19        (0x02 << 22)
#define S3C2410_GPD12             S3C2410_GPIONO(S3C2410_GPIO_BANKD, 12)
#define S3C2410_GPD12_INP         (0x00 << 24)
#define S3C2410_GPD12_OUTP        (0x01 << 24)
#define S3C2410_GPD12_VD20        (0x02 << 24)
#define S3C2410_GPD13             S3C2410_GPIONO(S3C2410_GPIO_BANKD, 13)
#define S3C2410_GPD13_INP         (0x00 << 26)
#define S3C2410_GPD13_OUTP        (0x01 << 26)
#define S3C2410_GPD13_VD21        (0x02 << 26)
#define S3C2410_GPD14             S3C2410_GPIONO(S3C2410_GPIO_BANKD, 14)
#define S3C2410_GPD14_INP         (0x00 << 28)
#define S3C2410_GPD14_OUTP        (0x01 << 28)
#define S3C2410_GPD14_VD22        (0x02 << 28)
#define S3C2410_GPD15             S3C2410_GPIONO(S3C2410_GPIO_BANKD, 15)
#define S3C2410_GPD15_INP         (0x00 << 30)
#define S3C2410_GPD15_OUTP        (0x01 << 30)
#define S3C2410_GPD15_VD23        (0x02 << 30)

#define S3C2410_GPECON            S3C2410_GPIOREG(0x40)
#define S3C2410_GPEDAT            S3C2410_GPIOREG(0x44)
#define S3C2410_GPEUP             S3C2410_GPIOREG(0x48)
```

```
#define S3C2410_GPE0            S3C2410_GPIONO(S3C2410_GPIO_BANKE，0)
#define S3C2410_GPE0_INP        (0x00 << 0)
#define S3C2410_GPE0_OUTP       (0x01 << 0)
#define S3C2410_GPE0_I2SLRCK    (0x02 << 0)
#define S3C2410_GPE0_MASK       (0x03 << 0)
#define S3C2410_GPE1            S3C2410_GPIONO(S3C2410_GPIO_BANKE，1)
#define S3C2410_GPE1_INP        (0x00 << 2)
#define S3C2410_GPE1_OUTP       (0x01 << 2)
#define S3C2410_GPE1_I2SSCLK    (0x02 << 2)
#define S3C2410_GPE1_MASK       (0x03 << 2)
#define S3C2410_GPE2            S3C2410_GPIONO(S3C2410_GPIO_BANKE，2)
#define S3C2410_GPE2_INP        (0x00 << 4)
#define S3C2410_GPE2_OUTP       (0x01 << 4)
#define S3C2410_GPE2_CDCLK      (0x02 << 4)
#define S3C2410_GPE3            S3C2410_GPIONO(S3C2410_GPIO_BANKE，3)
#define S3C2410_GPE3_INP        (0x00 << 6)
#define S3C2410_GPE3_OUTP       (0x01 << 6)
#define S3C2410_GPE3_I2SDI      (0x02 << 6)
#define S3C2410_GPE3_nSS0       (0x03 << 6)
#define S3C2410_GPE3_MASK       (0x03 << 6)
#define S3C2410_GPE4            S3C2410_GPIONO(S3C2410_GPIO_BANKE，4)
#define S3C2410_GPE4_INP        (0x00 << 8)
#define S3C2410_GPE4_OUTP       (0x01 << 8)
#define S3C2410_GPE4_I2SDO      (0x02 << 8)
#define S3C2410_GPE4_I2SDI      (0x03 << 8)
#define S3C2410_GPE4_MASK       (0x03 << 8)
#define S3C2410_GPE5            S3C2410_GPIONO(S3C2410_GPIO_BANKE，5)
#define S3C2410_GPE5_INP        (0x00 << 10)
#define S3C2410_GPE5_OUTP       (0x01 << 10)
#define S3C2410_GPE5_SDCLK      (0x02 << 10)
#define S3C2410_GPE6            S3C2410_GPIONO(S3C2410_GPIO_BANKE，6)
#define S3C2410_GPE6_INP        (0x00 << 12)
#define S3C2410_GPE6_OUTP       (0x01 << 12)
#define S3C2410_GPE6_SDCMD      (0x02 << 12)
#define S3C2410_GPE7            S3C2410_GPIONO(S3C2410_GPIO_BANKE，7)
#define S3C2410_GPE7_INP        (0x00 << 14)
#define S3C2410_GPE7_OUTP       (0x01 << 14)
#define S3C2410_GPE7_SDDAT0     (0x02 << 14)
#define S3C2410_GPE8            S3C2410_GPIONO(S3C2410_GPIO_BANKE，8)
#define S3C2410_GPE8_INP        (0x00 << 16)
```

```
#define S3C2410_GPE8_OUTP           (0x01 << 16)
#define S3C2410_GPE8_SDDAT1         (0x02 << 16)
#define S3C2410_GPE9                S3C2410_GPIONO(S3C2410_GPIO_BANKE，9)
#define S3C2410_GPE9_INP            (0x00 << 18)
#define S3C2410_GPE9_OUTP           (0x01 << 18)
#define S3C2410_GPE9_SDDAT2         (0x02 << 18)
#define S3C2410_GPE10               S3C2410_GPIONO(S3C2410_GPIO_BANKE，10)
#define S3C2410_GPE10_INP           (0x00 << 20)
#define S3C2410_GPE10_OUTP          (0x01 << 20)
#define S3C2410_GPE10_SDDAT3        (0x02 << 20)
#define S3C2410_GPE11               S3C2410_GPIONO(S3C2410_GPIO_BANKE，11)
#define S3C2410_GPE11_INP           (0x00 << 22)
#define S3C2410_GPE11_OUTP          (0x01 << 22)
#define S3C2410_GPE11_SPIMISO0      (0x02 << 22)
#define S3C2410_GPE12               S3C2410_GPIONO(S3C2410_GPIO_BANKE，12)
#define S3C2410_GPE12_INP           (0x00 << 24)
#define S3C2410_GPE12_OUTP          (0x01 << 24)
#define S3C2410_GPE12_SPIMOSI0      (0x02 << 24)
#define S3C2410_GPE13               S3C2410_GPIONO(S3C2410_GPIO_BANKE，13)
#define S3C2410_GPE13_INP           (0x00 << 26)
#define S3C2410_GPE13_OUTP          (0x01 << 26)
#define S3C2410_GPE13_SPICLK0       (0x02 << 26)
#define S3C2410_GPE14               S3C2410_GPIONO(S3C2410_GPIO_BANKE，14)
#define S3C2410_GPE14_INP           (0x00 << 28)
#define S3C2410_GPE14_OUTP          (0x01 << 28)
#define S3C2410_GPE14_IICSCL        (0x02 << 28)
#define S3C2410_GPE14_MASK          (0x03 << 28)
#define S3C2410_GPE15               S3C2410_GPIONO(S3C2410_GPIO_BANKE，15)
#define S3C2410_GPE15_INP           (0x00 << 30)
#define S3C2410_GPE15_OUTP          (0x01 << 30)
#define S3C2410_GPE15_IICSDA        (0x02 << 30)
#define S3C2410_GPE15_MASK          (0x03 << 30)

#define S3C2440_GPE0_AC_SYNC            (0x03 << 0)
#define S3C2440_GPE1_AC_BIT_CLK         (0x03 << 2)
#define S3C2440_GPE2_AC_nRESET          (0x03 << 4)
#define S3C2440_GPE3_AC_SDATA_IN        (0x03 << 6)
#define S3C2440_GPE4_AC_SDATA_OUT       (0x03 << 8)
#define S3C2410_GPE_PUPDIS(x)       (1<<(x))
```

```
#define S3C2410_GPFCON          S3C2410_GPIOREG(0x50)
#define S3C2410_GPFDAT          S3C2410_GPIOREG(0x54)
#define S3C2410_GPFUP           S3C2410_GPIOREG(0x58)
#define S3C2410_GPF0            S3C2410_GPIONO(S3C2410_GPIO_BANKF, 0)
#define S3C2410_GPF0_INP        (0x00 << 0)
#define S3C2410_GPF0_OUTP       (0x01 << 0)
#define S3C2410_GPF0_EINT0      (0x02 << 0)
#define S3C2410_GPF1            S3C2410_GPIONO(S3C2410_GPIO_BANKF, 1)
#define S3C2410_GPF1_INP        (0x00 << 2)
#define S3C2410_GPF1_OUTP       (0x01 << 2)
#define S3C2410_GPF1_EINT1      (0x02 << 2)
#define S3C2410_GPF2            S3C2410_GPIONO(S3C2410_GPIO_BANKF, 2)
#define S3C2410_GPF2_INP        (0x00 << 4)
#define S3C2410_GPF2_OUTP       (0x01 << 4)
#define S3C2410_GPF2_EINT2      (0x02 << 4)
#define S3C2410_GPF3            S3C2410_GPIONO(S3C2410_GPIO_BANKF, 3)
#define S3C2410_GPF3_INP        (0x00 << 6)
#define S3C2410_GPF3_OUTP       (0x01 << 6)
#define S3C2410_GPF3_EINT3      (0x02 << 6)
#define S3C2410_GPF4            S3C2410_GPIONO(S3C2410_GPIO_BANKF, 4)
#define S3C2410_GPF4_INP        (0x00 << 8)
#define S3C2410_GPF4_OUTP       (0x01 << 8)
#define S3C2410_GPF4_EINT4      (0x02 << 8)
#define S3C2410_GPF5            S3C2410_GPIONO(S3C2410_GPIO_BANKF, 5)
#define S3C2410_GPF5_INP        (0x00 << 10)
#define S3C2410_GPF5_OUTP       (0x01 << 10)
#define S3C2410_GPF5_EINT5      (0x02 << 10)
#define S3C2410_GPF6            S3C2410_GPIONO(S3C2410_GPIO_BANKF, 6)
#define S3C2410_GPF6_INP        (0x00 << 12)
#define S3C2410_GPF6_OUTP       (0x01 << 12)
#define S3C2410_GPF6_EINT6      (0x02 << 12)
#define S3C2410_GPF7            S3C2410_GPIONO(S3C2410_GPIO_BANKF, 7)
#define S3C2410_GPF7_INP        (0x00 << 14)
#define S3C2410_GPF7_OUTP       (0x01 << 14)
#define S3C2410_GPF7_EINT7      (0x02 << 14)

#define S3C2410_GPGCON          S3C2410_GPIOREG(0x60)
#define S3C2410_GPGDAT          S3C2410_GPIOREG(0x64)
#define S3C2410_GPGUP           S3C2410_GPIOREG(0x68)
#define S3C2410_GPG0            S3C2410_GPIONO(S3C2410_GPIO_BANKG, 0)
```

```
#define S3C2410_GPG0_INP            (0x00 << 0)
#define S3C2410_GPG0_OUTP           (0x01 << 0)
#define S3C2410_GPG0_EINT8          (0x02 << 0)
#define S3C2410_GPG1                S3C2410_GPIONO(S3C2410_GPIO_BANKG，1)
#define S3C2410_GPG1_INP            (0x00 << 2)
#define S3C2410_GPG1_OUTP           (0x01 << 2)
#define S3C2410_GPG1_EINT9          (0x02 << 2)
#define S3C2410_GPG2                S3C2410_GPIONO(S3C2410_GPIO_BANKG，2)
#define S3C2410_GPG2_INP            (0x00 << 4)
#define S3C2410_GPG2_OUTP           (0x01 << 4)
#define S3C2410_GPG2_EINT10         (0x02 << 4)
#define S3C2410_GPG3                S3C2410_GPIONO(S3C2410_GPIO_BANKG，3)
#define S3C2410_GPG3_INP            (0x00 << 6)
#define S3C2410_GPG3_OUTP           (0x01 << 6)
#define S3C2410_GPG3_EINT11         (0x02 << 6)
#define S3C2410_GPG4                S3C2410_GPIONO(S3C2410_GPIO_BANKG，4)
#define S3C2410_GPG4_INP            (0x00 << 8)
#define S3C2410_GPG4_OUTP           (0x01 << 8)
#define S3C2410_GPG4_EINT12         (0x02 << 8)
#define S3C2410_GPG4_LCD_PWRDN (0x03 << 8)
#define S3C2410_GPG5                S3C2410_GPIONO(S3C2410_GPIO_BANKG，5)
#define S3C2410_GPG5_INP            (0x00 << 10)
#define S3C2410_GPG5_OUTP           (0x01 << 10)
#define S3C2410_GPG5_EINT13         (0x02 << 10)
#define S3C2410_GPG5_SPIMISO1       (0x03 << 10)
#define S3C2410_GPG6                S3C2410_GPIONO(S3C2410_GPIO_BANKG，6)
#define S3C2410_GPG6_INP            (0x00 << 12)
#define S3C2410_GPG6_OUTP           (0x01 << 12)
#define S3C2410_GPG6_EINT14         (0x02 << 12)
#define S3C2410_GPG6_SPIMOSI1       (0x03 << 12)
#define S3C2410_GPG7                S3C2410_GPIONO(S3C2410_GPIO_BANKG，7)
#define S3C2410_GPG7_INP            (0x00 << 14)
#define S3C2410_GPG7_OUTP           (0x01 << 14)
#define S3C2410_GPG7_EINT15         (0x02 << 14)
#define S3C2410_GPG7_SPICLK1        (0x03 << 14)
#define S3C2410_GPG8                S3C2410_GPIONO(S3C2410_GPIO_BANKG，8)
#define S3C2410_GPG8_INP            (0x00 << 16)
#define S3C2410_GPG8_OUTP           (0x01 << 16)
#define S3C2410_GPG8_EINT16         (0x02 << 16)
#define S3C2410_GPG9                S3C2410_GPIONO(S3C2410_GPIO_BANKG，9)
```

```
#define S3C2410_GPG9_INP            (0x00 << 18)
#define S3C2410_GPG9_OUTP           (0x01 << 18)
#define S3C2410_GPG9_EINT17         (0x02 << 18)
#define S3C2410_GPG10               S3C2410_GPIONO(S3C2410_GPIO_BANKG, 10)
#define S3C2410_GPG10_INP           (0x00 << 20)
#define S3C2410_GPG10_OUTP          (0x01 << 20)
#define S3C2410_GPG10_EINT18        (0x02 << 20)
#define S3C2410_GPG11               S3C2410_GPIONO(S3C2410_GPIO_BANKG, 11)
#define S3C2410_GPG11_INP           (0x00 << 22)
#define S3C2410_GPG11_OUTP          (0x01 << 22)
#define S3C2410_GPG11_EINT19        (0x02 << 22)
#define S3C2410_GPG11_TCLK1         (0x03 << 22)
#define S3C2410_GPG12               S3C2410_GPIONO(S3C2410_GPIO_BANKG, 12)
#define S3C2410_GPG12_INP           (0x00 << 24)
#define S3C2410_GPG12_OUTP          (0x01 << 24)
#define S3C2410_GPG12_EINT20        (0x02 << 24)
#define S3C2410_GPG12_XMON          (0x03 << 24)
#define S3C2410_GPG13               S3C2410_GPIONO(S3C2410_GPIO_BANKG, 13)
#define S3C2410_GPG13_INP           (0x00 << 26)
#define S3C2410_GPG13_OUTP          (0x01 << 26)
#define S3C2410_GPG13_EINT21        (0x02 << 26)
#define S3C2410_GPG13_nXPON         (0x03 << 26)
#define S3C2410_GPG14               S3C2410_GPIONO(S3C2410_GPIO_BANKG, 14)
#define S3C2410_GPG14_INP           (0x00 << 28)
#define S3C2410_GPG14_OUTP          (0x01 << 28)
#define S3C2410_GPG14_EINT22        (0x02 << 28)
#define S3C2410_GPG14_YMON          (0x03 << 28)
#define S3C2410_GPG15               S3C2410_GPIONO(S3C2410_GPIO_BANKG, 15)
#define S3C2410_GPG15_INP           (0x00 << 30)
#define S3C2410_GPG15_OUTP          (0x01 << 30)
#define S3C2410_GPG15_EINT23        (0x02 << 30)
#define S3C2410_GPG15_nYPON         (0x03 << 30)
#define S3C2410_GPG_PUPDIS(x)       (1<<(x))

#define S3C2410_GPHCON              S3C2410_GPIOREG(0x70)
#define S3C2410_GPHDAT              S3C2410_GPIOREG(0x74)
#define S3C2410_GPHUP               S3C2410_GPIOREG(0x78)
#define S3C2410_GPH0                S3C2410_GPIONO(S3C2410_GPIO_BANKH, 0)
#define S3C2410_GPH0_INP            (0x00 << 0)
#define S3C2410_GPH0_OUTP           (0x01 << 0)
```

```
#define S3C2410_GPH0_nCTS0          (0x02 << 0)
#define S3C2410_GPH1                S3C2410_GPIONO(S3C2410_GPIO_BANKH，1)
#define S3C2410_GPH1_INP            (0x00 << 2)
#define S3C2410_GPH1_OUTP           (0x01 << 2)
#define S3C2410_GPH1_nRTS0          (0x02 << 2)
#define S3C2410_GPH2                S3C2410_GPIONO(S3C2410_GPIO_BANKH，2)
#define S3C2410_GPH2_INP            (0x00 << 4)
#define S3C2410_GPH2_OUTP           (0x01 << 4)
#define S3C2410_GPH2_TXD0           (0x02 << 4)
#define S3C2410_GPH3                S3C2410_GPIONO(S3C2410_GPIO_BANKH，3)
#define S3C2410_GPH3_INP            (0x00 << 6)
#define S3C2410_GPH3_OUTP           (0x01 << 6)
#define S3C2410_GPH3_RXD0           (0x02 << 6)
#define S3C2410_GPH4                S3C2410_GPIONO(S3C2410_GPIO_BANKH，4)
#define S3C2410_GPH4_INP            (0x00 << 8)
#define S3C2410_GPH4_OUTP           (0x01 << 8)
#define S3C2410_GPH4_TXD1           (0x02 << 8)
#define S3C2410_GPH5                S3C2410_GPIONO(S3C2410_GPIO_BANKH，5)
#define S3C2410_GPH5_INP            (0x00 << 10)
#define S3C2410_GPH5_OUTP           (0x01 << 10)
#define S3C2410_GPH5_RXD1           (0x02 << 10)
#define S3C2410_GPH6                S3C2410_GPIONO(S3C2410_GPIO_BANKH，6)
#define S3C2410_GPH6_INP            (0x00 << 12)
#define S3C2410_GPH6_OUTP           (0x01 << 12)
#define S3C2410_GPH6_TXD2           (0x02 << 12)
#define S3C2410_GPH6_nRTS1          (0x03 << 12)
#define S3C2410_GPH7                S3C2410_GPIONO(S3C2410_GPIO_BANKH，7)
#define S3C2410_GPH7_INP            (0x00 << 14)
#define S3C2410_GPH7_OUTP           (0x01 << 14)
#define S3C2410_GPH7_RXD2           (0x02 << 14)
#define S3C2410_GPH7_nCTS1          (0x03 << 14)
#define S3C2410_GPH8                S3C2410_GPIONO(S3C2410_GPIO_BANKH，8)
#define S3C2410_GPH8_INP            (0x00 << 16)
#define S3C2410_GPH8_OUTP           (0x01 << 16)
#define S3C2410_GPH8_UEXTCLK        (0x02 << 16)
#define S3C2410_GPH9                S3C2410_GPIONO(S3C2410_GPIO_BANKH，9)
#define S3C2410_GPH9_INP            (0x00 << 18)
#define S3C2410_GPH9_OUTP           (0x01 << 18)
#define S3C2410_GPH9_CLKOUT0        (0x02 << 18)
#define S3C2410_GPH10               S3C2410_GPIONO(S3C2410_GPIO_BANKH，1
```

```
#define S3C2410_GPH10_INP           (0x00 << 20)
#define S3C2410_GPH10_OUTP          (0x01 << 20)
#define S3C2410_GPH10_CLKOUT1       (0x02 << 20)
#define S3C2410_MISCCR              S3C2410_GPIOREG(0x80)
#define S3C2410_DCLKCON             S3C2410_GPIOREG(0x84)
#define S3C2410_MISCCR_SPUCR_HEN       (0)
#define S3C2410_MISCCR_SPUCR_HDIS      (1<<0)
#define S3C2410_MISCCR_SPUCR_LEN       (0)
#define S3C2410_MISCCR_SPUCR_LDIS      (1<<1)
#define S3C2410_MISCCR_USBDEV          (0)
#define S3C2410_MISCCR_USBHOST         (1<<3)
#define S3C2410_MISCCR_CLK0_MPLL       (0<<4)
#define S3C2410_MISCCR_CLK0_UPLL       (1<<4)
#define S3C2410_MISCCR_CLK0_FCLK       (2<<4)
#define S3C2410_MISCCR_CLK0_HCLK       (3<<4)
#define S3C2410_MISCCR_CLK0_PCLK       (4<<4)
#define S3C2410_MISCCR_CLK0_DCLK0      (5<<4)
#define S3C2410_MISCCR_CLK1_MPLL       (0<<8)
#define S3C2410_MISCCR_CLK1_UPLL       (1<<8)
#define S3C2410_MISCCR_CLK1_FCLK       (2<<8)
#define S3C2410_MISCCR_CLK1_HCLK       (3<<8)
#define S3C2410_MISCCR_CLK1_PCLK       (4<<8)
#define S3C2410_MISCCR_CLK1_DCLK1      (5<<8)
#define S3C2410_MISCCR_USBSUSPND0      (1<<12)
#define S3C2410_MISCCR_USBSUSPND1      (1<<13)
#define S3C2410_MISCCR_nRSTCON         (1<<16)
#define S3C2410_MISCCR_nEN_SCLK0       (1<<17)
#define S3C2410_MISCCR_nEN_SCLK1       (1<<18)
#define S3C2410_MISCCR_nEN_SCLKE       (1<<19)
#define S3C2410_MISCCR_SDSLEEP         (7<<17)
#define S3C2410_EXTINT0       S3C2410_GPIOREG(0x88)
#define S3C2410_EXTINT1       S3C2410_GPIOREG(0x8C)
#define S3C2410_EXTINT2       S3C2410_GPIOREG(0x90)
/* values for S3C2410_EXTINT0/1/2 */
#define S3C2410_EXTINT_LOWLEV          (0x00)
#define S3C2410_EXTINT_HILEV           (0x01)
#define S3C2410_EXTINT_FALLEDGE        (0x02)
#define S3C2410_EXTINT_RISEEDGE        (0x04)
#define S3C2410_EXTINT_BOTHEDGE        (0x06)
/* interrupt filtering conrrol for EINT16..EINT23 */
```

```
#define S3C2410_EINFLT0        S3C2410_GPIOREG(0x94)
#define S3C2410_EINFLT1        S3C2410_GPIOREG(0x98)
#define S3C2410_EINFLT2        S3C2410_GPIOREG(0x9C)
#define S3C2410_EINFLT3        S3C2410_GPIOREG(0xA0)
/* values for interrupt filtering */
#define S3C2410_EINTFLT_PCLK            (0x00)
#define S3C2410_EINTFLT_EXTCLK          (1<<7)
#define S3C2410_EINTFLT_WIDTHMSK(x) ((x) & 0x3f)
/*removed EINTxxxx defs from here， not meant for this */
#define S3C2410_GSTATUS0       S3C2410_GPIOREG(0x0AC)
#define S3C2410_GSTATUS1       S3C2410_GPIOREG(0x0B0)
#define S3C2410_GSTATUS2       S3C2410_GPIOREG(0x0B4)
#define S3C2410_GSTATUS3       S3C2410_GPIOREG(0x0B8)
#define S3C2410_GSTATUS4       S3C2410_GPIOREG(0x0BC)
#define S3C2410_GSTATUS0_nWAIT          (1<<3)
#define S3C2410_GSTATUS0_NCON           (1<<2)
#define S3C2410_GSTATUS0_RnB            (1<<1)
#define S3C2410_GSTATUS0_nBATTFLT       (1<<0)
#define S3C2410_GSTATUS1_IDMASK         (0xffff0000)
#define S3C2410_GSTATUS1_2410           (0x32410000)
#define S3C2410_GSTATUS1_2440           (0x32440000)
#define S3C2410_GSTATUS2_WTRESET        (1<<2)
#define S3C2410_GSTATUS2_OFFRESET       (1<<1)
#define S3C2410_GSTATUS2_PONRESET       (1<<0)
#define rGPECON S3C2410_GPECON
#define rGPEDAT S3C2410_GPEDAT
#define rGPEUP   S3C2410_GPEUP
#define rGPGCON S3C2410_GPGCON
#define rGPGDAT S3C2410_GPGDAT
#define rGPGUP   S3C2410_GPGUP
#define rGPACON S3C2410_GPACON
#define rGPBCON S3C2410_GPBCON
#define rGPCCON S3C2410_GPCCON
#define rGPDCON S3C2410_GPDCON
#define rGPFCON S3C2410_GPFCON
#define rGPHCON S3C2410_GPHCON
#define rGPAUP S3C2410_GPAUP
#define rGPBUP S3C2410_GPBUP
#define rGPCUP S3C2410_GPCUP
#define rGPDUP S3C2410_GPDUP
```

```
#define rGPFUP S3C2410_GPFUP
#define rGPHUP S3C2410_GPHUP
#define S3C2440_GPIO_BANKJ  (416)
#define S3C2440_GPJCON        S3C2410_GPIOREG(0xd0)
#define S3C2440_GPJDAT        S3C2410_GPIOREG(0xd4)
#define S3C2440_GPJUP         S3C2410_GPIOREG(0xd8)
#define S3C2440_GPJ0          S3C2410_GPIONO(S3C2440_GPIO_BANKJ, 0)
#define S3C2440_GPJ0_INP            (0x00 << 0)
#define S3C2440_GPJ0_OUTP           (0x01 << 0)
#define S3C2440_GPJ0_CAMDATA0       (0x02 << 0)
#define S3C2440_GPJ1                S3C2410_GPIONO(S3C2440_GPIO_BANKJ, 1)
#define S3C2440_GPJ1_INP            (0x00 << 2)
#define S3C2440_GPJ1_OUTP           (0x01 << 2)
#define S3C2440_GPJ1_CAMDATA1       (0x02 << 2)
#define S3C2440_GPJ2                S3C2410_GPIONO(S3C2440_GPIO_BANKJ, 2)
#define S3C2440_GPJ2_INP            (0x00 << 4)
#define S3C2440_GPJ2_OUTP           (0x01 << 4)
#define S3C2440_GPJ2_CAMDATA2 (0x02 << 4)
#define S3C2440_GPJ3                S3C2410_GPIONO(S3C2440_GPIO_BANKJ, 3)
#define S3C2440_GPJ3_INP            (0x00 << 6)
#define S3C2440_GPJ3_OUTP           (0x01 << 6)
#define S3C2440_GPJ3_CAMDATA3       (0x02 << 6)
#define S3C2440_GPJ4                S3C2410_GPIONO(S3C2440_GPIO_BANKJ, 4)
#define S3C2440_GPJ4_INP            (0x00 << 8)
#define S3C2440_GPJ4_OUTP           (0x01 << 8)
#define S3C2440_GPJ4_CAMDATA4       (0x02 << 8)
#define S3C2440_GPJ5                S3C2410_GPIONO(S3C2440_GPIO_BANKJ, 5)
#define S3C2440_GPJ5_INP            (0x00 << 10)
#define S3C2440_GPJ5_OUTP           (0x01 << 10)
#define S3C2440_GPJ5_CAMDATA5       (0x02 << 10)
#define S3C2440_GPJ6                S3C2410_GPIONO(S3C2440_GPIO_BANKJ, 6)
#define S3C2440_GPJ6_INP            (0x00 << 12)
#define S3C2440_GPJ6_OUTP           (0x01 << 12)
#define S3C2440_GPJ6_CAMDATA6       (0x02 << 12)
#define S3C2440_GPJ7                S3C2410_GPIONO(S3C2440_GPIO_BANKJ, 7)
#define S3C2440_GPJ7_INP            (0x00 << 14)
#define S3C2440_GPJ7_OUTP           (0x01 << 14)
#define S3C2440_GPJ7_CAMDATA7       (0x02 << 14)
#define S3C2440_GPJ8                S3C2410_GPIONO(S3C2440_GPIO_BANKJ, 8)
#define S3C2440_GPJ8_INP            (0x00 << 16)
```

```
#define S3C2440_GPJ8_OUTP           (0x01 << 16)
#define S3C2440_GPJ8_CAMPCLK        (0x02 << 16)
#define S3C2440_GPJ9                S3C2410_GPIONO(S3C2440_GPIO_BANKJ, 9)
#define S3C2440_GPJ9_INP            (0x00 << 18)
#define S3C2440_GPJ9_OUTP           (0x01 << 18)
#define S3C2440_GPJ9_CAMVSYNC       (0x02 << 18)
#define S3C2440_GPJ10               S3C2410_GPIONO(S3C2440_GPIO_BANKJ, 10)
#define S3C2440_GPJ10_INP           (0x00 << 20)
#define S3C2440_GPJ10_OUTP          (0x01 << 20)
#define S3C2440_GPJ10_CAMHREF       (0x02 << 20)
#define S3C2440_GPJ11               S3C2410_GPIONO(S3C2440_GPIO_BANKJ, 11)
#define S3C2440_GPJ11_INP               (0x00 << 22)
#define S3C2440_GPJ11_OUTP              (0x01 << 22)
#define S3C2440_GPJ11_CAMCLKOUT         (0x02 << 22)
#define S3C2440_GPJ12                   S3C2410_GPIONO(S3C2440_GPIO_BANKJ, 12)
#define S3C2440_GPJ12_INP               (0x00 << 24)
#define S3C2440_GPJ12_OUTP              (0x01 << 24)
#define S3C2440_GPJ12_CAMRESET          (0x02 << 24)
```

5.3.2　GPIO 驱动 LED 程序主要函数描述

GPIO 驱动 LED 程序结构如图 5-1 所示。

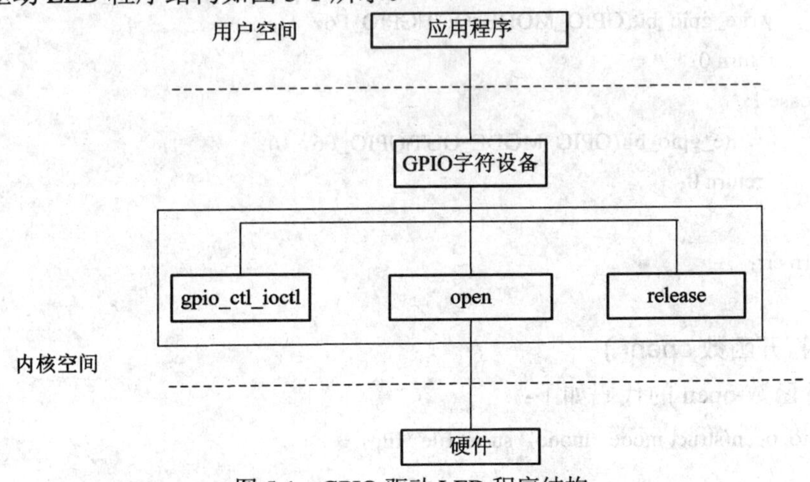

图 5-1　GPIO 驱动 LED 程序结构

1．LED 初始化函数 init_module()

LED 驱动初始化函数 init_module()所做的工作是通过 register_dev()来完成字符设备在系统中的注册，并建立与文件系统的关联，函数代码如下：

```
int init_module(void)
{
    int ret;
```

```
        ret=register_chrdev(IOPORT_MAJOR, "gpiotest", &gpio_ctl_fops);
        devfs_handl=devfs_register(NULL, "gpiotest",  DEVFS_FL_DEFAULT);
        IOPORT_MAJOR, 0, S_IFCHR|S_IRUSR|S_IWUSR, &gpio_ctl_fops, NULL);
        return 0;
    }
```

2．模块卸载函数 cleanup_module( )

该函数完成 LED 函数的卸载，执行后设备处于空闲状态，函数代码如下：

```
void cleanup_module(void)
{
    devfs_unregister(devfs_handle);
    unregister_chrdev(IOPORT_MAJOR, "gpiotest");
}
```

3．命令参数设置函数 gpio_ctl_ioctl( )

该函数主要设置 GPIO command 相关参数，函数代码如下：

```
int gpio_ctl_ioctl(struct inode *inode, struct file *flip, unsigned int command, unsigned long arg)
{
  int err=0;
  switch(command)
  {
      case 0:
          write_gpio_bit(GPIO_MODE_OUT|GPIO_F6, 1);
          return 0;
      case 1:
          write_gpio_bit(GPIO_MODE_OUT|GPIO_F6, 0);
          return 0;
  }
  return err;
}
```

4．设备打开函数 open( )

设备打开函数 open 的代码如下：

```
int gpio_open(struct inode *inode, struct file *filp)
{
  int minor;
  minor = MINOR(inode->i_rdev);
  set_gpio_ctrl(GPIO_MODE_OUT|GPIO_F6);
  gpio_devices[minor]++;
  return 0;
}
```

5．设备释放函数 release

设备释放函数 release 的代码如下：

```
int gpio_release(struct inode *inode，  struct file *filp)
{
    int minor;
    minor = MINOR(inode->i_rdev);
    if(gpio_devices[minor])
    gpio_devices[minor]--;
    return 0;
}
```

5.4　S3C2440 LED 应用程序设计例程

测试程序代码如下：

```
#include <stdio.h>
#include <stdlib.h>
#include <sys/ioctl.h>
#include <unistd.h>
#include<sys/types.h>
#include<sys/stat.h>
#include<fcntl.h>
#define DEVICE_GPIOTEST "/dev/gpiotest"

int main()
{
    int fd;
    int val=-1;
    if((fd=open(DEVICE_GPIOTEST，O_RDONLY|O_NONBLOCK))<0)
    {
        perror("can not open device");
        exit(1);
    }
    while(1)
    {
        printf("0:set  ，1:clear，2: quit :");
        scanf("%d"，&val);
        if(val==0)
        {
```

```
            ioctl(fd，0，0)；
        }
        else if(val==1)
        {
            ioctl(fd，1，0)；
        }
        else if(val==2)
        {
            printf("close \n")；
            close(fd)；
            break；
        }
    }
}
```

该程序首先通过fd=open(“/dev/ gpiotest”，0)打开设备，然后读取命令函数输入的参数，通过ioctl实现LED灯的亮与灭。

第 6 章　Linux 下 S3C2440 串口驱动及应用实例

6.1　串口的基本类型

6.1.1　RS-232 串行接口标准

目前，RS-232 是 PC 机与通信工业中应用最广泛的一种串行接口。RS-232 被定义为一种在低速率串行通信中增加通信距离的单端标准。RS-232 采取非平衡传输方式，即所谓单端通信。RS-232 包括了按位进行串行传输的电气和机械方面的规定。RS-232 关于电气特性的要求规定，驱动器输出电压相对于信号地线在 −15～−5 V 之间为逻辑“1”电平，表示传号状态：输出电压相对于信号地线在 +5～+15 V 之间为逻辑“0”电平，表示空号状态。在接收端，逻辑“1”电平为 −3～15 V，逻辑“0”电平为 +3～+15 V，即允许发送端到接收端有 2 V 的电压降。由于其发送电平与接收电平的差仅为 2～3 V，所以其共模抑制能力差，再加上双绞线上的分布电容，其传送距离最大约为 15 m，最高速率为 20 kb/s。RS-232 是为点对点(即只用一对收、发设备)通信而设计的，其驱动器负载为 3～7 kΩ。所以 RS-232 适合本地设备之间的通信。

6.1.2　RS-422 与 RS-485 串行接口标准

1. 平衡传输

RS-422、RS-485 与 RS-232 不一样，数据信号采用差分传输方式，也称作平衡传输，使用一对双绞线，将其中一线定义为 A，另一线定义为 B，通常情况下，采用差分信号负逻辑，发送驱动器 A、B 之间的正电平在 +2～+6 V 之间，表示逻辑“0”，负电平在 −6～−2 V 之间，表示逻辑“1”。另有一个信号地 C，在 RS-485 中还有一“使能”端，而在 RS-422 中这是可用可不用的。“使能”端用于控制发送驱动器与传输线的切断与连接。当“使能”端起作用时，发送驱动器处于高阻状态，称作“第三态”，即它是有别于逻辑“1”与“0”的第三态。

接收器也作与发送端相同的规定，收、发端通过平衡双绞线将 AA 与 BB 对应相连，当在收端 AB 之间有大于 +200 mV 的电平时，输出正逻辑电平，小于 −200 mV 时，输出负逻辑电平。接收器接收平衡线上的电平范围通常在 200 mV～6 V 之间。

2. RS-422 电气规定

RS-422 标准全称是“平衡电压数字接口电路的电气特性”，它定义了接口电路的特性。

典型的 RS-422 是四线接口。实际上还有一根信号地线，共 5 根线。由于接收器采用高输入阻抗和发送驱动器比 RS-232 更强的驱动能力，故允许在相同传输线上连接多个接收节点，最多可接 10 个节点。即一个主设备，其余为从设备，从设备之间不能通信，所以 RS-422 支持点对多点的双向通信。接收器输入阻抗为 4 kΩ，故发端最大负载能力是 10×4 kΩ+100 Ω(终接电阻)。由于 RS-422 四线接口采用单独的发送和接收通道，因此不必控制数据方向，各装置之间的信号交换均可以按软件方式(XON/XOFF 握手)或硬件方式(一对单独的双绞线)实现。

RS-422 的最大传输距离为 1219 m，最大传输速率为 10 Mb/s。其平衡双绞线的长度与传输速率成反比，在 100 kb/s 速率以下，才可能达到最大传输距离。只有在很短的距离下才能获得最高传输速率。一般 100 m 长的双绞线上所能获得的最大传输速率仅为 1 Mb/s。

RS-422 需要一终接电阻，要求其阻值约等于传输电缆的特性阻抗。在短距离传输时可不需终接电阻，即一般在 300 m 以下不需终接电阻。终接电阻接在传输电缆的最远端。

3. RS-485 电气规定

由于 RS-485 是从 RS-422 基础上发展而来的，因此 RS-485 许多电气规定与 RS-422 相仿。例如都采用平衡传输方式，以及都需要在传输线上接终接电阻等。RS-485 可以采用二线与四线方式，二线制可实现真正的多点双向通信，而采用四线连接时，与 RS-422 一样只能实现点对多点的通信，即只能有一个主设备，其余为从设备，但它比 RS-422 有改进，无论四线还是二线连接方式总线上可多接 32 个设备。

RS-485 与 RS-422 的不同还在于其共模输出电压是不同的，RS-485 共模输出电压为 −7～+12 V，而 RS-422 为 −7～+7 V，RS-485 接收器最小输入阻抗为 12 kΩ，而 RS-422 是 4 kΩ，RS-485 满足所有 RS-422 的规范，所以 RS-485 的驱动器可以用在 RS-422 网络中。

RS-485 与 RS-422 一样，其最大传输距离约为 1219 m，最大传输速率为 10 Mb/s。平衡双绞线的长度与传输速率成反比，在 100 kb/s 速率以下，才可能使用规定的最长电缆长度。只有在很短的距离下才能获得最高传输速率。一般 100 m 长双绞线最大传输速率仅为 1 Mb/s。

RS-485 需要 2 个终接电阻，其阻值要求等于传输电缆的特性阻抗。在短距离传输时可不需终接电阻，即一般在 300 m 以下不需终接电阻。终接电阻接在传输总线的两端。

6.2 Linux 串口驱动程序与分析

终端是一种字符型设备，它有多种类型，通常使用 tty 来简称各种类型的终端设备。tty 是 Teletype 的缩写。Teletype 是最早出现的一种终端设备，很像电传打字机，是由 Teletype 公司生产的。设备名放在 Linux 文件系统的特殊文件目录/dev/下。终端特殊设备文件一般有以下几种。

6.2.1 串行端口终端(/dev/ttySn)

串行端口终端是使用计算机串行端口连接的终端设备。计算机把每个串行端口都看做是一个字符设备。有段时间这些串行端口设备通常被称为终端设备，因为那时它的最大用途就是用来连接终端的。这些串行端口所对应的设备名称是/dev/tts/0(或/dev/ttyS0)、/dev/tts/1(或/dev/ttyS1)等，设备号分别是(4，0)、(4，1)等，分别对应于 DOS 系统下的 COM1、COM2 等。若要向一个端口发送数据，则可以在命令行上把标准输出重定向到这些特殊文件名上。例如，在命令行提示符下键入：echo test > /dev/ttyS1 会把单词“test”发送到连接在 ttyS1(COM2)端口的设备上。

6.2.2　伪终端(/dev/pty/)

伪终端是成对的逻辑终端设备，例如 /dev/ptyp3 和 /dev/ttyp3(或者在设备文件系统中分别是 /dev/pty/m3 和/dev/pty/s3)。它们与实际物理设备并不直接相关。如果一个程序把 ttyp3 看做是一个串行端口设备，则它对该端口的读/写操作会反映在该逻辑终端设备上(ttyp3)。而 ttyp3 则是另一个程序用于读/写操作的逻辑设备。这样，两个程序就可以通过这种逻辑设备进行互相交流，而其中一个使用 ttyp3 的程序则认为自己正在与一个串行端口进行通信。这很像是逻辑设备对之间的管道操作。

对于 ttyp3(s3)，任何设计成一个串行端口设备的程序都可以使用该逻辑设备。但对于使用 ptyp3 的程序，则需要专门设计来使用 ptyp3(m3)逻辑设备。

例如，如果某人在网上使用 telnet 程序连接到你的计算机上，则 telnet 程序就可能会开始连接到设备 ptyp2(m2)上(一个伪终端端口上)。此时一个 getty 程序就应该运行在对应的 ttyp2(s2)端口上。当 telnet 从远端获取了一个字符时，该字符就会通过 m2、s2 传递给 getty 程序，而 getty 程序就会通过 s2、m2 和 telnet 程序向网络上返回“login:”字符串信息。这样，登录程序与 telnet 程序就通过“伪终端”进行通信了。通过使用适当的软件，就可以把两个甚至多个伪终端设备连接到同一个物理串行端口上。

6.2.3　控制终端(/dev/tty)

如果当前进程有控制终端，那么/dev/tty 就是当前进程的控制终端的设备特殊文件。可以使用命令“ps –ax”来查看进程与哪个控制终端相连。如果登录的是 shell，/dev/tty 就是控制终端，设备号是(5，0)。使用命令“tty”可以查看它具体对应哪个实际终端设备。/dev/tty 有些类似于到实际所使用终端设备的一个连接。

6.2.4　控制台终端(/dev/ttyn，/dev/console)

在 UNIX 系统中，计算机显示器通常被称为控制台终端。它仿真了类型为 Linux 的一种终端(TERM=Linux)，并且有一些设备特殊文件与之相关联，例如 tty0、tty1、tty2 等。当你在控制台上登录时，使用的是 tty1。使用 Alt + [F1～F6]组合键时，就可以切换到 tty2、tty3 等。tty1～tty6 称为虚拟终端，而 tty0 则是当前所使用虚拟终端的一个别名，系统所产生的信息会发送到该终端上。因此不管当前正在使用哪个虚拟终端，系统信息都会发送到控制台终端上。

用户可以登录到不同的虚拟终端上，因而可以让系统同时有几个不同的会话期存在。只有系统或超级用户 root 可以向 /dev/tty0 进行写操作。

6.3 基于 Linux 串口设备驱动程序分析

在 Linux 中，serial 对应着终端，通常被称为串口终端。在 shell 上，目录中 /dev/ttyS* 就是串口终端所对应的设备节点，在分析具体的 serial 驱动之前，有必要先分析 UART 驱动架构。UART(Universal Asynchronous Receiver and Transmitter)是通用异步收发器，为串口设备驱动的封装层。

6.3.1 UART 驱动结构图

从图 6-1 可以看到，UART 设备是继 tty_driver 的又一层封装，包含 tty 核心函数、tty 线路规程函数和 tty 驱动函数。实际上，uart_driver 对应 tty 驱动函数，在操作函数中，将操作转入 uart_port。

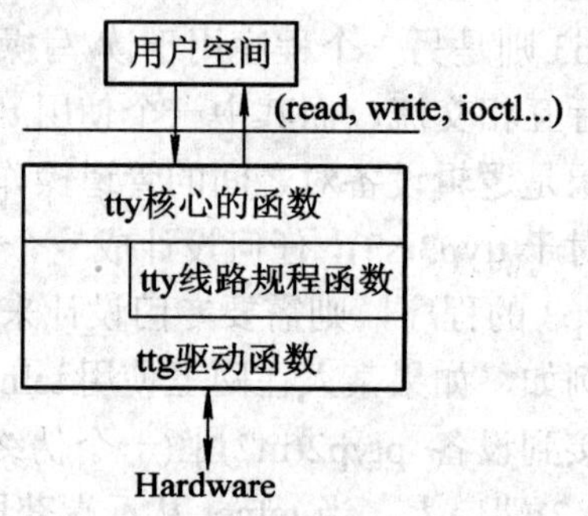

图 6-1 UART 驱动结构图

tty 设备发送数据的流程为：tty 核心函数从一个用户获取将要发送给一个 tty 设备的数据，tty 核心函数将数据传送给 tty 线路规程驱动，接着数据被传递到 tty 驱动函数，tty 驱动函数将数据转换为可以发送给硬件的格式。接收数据的流程为：从 tty 硬件接收到的数据向上交给 tty 驱动函数，进入 tty 线路规程函数驱动，再进入 tty 核心函数，在这里它被一个用户获取。尽管大多数时候 tty 核心函数和 tty 之间的数据传输会经历 tty 线路规程函数的转换，但是 tty 驱动函数与 tty 核心函数之间也可以直接传输数据。

在写操作时，先将数据放入 circ_buf 的环形缓冲区，然后 uart_port 从缓冲区中取数据，将其写入到串口设备中。

当 uart_port 从 serial 设备接收到数据时，会将设备放入对应 line discipline 的缓冲区中。这样，用户在编写串口驱动时，需先注册一个 uart_driver，其主要作用是定义设备节点号，然后将对设备的各项操作封装在 uart_port 上，驱动工程师没必要关心上层的流程，只需按硬件规范将 uart_port 中的接口函数完成就可以了。

6.3.2 UART 驱动中重要的数据结构及其关联

一个 uart_driver 通常会注册一段设备号，即在用户空间会看到 uart_driver 对应有多个设备节点。例如：/dev/ttyS0 /dev/ttyS1，每个设备节点对应一个具体硬件。从上面的架构来看，每个设备文件应该对应一个 uart_port，每个 uart_port 对应一个 circ_buf，所以 uart_port 必须和这个缓存区关联起来。

1. UART 驱动中常用的数据结构

1) tty_operations 结构体

tty_operations 结构体定义了 tty 设备的相关操作，包括发送、接收及线路设置等，uart 驱动常用的数据结构如图 6-2 所示。

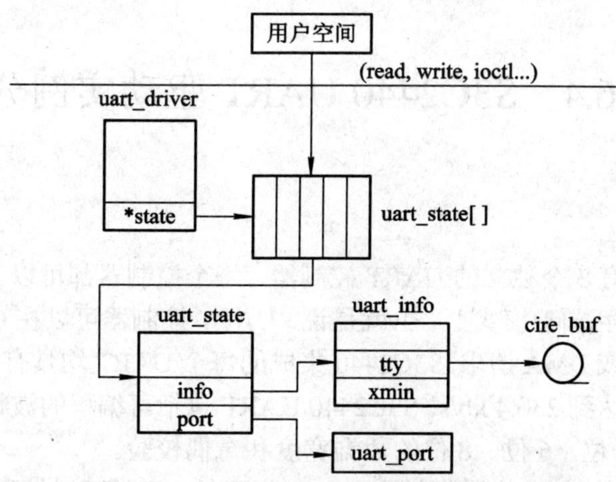

图6-2　UART驱动常用的数据结构

2) uart_driver结构体

uart_driver包含串口设备的驱动名、设备名、设备号等信息，封装了tty_driver，使得底层的UART驱动无需关心tty_driver。

3) uart_port结构体

uart_port用于描述一个UART端口(直接对应于一个串口)的I/O端口或I/O内存地址、FIFO大小、端口类型等信息。

2. UART驱动中函数原型描述

(1) uart_driver的注册操作：

```
int uart_register_driver(struct uart_driver *drv)
```

(2) 增加一个串口端口uart_add_one_port()函数：

```
int uart_add_one_port(struct uart_driver *drv，struct uart_port *port)
```

(3) 设备节点的open操作 uart_open函数：

```
static int uart_open(struct tty_struct *tty，struct file *filp)
```

(4) uart_startup()函数：

```
static int uart_startup(struct uart_state *state，int init_hw)
```

(5) 设备节点的write操作函数：

```
static int uart_write(struct tty_struct *tty，const unsigned char *buf，int count)
```

(6) 读取串口设备收到一个字符uart_put_char：

```
static void uart_put_char(struct tty_struct *tty，unsigned char ch)
```

(7) 获取控制台参数uart_tiocmget：

```
static int uart_tiocmget(struct tty_struct *tty，struct file *file)
```

(8) 设置控制台参数uart_tiocmget：

```
static int uart_tiocmset(struct tty_struct *tty，  struct file *file，unsigned int set，unsigned int clear)
```

(9) IO命令处理函数uart_ioctl：

```
static int uart_ioctl(struct tty_struct *tty，struct file *filp，unsigned int cmd，unsigned long arg)
```

6.4 S3C2440 UART 驱动实例分析

6.4.1 串口硬件

S3C2440 内部具有 3 个独立的 UART 控制器，每个控制器都可以工作在 Interrupt(中断)模式或 DMA(直接内存访问)模式上。也就是说，UART 控制器可以在 CPU 与 UART 控制器传送资料时产生中断或 DMA 请求。S3C2440 集成的每个 UART 均具有 2 个 64 字节的 FIFO，支持的最高波特率可达到 230.4 kb/s。S3C2440 UART 包括可编程的波特率，红外发送/接收、1 个或 2 个停止位，5 位、6 位、8 位的数据宽度和奇偶校验。

UART 数据帧格式：每一个数据帧为 7～12 位字长，字长可以编程，这种格式依赖于对数据帧的控制。一个完整的数据帧包含开始位、有效数据位、奇偶校验位、停止位四个部分，各部分的顺序都是规定好的，如图 6-3 所示。

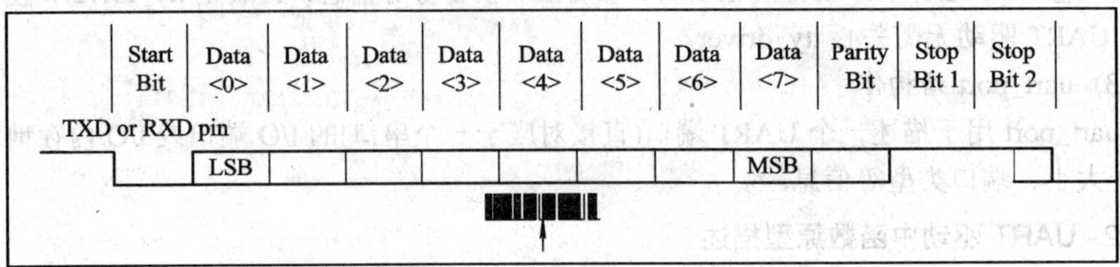

图 6-3 UART 数据帧格式

实际上，一个完整的数据帧可以不包含奇偶校验位，所以通过 UART 发送的数据帧至少包含开始位，有效数据位，停止位。数据帧格式描述如表 6-1 所示。

表 6-1 数据帧格式描述

数据帧的各部分	位 长	描 述
开始位	1	代表一个数据帧的开始
有效数据位	5～8	它写入输出缓存寄存器 UTXH 里的值或从接收缓存器 RXH0 读出值。LSB 代表数据位的最低位，MSB 代表数据的最高位，如果接收到的数据位被配置成少于 8 位，则在 RXH0 里，该数据位是右对齐的，不足 8 位的地方会被填充 0
奇偶校验位	0 或 1	如果是奇校验，该位会被设置为 1，并且数据位有奇数个 1；如果是偶校验，该位会被设置为 0，数据位则有偶数个 1
停止位	1 或 1.5 或 2	表示一个数据帧的结束，以高电平显示

对于每个串口都可以通过 ULCON 控制器设置，作为发送方和接收方波特率的数据格式必须一致。

波特率产生器：每个 UART 由一个专用的波特率分频寄存器(UBRDIVn)控制，计算公式如下：

$$\text{UBRDIVn} = (\text{int})\ \frac{\text{UART clock}}{\text{波特率}\times 16} - 1$$

上面公式中，时钟频率由 UART 控制寄存器 UCONn[11:10]的值及 UBRDIVn 的值确定。

例如，如果波特率为 115 200 b/s 和 UART clock 为 40 MHz，则

$$UBRDIVn = (int)\frac{40\,000\,000}{115\,200 \times 16} - 1$$
$$= (int)(21.7) - 1 = 22 - 1 = 21$$

6.4.2　UART 的寄存器

1. UART 线路控制寄存器

该串口模块有 3 个 UART 线路控制寄存器：UCLON0，UCLON1 和 UCLON2。表 6-2、表 6-3 为 UART 线路控制寄存器各位定义。

表 6-2　UART 线路控制寄存器

寄存器	地　址	读/写	描　述	默认值
ULCON0	0x500000000	R/W	串口 0 线路控制寄存器	0x00
ULCON1	0x500004000	R/W	串口 1 线路控制寄存器	0x00
ULCON2	0x500008000	R/W	串口 2 线路控制寄存器	0x00

表 6-3　UART 线路控制寄存器位定义

ULCONn	位	描　述	初始状态
保留	[7]		0
红外模式	[6]	0=普通模式，1=红外 Tx/Rx 模式	0
奇偶校验模式	[5:3]	0xx=无校验，100=奇校验，101=偶校验	000
数据停止位	[2]	0=1 位停止位，1=2 各停止位，如果数据长度为 5，则停止位 1=1.5	0
数据长度	[1:0]	00=5 位，01=6 位，10=7 位，11=8 位	00

2. UART 控制寄存器

UART 控制寄存器各位定义如表 6-4 和表 6-5 所示。

表 6-4　UART 控制寄存器

寄存器	地　址	读/写	描　述	默认值
UCON0	0x500000004	R/W	串口 0 控制寄存器	0x00
UCON1	0x500004004	R/W	串口 1 控制寄存器	0x00
UCON2	0x500008004	R/W	串口 2 控制寄存器	0x00

表 6-5　UART 控制寄存器位定义

UCONn	位	描　述	初始状态
FCLK 分频器	[15:12]	当时钟源选择 FCLK/n 时分频，n 的值由 UCON0[15:12]、UCON1[15：12]、UCON2[14:12]决定。UCON2[15]用来设置 FCLK/n 是否有效 n 值为 7～21 时，使用 UCON0[15:12] n 值为 22～36 时，使用 UCON1[15:12] n 值为 37～43 时，使用 UCON0[14:12] UCON2[15]为 0 时，FCLK/n 无效 UCON2[15]为 1 时，FCLK/n 有效 如果用 UCON0，则 UART clock=FCLK/(div+6)，	

续表

UCONn	位	描　述	初始状态
FCLK 分频器	[15:12]	如果 div>0，则 UCON1、UCON2 必须为 0；例如， 1：UART clock=FCLK/7 2：UART clock=FCLK/8 3：UART clock=FCLK/9 ⋮ 15：UART clock=FCLK/21 如果是 UCON1，则 UART clock=FCLK/(div+21)， 如果 div>0，则 UCON0、UCON2 必须为 0；例如， 1：UART clock=FCLK/22 2：UART clock=FCLK/23 3：UART clock=FCLK/24 ⋮ 15：UART clock=FCLK/36 如果是 UCON2，则 UART clock=FCLK/(div+36) 如果 div>0，则 UCON0、UCON1 必须为 0；例如， 1：UART clock=FCLK/37 2：UART clock=FCLK/38 3：UART clock=FCLK/39 ⋮ 7：UART clock=FCLK/43 如果 UCON0/1[15:12]和 UCON2[14:12]都为 0，则 Div=44， UART clock=FCLK/44 Div 范围为 7～44	0000
时钟选择	[11:10]	00=PCLK，10=PCLK，01=UEXTCLK，11=FCLK/n	0
Tx 中断类型	[9]	0=脉冲，1=电平	0
Rx 中断类型	[8]	0=脉冲，1=电平	0
Rx 超时使能	[7]	0=无效，1=有效	0
Rx 错误中断与否	[6]	0=不产生 Rx 错误中断，1=产生 Rx 错误中断	0
Loopbank 模式	[5]	0=普通模式，1=Loopback	
发送间断信号	[4]	0=普通模式发送，1=发送中断信号	
发送模式	[3:2]	00=禁止发送，01=中断或查询模式， 10=DMA0 中断请求(仅针对 UART0) DMA3(仅针对 UART2) 11=DMA1 中断请求(仅针对 UART1)	00
接收模式	[1:0]	00=禁止接收，01=中断或查询模式， 10=DMA0 中断请求(仅针对 UART0) DMA3(仅针对 UART2) 11=DMA1 中断请求(仅针对 UART1)	00

3. UART FIFO 控制寄存器

UART FIFO 控制寄存器各位定义如表 6-6 和表 6-7 所示。

表 6-6　UART FIFO 控制寄存器

寄存器	地　址	读/写	描　　述	默认值
UFCON0	0x500000008	R/W	串口 0 FIFO 控制寄存器	0x0
UFCON1	0x500004008	R/W	串口 1 FIFO 控制寄存器	0x0
UFCON2	0x500008008	R/W	串口 2 FIFO 控制寄存器	0x0

表 6-7　UART FIFO 控制寄存器位定义

UFCONn	位	描　　述	初始状态
Tx FIFO 触发类型	[7:6]	00=0 字节，01=16 字节，10=32 字节，11=48 字节	00
Tx FIFO 触发类型	[5:4]	00=1 字节，01=8 字节，10=16 字节，11=32 字节	0
保留	[3]		0
Tx FIFO 复位	[2]	0=Tx FIFO 复位不清零，1=Tx FIFO 复位清零	0
Rx FIFO 复位	[1]	0=Rx FIFO 复位不清零，1=Rx FIFO 复位清零	0
FIFO 使能	[0]	0：禁止，1：使能	0

4. UART MODEM 控制寄存器

UART MODEM 控制寄存器各位定义如表 6-8 和表 6-9 所示。

表 6-8　UART MODEM 控制寄存器

寄存器	地　址	读/写	描　　述	默认值
UMCON0	0x50000000C	R/W	串口 0 FIFO 控制寄存器	0x0
UMCON1	0x50000400C	R/W	串口 1 FIFO 控制寄存器	0x0
保留	0x50000800C	—	保留	未定义

表 6-9　UART MODEM 控制寄存器位定义

UMCONn	位	描　　述	初始状态
保留	[7:5]	必须设置成 0	00
自动流控标志位	[4]	0=关闭，1=打开	0
保留	[3:1]	必须设置成 0	00
nRTS 是否激活	[0]	0=不激活，1=激活	0

5. UART Tx/Rx 状态寄存器

UART TX/RX 状态寄存器各位定义如表 6-10 和表 6-11 所示。

表 6-10　UART Tx/Rx 状态寄存器

寄存器	地　址	读/写	描　　述	默认值
UTRSTAT0	0x5000000010	R	串口 0 Tx/Rx 状态寄存器	0x6
UTRSTAT1	0x5000040010	R	串口 1 Tx/Rx 状态寄存器	0x6
UTRSTAT2	0x5000080010	R	串口 2 Tx/Rx 状态寄存器	0x6

表 6-11　UART Tx/Rx 状态寄存器位定义

UTRSTATn	位	描　述	初始状态
发送缓存清空	[2]	0=不为空， 1=发送器(发送缓冲区或移位寄存器)为空	1
发送缓冲区	[1]	0=缓冲区为空，1=缓冲区不为空	1
接收缓冲区	[0]	0=缓冲区为空，1=缓冲区不为空	0

6. UART 错误状态寄存器

UART 错误状态寄存器各位定义如表 6-12 和表 6-13 所示。

表 6-12　UART 错误状态寄存器

寄存器	地　址	读/写	描　述	默认值
UERSTAT0	0x5000000014	R/W	串口 0 错误状态寄存器	0x0
UERSTAT1	0x5000040014	R/W	串口 1 错误状态寄存器	0x0
UERSTAT2	0x5000080014	R/W	串口 2 错误状态寄存器	0x0

表 6-13　UART 错误状态寄存器位定义

UERSTATn	位	描　述	初始状态
间隔信号	[3]	0=没有间隔接收，1=有间隔发送	0
帧错误	[2]	0=在接收中没有帧错误，1=帧错误(中断发生)	0
奇偶校验错误	[1]	0=在接收中没有错误，1=奇偶校验错误(中断发生)	0
溢出错误	[0]	0=在接收中没有溢出错误，1=溢出错误(中断发生)	0

7. UART FIFO 状态寄存器

UART FIFO 状态寄存器各位定义如表 6-14 和表 6-15 所示。

表 6-14　UART FIFO 状态寄存器

寄存器	地　址	读/写	描　述	默认值
UFSTAT0	0x5000000018	R	串口 0 FIFO 状态寄存器	0x0
UFSTAT1	0x5000040018	R	串口 1 FIFO 状态寄存器	0x0
UFSTAT2	0x5000080018	R	串口 2 FIFO 状态寄存器	0x0

表 6-15　UART FIFO 状态寄存器位定义

UFSTATn	位	描　述	初始状态
保留	[15]	—	0
Tx FIFO 是否位空	[14]	0=0 字节≤Tx FIFO 数据≤63 字节 1=满	0
Tx FIFO 字节数	[13:8]	Tx FIFO 中的字节数	0
保留	[7]	—	0
Rx FIFO 是否位空	[6]	0=0 字节≤Rx FIFO 数据≤63 字节 1=满	0
Tx FIFO 字节数	[5:0]	Tx FIFO 中的字节数	0

8. UART MODEM 状态寄存器

UART MODEM 状态寄存器各位定义如表 6-16 和表 6-17 所示。

表 6-16　UART MODEM 状态寄存器

寄存器	地　址	读/写	描　　述	默认值
UMSTAT0	0x500000001C	R	串口 0 MODEM 状态寄存器	0x0
UMSTAT1	0x500004001C	R	串口 1 MODEM 状态寄存器	0x0
保留	0x500008001C	—	保留	未定义

表 6-17　UART MODEM 状态寄存器位定义

UMSTAT0	位	描　　述	初始状态
检测 CTS	[4]	0=没有变化，1=变化	0
保留	[3:1]	—	0
清除发送	[0]	0=CTS 信号未激活(nCTS 脚为高) 1=CTS 信号激活(nCTS 脚为低)	0

图 6-4 为 nCTS 和 CTS Delta CTS 时序图，描述了 nCTS 和 CTS Delta CTS 的时序。

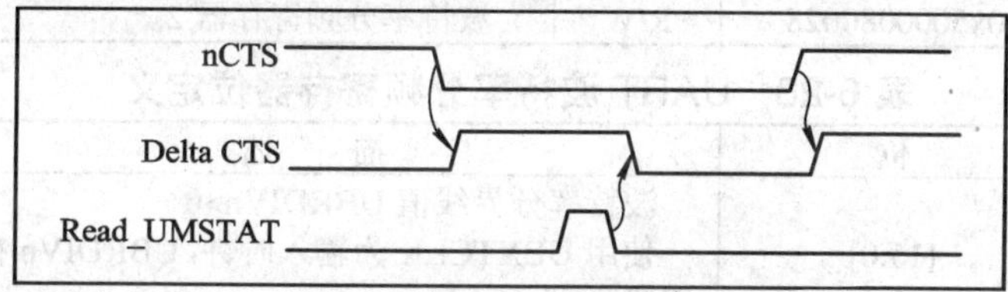

图 6-4　nCTS 和 CTS Delta CTS 时序图

9. UART 发送缓冲寄存器

UART 发送缓冲寄存器各位定义如表 6-18 和表 6-19 所示。

表 6-18　UART 发送缓冲寄存器

寄存器	地　址	读/写	描　　述	默认值
UTXH0	0x5000000020(L) 0x5000000023(B)	W	串口 0 发送缓冲寄存器	—
UTXH1	0x5000040020(L) 0x5000040023(B)	W	串口 1 发送缓冲寄存器	—
UTXH2	0x5000080020(L) 0x5000080023(B)	W	串口 2 发送缓冲寄存器	—

表 6-19　UART 发送缓冲寄存器位定义

UTXHn	位	描　　述	初始状态
保留	[7:0]	传输的数据	—

10. UART 接收缓冲寄存器

UART 接收缓冲寄存器各位定义如表 6-20 和表 6-21 所示。

表 6-20　UART 接收缓冲寄存器

寄存器	地　址	读/写	描　述	默认值
URXH0	0x5000000024(L) 0x5000000027(B)	R	串口 0 接收缓冲寄存器	—
URXH1	0x5000040024(L) 0x5000040027(B)	R	串口 1 接收缓冲寄存器	—
URXH2	0x5000080024(L) 0x5000080027(B)	R	串口 2 接收缓冲寄存器	—

表 6-21　UART 接收缓冲寄存器位定义

URXHn	位	描　述	初始状态
RXDATAn	[7:0]	接收的数据	—

11. UART 波特率分频寄存器

UART 波特率分频寄存器各位定义如表 6-22 和表 6-23 所示。

表 6-22　UART 波特率分频寄存器

寄存器	地　址	读/写	描　述	默认值
UBRDIV0	0x5000000028	R/W	波特率分频寄存器 0	—
UBRDIV1	0x5000040028	R/W	波特率分频寄存器 1	—
UBRDIV2	0x5000080028	R/W	波特率分频寄存器 2	—

表 6-23　UART 波特率分频寄存器位定义

UBRDIVn	位	描　述	初始状态
UBRDIV	[15:0]	波特率分界线值 UBRDIVn>0 使用 UEXTCLK 为输入时钟，UBRDIVn 被设置成“0”	—

6.4.3　S3C2440 串口驱动数据结构分析

3C2440 UART 控制器相关寄存器地址及初始值定义如下：

```
#define S3C24XX_VA_UART      S3C2410_ADDR(0x00800000)
#define S3C2440_PA_UART      (0x15000000)
#define S3C2410_PA_UART      (0x50000000)
#define S3C24XX_SZ_UART      SZ_1M
#define S3C24XX_VA_UART0     (S3C24XX_VA_UART)
#define S3C24XX_VA_UART1     (S3C24XX_VA_UART + 0x4000 )
#define S3C24XX_VA_UART2     (S3C24XX_VA_UART + 0x8000 )
#define S3C2410_PA_UART0     (S3C2410_PA_UART)
#define S3C2410_PA_UART1     (S3C2410_PA_UART + 0x4000 )
#define S3C2410_PA_UART2     (S3C2410_PA_UART + 0x8000 )
#define S3C2410_URXH         (0x24)
#define S3C2410_UTXH         (0x20)
#define S3C2410_ULCON        (0x00)
#define S3C2410_UCON         (0x04)
```

```
#define S3C2410_UFCON         (0x08)
#define S3C2410_UMCON         (0x0C)
#define S3C2410_UBRDIV        (0x28)
#define S3C2410_UTRSTAT       (0x10)
#define S3C2410_UERSTAT       (0x14)
#define S3C2410_UFSTAT        (0x18)
#define S3C2410_UMSTAT        (0x1C)
```

6.4.4　结构体及相关变量定义

串口驱动相关数据结构关系如图 6-5 所示。

(1) uart_driver 结构体中很多数据结构其实就是 tty_driver 中的。将数据转换为 tty_driver 之后，注册 tty_driver，结构体代码如下：

```
#define S3C24XX_SERIAL_NAME    "ttySAC"
#define S3C24XX_SERIAL_DEVFS   "tts/"
#define S3C24XX_SERIAL_MAJOR   204
#define S3C24XX_SERIAL_MINOR   64
static struct uart_driver s3c24xx_uart_drv =
{
  .owner          = THIS_MODULE,
  .dev_name       = "s3c2410_serial",
  .nr           = 3,
  .cons           = S3C24XX_SERIAL_CONSOLE,
  .driver_name    = S3C24XX_SERIAL_NAME,
  .devfs_name     = S3C24XX_SERIAL_DEVFS,
  .major          = S3C24XX_SERIAL_MAJOR,
  .minor          = S3C24XX_SERIAL_MINOR,
};
```

(2) s3c24xx_uart_port 结构体中的 s3c24xx_uart_info 成员，是一些针对 S3C2410 UART 的信息，代码如下：

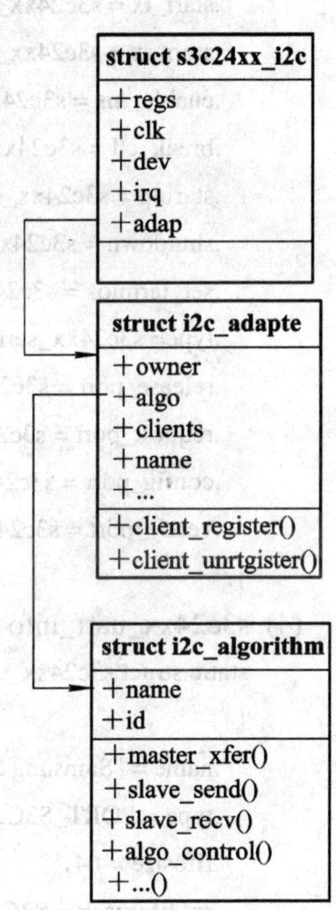

图 6-5　相关数据结构关系图

```
struct s3c24xx_uart_port
{
  unsigned char   rx_claimed;
  unsigned char   tx_claimed;

  struct s3c24xx_uart_info    *info;
  struct s3c24xx_uart_clksrc    *clksrc;
  struct clk    *clk;
  struct clk    *baudclk;
```

```
    struct uart_port    port;
}
```

(3) uart_ops 结构体定义了串口的基本操作，代码如下：

```
static struct uart_ops s3c24xx_serial_ops =
{
    .pm= s3c24xx_serial_pm,
    .tx_empty = s3c24xx_serial_tx_empty,            //发送缓冲区空
    .get_mctrl = s3c24xx_serial_get_mctrl,          //得到 modem 控制设置
    .set_mctrl = s3c24xx_serial_set_mctrl,          //设置 modem 控制(MCR)
    .stop_tx = s3c24xx_serial_stop_tx,              //停止接收字符
    .start_tx = s3c24xx_serial_start_tx,            //开始传输字符
    .stop_rx = s3c24xx_serial_stop_rx,              //停止接收字符
    .enable_ms = s3c24xx_serial_enable_ms,          // modem 状态中断使能
    .break_ctl = s3c24xx_serial_break_ctl,          //控制 break 信号的传输
    .startup = s3c24xx_serial_startup,              //启动端口
    .shutdown = s3c24xx_serial_shutdown,            //禁用端口
    .set_termios = s3c24xx_serial_set_termios,      //改变端口参数
    .type= s3c24xx_serial_type,                     //返回描述特定端口的常量字符串指针
    .release_port = s3c24xx_serial_release_port,    //释放端口占用的内存及 IO 资源
    .request_port = s3c24xx_serial_request_port,    //申请端口所需的内存和 IO 资源
    .config_port = s3c24xx_serial_config_port,      //执行端口所需的自动配置步骤
    .verify_port = s3c24xx_serial_verify_port,      //验证新的串行端口信息
};
```

(4) s3c24xx_uart_info 结构体的代码如下：

```
static struct s3c24xx_uart_info s3c2410_uart_inf =
{
    .name = "Samsung S3C2410 UART",
    .type = PORT_S3C2410,
    .fifosize = 64,
    .rx_fifomask = S3C2410_UFSTAT_RXMASK,
    .rx_fifoshift = S3C2410_UFSTAT_RXSHIFT,
    .rx_fifofull = S3C2410_UFSTAT_RXFULL,
    .tx_fifofull = S3C2410_UFSTAT_TXFULL,
    .tx_fifomask = S3C2410_UFSTAT_TXMASK,
    .tx_fifoshift = S3C2410_UFSTAT_TXSHIFT,
    .get_clksrc = s3c2410_serial_getsource,
    .set_clksrc = s3c2410_serial_setsource,
    .reset_port = s3c2410_serial_resetport,
}
```

(5) s3c2410_uartcfg 结构体，针对 UART 的设置(UCONn、ULCONn、UFCONn 寄存器等)被封装到 s3c2410_uartcfg 结构体中，代码如下：

```
struct s3c2410_uartcfg
{
  unsigned char hwport;          /*硬件端口号*/
  unsigned char unused;
  unsigned short flags;
  unsigned long uart_flags;      /*缺省的 uart 标志*/
  unsigned long ucon;            /*端口的 ucon 值*/
  unsigned long ulcon;           /*端口的 ulcon 值*/
  unsigned long ufcon;           /*端口的 ufcon 值*/
  struct s3c24xx_uart_clksrc *clocks;
  unsigned int clocks_size;
};
```

6.4.5　S3C2440 串口驱动主要函数

S3C2440 串口驱动初始化函数 s3c24xx_serial_modinit 主要是调用 uart_register_driver()注册一个串口类型的驱动 uart_driver。

(1) 串口模块函数 s3c24xx_serial_modinit 代码描述如下：

```
static int_init s3c24xx_serial_modinit(void)
{
  int ret;
  ret = uart_register_driver(&s3c24xx_uart_drv);
  if (ret < 0)
  {
    printk(KERN_ERR "failed to register UART driver\n");
    return -1;
  }
  s3c2440_serial_init();
  return 0;
}
```

(2) 串口注销函数 s3c24xx_serial_modexit 负责串口驱动退出时资源的释放，代码描述如下：

```
static void_exit s3c24xx_serial_modexit(void)
{
  s3c2410_serial_exit();
  //注销 uart_driver
  uart_unregister_driver(&s3c24xx_uart_drv);
}
```

(3) 串口添加函数 s3c24xx_serial_probe 完成串口程序的加载，包括串口端口的初始化和添加，每加载一个，计数器加 1，流程如图 6-6 所示。

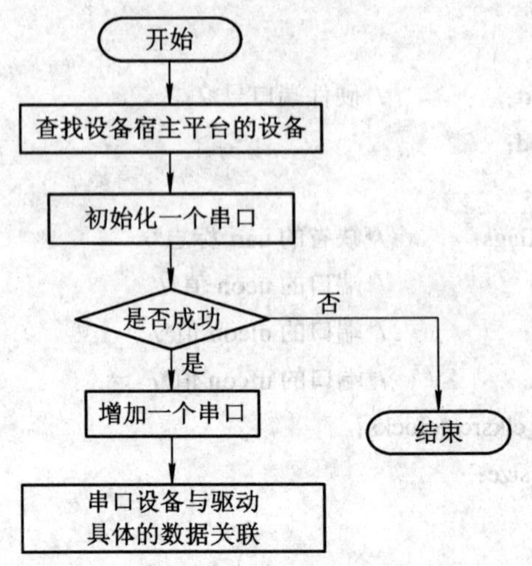

图 6-6　串口添加函数 s3c24xx_serial_probe 流程图

代码描述如下：

```
int s3c24xx_serial_probe(struct device *_dev, struct s3c24xx_uart_info *info)
{
  struct s3c24xx_uart_port *ourport;
  struct platform_device *dev = to_platform_device(_dev);
  int ret;
  ourport = &s3c24xx_serial_ports[probe_index];
  probe_index++;
  ret = s3c24xx_serial_init_port(ourport, info, dev);
  if (ret < 0)
      goto probe_err;
      uart_add_one_port(&s3c24xx_uart_drv, &ourport->port);
  dev_set_drvdata(_dev,  &ourport->port);
  return 0;
  probe_err:
  return ret;
}
```

(4) 串口卸载函数 s3c24xx_serial_remove。

```
int s3c24xx_serial_remove(struct device *_dev)
{
  struct uart_port *port = s3c24xx_dev_to_port(_dev);
  if (port)
```

```
    uart_remove_one_port(&s3c24xx_uart_drv, port);
  return 0;
}
```

(5) 端口初始化函数 s3c24xx_serial_init_port 完成一个串口端口虚拟地址、中断号、时钟设置。流程如图 6-7 所示。

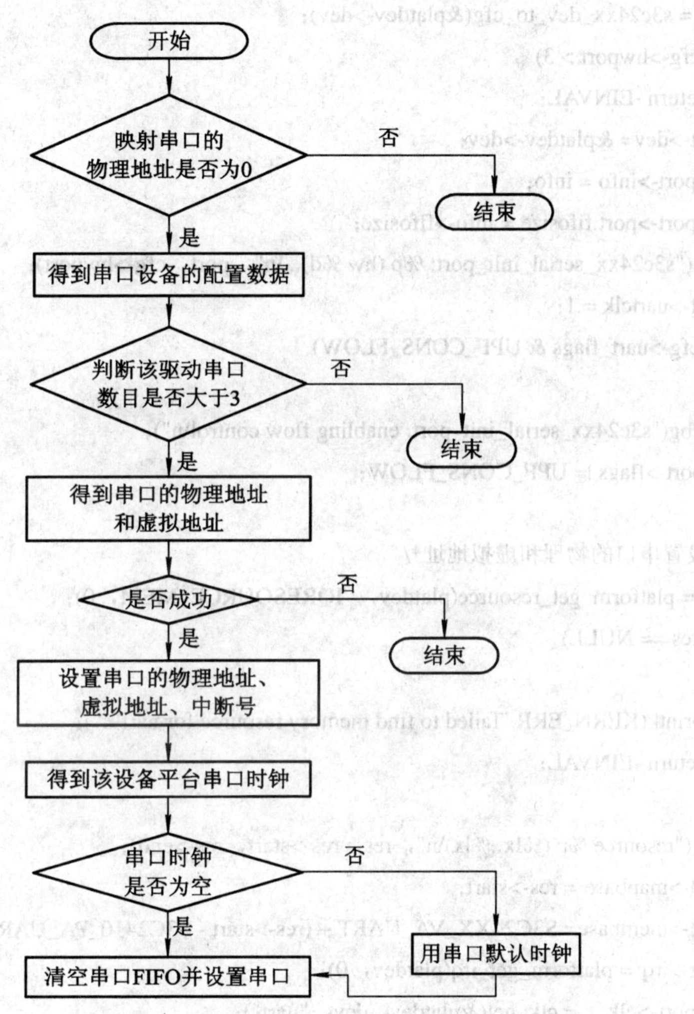

图 6-7　s3c24xx_serial_init_port 流程图

代码描述如下：

```
static int s3c24xx_serial_init_port(struct s3c24xx_uart_port*ourport, struct s3c24xx_uart_info *info,
                                    struct platform_device *platdev)
{
  struct uart_port *port = &ourport->port;
  struct s3c2410_uartcfg *cfg;
  struct resource *res;
```

```
    dbg("s3c24xx_serial_init_port: port=%p, platdev=%p\n", port, platdev);
    if (platdev == NULL)
        return -ENODEV;
    if (port->mapbase != 0)
        return 0;
    cfg = s3c24xx_dev_to_cfg(&platdev->dev);
    if (cfg->hwport > 3)
        return -EINVAL;
    port->dev= &platdev->dev;
    ourport->info = info;
    ourport->port.fifosize = info->fifosize;
    dbg("s3c24xx_serial_init_port: %p (hw %d)...\n", port, cfg->hwport);
    port->uartclk = 1;
    if (cfg->uart_flags & UPF_CONS_FLOW)
    {
        dbg("s3c24xx_serial_init_port: enabling flow control\n");
        port->flags |= UPF_CONS_FLOW;
    }
    /*设置串口的物理和虚拟地址*/
    res = platform_get_resource(platdev,  IORESOURCE_MEM, 0);
    if (res == NULL)
    {
        printk(KERN_ERR "failed to find memory resource for uart\n");
        return -EINVAL;
    }
    dbg("resource %p (%lx..%lx)\n", res, res->start, res->end);
    port->mapbase = res->start;
    port->membase= S3C24XX_VA_UART + (res->start - S3C2410_PA_UART);
    port->irq = platform_get_irq(platdev, 0);
    ourport->clk   = clk_get(&platdev->dev, "uart");
    if (ourport->clk != NULL && !IS_ERR(ourport->clk))
        clk_use(ourport->clk);
    dbg("port: map=%08x, mem=%08x, irq=%d, clock=%ld\n",
         port->mapbase, port->membase port->irq, port->uartclk);
    s3c24xx_serial_resetport(port, cfg);
    return 0;
}
```

(6) 关闭串口 s3c24xx_serial_shutdown()，其释放中断，禁止发送和接收。

```
static void s3c24xx_serial_shutdown(struct uart_port *port)
```

```
{
    struct s3c24xx_uart_port *ourport = to_ourport(port);

    if (ourport->tx_claimed)
    {
        free_irq(TX_IRQ(port), ourport);
        tx_enabled(port) = 0;    //置发送使能状态为 0
        ourport->tx_claimed = 0;
    }

    if (ourport->rx_claimed)
    {
        free_irq(RX_IRQ(port), ourport);
        ourport->rx_claimed = 0;
        rx_enabled(port) = 0;    //置接收使能状态为 1
    }
}
```

(7) S3C2440 串口驱动 startup()函数。在 S3C2440 串口驱动中，与数据收发关系最密切的函数不是上述 uart_ops 成员函数，而是 s3c24xx_serial_startup()为发送和接收中断注册的中断处理函数 s3c24xx_serial_rx_chars()和 s3c24xx_serial_tx_chars()。该函数流程如图 6-8 所示。

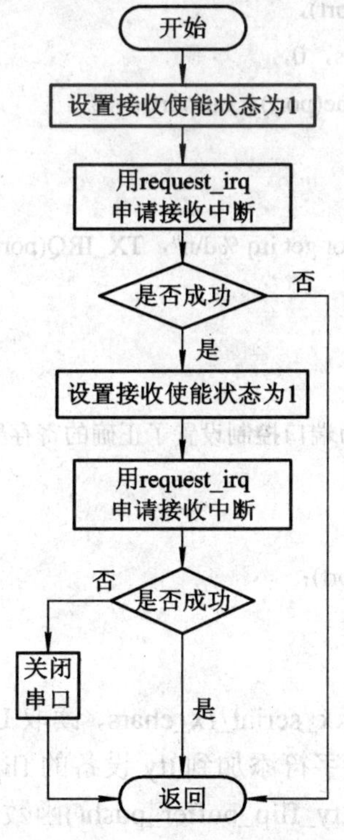

图 6-8 startup()函数流程图

代码描述如下：

```
static int s3c24xx_serial_startup(struct uart_port *port)
{
  struct s3c24xx_uart_port *ourport = to_ourport(port);
  int ret;
  rx_enabled(port) = 1; //置接收使能状态为 1

  //申请接收中断
  ret = request_irq(RX_IRQ(port),
      s3c24xx_serial_rx_chars, 0,
      s3c24xx_serial_portname(port), ourport);
  if (ret != 0)
  {
    printk(KERN_ERR "cannot get irq %d\n", RX_IRQ(port));
    return ret;
  }
  ourport->rx_claimed = 1;
  tx_enabled(port) = 1; //置发送使能状态为 1
  //申请发送中断
  ret = request_irq(TX_IRQ(port),
       s3c24xx_serial_tx_chars, 0,
       s3c24xx_serial_portname(port), ourport);
  if (ret)
  {
    printk(KERN_ERR "cannot get irq %d\n", TX_IRQ(port));
    goto err;
  }
  ourport->tx_claimed = 1;
  /*端口复位代码应该已经为端口控制设置了正确的寄存器*/
  return ret;
    err:
  s3c24xx_serial_shutdown(port);
  return ret;
}
```

(8) 串口中断接收函数 s3c24xx_serial_rx_chars，读取 URXHn 寄存器以获得接收到的字符，并调用 uart_insert_char()将该字符添加到 tty 设备的 flip 缓冲区中，当接收到 64 个字符或者不能再接收到字符时，调用 tty_flip_buffer_push()函数向上层“推”tty 设备的 flip 缓冲区，流程图如图 6-9 所示。

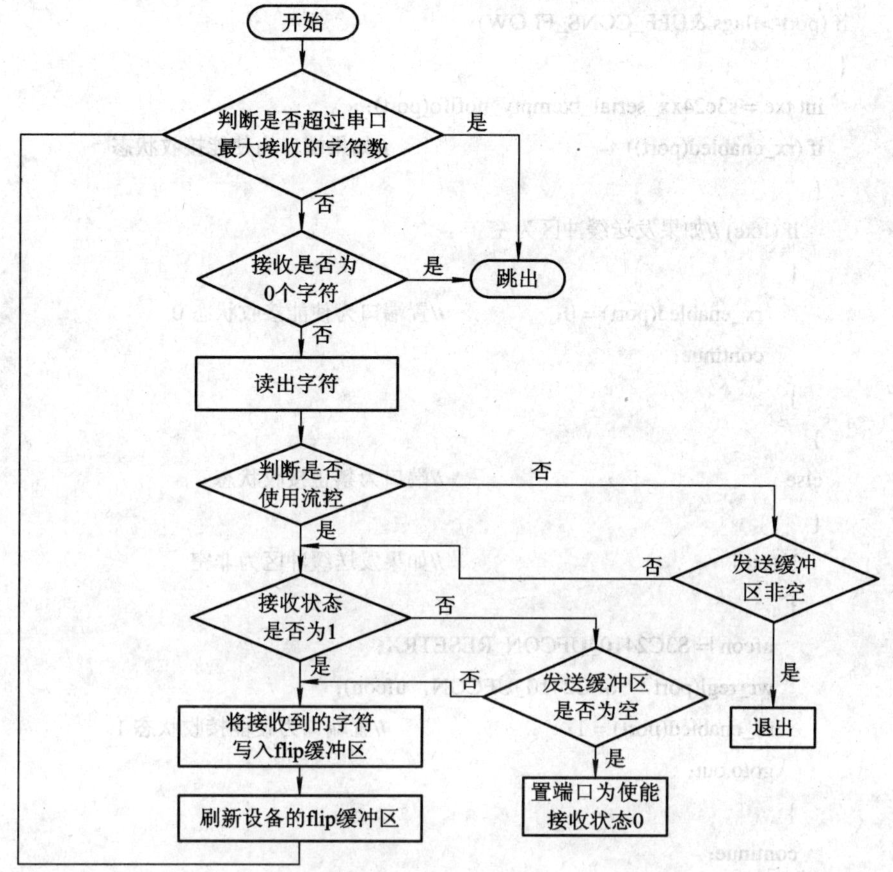

图 6-9　中断接收函数 s3c24xx_serial_rx_chars 流程图

代码描述如下：

```
static irqreturn_t s3c24xx_serial_rx_chars(int irq, void *dev_id, struct pt_regs *regs)
{
    struct s3c24xx_uart_port *ourport = dev_id;
    struct uart_port *port = &ourport->port;    //获得 uart_port
    struct tty_struct *tty = port->info->tty;       //获得 tty_struct
    unsigned int ufcon, ch, flag, ufstat, uerstat;
    int max_count = 64;
    while (max_count--> 0)
    {
        ufcon = rd_regl(port, S3C2410_UFCON);
        ufstat = rd_regl(port, S3C2410_UFSTAT);
        //如果接收到 0 个字符
        if (s3c24xx_serial_rx_fifocnt(ourport, ufstat) == 0)
            break;
        uerstat = rd_regl(port, S3C2410_UERSTAT);
        ch = rd_regb(port, S3C2410_URXH);    //读出字符
```

```
if (port->flags &UPF_CONS_FLOW)
{
  int txe = s3c24xx_serial_txempty_nofifo(port);
  if (rx_enabled(port))                    //如果端口为使能接收状态
  {
    if (!txe) //如果发送缓冲区为空
    {
        rx_enabled(port) = 0;           //置端口为使能接收状态 0
        continue;
    }
  }
  else                                 //端口为禁止接收状态
  {
    if (txe)                           //如果发送缓冲区为非空
    {
      ufcon |= S3C2410_UFCON_RESETRX;
      wr_regl(port,  S3C2410_UFCON, ufcon);
      rx_enabled(port) = 1;               //置端口为使能接收状态 1
      goto out;
    }
    continue;
  }
}
/*将接收到的字符写入缓冲区*/
flag = TTY_NORMAL;
port->icount.rx++;
if (unlikely(uerstat &S3C2410_UERSTAT_ANY))
{
  if (uerstat &S3C2410_UERSTAT_BREAK)
  {
    port->icount.brk++;
    if (uart_handle_break(port))
      goto ignore_char;
  }
  if (uerstat &S3C2410_UERSTAT_FRAME)
    port->icount.frame++;
  if (uerstat &S3C2410_UERSTAT_OVERRUN)
    port->icount.overrun++;
    uerstat &= port->read_status_mask;
```

```
        if (uerstat &S3C2410_UERSTAT_BREAK)
            flag = TTY_BREAK;
        else if (uerstat &S3C2410_UERSTAT_PARITY)
            flag = TTY_PARITY;
        else if (uerstat &(S3C2410_UERSTAT_FRAME | S3C2410_UERSTAT_OVERRUN))
            flag = TTY_FRAME;
        if (uart_handle_sysrq_char(port, ch, regs)) //处理 sysrq 字符
            goto ignore_char;
        //插入字符到 tty 设备的 flip 缓冲区
            uart_insert_char(port, uerstat, S3C2410_UERSTAT_OVERRUN, ch, flag);
            ignore_char: continue;
    }
    tty_flip_buffer_push(tty);    //刷新 tty 设备的 flip 缓冲区
    out: return IRQ_HANDLED;
  }
}
```

(9) S3C2410 串口驱动发送中断处理函数 3c24xx_serial_tx_chars。s3c24xx_serial_tx_chars()读取 uart_info 中环形缓冲区中的字符，写入调用 UTXHn 寄存器中。流程图如图 6-10 所示。

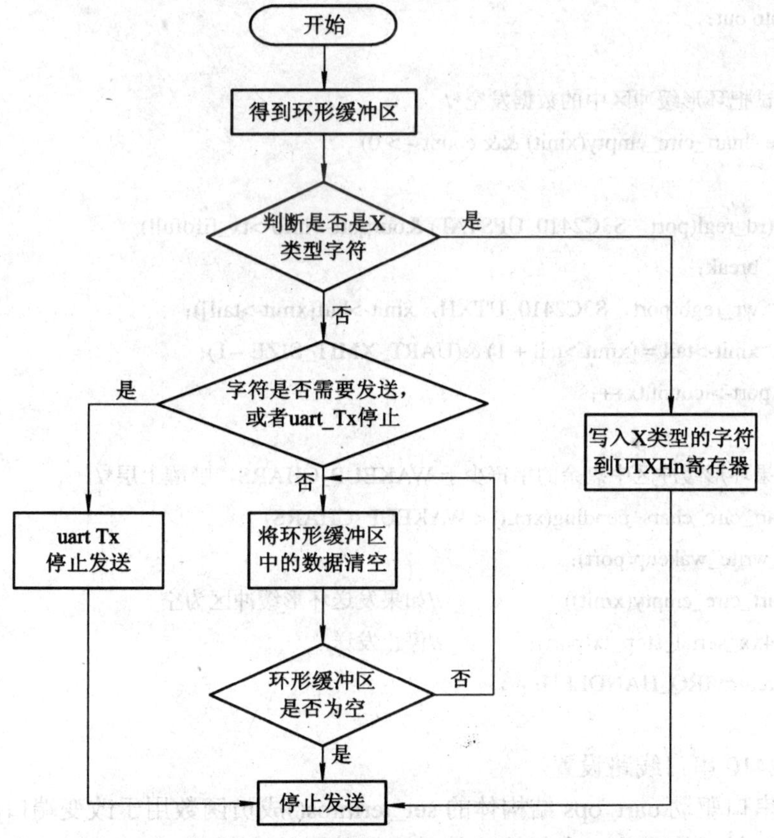

图 6-10　发送中断处理函数 3c24xx_serial_tx_chars 流程图

代码描述如下：

```
static irqreturn_t s3c24xx_serial_tx_chars(int irq, void *id, struct pt_regs *regs)
{
    struct s3c24xx_uart_port *ourport = id;
    struct uart_port *port = &ourport->port;
    struct circ_buf *xmit = &port->info->xmit;    //得到环形缓冲区
    int count = 256;    //最多 1 次发 256 个字符
    if (port->x_char)    //如果定义了 xchar，发送
    {
      wr_regb(port, S3C2410_UTXH, port->x_char);
        port->icount.tx++;
        port->x_char = 0;
      goto out;
    }
    /*如果没有更多的字符需要发送，或者 uart Tx 停止，则停止 uart 并退出*/
    if (uart_circ_empty(xmit) || uart_tx_stopped(port))
    {
      s3c24xx_serial_stop_tx(port);
      goto out;
    }
    /*尝试把环形缓冲区中的数据发空*/
    while (!uart_circ_empty(xmit) && count-- > 0)
    {
      if (rd_regl(port, S3C2410_UFSTAT) &ourport->info->tx_fifofull)
         break;
         wr_regb(port, S3C2410_UTXH, xmit->buf[xmit->tail]);
         xmit->tail = (xmit->tail + 1) &(UART_XMIT_SIZE -1);
        port->icount.tx++;
    }
    /*如果环形缓冲区中剩余的字符少于 WAKEUP_CHARS，唤醒上层*/
    if (uart_circ_chars_pending(xmit) < WAKEUP_CHARS)
    uart_write_wakeup(port);
    if (uart_circ_empty(xmit))              //如果发送环形缓冲区为空
    s3c24xx_serial_stop_tx(port);           //停止发送
    out: return IRQ_HANDLED;
}
```

(10) S3C2410 串口线路设置。

S3C2440 串口驱动 uart_ops 结构体的 set_termios()成员函数用于改变端口的参数设置，包括波特率、字长、停止位、奇偶校验等，根据传递给它的 port、termios 参数成员的值设

置 S3C2410 UART 的 ULCONn、UCONn、UMCONn 等寄存器。流程图如图 6-11 所示。

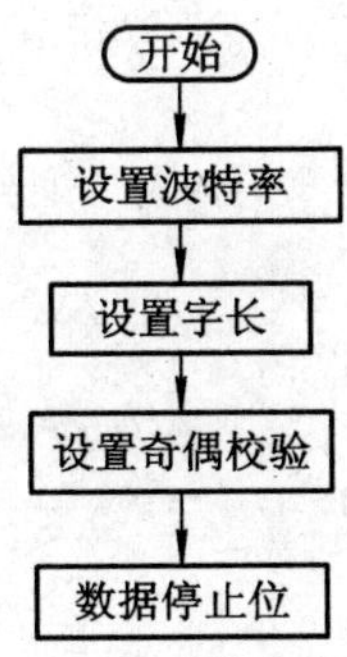

图 6-11　set_termios()函数流程图

代码描述如下：

```
static void s3c24xx_serial_set_termios(struct uart_port *port,  struct termios *termios,
                                       struct termios *old)
{
    struct s3c2410_uartcfg *cfg = s3c24xx_port_to_cfg(port);
    struct s3c24xx_uart_port *ourport = to_ourport(port);
    struct s3c24xx_uart_clksrc *clksrc = NULL;
    struct clk *clk = NULL;
    unsigned long flags;
    unsigned int baud,  quot;
    unsigned int ulcon;
    unsigned int umcon;
    /*不支持 modem 控制信号线*/
    termios->c_cflag &= ~(HUPCL | CMSPAR);
    termios->c_cflag |= CLOCAL;
    /*请求内核计算分频以便产生对应的波特率*/
    baud = uart_get_baud_rate(port, termios, old, 0, 115200*8);
    if (baud == 38400 && (port->flags & UPF_SPD_MASK) == UPF_SPD_CUST)
       quot = port->custom_divisor;
    else
    quot = s3c24xx_serial_getclk(port, &clksrc, &clk, baud);
    /*检查以确定是否需要改变时钟源*/
    if (ourport->clksrc != clksrc || ourport->baudclk != clk)
    {
       s3c24xx_serial_setsource(port, clksrc);
       if (ourport->baudclk != NULL && !IS_ERR(ourport->baudclk))
       {
          clk_disable(ourport->baudclk);
```

```
        ourport->baudclk   = NULL;
    }
    clk_enable(clk);
    ourport->clksrc = clksrc;
    ourport->baudclk = clk;
}
/*设置字长*/
switch (termios->c_cflag & CSIZE)
{
    case CS5:
        ulcon = S3C2410_LCON_CS5;
        break;
    case CS6:
        ulcon = S3C2410_LCON_CS6;
        break;
    case CS7:
        ulcon = S3C2410_LCON_CS7;
        break;
    case CS8:
        default:
        ulcon = S3C2410_LCON_CS8;
        break;
}
/*保留以前的 lcon IR 设置*/
ulcon |= (cfg->ulcon & S3C2410_LCON_IRM);
if (termios->c_cflag & CSTOPB)
ulcon |= S3C2410_LCON_STOPB;
/*设置是否采用 RTS、CTS 自动流空*/
umcon = (termios->c_cflag & CRTSCTS) ? S3C2410_UMCOM_AFC : 0;
if (termios->c_cflag & PARENB)
{
    if (termios->c_cflag & PARODD)
        ulcon |= S3C2410_LCON_PODD;     //奇校验
    else
        ulcon |= S3C2410_LCON_PEVEN;    //偶校验
}
else
{
    ulcon |= S3C2410_LCON_PNONE;    //无校验
```

```
    }
    spin_lock_irqsave(&port->lock, flags);
    wr_regl(port, S3C2410_ULCON, ulcon);
    wr_regl(port, S3C2410_UBRDIV, quot);
    wr_regl(port, S3C2410_UMCON, umcon);
    rd_regl(port, S3C2410_ULCON),
    rd_regl(port, S3C2410_UCON),
    rd_regl(port, S3C2410_UFCON));
    /*更新端口的超时*/
    uart_update_timeout(port, termios->c_cflag, baud);
    /*对什么字符状态标志感兴趣？*/
    port->read_status_mask = S3C2410_UERSTAT_OVERRUN;
    if (termios->c_iflag & INPCK)
      port->read_status_mask|=S3C2410_UERSTAT_FRAME |S3C2410_UERSTAT_PARITY;
    /*要忽略什么字符状态标志？*/
    port->ignore_status_mask = 0;
    if (termios->c_iflag & IGNPAR)
      port->ignore_status_mask |= S3C2410_UERSTAT_OVERRUN;
    if (termios->c_iflag & IGNBRK && termios->c_iflag & IGNPAR)
      port->ignore_status_mask |= S3C2410_UERSTAT_FRAME;
    /*如果 CREAD 未设置，则忽略所用字符*/
    if ((termios->c_cflag & CREAD) == 0)
      port->ignore_status_mask |= RXSTAT_DUMMY_READ;
    spin_unlock_irqrestore(&port->lock, flags);
}
```

6.5　串口 GPS 数据的采集例程

6.5.1　GPS 简介

GPS(Global Positioning System)即全球定位系统，简单地说，这是一个由覆盖全球的 24 颗卫星组成的卫星系统。这个系统可以保证在任意时刻，地球上任意一点都可以同时观测到 4 颗以上的卫星，该观测点可以通过接收到的信号计算出经纬度和高度，以便实现导航、定位、授时等功能。这项技术可以用来引导飞机、船舶、车辆以及个人，安全、准确地沿着选定的路线，准时到达目的地。

6.5.2　GPS 原理

GPS 由空间部分、地面控制部分和用户设备部分 3 个独立的部分组成。

1．空间部分

GPS 的空间部分由 24 颗工作卫星组成，它位于距地表 20～200 km 的上空，均匀分布在 6 个轨道面上(每个轨道面 4 颗)，轨道倾角为 55°。此外，还有 4 颗有源备份卫星在轨运行。在全球任何地方、任何时间都可观测到 4 颗以上的卫星，并能保持良好定位解算精度的几何图像。这就提供了在时间上连续的全球导航能力。GPS 卫星产生两组电码，一组是 C/A 码(Coarse/Acquisition Code 11023 MHz)；一组是 P 码(Procise Code 10123 MHz)，P 码因频率较高，不易受干扰，定位精度高等特点，受美国军方管制，并设有密码，一般民间无法解读，主要为美国军方服务。C/A 码通过人为地降低精度后，主要开放给民间使用。

2．地面控制部分

地面控制部分由一个主控站、5 个全球监测站和 3 个地面控制站组成。监测站均配装有精密的铯钟和能够连续测量到所有可见卫星的接收机。监测站将取得的卫星观测数据，包括电离层和气象数据，经过初步处理后，传送到主控站。主控站从各监测站收集跟踪数据，计算出卫星的轨道和时钟参数，然后将结果送到 3 个地面控制站。地面控制站在每颗卫星运行至其上空时，把这些导航数据及主控站指令注入到卫星。这种注入采取每颗 GPS 卫星每天一次的方式，并在卫星离开注入站作用范围之前进行最后的注入。如果某地面站发生故障，那么在卫星中预存的导航信息还可用一段时间，但导航精度会逐渐降低。

3．用户设备部分

用户设备部分即 GPS 信号接收机。其主要功能是能够捕获到按一定卫星截止角所选择的待测卫星，并跟踪这些卫星的运行。当接收机捕获到跟踪的卫星信号后，即可测量出接收天线至卫星的伪距离和距离的变化率，解调出卫星轨道参数等数据。根据这些数据，接收机中的微处理计算机就可按定位解算方法进行定位计算，计算出用户所在地的地理位置的经纬度、高度、速度、时间等信息。接收机硬件和机内软件以及 GPS 数据的后处理软件包构成完整的 GPS 用户设备。GPS 接收机的结构分为天线单元和接收单元两部分。接收机一般采用机内和机外两种直流电源。设置机内电源的目的在于更换外电源时不中断连续观测。在用机外电源时机内电池自动充电。关机后，机内电池为 RAM 存储器供电，以防止数据丢失。目前各种类型的接收机体积越来越小，重量越来越轻，便于野外观测使用。

6.5.3　GPS 协议分析

GPS 模块与嵌入式 Linux 平台之间进行数据传送，大多采用异步串行传送方式，GPS 作为数据终端设备(DTE)与嵌入式平台之间通过 RS-232C 串行通信接口进行数据交换。因此，与 GPS 的数据通信即是 Linux 下的串口编程，对于两者之间的通信协议，可选的协议有很多种，而 NMEA0183 是目前普遍采用的一种。

1．NMEA0183 通信协议

NMEA0183 是 GPS 数据的通信协议。GPS 的通信协议有很多种，但目前绝大多数 GPS 模块生产厂商都采用 NMEA0183 协议作为其遵循的标准，因此在实现 GPS 与嵌入式 Linux 平台之间的通信时，应先对 NMEA0183 协议有一定的了解。

(1) NMEA0183 的通信参数。

波特率：4800 Baud；

数据位：8；

奇偶校验：无；停止位：1 位。

(2) NMEA0183 的报文格式。NMEA0183 协议报文的语句串(ASCII 字符)格式全部信息如下：

$AAXXX，ddd…ddd *hh<CR><LF>

具体内容：$为串头，表示串开始；AA 为识别符；XXX 为语句名；ddd...ddd 为数据字段，可为字母或数字；*表示串尾；hh 表示$与*之间所有字符代码的校验和；<CR>为回车控制符；<LF>为换行控制符。

在实际的应用中，GPS 并不会用到 NMEA 的全部信息，而是根据具体的需要，从中选取有用的信息，忽略其余的信息内容。例如：

$GPRMC，152252，A，2513.3072，N，10346.3723，E，0.0，230.4，250503，1.3，W，A，*02

其中，$GPRMC 为串头，表示此语句为定位语句；*之前的内容为数据字段，152252 为 UTC24 小时制的标准时间，格式为“时时/分分/秒秒”；A 表示信号接收状态，A 为接收正常，也可能为 V，则表示一个警告，即与卫星通信不正常；2513.3072 表示纬度值；N 表明南北半球，N 表示北纬，S 表示南纬；10346.3723 表示经度值；E 表明东西半球，E 表示东经，W 表示西经；0.0 表示速度；230.4 表示方位角，其范围为 000.0～359.9；250503 表示 UTC 标准时间的日期，格式为“日日/月月/年年”；1.3 表示磁偏角，范围为 000.0～180.0；W 表示地磁变化方向。

6.5.4　GPS 应用的编程实例

1. 重要的数据结构及其关联数据结构分析

1) termios 结构

在 Linux 操作系统中，所有的设备都是被当作文件来进行操作的。所有的设备以设备文件的形式存储在目录/dev/下，串口的设备文件为/dev/ttyS*，其中，ttyS0 为串口 1，ttyS1 为串口 2，以此类推。

Linux 下定义了一个查询和操纵终端的标准接口，该接口被称为 termios，在系统头文件<termios.h>中定义。termios 结构由一个数据结构和一系列操纵这些数据结构的函数组成。有关串口的所有参数配置都保存在接口 termios 的结构 struct termios 中，该结构定义如下：

```
struet termios
{
    unsigned short c_iflag;         /*输入模式标志*/
    unsigned short c_oflag;         /*输出模式标志*/
    unsigned short c_cflag;         /*控制模式标志*/
    unsigned short c_lflag;         /*本地模式标志/
    unsigned char c_line;           /*控制协议*/
    unsigned char c_cc[NCCS]        /*控制字符*/
}
```

其中，c_iflag 成员是用来控制输入处理选项的，它将影响到终端驱动程序在把输入发送给程序前是否对其进行处理，及怎样对其进行处理。c_oflag 成员用来控制输出数据的处理，并决定在发送输出数据到显示屏和其他输出设备之前，终端驱动程序是否以及如何来处理它们。c_cflag 用于存放各种决定终端设备硬件特性的控制标志。存放在 c_lflag 中的本地模式标志用来操纵一些终端特性，比如是否将输入字符显示到显示屏上。c_cc 包含了特殊字符序列的值，比如^(退出)和^H(删除)，以及它们所代表的操作。除了上面的这个包含串口参数配置的数据结构之外，termios 结构中还包含许多控制串口特性的函数，例如基本的函数：tcgetattr()和 tcsetattr()。tcgetattr()用来初始化一个 termios 数据结构，之后可使用其他的函数来操纵由 tcgetattr()返回的数据结构。完成这些操作后，使用 tcsetattr()来更新串口的设置。

另外，对串口的打开、关闭、读取等功能与其他的文件操作一致，使用 open()、close()、read()函数来完成。

在采集 GPS 数据的过程中，需对所读取的数据进行鉴别区分，只选取其中有用的信息进行处理而忽略其余的信息，这需要根据 NMEA0183 协议中规定的语句格式来进行筛选。

2) GPS _INFO 结构体

GPS_INFO 结构体代码描述如下：

```
typedef struct     GPS_INFO
{
  date_time D;                //时间
  char status;                //接收状态
  double    latitude;         //纬度
  double    longitude;        //经度
  char NS;                    //南北极
  char EW;                    //东西
  double    speed;            //速度
  double    high;             //高度
} GPS_INFO;
```

2. 主要函数分析与代码分析

GPS 应用流程如图 6-12 所示。

1) 打开串口设备函数

打开串口设备函数的代码描述如下：

```
int   Open_comm()
{
  struct   termios old_options,     new_options;
  int fd;
  fd=open("/dev/ttySAC0", O_RDWR|O_NOCTTY);
  if(fd<0)
  {
```

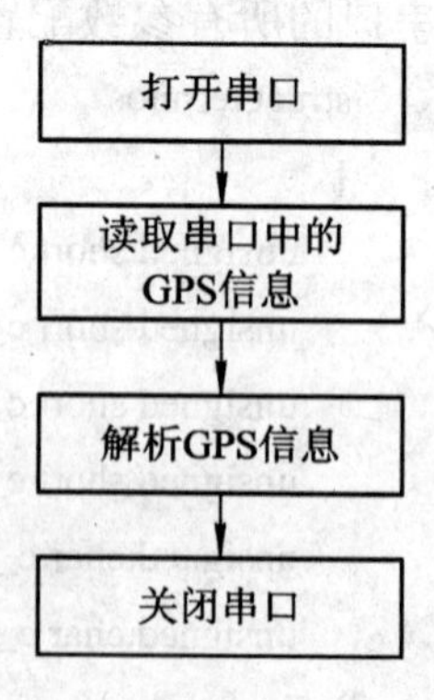

图 6-12 GPS 应用流程

```
    return 0;
  }
  /*设置结构体 new_options 中的 c_jflag、c_oflag、c_cflag、c_lflag 和 c_cc，再用
    cfsetispeed()和 cfsetospeed()函数设置波特率*/
  new_options.c_cflag &=PARENB;                   /*无奇偶校验位*/
  new_options.c_cflag &=CSIZE;                    /*不隐藏数据位*/
  new_options.c_cflag &=CSTOPB;                   /*无停止位*/
  new_options.c_cflag |=CS8;                      /*8 位数据位*/
  new_options.c_oflag=ICRNL;                      /*将输出的 CR 转换成 NL*/
  new_options.c_lflag=(ICANON | ECHO | ECHOE | SIG);
                           /*选择原始输入模式，使输入字符与接收到的字符相同*/
  new_options.c_cc[VTIME]=10;                     /*设置超时计时器为 10×0.1=1 秒*/
  new_options.c_ce[VMIN]=76;                      /*设置读取的最小字符数为 76 个*/
  cfsetispeed(&new_options, B4800);               /*设置输入波特率为 4800Band*/
  cfsetospeed(&new_options, B4800);               /*设置输出波特率为 4800Band*/
  tcflush(fd, TCIOFLUSH);                         /*丢弃队列中尚未传送或接收的数据*/
  tcsetattr(fd, TCSANOW, &new_options);           /*设置新的设备方式*/
  return fd;
}
```

2) GPS 数据解析函数

GPS 数据解析函数代码描述如下：

```
unsigned char GPS_Parse(char *line, GPS_INFO*GPS)
{
  static int tmp;
  if(GPS_BUF[5] == 'C' )//"GPRMC"
  {
    GPS_HOUR =(GPS_BUF[7]-'0')*10 +(GPS_BUF[8]-'0');
    GPS_MIN =(GPS_BUF[9]-'0')*10 + (GPS_BUF[10]-'0');
    GPS_SEC =(GPS_BUF[11]-'0')*10 +(GPS_BUF[11]-'0');
    //printf("sec=%d", GPS_SEC);
    //*******************************************************************
    tmp = Get_Comma_Position(9, GPS_BUF);     //第九个逗号后面是年月日信息
    GPS_DATE =(GPS_BUF[tmp+0]-'0')*10 +(GPS_BUF[tmp+1]-'0');
    GPS_MONTH =(GPS_BUF[tmp+2]-'0')*10 +(GPS_BUF[tmp+3]-'0');
    GPS_YEAR =(GPS_BUF[tmp+4]-'0')*10 +(GPS_BUF[tmp+5]-'0') + 2000;
    //*******************************************************************
    GPS_STATUS = GPS_BUF[Get_Comma_Position(2, GPS_BUF)]; //第二个逗号后是状态信息
    //LATITUDE=Get_Double_Number(&GPS_BUF[Get_Comma_Position(3, GPS_BUF)]);
```

```
                                                        //第三个逗号表示纬度值
        Get_Position(&GPS_BUF[Get_Comma_Position(3，GPS_BUF)]，&Latitude，0);
        GPS_NS = GPS_BUF[ Get_Comma_Position(4，GPS_BUF) ];
        //第四个逗号后面是北半球南半球指示
        //LONGITUDE=Get_Double_Number(&GPS_BUF[Get_Comma_Position(5，GPS_BUF)] );
        //第五个逗号后面是精度值
        Get_Position(&GPS_BUF[Get_Comma_Position(5，GPS_BUF)]，&Longitude1);
        GPS_EW=GPS_BUF[Get_Comma_Position(6，GPS_BUF) ];
        //第六个逗号后面是东半球西半球指示

        #if (USE_BEIJING_TIMEZONE)
          UTC_To_BTC(&GPS->D);
        #endif

        //puts( "$GPRMC is OK!\n");
        GPRMC = 1;
        return 1;
      }
      else if (GPS_BUF[5] == 'A' ) //"$GPGGA"
      {
        /*GPS_HOUR =(GPS_BUF[7]-'0')*10 +(GPS_BUF[8]-'0');
        GPS_MIN =(GPS_BUF[9]-'0')*10 +(GPS_BUF[10]-'0');
        GPS_SEC =(GPS_BUF[11]-'0')*10 + (GPS_BUF[11]-'0');  */
        //GPS_HIGH = Get_Double_Number( &GPS_BUF[Get_Comma_Position(9，GPS_BUF)]) ;
        GPGGA = 1;
        return 1;
      }
      return 0;
    }
```

3) GPS 位置信息函数

GPS 位置信息函数代码描述如下：

```
    static int Get_Position( char *s，  Position_Info *p，  int longi)
    {
      char buf[10];
      memcpy(buf，  s，  2+longi);
      buf[2+longi] = 0;
      //p->d = strtoul(buf，  NULL，  10);          //strtoul in ads library is erro
      p->d = StrToUL(buf，  2+longi);
```

```
    //printf("[%d   %s %d]  ",  p->d,  buf,  strtoul(buf,  NULL,  0));
    memcpy(buf,  s+2+longi,  2);
    memcpy(buf+2,  s+5+longi,  4);
    buf[6+longi] = 0;
    //p->c = strtoul(buf,  NULL,  10);
    p->c = StrToUL(buf,  6);
    //printf("[%d  %s]\n",  p->c,  buf);
    //memcpy(buf,  s,  9);
    //buf[9] = 0;
    //printf("Position:%d.%d  %s\n",  p->d,  p->c,  buf);
    return 0;
}
```

4) 将世界时间转换成北京时间

将世界时间转换成北京时间的代码描述如下：

```
void UTC_To_BTC(date_time *GPS)
{
  //如果秒号先出，再出时间数据，则将时间数据加 1 秒
  GPS_SEC++;            //加 1 秒
  if(GPS_SEC>59)
  {
    GPS_SEC=0;
    GPS_MIN++;
    if(GPS_MIN>59)
    {
      GPS_MIN=0;
      GPS_HOUR++;
    }
  }

  GPS_HOUR+=8;          //加 8 小时
  if(GPS_HOUR>23)
  {
    GPS_HOUR-=24;
    GPS_DATE+=1;
    if(GPS_MONTH==2 ||
    GPS_MONTH==4 ||
    GPS_MONTH==6 ||
    GPS_MONTH==9 ||
    GPS_MONTH==11 )
```

```
        {
          if(GPS_DATE>30)
          {
            GPS_DATE=1;
            GPS_MONTH++;
          }
        }
        else
        {
          if(GPS_DATE>31)
          {
            GPS_DATE=1;
            GPS_MONTH++;
          }
        }

        if(GPS_YEAR % 4 == 0 )
        {
          if(GPS_DATE > 29 && GPS_MONTH ==2)
          {
            GPS_DATE=1;
            GPS_MONTH++;
          }
        }
        else
        {
          if(GPS_DATE>28 &&GPS_MONTH ==2)
          {
            GPS_DATE=1;
            GPS_MONTH++;
          }
        }

        if(GPS_MONTH>12)
        {
          GPS_MONTH-=12;
          GPS_YEAR++;
        }
      }
    }
```

6.6 小　　结

串口设备驱动的编写主要是围绕 s3c24xx_serial_ops 这个结构体的成员函数实现展开的，需要实现模块的加载、模块卸载、串口的初始化、数据的收发、串口线路设置。完成了这些函数的编写，一个较为完整的串行驱动就算完成了，本章结合 S3C2440 串口的代码分析，使读者对串口驱动有了较深入的理解，再结合串口应用实例，使读者进一步加深了对串口的了解。

第 7 章　S3C2440 SPI 接口驱动及 CAN 协议实现

7.1　S3C2440 SPI 接口及 CAN 总线基础

7.1.1　SPI 接口基础

SPI(Serial Peripheral Interface，串行外设接口)总线系统是一种同步串行外设接口，它可以使 MCU 与各种外围设备通过串行方式进行通信交换信息，如外围设备 FLASH、RAM、网络控制器、LCD 显示驱动器、A/D 转换器和 MCU 等。SPI 总线系统可直接与各个厂家生产的多种标准外围器件直接相连，该接口一般使用 4 条线：串行时钟线(SCK)、主机输入/从机输出数据线 MISO、主机输出/从机输入数据线 MOSI 和低电平有效的从机选择线/SS(有的 SPI 接口芯片带有中断信号线 INT、有的 SPI 接口芯片没有主机输出/从机输入数据线 MOSI)。

SPI 接口是 Motorola 首先在其 MC68HCXX 系列处理器上定义的。SPI 接口主要应用在 EEPROM、Flash、实时时钟、A/D 转换器，还有数字信号处理器和数字信号解码器之间。

SPI 接口在 CPU 和外围低速器件之间进行同步串行数据传输，在主器件的移位脉冲下，数据按位传输，高位在前，低位在后，为全双工通信，总体来说数据传输速度比 I^2C 总线要快，速度可达到几 Mb/s。

SPI 接口是以主从方式工作的，这种模式通常有一个主器件和一个或多个从器件，其接口包括以下四种信号：

(1) MOSI：主器件数据输出，从器件数据输入。

(2) MISO：主器件数据输入，从器件数据输出。

(3) SCK：时钟信号，由主器件产生。

(4) /SS：从器件使能信号，由主器件控制。

在点对点的通信中，SPI 接口不需要进行寻址操作，且为全双工通信，故简单高效。在多个从器件的系统中，每个从器件需要独立的使能信号，硬件上比 I^2C 系统要稍微复杂一些。

S3C2440 包含了两个串行外围设备接口(SPI 口)，每个 SPI 口都有两个分别用于发送和接收的 8 位寄存器，在一次 SPI 通信中数据同步发送(串行移出)和接收(串行移入)。8 位的串行数据的速率由相关的控制寄存器的内容决定。如果只想接收，则接收到的是一些虚拟的数据。另外，如果是只想发送，则发送的数据也可以是一些虚拟的“1”。

S3C2440 SPI 接口特性如下：

支持 2 个通道 SPI；与 SPI 接口协议 V2.11 兼容；8 位用于发送的移位寄存器；8 位用于接收的移位寄存器；8 位预分频逻辑；查询、中断和 DMA 传送模式。

SPI 接口结构图如图 7-1 所示。

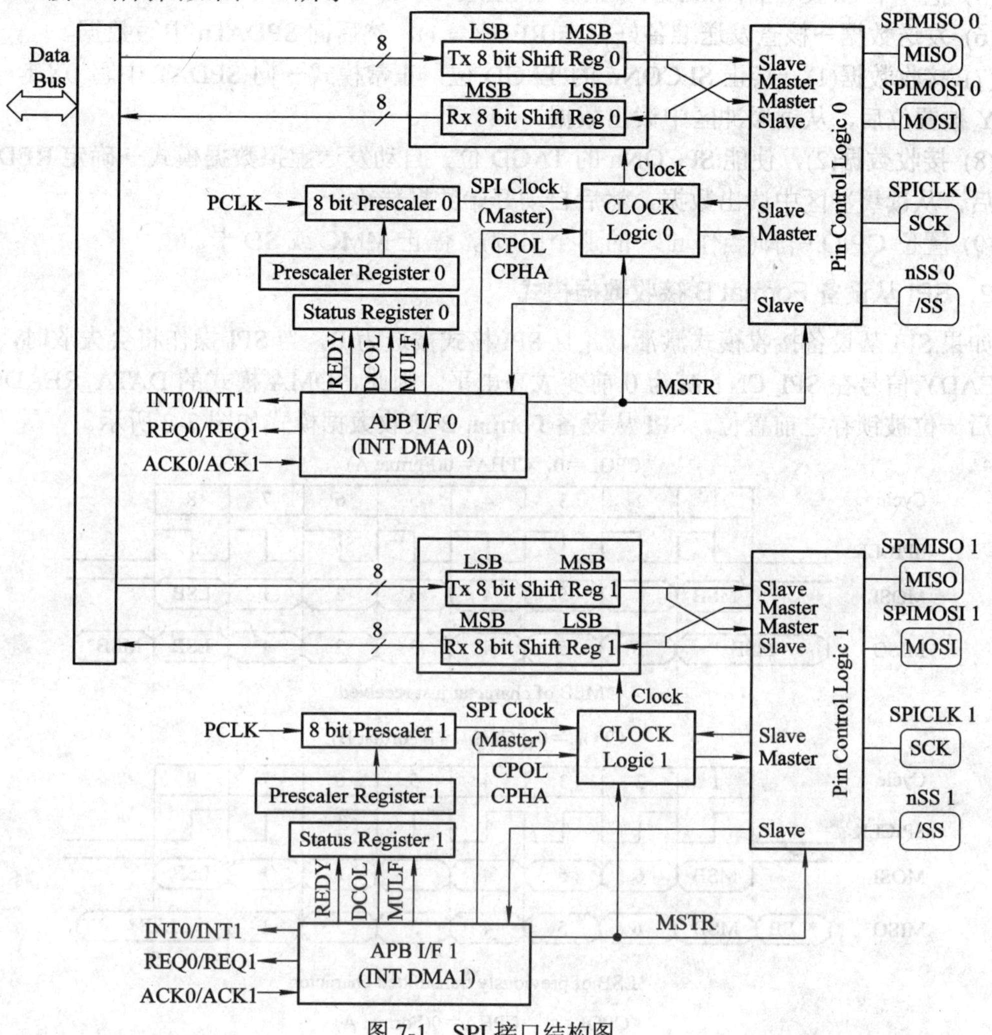

图 7-1　SPI 接口结构图

通过 SPI 接口，S3C2440 可以与外设同时发送/接收 8 位数据。串行时钟线与两条数据线同步，用于移位和数据采样。如果 SPI 是主设备，则数据传输速率由 SPPREn 寄存器的相关寄存器的相关位控制。可以修改频率来调整波特率寄存器的值。如果 SPI 是从设备，由其他的主设备提供时钟，向 SPDATn 寄存器中写入字节数据，SPI 发送/接收操作就会同时启动，某些情况下，nSS 要在向 SPDATn 寄存器中写入数据之前激活。

1．编程步骤

编程步骤如下：

(1) 如果 ENSCK 和 SPCONn 中的 MSTR 位都被置位，向 SPDATn 寄存器写入一个字节的数据，就启动一次发送，也可以使用典型的编程步骤来操作 SPI 卡。

(2) 设置波特率预分频寄存器(SPPREn)。

(3) 设置 SPCONn 配置 SPI 模块。

(4) 向 SPIDATn 中写入 10 次 0xFF 来初始化 MMC 或 SD 卡。

(5) 把一个 GPIO(当作 nSS)清零来激活 MMC 或 SD 卡。

(6) 发送数据→核查发送准备好标志(REDY = 1)，然后向 SPDATn 中写数据。

(7) 接收数据(1)，禁止 SPCONn 的 TAGD 位，正常模式→向 SPDAT 中写 0Xff，确定 REDY 被置位后，从读缓冲区中读出数据。

(8) 接收数据(2)，使能 SPCONn 的 TAGD 位，自动发送虚拟数据模式→确定 REDY 被置位后，从读缓冲区中读出数据，然后自动开始数据传输。

(9) 置位 GPIO 引脚(当作 nSS 的那个引脚)，停止 MMC 或 SD 卡。

2. SPI 从设备 Format B 接收数据模式

如果 SPI 从设备接收模式激活，并且 SPI 格式被选为 B，当 SPI 操作将会失败时，内部的 READY 信号在 SPI_CNT 减为 0 前变成高电平。因此，DMA 模式的 DATA_READ 信号在最后一位被锁存之前置位。SPI 从设备 Format B 接收数据模式如图 7-2 所示。

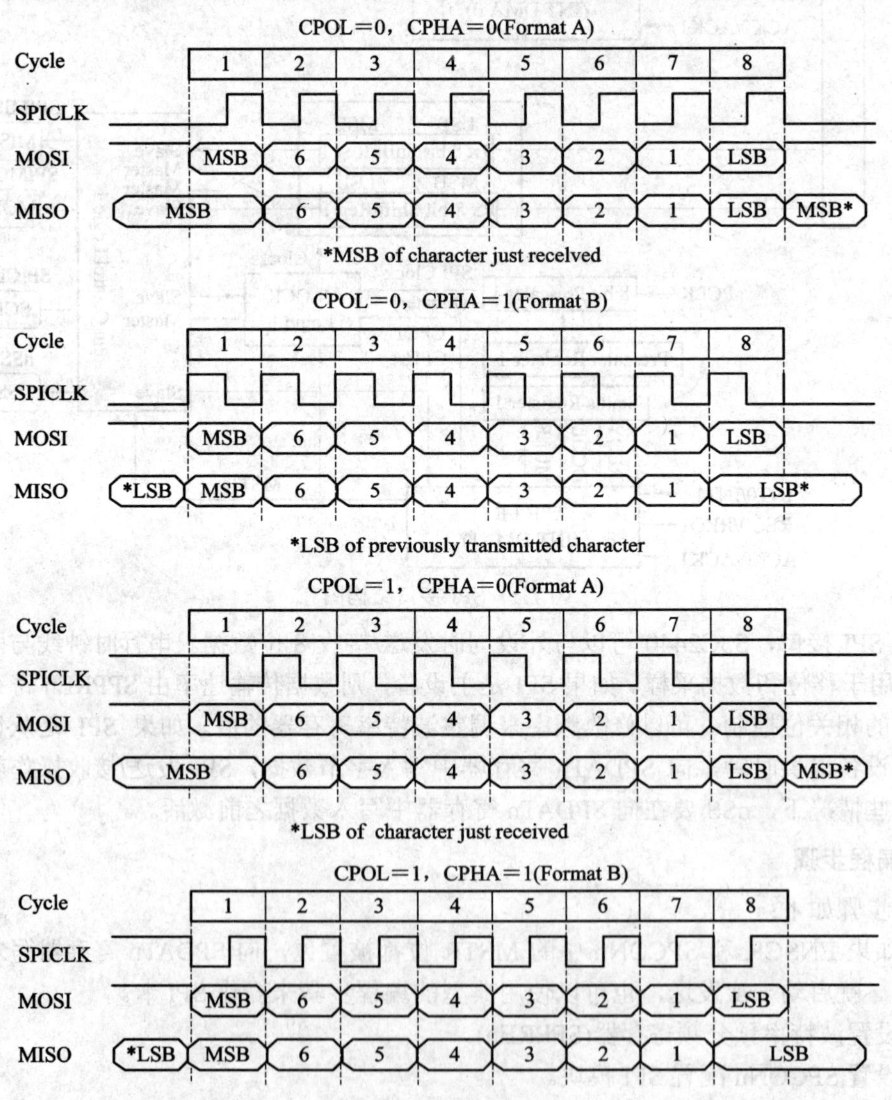

图 7-2　数据传输格式

3. 三种 SPI 通信模式

SPI 通信模式有以下三种：

(1) DMA 模式：该模式不能用于从设备 Format B 格式。

(2) 查询模式：如果接收从设备采用 Format B 格式，则 DATA_READ 信号应该比 SPICLK 延迟一个相位。

(3) 中断模式：如果接收从设备采用 Format B 格式，有 FIR 和 IRQ 两种模式，中断请求的过程采用的模式由中断源决定。

7.1.2 CAN 总线基础

1. CAN 总线基本概念

CAN(Controller Area Network)属于现场总线的范畴，是一种有效支持分布式控制或实时控制的串行通信网络，是 ISO 国际标准化的串行通信协议。在汽车产业中，出于对安全性、舒适性、方便性、低公害、低成本的要求，各种各样的电子控制系统被开发出来。由于这些系统之间通信所用的数据类型及对可靠性的要求不尽相同，由多条总线构成的情况很多，线束的数量也随之增加。为适应减少线束数量，并通过多个 LAN 进行大量数据的高速通信的需要，1986 年德国电气商博世公司开发出面向汽车的 CAN 通信协议。此后，CAN 通过了 ISO 11898 及 ISO 11519，成为汽车网络的标准协议。

现在，CAN 的高性能和可靠性已被认同，并被广泛地应用于工业自动化、船舶、医疗设备、工业设备等方面。现场总线是当今自动化领域技术发展的热点之一，被誉为自动化领域的计算机局域网。它的出现为分布式控制系统实现各节点之间实时、可靠的数据通信提供了强有力的技术支持。

较之目前许多 RS-485 基于 R 线构建的分布式控制系统而言，基于 CAN 总线的分布式控制系统在以下方面具有明显的优越性：

首先，CAN 控制器工作于多主方式，网络中的各节点都可根据总线访问优先权(取决于报文标识符)采用无损结构的逐位仲裁的方式竞争向总线发送数据，且 CAN 协议废除了站的地址编码，而代之以对通信数据进行编码，可使不同的节点同时接收到相同的数据，这些特点使得CAN总线构成的网络各节点之间的数据通信实时性强，并且容易构成冗余结构，提高系统的可靠性和系统的灵活性。而利用 RS-485 只能构成主从式结构系统，通信方式也只能以主站轮询的方式进行，系统的实时性、可靠性较差。

其次，CAN 总线通过 CAN 收发器接口芯片的两个输出端 CANH 和 CANL 与物理总线相连，而 CANH 端的状态只能是高电平或悬浮状态，CANL 端只能是低电平或悬浮状态。这就保证了不会出现像在 RS-485 网络中，当系统有错误，出现多节点同时向总线发送数据时，导致总线呈现短路，从而损坏某些节点的现象。而且 CAN 节点在错误严重的情况下具有自动关闭输出功能，以使总线上其他节点的操作不受影响，从而保证不会出现像在网络中，因个别节点出现问题，使得总线处于“死锁”状态的现象。而且，CAN 具有的完善的通信协议可由 CAN 控制器芯片及其接口芯片来实现，从而大大降低了系统开发难度，缩短了开发周期，这些是仅有电气协议的 RS-485 所无法比拟的。

另外，与其他现场总线比较而言，CAN 总线是一种具有通信速率高、容易实现且性价比高等诸多特点并已形成国际标准的现场总线。这些也是目前 CAN 总线应用于众多领域，具有强劲的市场竞争力的重要原因。

由于 CAN 总线本身的特点，其应用范围目前已不再局限于汽车行业，而向自动控制、航空航天、航海、过程工业、机械工业、纺织机械、农用机械、机器人、数控机床、医疗器械及传感器等领域发展。CAN 已经形成国际标准，并已被公认为几种最有前途的现场总线之一。其典型的应用协议有：SAE J1939/ISO 11783、CANOpen、CANaerospace、DeviceNet、NMEA 2000 等。

CAN 总线通信接口中集成了 CAN 协议的物理层和数据链路层功能，可完成对通信数据的成帧处理，包括位填充、数据块编码、循环冗余检验、优先级判别等项工作。

2. CAN 总线技术基础

1) 位仲裁

要对数据进行实时处理，就必须将数据快速传送，这就要求数据的物理传输通路有较高的速度。在几个站同时需要发送数据时，要求快速地进行总线分配。实时处理通过网络交换的紧急数据有较大的不同。

CAN 总线以报文为单位进行数据传送，报文的优先级结合在 11 位标识符中，具有最低二进制数的标识符有最高的优先级。这种优先级一旦在系统设计时被确立就不能再被更改。总线读取中的冲突可通过位仲裁解决。CAN 具有较高的效率是因为总线仅仅被那些请求总线悬而未决的站利用，这些请求是根据报文在整个系统中的重要性按顺序处理的。这种方法在网络负载较重时有很多优点，因为总线读取的优先级已被按顺序放在每个报文中了，可以保证在实时系统中有较低的个体隐伏时间。

对于主站的可靠性，由于 CAN 协议执行非集中化总线控制，所有主要通信，包括总线读取(许可)控制，在系统中分几次完成。这是实现有较高可靠性的通信系统的唯一方法。

2) CAN 与其他通信方案的比较

在实践中，有两种重要的总线分配方法：按时间表分配和按需要分配。在第一种方法中，不管每个节点是否申请总线，都对每个节点按最大时间分配。由此，总线可被分配给每个站并且是唯一的站，而不论其是立即进行总线存取或在一特定时间进行总线存取。这将保证在总线存取时有明确的总线分配。在第二种方法中，总线按传送数据的基本要求分配给一个站，总线系统按站的希望传送分配(如 Ethernet CSMA/CD)。因此，当多个站同时请求总线存取时，总线将终止所有站的请求，这时将不会有任何一个站获得总线分配。为了分配总线，多于一个总线存取是必要的。

CAN 实现总线分配的方法，可保证当不同的站申请总线存取时，明确地进行总线分配。这种位仲裁的方法可以解决当两个站同时发送数据时产生的碰撞问题。不同于 Ethernet 网络的消息仲裁，CAN 的非破坏性解决总线存取冲突的方法，确保在不传送有用消息时总线不被占用。甚至当总线在重负载情况下，以消息内容为优先的总线存取也被证明是一种有效的系统。虽然总线的传输能力不足，但所有未解决的传输请求都按重要性顺序来处理。在 CSMA/CD 这样的网络中，如 Ethernet，系统往往由于过载而崩溃，而这种情况在 CAN 中不会发生。

3) CAN 的报文格式

在总线中传送的报文，每帧由 7 部分组成。CAN 协议支持两种报文格式，唯一不同的是标识符(ID)长度不同，标准格式为 11 位，扩展格式为 29 位。

在标准格式中，报文的起始位称为帧起始(SOF)，是由 11 位标识符和远程发送请求位(RTR)组成的仲裁场。RTR 位标明是数据帧还是请求帧，在请求帧中没有数据字节。

控制场包括标识符扩展位(IDE)，指出是标准格式还是扩展格式。它还包括一个保留位(ro)，为将来扩展使用。它的最后 4 个字节用来指明数据场中数据的长度(DLC)。数据场范围为 0～8 个字节，其后有一个检测数据错误的循环冗余检查(CRC)。

应答场(ACK)包括应答位和应答分隔符。发送站发送的这两位均为隐性电平(逻辑 1)，这时正确接收报文的接收站发送主控电平(逻辑 0)覆盖它。用这种方法，发送站可以保证网络中至少有一个站能正确地接收到报文。

报文的尾部由帧结束标出。在相邻的两条报文间有一很短的间隔位，如果这时没有站进行总线存取，总线将处于空闲状态。

4) CAN 总线基本特点

CAN 总线的基本特点如下：

- 弃用传统的站地址编码，代之以对通信数据块进行编码，可以多主方式工作；
- 采用非破坏性仲裁技术，当两个节点同时向网络上传送数据时，优先级低的节点主动停止数据发送，而优先级高的节点可不受影响继续传输数据，有效避免了总线冲突；
- 采用短帧结构，每一帧的有效字节数为 8 个，数据传输时间短，受干扰的概率低，重新发送的时间短；
- 每帧数据都有 CRC 校验及其他检错措施，保证了数据传输的高可靠性，适于在高干扰环境下使用；
- 节点在错误严重的情况下，具有自动关闭总线的功能，切断它与总线的联系，可使总线上其他操作不受影响；
- 可以点对点，一对多及广播集中方式传送和接收数据。

7.1.3　SPI 接口 CAN 协议实现硬件电路

MCP2510 是美国微芯科技(MICROCHIP)生产的一款 CAN 总线协议控制器，完全支持 CAN 总线 V2.0A/B 技术规范。该芯片支持 CAN1.2、CAN2.0A、主动和被动 CAN2.0 等版本协议，能够发送、接收和扩展报文。该芯片包含 3 个发送缓冲器和 2 个接收缓冲器，通过标准的 SPI 总线和 S3C2440 的 SPI 接口通信。MCP2510 使用 3.3 V 电压供电，可以直接和 S3C2440 的 SPI 接口相连。

用 S3C2440 的外部中断 EINT8 作为中断引脚，12 MHz 晶振作为输入时钟，MCP2510 内部有振荡电路，用晶振可直接起振，nRX0BF、nRX1BF 作为数字输出，可以点亮 LED，进行程序测试，CLKOUT 引脚作为可编程预分频器的时钟输出引脚，可用于测试。PCA82C250 作为 CAN 总线的接口芯片，完全符合 CAN 总线电平标准。

基于 MCP2510 芯片的 CAN 总线协议控制硬件电路如图 7-3 所示。

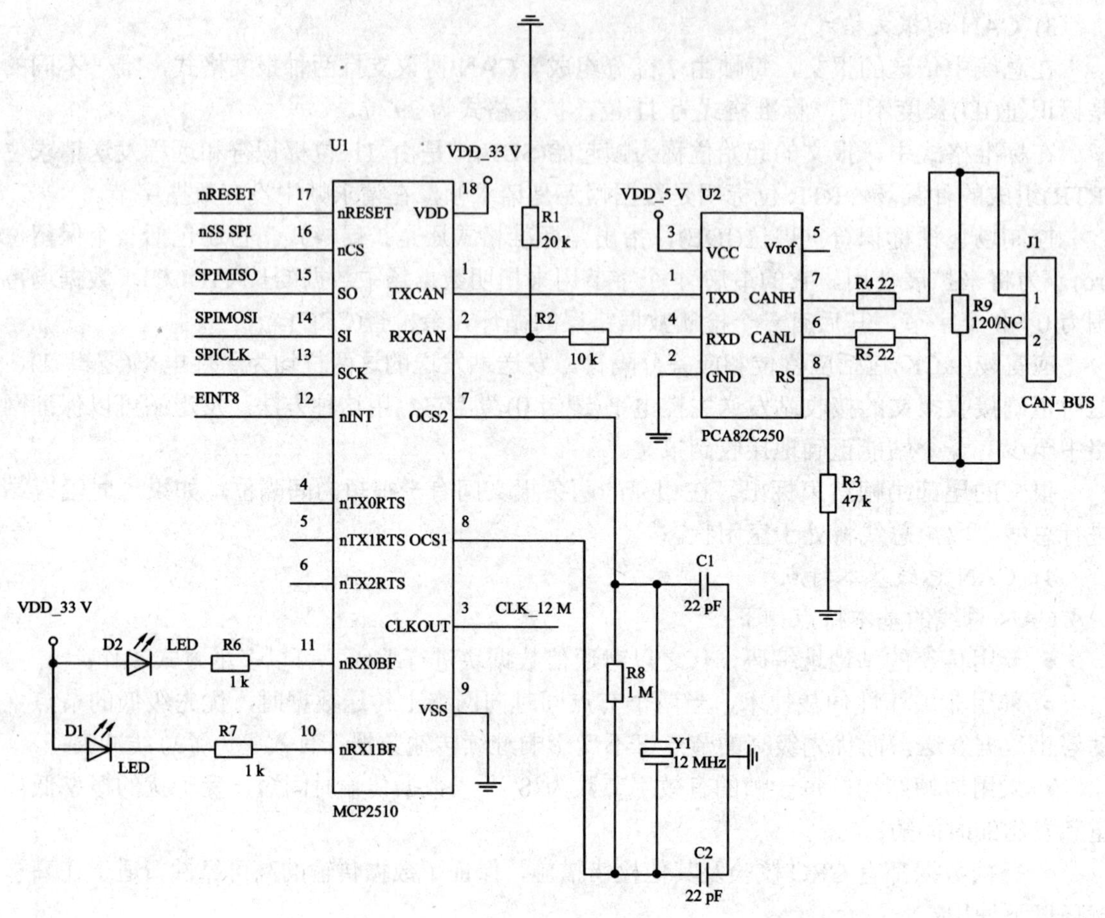

图 7-3　基于 MCP2510 芯片的 CAN 总线协议控制硬件电路

7.2　SPI 寄存器

7.2.1　SPI 寄存器基础(SPCONn)

1. SPI 接口控制寄存器

SPI 接口控制寄存器的各位定义如表 7-1 和表 7-2 所示。

表 7-1　SPI 接口控制寄存器

寄存器	地　址	读/写	描　述	默认值
SPCON0	0x59000000	R/W	SPI 0 通道控制寄存器	0x00
SPCON1	0x59000020	R/W	SPI 1 通道控制寄存器	0x00

表 7-2　SPI 接口控制寄存器位定义

含　义	位	描　　述	初始化状态
SPI 模式选择	[6:5]	SPI 的读/写模式 00=查询模式，01=中断模式，10=DMA 模式，11=保留	00
SCK 运行/禁止	[4]	SCK 允许/禁止位 0=禁止 SCK，1=允许 SCK	0
主/从位选择	[3]	主/从位选择位 0=从设备，1=主设备	0
时钟极性选择	[2]	时钟极性选择位 0=时钟高电平起作用，1=时钟低电平起作用	0
时钟相位选择	[1]	时钟相位选择位 0=格式化 A，1=格式化 B	0
自动发送虚拟数据允许选择	[0]	自动发送虚拟数据允许选择位 0=正常模式，1=自动发送虚拟数据模式	0

2. SPI 状态寄存器(SPSTAn)

SPI 状态寄存器的各位定义如表 7-3 和表 7-4 所示。

表 7-3　SPI 状态寄存器

寄存器	地　址	读/写	描　　述	默认值
SPSTA0	0x59000004	R	SPI 0 状态寄存器	0x01
SPSTA1	0x59000024	R	SPI 1 状态寄存器	0x01

表 7-4　SPI 状态寄存器位定义

含　义	位	描　　述	初始化状态
保留	[7:3]	—	—
数据碰撞错误标志	[2]	数据碰撞错误标志 0=未检测到碰撞，1=检测到碰撞	0
多主设备错误标志	[1]	多主设备错误标志 0=未检测到该错误，1=检测到多主设备错误	0
数据传输完成标志	[0]	数据传输完成标志位 0=未完成，1=完成数据传输	1

3. SPI 引脚控制寄存器(SPPINn)

SPI 引脚控制寄存器的各位定义如表 7-5 和表 7-6 所示。

表 7-5　SPI 引脚控制寄存器

寄存器	地　址	读/写	描　　述	默认值
SPPIN0	0x59000008	R/W	SPI 0 引脚控制寄存器	0x00
SPPIN1	0x59000028	R/W	SPI 1 引脚控制寄存器	0x00

表 7-6　SPI 引脚控制寄存器位定义

含　义	位	描　述	初始化状态
保留	[7:3]		
多主设备检测使能标志	[2]	多主设备检测使能(ENMUL) 0=禁止该功能，1=运行该功能	0
保留	[1]	保留	0
主设备发送后继续还是释放	[0]	0=释放，1=继续驱动	0

SPIMISO 和 SPIMOSI 数据引脚用于发送或者接收串行数据，如果 SPI 口被配置为主设备，SPIMISO 就是主设备的数据输入线，那么这些引脚的功能就正好相反。在一个多主设备的系统中 SPICLK、SPIMOSI、SPIMISO 都是一组一组单独配置的。

4. SPI 波特率预分频寄存器(SPIPREn)

SPI 波特率预分频寄存器的各位定义如表 7-7 和表 7-8 所示。

表 7-7　SPI 波特率预分频寄存器

寄存器	地　址	读/写	描　述	默认值
SPIPRE 0	0x5900000C	R/W	SPI 0 波特率预分频寄存器	0x00
SPIPRE 1	0x5900002C	R/W	SPI 1 波特率预分频寄存器	0x00

表 7-8　SPI 波特率预分频寄存器位定义

含　义	位	描　述	初始化状态
预分频值	[7:0]	预分频值，可以通过预分频值来计算波特率	0x00

5. SPI 发送数据寄存器(SPTDATEn)

SPI 发送数据寄存器的各位定义如表 7-9 和表 7-10 所示。

表 7-9　SPI 发送数据寄存器

寄存器	地　址	读/写	描　述	默认值
SPTDATE 0	0x59000010	R/W	SPI 0 发送数据寄存器	0x00
SPTDATE 1	0x59000030	R/W	SPI 1 发送数据寄存器	0x00

表 7-10　SPI 发送数据寄存器位定义

含　义	位	描　述	初始化状态
发送数据	[7:0]	SPI 发送数据	0x00

6. SPI 接收数据寄存器(SPRDATEn)

SPI 接收数据寄存器的各位定义如表 7-11 和表 7-12 所示。

表 7-11　SPI 接收数据寄存器

寄存器	地　址	读/写	描　述	默认值
SPRDATE 0	0x59000014	R	SPI 0 接收数据寄存器	0xff
SPRDATE 1	0x59000034	R	SPI 1 接收数据寄存器	0xff

表 7-12　SPI 接收数据寄存器位定义

含　义	位	描　述	初始化状态
接收数据	[7:0]	SPI 接收数据	0xFF

7.2.2　SPI 寄存器地址和相关功能

S3C2440SPI 控制器相关寄存器地址及初始值定义如下：

```
#define CHIP_SELECT_nSS0              0xFFFFFFFB
#define CHIP_DESELECT_nSS0            0x00000004
#define SPI_INTERNAL_CLOCK_ENABLE   (1<<18)   //Enable CPU clock to SPI controller

//----- GPIO 配置 Masks -----
#define CLEAR_GPG2_MASK               0xFFFFFFCF
#define ENABLE_GPG2_OUTPUT            0x00000010
#define ENABLE_GPG2_PULLUP            0x0000FFFB

#define ENABLE_SPICLK0                0x08000000
#define ENABLE_SPIMSIO                0x02800000    //SPI 输出和输入
#define DISABLE_SPICLK_SPIMSIO_PULLUP  0x00003800
#define TEST                          0x00003800
#define SPI_MODE_POLLING              0x00000000    //Data transfer modes
#define SPI_MODE_DMA                  0x00000040
#define SPI_MODE_INTERRUPT            0x00000020
#define SPI_CLOCK_ENABLE              0x00000010    //Enable SPI clock (in master mode)
#define SPI_SELECT_MASTER             0x00000008    //Select master mode
#define SPI_CLOCK_POLARITY_HIGH   0x00000000 //Determines active clock type (high or low)
#define SPI_CLOCK_POLARITY_LOW        0x00000004
#define SPI_CLOCK_PHASE_FORMAT_A      0x00000000    //Determines transfer format(A or B)
#define SPI_CLOCK_PHASE_FORMAT_B      0x00000002
#define SPI_TX_AUTO_GARBAGE           0x00000001    //Used when only receiving data
#define SPI_DATA_COLLISION            0x00000004 //Indicates I/O timing error(see datasheet)
#define SPI_MULTI_MASTER_ERROR        0x00000002
                    //Indicates both sender/reciever configured as Master
#define SPI_TRANSFER_READY 0x00000001   //Indicates SPI is ready to transfer/receive
#define SPI_MULTI_MASTER_ERROR_ENABLE 0x00000006
                    //Enables checking for multi-master error
#define SPI_MASTER_OUT_KEEP 0x00000003 //Determines MOSI drive or release(see datasheet)

#define CLK_RATE_FULL         0x00          //Full Master clock
#define CLK_RATE_HALF         0x01          //1/2 Master clock
```

```
#define CLK_RATE_FOUR       0x02    //1/4 Master clock
#define CLK_RATE_EIGHT      0x03    //1/8 Master clock
#define CLK_RATE_SIXTEEN    0x04    //1/16 Master clock
#define CLK_RATE_THIRTY2    0x05    //1/32 Master clock
#define CLK_RATE_SIXTY4     0x06    //1/64 Master clock
#define CLK_RATE_SLOW       0x07
```

7.3 SPI 接口 CAN 协议驱动函数分析

基于 SPI 接口的 CAN 总线协议控制驱动程序结构如图 7-4 所示。

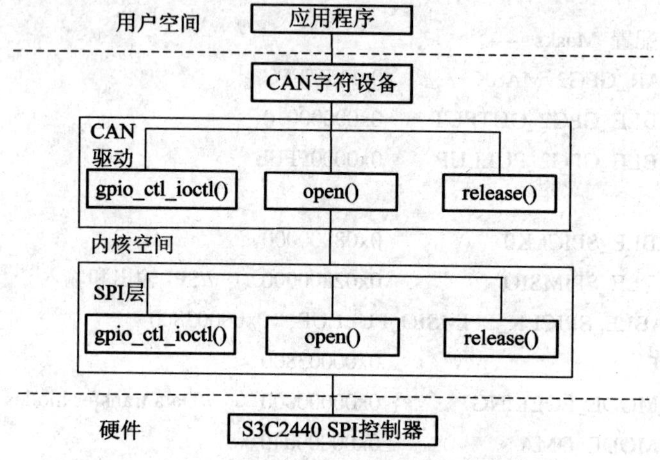

图 7-4　SPI 接口 CAN 协议驱动架构

7.3.1 SPI 接口 CAN 协议驱动数据结构与相关变量

1. MCP_device 结构体

MCP_device 描述了 CAN 驱动相关属性，代码描述如下：

```
struct MCP_device
{
    volatile unsigned long RecvBuf;
    volatile unsigned long RecvHead;
    volatile unsigned long RecvTail;
    volatile unsigned long RecvNum;


    wait_queue_head_t inq;      //or use as a global variable


    struct semaphore sem;       //semaphore used for mutex


    unsigned int        IrqNum;
```

```
    unsigned int          MinorNum; /*device minor number*/
    unsigned int          BaudRate;

    unsigned char         *SendBuf;
    unsigned int          SendNum;
    volatile unsigned long SendHead;
    volatile unsigned long SendTail;
};
```

2. 驱动文件操作遍历 Fops

Fops 主要完成对 CAN 驱动的字符类型驱动的上层调用操作，代码描述如下：

```
struct file_operations Fops =
{
    .open = device_open,              //open
    .release = device_release,        //release
    .read = device_read,
    .write = device_write
};
```

7.3.2　驱动程序结构与主要函数

1. 模块初始化函数 mcpcan_init_module

mcpcan_init_module 函数主要完成 CAN 驱动的注册，代码描述如下：

```
static int_init mcpcan_init_module(void)
{
    int res;
    res = register_chrdev(MCP_major, "MCPCAN", &Fops);
    if(res < 0)
    {
        printk("device register failed with %d.\n", res);
        return res;
    }

    if(MCP_major == 0) MCP_major = res;

    MCP_device_init();

    //map spi regs for spi.c
    spcon0=ioremap(0x59000000, 4);
    spsta0=ioremap(0x59000004, 4);
```

```
    sppin0=ioremap(0x59000008，4);
    sppre0=ioremap(0x5900000c，4);
    sptdat0=ioremap(0x59000010，4);
    sprdat0= ioremap(0x59000014，4);

    spcon1=ioremap(0x59000020，4);
    spsta1=ioremap(0x59000024，4);
    sppin1=ioremap(0x59000028，4);
    sppre1=ioremap(0x5900002c，4);
    sptdat1=ioremap(0x59000030，4);
    sprdat1=ioremap(0x59000034，4);

    return 0;
}
```

2. 驱动卸载函数 mcpcan_cleanup_module

mcpcan_cleanup_module 函数主要完成驱动的卸载，代码描述如下：

```
static void_exit mcpcan_cleanup_module(void)
{
    int i;
    unregister_chrdev(MCP_major，"MCPCAN");
    for(i=0；i<2；i++)
    {
        kfree((void *)Device[i]->RecvBuf);
        kfree(Device[i]->SendBuf);
        kfree(Device[i]);
    }
}
```

3. 驱动设置初始化函数 MCP_device_init

MCP_device_init 函数主要用来对 struct MCP_device 进行初始化，代码描述如下：

```
static int MCP_device_init(void)
{
    int res，i;
    //printk(KERN_ERR "hello，enter %s\n"，__FUNCTION__);
    for(i=0；i<MCP_NUM；i++)
    {
        Device[i] = kmalloc(sizeof(struct MCP_device)，GFP_KERNEL);    //malloc the device struct
        if(Device[i] == NULL)
        {
```

```
        printk(KERN_ALERT"allocate device memory failed.\n");
        return(-ENOMEM);
    }
    memset((char *)Device[i], 0, sizeof(struct MCP_device));

    //Device[i]->RecvBuf=(unsigned char *)get_free_page(GFP_KERNEL); //malloc the recv buffer
    Device[i]->RecvBuf=(unsigned long)kmalloc(sizeof(struct MCP_device) * 100, GFP_KERNEL);
                                                    //malloc the recv buffer
    if(Device[i]->RecvBuf == 0)
    {
        printk(KERN_ALERT"allocate Recv memory failed.\n");
        return(-ENOMEM);
    }
    memset((char *)Device[i]->RecvBuf, 0, sizeof(struct MCP_device) * 100);

    Device[i]->RecvHead=Device[i]->RecvBuf;
    Device[i]->RecvTail=Device[i]->RecvBuf;
    Device[i]->RecvNum=0;
    //Device[i]->RecvQueue=NULL;

    //Device[i]->SendBuf=(unsigned char *)get_free_page(GFP_KERNEL);
    //malloc the send buffer
    Device[i]->SendBuf = kmalloc(sizeof(struct MCP_device) * 100, GFP_KERNEL);
                                                    //malloc the send buffer
    if(Device[i]->SendBuf == NULL)
    {
        printk(KERN_ALERT"allocate Send memory failed.\n");
        return(-ENOMEM);
    }
    memset((char *)Device[i]->SendBuf, 0, sizeof(struct MCP_device) * 100);

    Device[i]->MinorNum = i;
    //Device[i]->FrameMode = 1;
    Device[i]->IrqNum = MCP_irq[i];
    //Device[i]->BaudRate = MCP_baudrate[i];
    init_waitqueue_head(&(Device[i]->inq));
    //init_waitqueue_head(&(Device[i]->outq));
    init_MUTEX(&(Device[i]->sem));
}
```

```
    return 0;
}
```

4. 寄存器初始化函数 MCP2510_Init

MCP2510_Init 函数用来调用 SPI 接口的相关函数，完成 2510 的初始化，代码描述如下：

```
void MCP2510_Init(int MinorNum )
{
    SPI_Init( );
    /*复位控制器*/
    CAN_SPI_CMD(SPI_CMD_RESET, ARG_UNUSED, ARG_UNUSED, ARG_UNUSED);
    CAN_SPI_CMD(SPI_CMD_BITMOD, TOLONG(&(MCP2510_MAP->CANCTRL)),
                0xe0, 0x80);                //CONFIG MODE

    //直到进入配置模式
    while((CAN_SPI_CMD(SPI_CMD_READ, TOLONG(&(MCP2510_MAP->
        CANSTAT)), ARG_UNUSED, ARG_UNUSED)>>5)!=0x04);

    //开始配置
    CAN_SPI_CMD(SPI_CMD_WRITE, TOLONG(&(MCP2510_MAP->BFPCTRL)),
                BFPCTRL_INIT_VAL, ARG_UNUSED);
    CAN_SPI_CMD(SPI_CMD_WRITE, TOLONG(&(MCP2510_MAP->TXRTSCTRL)),
                TXRTSCTRL_INIT_VAL, ARG_UNUSED);
    CAN_SPI_CMD(SPI_CMD_WRITE, TOLONG(&(MCP2510_MAP->CNF3)),
                CNF3_INIT_VAL, ARG_UNUSED);
    CAN_SPI_CMD(SPI_CMD_WRITE, TOLONG(&(MCP2510_MAP->CNF2)),
                CNF2_INIT_VAL, ARG_UNUSED);
    CAN_SPI_CMD(SPI_CMD_WRITE, TOLONG(&(MCP2510_MAP->CNF1)),
                CNF1_INIT_VAL, ARG_UNUSED);
    CAN_SPI_CMD(SPI_CMD_WRITE, TOLONG(&(MCP2510_MAP->CANINTE)),
                CANINTE_INIT_VAL, ARG_UNUSED);
    CAN_SPI_CMD(SPI_CMD_WRITE, TOLONG(&(MCP2510_MAP->CANINTF)),
                CANINTF_INIT_VAL, ARG_UNUSED);
    CAN_SPI_CMD(SPI_CMD_WRITE, TOLONG(&(MCP2510_MAP->EFLG)),
                EFLG_INIT_VAL, ARG_UNUSED);
    CAN_SPI_CMD(SPI_CMD_WRITE, TOLONG(&(MCP2510_MAP->TXB0CTRL)),
                TXBnCTRL_INIT_VAL, ARG_UNUSED);
    CAN_SPI_CMD(SPI_CMD_WRITE, TOLONG(&(MCP2510_MAP->TXB1CTRL)),
                TXBnCTRL_INIT_VAL, ARG_UNUSED);
    CAN_SPI_CMD(SPI_CMD_WRITE, TOLONG(&(MCP2510_MAP->TXB2CTRL)),
```

```
                TXBnCTRL_INIT_VAL, ARG_UNUSED);
    CAN_SPI_CMD(SPI_CMD_WRITE, TOLONG(&(MCP2510_MAP->RXB0CTRL)),
                RXB1CTRL_INIT_VAL, ARG_UNUSED);
    CAN_SPI_CMD(SPI_CMD_WRITE, TOLONG(&(MCP2510_MAP->RXB1CTRL)),
                RXB1CTRL_INIT_VAL, ARG_UNUSED);

    //切换到一般模式和 loopback 模式
    CAN_SPI_CMD(SPI_CMD_BITMOD, TOLONG(&(MCP2510_MAP->CANCTRL)),
                0xe0, 0x40); while!
    CAN_SPI_CMD(SPI_CMD_BITMOD, TOLONG(&(MCP2510_MAP->CANCTRL)),
                0xe0, 0x00);
    CAN_SPI_CMD(SPI_CMD_READ, TOLONG(&(MCP2510_MAP->CANSTAT)),
                ARG_UNUSED, ARG_UNUSED);
}
```

5. 2510 数据发送函数 MCP2510_TX

MCP2510_TX 函数主要完成 2510 的数据发送，代码描述如下：

```
oid MCP2510_TX( int TxBuf, int IdType, unsigned int id, int DataLen, char * data)
{
    int i, offset;
    switch(TxBuf)
    {
      case TXBUF0:
        offset = 0;
        break;
      case TXBUF1:
        offset = 0x10;
        break;
      case TXBUF2:
        offset = 0x20;
        break;
    }

    /*设置帧定义*/
    if( IdType==STANDID )
    {
      //printk(KERN_ERR "STANDID, line %d passed!\n", __LINE__);
      CAN_SPI_CMD(SPI_CMD_WRITE, TOLONG(&(MCP2510_MAP->TXB0SIDL))+offset,
                  (id&0x7)<<5, ARG_UNUSED);
```

```
        CAN_SPI_CMD(SPI_CMD_WRITE, TOLONG(&(MCP2510_MAP->TXB0SIDH))+offset,
                (id>>3)&0xff, ARG_UNUSED);
    }
    else if( IdType==EXTID )
    {
        //printk(KERN_ERR "EXTID, line %d passed!\n", _LINE_);
        CAN_SPI_CMD(SPI_CMD_WRITE, TOLONG(&(MCP2510_MAP->TXB0EID0))+offset,
                id&0xff, ARG_UNUSED);
        CAN_SPI_CMD(SPI_CMD_WRITE, TOLONG(&(MCP2510_MAP->TXB0EID8))+offset,
                (id>>8)&0xff, ARG_UNUSED );
        CAN_SPI_CMD(SPI_CMD_WRITE, TOLONG(&(MCP2510_MAP->TXB0SIDL)),
                ((id>>16)&0x3)|0x08, ARG_UNUSED);
    }
    /*设置数据长度*/
    CAN_SPI_CMD(SPI_CMD_WRITE, TOLONG(&(MCP2510_MAP-> TXB0DLC))
                +offset, DataLen, ARG_UNUSED);
    // fill the data
    if( DataLen>8)
        DataLen = 8;
    for( i=0;  i<DataLen;  i++ )
    {
        CAN_SPI_CMD(SPI_CMD_WRITE, TOLONG(&(MCP2510_MAP->TXB0D0))
                +offset+i, data[i], ARG_UNUSED);
    }

    /*初始化传输*/
    i = 0;
    while(CAN_SPI_CMD(SPI_CMD_READ, TOLONG(&(MCP2510_MAP->TXB0CTRL))+offset,
            ARG_UNUSED, ARG_UNUSED)&0x08)
    {
        i++;
        if(i == 1000)printk("Please connect the CAN PORT with wire.");
    }
    CAN_SPI_CMD(SPI_CMD_BITMOD, TOLONG(&(MCP2510_MAP->
                TXB0CTRL))+offset, 0x08, 0x08);
}
```

6. CAN 数据接收函数

MCP2510_RX 函数主要完成 CAN 的数据接收，代码描述如下：

```
void MCP2510_RX( int RxBuf, int *IdType, unsigned int *id, int *DataLen, char *data )
{
  unsigned int flag;
  int offset,  i;
  //printk(KERN_ERR "hello, enter %s\n", FUNCTION__);
  switch( RxBuf )
  {
    case RXBUF0:
        flag = 0x1;
        offset = 0x00;
        break;
    case RXBUF1:
        flag = 0x2;
        offset = 0x10;
        break;
  }
  /*等待数据帧的到来*/
  while(!(CAN_SPI_CMD( SPI_CMD_READ, TOLONG(&(MCP2510_MAP->CANINTF)),
       ARG_UNUSED, ARG_UNUSED )&flag));
  /*得到标志*/
  if(CAN_SPI_CMD(SPI_CMD_READ, TOLONG(&(MCP2510_MAP->RXB0SIDL))+offset,
    ARG_UNUSED, ARG_UNUSED)&0x08)
  {
    // Extended identifier
    if(IdType)
      *IdType = EXTID;
    if(id)
    {
      *id=(CAN_SPI_CMD(SPI_CMD_READ, TOLONG(&(MCP2510_MAP-> RXB0SIDL))+offset,
           ARG_UNUSED, ARG_UNUSED)&0x3)<<16;
      *id|=(CAN_SPI_CMD(SPI_CMD_READ, TOLONG(&(MCP2510_MAP-> RXB0EID8))+offset,
           ARG_UNUSED, ARG_UNUSED))<<8;
      *id|=(CAN_SPI_CMD(SPI_CMD_READ, TOLONG(&(MCP2510_MAP->RXB0EID0))+offset,
           ARG_UNUSED, ARG_UNUSED));
    }
  }
  else
  {
    //Standard identifier
```

```
    if(IdType)
        *IdType = STANDID;
    if(id)
    {
        *id=(CAN_SPI_CMD(SPI_CMD_READ, TOLONG(&(MCP2510_MAP->
                RXB0SIDH))+offset, ARG_UNUSED, ARG_UNUSED))<<3;
        *id|=(CAN_SPI_CMD(SPI_CMD_READ, TOLONG(&(MCP2510_MAP->
                RXB0SIDL))+offset, ARG_UNUSED, ARG_UNUSED))>>5;
    }
  }
  /*得到数据帧的长度*/
  if( DataLen )
    *DataLen=(CAN_SPI_CMD(SPI_CMD_READ, TOLONG(&(MCP2510_MAP->
                RXB0DLC))+offset, ARG_UNUSED, ARG_UNUSED)&0xf);
  /*得到数据*/
  for( i=0; DataLen&&(i<*DataLen)&&data; i++)
  {
    data[i] = CAN_SPI_CMD(SPI_CMD_READ, TOLONG(&(MCP2510_MAP->
                            RXB0D0))+offset+i, ARG_UNUSED, ARG_UNUSED);
  }
  //clear the receive int flag
  CAN_SPI_CMD(SPI_CMD_BITMOD, TOLONG(&(MCP2510_MAP->CANINTF)), flag, 0x00);
}
```

7. CAN 中断处理函数 mcpcan0_handler

mcpcan0_handler()函数主要完成 CAN 总线的中断处理，代码描述如下：

```
static irqreturn_t mcpcan0_handler(int irq, void *dev_id, struct pt_regs *reg)
{
  struct MCP_device *dev = dev_id;
  struct mcpcan_data datagram;
  int written;
  char regvalue,   regvalue2;
  //struct mcpcan_data *datagramptr;
  //printk(KERN_ERR"hello, finally enter%s!!!!!!!!!!!!!!!!!!!!!!!!!\n", __FUNCTION__);
  //printk(KERN_ERR "\rextern irq 8 handled\n");

  regvalue = CAN_SPI_CMD(SPI_CMD_READ, TOLONG(&(MCP2510_MAP-> CANINTE)),
                         ARG_UNUSED, ARG_UNUSED);
  //printk("CANINTE = 0x%02x\n", regvalue);
```

```
regvalue = CAN_SPI_CMD(SPI_CMD_READ，TOLONG(&(MCP2510_MAP-> CANINTF)),
                       ARG_UNUSED，ARG_UNUSED);
//printk("CANINTF = 0x%02x\n"，regvalue);

if(regvalue & 0x01)
{
  datagram.BufNo = RXBUF0;
  MCP2510_RX(datagram.BufNo，&(datagram.IdType)，&(datagram.id),
           &(datagram.DataLen)，datagram.data);
  //printk("RXBUF0\n");

  //printk("datagram.BufNo = %d\n"，datagram.BufNo);
  //printk("datagram.IdType = %d\n"，datagram.IdType);
  //printk("datagram.id = %d\n"，datagram.id);
  //printk("datagram.DataLen = %d\n"，datagram.DataLen);
  //printk("datagram.data = %s\n"，datagram.data);

  /* Write a 16 byte record. Assume BUF_SIZE is a multiple of 16 */
  memcpy((void *)dev->RecvHead，&datagram，sizeof(struct mcpcan_data));
  //datagramptr = (struct mcpcan_data *)dev->RecvHead;
  //printk("RecvHead->BufNo = %d\n"，datagramptr->BufNo);
  //printk("RecvHead->IdType = %d\n"，datagramptr->IdType);
  //printk("RecvHead->id = %d\n"，datagramptr->id);
  //printk("RecvHead->DataLen = %d\n"，datagramptr->DataLen);
  //printk("RecvHead->data = %s\n"，datagramptr->data);

  incr_buffer_pointer(&(dev->RecvHead)，sizeof(struct mcpcan_data)，dev->MinorNum);
  wake_up_interruptible(&(dev->inq));    /* awake any reading process */
 CAN_SPI_CMD(SPI_CMD_BITMOD，TOLONG(&(MCP2510_MAP->CANINTF))，0x01，0x00);
                                    //in fact already clear interrupt bit in RX
}
if(regvalue & 0x02)
{
  datagram.BufNo = RXBUF1;

  //this function should be rewritten to receive datagram from RXB1??????????????????
  MCP2510_RX(datagram.BufNo，&(datagram.IdType)，&(datagram.id),
           &(datagram.DataLen)，datagram.data );
  //printk("RXBUF1\n");
```

```
    /* Write a 16 byte record. Assume BUF_SIZE is a multiple of 16 */
    memcpy((void *)dev->RecvHead, &datagram, sizeof(struct mcpcan_data));

    incr_buffer_pointer(&(dev->RecvHead), sizeof(struct mcpcan_data), dev->MinorNum);
    wake_up_interruptible(&dev->inq);    /* awake any reading process */
    CAN_SPI_CMD(SPI_CMD_BITMOD, TOLONG(&(MCP2510_MAP->CANINTF)),
                0x02, 0x00);         //in fact already clear interrupt bit in RX
}

if(regvalue & 0xe0)
{
    printk("CAN error with CANINTF = 0x%02x.\n", regvalue);
    if(regvalue & 0x80)printk("MERRF:message error.\n");
    if(regvalue & 0x40)printk("WAKIF:wake up interrupt.\n");
    if(regvalue & 0x20)printk("ERRIF:CAN bus error interrupt.\n");

    regvalue2 = CAN_SPI_CMD(SPI_CMD_READ, TOLONG(&(MCP2510_MAP->EFLG)),
                        ARG_UNUSED, ARG_UNUSED);
    printk("EFLG = 0x%02x.\n", regvalue2);
      regvalue2=CAN_SPI_CMD(SPI_CMD_READ, TOLONG(& (MCP2510_MAP->TEC)),
                        ARG_UNUSED, ARG_UNUSED);
      printk("TEC = 0x%02x.\n", regvalue2);
      regvalue2=CAN_SPI_CMD(SPI_CMD_READ, TOLONG(&(MCP2510_MAP->REC)),
                        ARG_UNUSED, ARG_UNUSED );
      printk("REC = 0x%02x.\n", regvalue2);
     CAN_SPI_CMD(SPI_CMD_BITMOD,TOLONG(&(MCP2510_MAP->CANINTF)),0xe0,0x00);
}

if(CAN_SPI_CMD(SPI_CMD_READ, TOLONG(&(MCP2510_MAP->CANINTF)),
            ARG_UNUSED, ARG_UNUSED)&0x1c)
{   //didn't open the 3 send interrupts
    CAN_SPI_CMD(SPI_CMD_BITMOD, TOLONG(&(MCP2510_MAP->CANINTF)),
                0x1c, 0x00);   //clear TX bits directly(it will set 1, but no int)
}

regvalue = CAN_SPI_CMD(SPI_CMD_READ, TOLONG(&(MCP2510_MAP->CANINTF)),
                    ARG_UNUSED, ARG_UNUSED );
//printk("after interrupt processing, CANINTF = 0x%02x\n", regvalue);
```

```
    return IRQ_HANDLED;  //fla
}
```

8. SPI 接口处理函数 CAN_SPI_CMD

CAN_SPI_CMD 函数主要完成基于 SPI 接口 MCP2510 数据的发送和接收，代码描述如下：

```
unsigned char CAN_SPI_CMD( unsigned char cmd, unsigned long addr, unsigned char arg1,
                           unsigned char arg2 )
{
    unsigned char ret=0;
    unsigned char data=0;

    //Empty the spi's transfer and receive buffer
    //SPI_TXFlush( CAN_SPI_MODULE );
    //SPI_RXFlush( CAN_SPI_MODULE );

    //StartSPIClock();
    //printk("in CAN_SPI_CMD, line %d passed!\n", __LINE__);
    //*(unsigned int *)rGPGDAT = (*(unsigned int *)rGPGDAT) & CHIP_SELECT_nSS0;
    writel(readl(rGPGDAT)& CHIP_SELECT_nSS0, rGPGDAT);    //set cs:gpg2 to 0
    //printk("in CAN_SPI_CMD, have set cs effect!\n");

    switch( cmd )
    {
      case SPI_CMD_READ:
        //printk("SPI_CMD_READ\n");
        ret = SPI_SendByte(SPI_CMD_READ, &data);
        ret = SPI_SendByte(addr, &data);
        ret = SPI_SendByte(0xff, &data);
        //ret = SPI_ReadByte(&data);                      //fla
        //printk("readed bytedate = %08x\n", data);       //fla
      break;

      case SPI_CMD_WRITE:
        //printk("SPI_CMD_WRITE\n");
        ret = SPI_SendByte(SPI_CMD_WRITE,  &data);
        //printk("send byte return value = %d\n", ret);
        ret = SPI_SendByte(addr,  &data);
        ret = SPI_SendByte(arg1,  &data);
```

```
    break;
    case SPI_CMD_RTS:
      ret = SPI_SendByte(SPI_CMD_RTS, &data);

    break;
    case SPI_CMD_READSTA:

      ret = SPI_SendByte(SPI_CMD_READSTA, &data);
      ret = SPI_SendByte(0xff, &data);

    break;
    case SPI_CMD_BITMOD:
      //printk("SPI_CMD_BITMOD\n");
      ret = SPI_SendByte(SPI_CMD_BITMOD, &data);
      //printk("send byte 1 return value = %d\n", ret);

      ret = SPI_SendByte(addr, &data);
      //printk("send byte 2 return value = %d\n", ret);

      ret = SPI_SendByte(arg1, &data);
      //printk("send byte 3 return value = %d\n", ret);
      ret = SPI_SendByte(arg2, &data);
      //printk("send byte 4 return value = %d\n", ret);

    break;
    case SPI_CMD_RESET:

      printk("SPI_CMD_RESET\n");
      ret = SPI_SendByte(SPI_CMD_RESET, &data);
    break;
    default:
    ret = 0x30;                                  //any value is ok
  }

//*(unsigned int*)rGPGDAT = (*(unsigned int*)rGPGDAT)|CHIP_DESELECT_nSS0;
writel(readl(rGPGDAT)|CHIP_DESELECT_nSS0, rGPGDAT);
//printk("in CAN_SPI_CMD, have set cs noeffect!\n");
//StopSPIClock();
```

```
    //SPI_RXFlush( CAN_SPI_MODULE );
    return data;
}
```

9. 查询发送函数为 SPI_SendByte

SPI_SendByte 函数主要通过查询 SPI 总线的状态发送数据，代码描述如下：

```
BOOL SPI_SendByte(BYTE bData,  BYTE* pData)
{
  if(SPI_WaitTxRxReady()==FALSE) return FALSE;
    writel(bData, sptdat0);
  if(SPI_WaitTxRxReady()==FALSE) return FALSE;
    *pData=readl(sprdat0);
  return TRUE;
}
```

10. 查询接收函数 SPI_ReadByte

SPI_ReadByte()函数主要通过查询方式接收 SPI 数据，代码描述如下：

```
BOOL SPI_ReadByte(BYTE *pData)
{
  BOOL    bRet=TRUE;
  if(SPI_WaitTxRxReady()==FALSE) return FALSE;

    *pData = readl(sprdat0);
  return bRet;
}
```

第 8 章　LCD 设备驱动与应用案例

8.1　LCD 的基本知识

LCD(Liquid Crystal Display)液晶显示屏主要用于显示文本及图像信息，它具有轻薄、体积小、耗电量低、无辐射、平面直角显示及映像稳定不闪烁等特点，因此，在许多电子应用系统中常使用液晶显示屏作为人机界面。

1) 主要类型及性能参数

(1) STN(Super Twisted Nomadic)超扭曲向列液晶显示屏。STN 液晶显示器与液晶材料、光线的干涉现象有关，因此，显示的色调以浅绿色和橘色为主，在 STN 液晶显示器中，使用 X、Y 轴交叉的单纯电极驱动方式，即 X、Y 轴由垂直与水平方向驱动的电极构成。

水平方向驱动电压控制显示部分为亮或暗，垂直方向的电极负责驱动液晶分子显示。STN 液晶显示加上彩色滤光片，并将单色显示矩形中的每一个像素分成 3 个子像素，分别通过彩色滤光片显示红、绿、蓝三原色，也可以显示出色彩，单色液晶显示屏及灰度液晶显示屏都是 STN 液晶显示屏。

(2) TFT(Thin Film Transistor)薄膜晶体管彩色液晶显示屏。随着液晶显示技术的不断发展和进步，TFT 液晶显示屏被广泛制作成计算机中的液晶显示设备。TFT 液晶显示屏既可以用在笔记本上，也用于台式机显示器上。使用液晶显示屏时，主要考虑的参数有外形尺寸、分辨率、点宽、色彩模式等。

2) 驱动与显示

液晶显示屏有专门的驱动电路与显示控制电路，驱动电路包括提供液晶显示屏的驱动电源、液晶分子偏置电压，以及液晶显示的驱动逻辑。显示控制电路由专门的硬件电路组成，也可以采用集成电路(IC)模块，还可以使用处理器的 LCD 控制模块，驱动与显示系统包括 S3C2440 片内外设 LCD 控制器、液晶显示屏的驱动逻辑及外围驱动电路。

8.2　帧　缓　冲

8.2.1　帧缓冲的概念

帧缓冲区是出现在 Linux 2.2.xx 及其之后版本的内核中的一种驱动程序接口，这种接口将显示设备抽象为帧缓冲区设备区。它允许上层应用程序在图形模式下直接对显示缓冲区进行读/写操作。这种操作是抽象的、统一的，用户不必关心物理显存的位置、换页机制等具体细节。这些都由 Framebuffer 设备驱动来完成。帧缓冲设备对应的设备文件为/dev/fb*，如果系统有多个显卡，Linux 下还可支持多个帧缓冲设备，最多可达 32 个，为/dev/fb0～/dev/fb31，而/dev/fb 则为当前缺省的帧缓冲设备，通常指向/dev/fb0。当然在嵌入式系统中支持一个显示设备就够了。在使用 FrameBuffer 时，Linux 是将显卡置于图形模式下的。在应用程序中，一般通过将 FrameBuffer 设备映射到进程地址空间的方式使用。对于帧缓冲来说，可以将其看成是一段内存，用于读/写内存的函数均可对这段地址进行读/写，只不过这段内存被专门放置在 LCD 上显示，其目的就是通过配置 LCD 寄存器在一段指定内存与 LCD 之间建立一个自动传输的通道。这样，任何程序只要修改这段内存中的数据，就可以改变 LCD 上显示的内容。

8.2.2 Linux 缓冲的相关数据结构

1. fb_info 结构

fb_info 数据结构中包含了屏幕、显示器、光标、像素、调色板等结构信息。最为重要的是，它包含有 FrameBuffer 的事件队列和 struct fb_ops*结构体。

2. fb_ops 结构体

帧缓冲设备也属于字符设备(文件设备的一种，还有块设备)，要实现“文件层—驱动层”的接口方式对 LCD 进行驱动，就必须定义一个类似于 File_operations 并可实现文件设备操作的数据结构 fb_ops，然后编写子函数对 fb_ops 的各个域进行填充。

FBI 的成员变量 fb_ops 为指向底层操作的函数的指针，这些函数是需要驱动程序开发人员编写的。

3. fb_vafr_screeninfo 结构体

fb_vafr_screeninfo 记录用户可修改的显示控制器参数，包括屏幕的分辨率和每个像素点的比特数。

4. fb_bitfield 结构体

fb_bitfield 结构体描述每一像素显示缓冲区的组织方式，包含位域偏移、位域长度和 MSB 指示。

5. fb_cmp 结构体

fb_cmp 结构体用于定义帧缓冲设备的颜色映射表，用于用户空间的调用。

6. 文件操作结构体

文件操作结构体的接口函数已经在 fbmem.c 中实现，一般不需要再编写。

8.2.3 帧缓冲的设备驱动程序结构

帧缓冲是 Linux 为图形设备提供的一个抽象接口，它允许上层应用程序在图形模式下直接对显示缓冲区进行读/写操作。这种操作是抽象的、统一的。应用程序不必关心物理显存的位置、换页机制等具体细节。因为这些都是由帧缓冲设备驱动来完成的。帧缓冲设备对应的设备文件通常为/dev/fb031，Linux 的帧缓冲设备的驱动主要基于以下两个文件：

(1) linux/include/linux/fb.h；

(2) linux/drivers/video/fbmem.c。

帧缓冲设备属于字符设备，采用“文件层—驱动层”的接口方式。

帧缓冲设备在驱动层所要做的工作仅仅是 Linux 为帧缓冲的驱动层接口 fb-info 进行初始化，然后调用这两个函数对其注册或注销。帧缓冲设备驱动层接口直接对 LCD 设备硬件进行操作，而 fbmem.c 可以记录和管理多个底层设备驱动。

文件 fbmem.c 定义了帧缓冲设备的文件层接口 file-operations 结构体，该结构体的定义如下：

```
staticstructfile-operationsfb-fops=
{
    owner：THIS-MODULE，
    read：fb-read，              /*读操作*/
    write：fb-write，            /*写操作*/
    ioctl：fb-ioctl，            /*控制操作*/
    mmap：fb-mmap，              /*映射操作*/
    open：fb-open，              /*打开操作*/
    release：fb-release，        /*关闭操作*/
}；
```

在这个结构体中，功能函数 open()和 release()不需要底层的支持，而 read()、write()、mmap()则需要调用 fb-get-fix()、fb-get-var()、fb-set-var()(这些函数位于结构体 fb-info 中指针 fbops 指向的结构体变量中)等与底层 LCD 硬件相关的函数的支持。另一个功能函数是 ioctl()。ioctl()函数是在设备驱动程序中对设备的 I/O 通道进行管理的函数，应用程序应用 ioctl()函数来调用 fb-get-fix()、fb-get-var()、fb-set-var()等来获得和设置结构体 fb-info 中 var、fix 和 cmap 等变量的信息。

8.2.4 帧设备缓冲的驱动模块主要函数

帧设备缓冲的驱动模块主要函数有：

(1) 帧缓冲设备加载与卸载；

(2) 帧缓冲设备的申请与释放；

(3) 帧缓冲设备的 fb_ops 成员函数；

(4) LCD 设备的读/写、mmap 和 ioctl 函数。

8.3 S3C2440 LCD 设备驱动实例

8.3.1 S3C2440 LCD 设备硬件

S3C2440 处理器集成了 LCD 控制器，主要用于传输显示数据和产生控制信号。支持屏幕水平和垂直滚动显示。数据的传递采用 DMA(直接内存访问)方式。已达到最小的延迟，也可以支持多种液晶显示屏，例如 STN LCD、TFT LCD 等。

(1) STN LCD 的特点：

支持 3 种类型的扫描方式，即 4 位单扫描、4 位双扫描和 8 位扫描；

支持单色、4 级灰度和 16 级灰度显示；

支持 256 色和 4096 色彩色的 STN LCD；

支持多种屏幕大小，典型的实际屏幕大小有 640 × 480、320 × 240、160 × 160 和其他尺寸；

最大虚拟屏幕占内存大小为 4 MB，256 色模式下最大虚拟屏幕大小有 4096 × 1024、2048 × 2048、1024 × 4096 和其他尺寸。

(2) TFT LCD 的特点：

支持 1、2、4 或 8 位/像素彩色调色显示；

支持 16 位/像素和 24 位/像素非调色真彩色显示；

支持 24 位/像素模式下，最多支持 1.6×10^7 种显示；

支持多种屏幕大小，典型的实际屏幕大小有 640 × 480、320 × 240、160 × 160 和其他尺寸；

最大虚拟屏幕占内存大小为 4 MB，64 000 色模式下最大虚拟屏幕大小有 2048 × 1024 和其他尺寸。

1．LCD 控制器内部结构

LCD 控制器具有提供液晶显示屏显示数据的传递、时钟和各种信号的产生与控制功能，S3C2440 处理器的 LCD 控制器如图 8-1 所示。

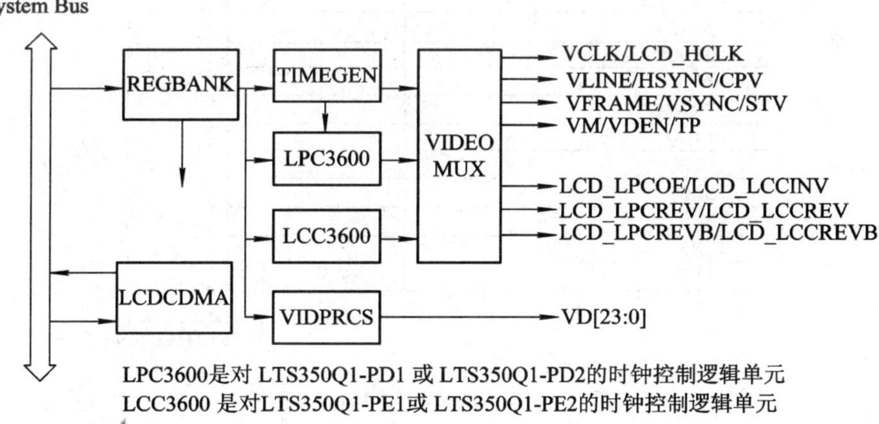

图 8-1　S3C2440 处理器的 LCD 控制器框图

如图 8-2 所示，该 LCD 接口电路利用 S3C2440 内部集成的 LCD 控制器，可直接和大多数 TFT 液晶显示屏直接相连。通过 IIC 总线可以控制液晶显示屏的背光、对比度等。跳线 SW3 可以根据选择液晶的不同选择不同的工作电压。该接口同时将四线电阻式触摸屏接口同时设计在其中。

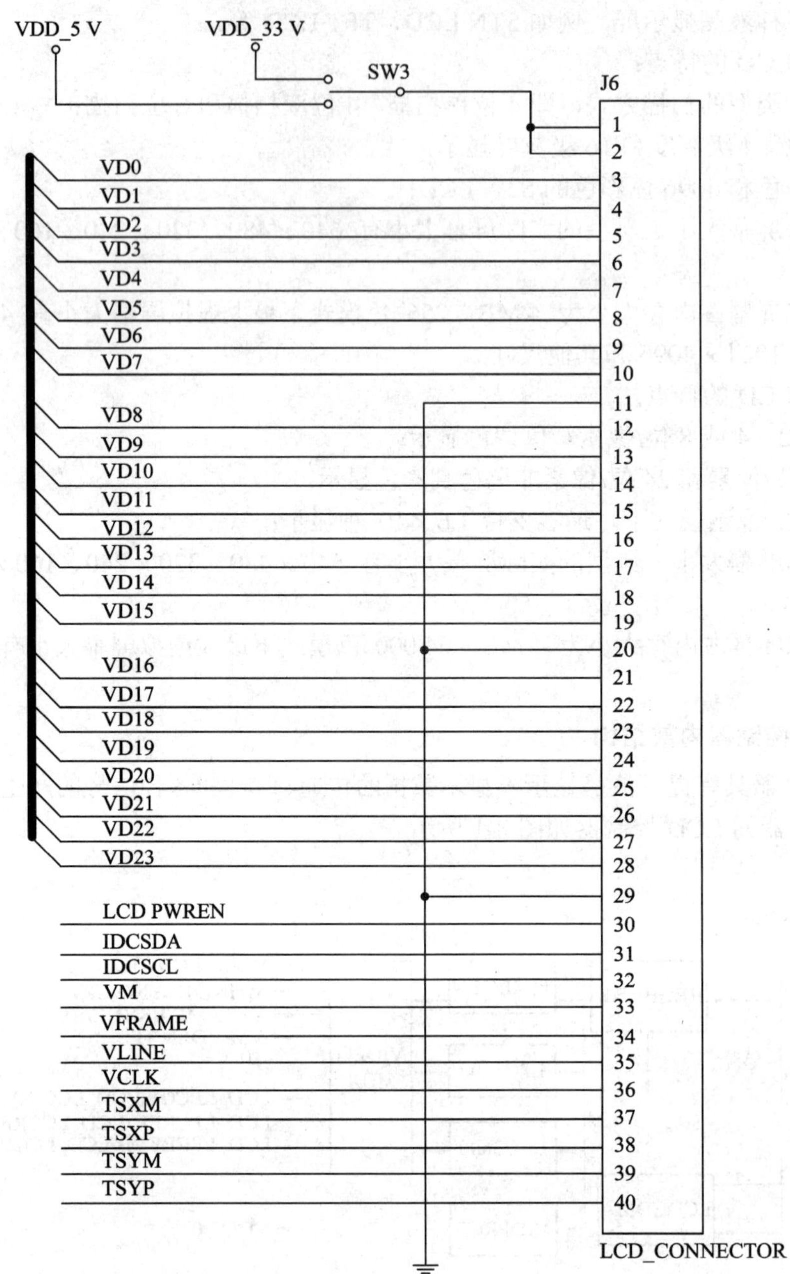

图 8-2　S3C2440 LCD 接口原理图

S3C2440 LCD 控制器用于传输显示数据和产生控制信号，例如 VFRAME、VLINE、VCLK、VM 等，除了控制信号之外，S3C2440 还提供数据端口供显示数据传输，也就是 VD[23:0]。LCD 控制器包含了 REGBANK、LCDCDMA、VIDPRCS、TIMEGEN 和 LPC3600 等控制模块。REGBANK 中有 17 个可编程的寄存器组和 256×16 调色板内存，用于配置 LCD 控制器。LCDCDMA 是一个专用的 DMA，负责将帧缓冲中的显示数据发送到 LCD 驱动器，通过特定的 DMA，显示数据可以不需要 CPU 的干涉，自动地发送到屏幕上。VIDPRCS 将 LCDCDMA 发送的数据转变为合适的格式(例如 4/8 位单扫描或 4 位双扫描显示模式)，之后通过 VD[23:0]发送到 LCD 驱动器，TIMEGEN 包含可以编程的逻辑，用于支持不同的 LCD 驱动器对时序以及速率的要求。VFRAME、VLINE、VCLK、VM 等控制信号是由 TIMEGEN 产生的。在 LCD 控制器的 33 个输出接口中有 24 个用户数据输出，其中 9 个用于控制，如表 8-1 所示。

表 8-1　S3C2440 LCD 控制器输出接口说明

输出接口信号	描　述
VFRAME/VSYNC/STN	帧同步信号/垂直同步信号 VSYNC/VFRAME
VLINE/HSYNC/CPV	行同步信号/水平同步信号 HSYNC/VLINE
VCLK/LCD_HCLK	时钟信号
VD[23:0]	LCD 显示数据输出端口
VM/VDEN./TP	交流控制信号/数据使能信号/SEC TFT 信号
LEND/STH	行结束信号/SEC TFT 信号
LCD_PWREN	LCD 电源使能
LCDVF0	SEC TFT 信号 OE
LCDVF1	SEC TFT 信号 REV
LCDVF2	SEC TFT 信号 REVB

2. TFT LCD 显示

1) LCD 控制器所需的信号

TIMEGEN 产生 LCD 控制器所需的控制信号，例如 VFRAME、VLINE、VCLK 和 VM 等。这些控制信号又与 REGBANK 中的寄存器 LCDCON1～LCDCON5 的设置密切有关。REGBANK 中的寄存器的设置适合于不同种类 LCD 控制器的控制信号。VSYNC 信号用来指示，将 LCD 扫描线的每一屏显示头部。VSYNC、HSYNC 和 VM 交流控制电压信号用于控制像素的亮和灭。VM 信号的频率取决于 LCDCON1 寄存器的 MMODE 位和 LCDCON4 寄存器的 MVAL 域。如果 MMODE 位为 0，则 VM 信号就在每一帧切换一次；如果 MMODE 位为 1，则 VM 信号的切换位置由 MVAL[7:0]确定，即由 LCDCON4[15:8]的值来决定。具体公式为：

$$\text{VM 速率}=\frac{\text{VLINE 速率}}{2\times \text{MVAL}}$$

VFRAME 和 VLINE 的脉冲取决于 LCDCON2/3 寄存器中 HOZVAL 和 LINEVAL 域的配置。HOZVAL 和 LINEVAL 可以由 LCD 的大小和显示模式来确定：

$$\text{HOZVAL}=\frac{\text{水平尺寸}}{\text{VD 数据位}}$$

在色彩模式下：

$$\text{水平尺寸}=3\times\text{水平像素点数}$$

在 4 位单扫描模式和 4 位双扫描模式下，VD 数据位均为 4；而在 8 位单扫描模式下，VD 数据位为 8。

$$\text{LINEVAL}=\text{垂直尺寸}-1 \qquad \text{单扫描模式}$$

$$\text{LINEVAL}=\frac{\text{垂直尺寸}}{2}-1 \qquad \text{双扫描模式}$$

VCLK 取决于 LCDCON1 中 CLKVAL 域(LCDCON1[17:8])的配置，CLKVAL 最小值为 2。

$$VCLK = \frac{HCLK}{CLKVAL \times 2}$$

帧速率取决于 VFRAME 的信号频率。帧速率和 LCDCON1～LCDCON4 寄存器的域 WLH[1:0](VLINE 脉冲宽度)、WDLY[1:0](VLINE 脉冲之后延迟宽度)、HOZVAL、LINEBLANK、LINEVAL、VCLK 以及 HCLK 有密切关系，多数 LCD 控制器都需要按照下面的方法设置适当的帧速率。

$$帧速率 = \frac{1}{\frac{1}{VCLK} \times (HOZVAL+1) + \frac{1}{HCLK} \times [A+B+(LINEBLANK \times 8)] \times (LINEVAL+1)}$$

式中：A = 2(4 + WLH)；B = 2(4 + WDLY)；LINEBLANK 为水平扫描信号 LINE 持续时间；LINEVAL 为显示屏的垂直尺寸。

VCLK 是 LCD 控制器的时钟信号，VCLK 的计算需要先计算数据传送速率，并由此设定一个大于数据传送速率的值为 CLKVAL(LCDCON1[17:8])。

数据传送速率 = 水平尺寸 × 垂直尺寸 × 帧速率 × 模式值(MV)

每一种显示模式的 MV 值如表 8-2 所示。

表 8-2　每一种显示模式的 MV 值

液晶类型	4 位双扫描	4 位单扫描	8 位单扫描
单色液晶	1/8	1/4	1/8
4 级灰度屏	1/8	1/4	1/8
16 级灰度屏	1/8	1/4	1/8
彩色液晶	3/8	3/4	3/8

2) LCD 控制器显示控制参数设定

LCD 控制器中与帧显示控制相关的寄存器位 LCDSADDR1～LCDSADDR3(在表 5-3 中已经分别进行说明)。下面对这组寄存器中与帧显示控制相关的各个域再分别加以详细介绍。

LCDBANK(LCDADDR1[29:21])：显示存储区的地址(A[30:22])值。

LCDBASEU(LDCDSADDR1[20:0])：双扫描时，设置为帧缓存地址(A[21:1])的高位缓存起始地址指针；单扫描时，设置为帧缓存的起始地址指针。

LCDBASEL(LCDSADDR2[20:0])：双扫描时，设置为帧缓存地址(A[21:1])的低位缓存起始地址指针；单扫描时，设置为帧缓存的结束地址指针。

LCDBASEL = LCDBASEU + (PAGEWIDTH + OFFSIZE) × (LINEVAL + 1)

OFFSIZE(LCDSADDR3[21:11])：显示存储区的前行最后半字和后行第一个半字之间的半字数(计算方法：虚拟屏幕上的一行的半字数 – LCD 屏上一行的半字数)。

PAGEWIDTH(LCDSADDR3[11:0])：显示存储区的可见帧的宽度(半字数)。具体的参数设置可以参考下面几个例子。

【例 6-1】 LCD 液晶显示屏支持 2/位像素 STN 显示，屏幕大小为 320 × 240，支持 4 位双扫描，虚拟屏幕大小为 1024 × 1024。

1 个半字 = 8 个像素(4 级灰度，2 位表示一个像素)

虚拟屏幕上的一行 = 128 个半字($1024 \times \frac{2}{16}$)

LCD 屏幕上的一行 = 40 个半字($320 \times \frac{2}{16}$)

OFFSIZE = 128 − 40 = 88 = 0x58

PAGEWIDTH = 40 = 0x28

LIENVAL = 240 − 1 = 0xEF

LCDBASEL = LCDBASEU + (PAGEWIDTH + OFFSIZE) × (LINEVAL + 1)

= 100 + (40 + 88) × 120 = 0x3C64

【例 6-2】 LCD 液晶显示屏的屏幕大小为 320 × 240，支持 16 级灰度显示，单扫描。

数据帧的首地址 = 0x0C500000

偏移点数为 2048 个像素(512 个半字)(假定值)

LINEVAL = 240−1 = 0xEF

PAGEWIDTH = $320 \times \frac{4}{16}$ = 0x50

OFFSIZE = 512 = 0x200(假定值)

LCDBANK = 0x0c500000>>22 = 0x31

LCDBASEU = 0x100000>>1 = 0x80000(假定值)

LCDBASEL = 0x80000 + (0x50 + 0x200) × (0xEF + 1)

= 0xA2B00

【例 6-3】 LCD 液晶显示屏的屏幕大小为 320 × 240，支持 16 级灰度显示，双扫描。

数据帧的首地址 = 0x0C500000

偏移点数为 2048 个像素(512 个半字)(假定值)

LINEVAL = 120 − 1 = 0x77

PAGEWIDTH = $320 \times \frac{4}{16}$ = 0x50

OFFSIZE = 512 = 0x200(假定值)

LCDBANK = 0x0c500000>>22 = 0x31

LCDBASEU = 0x100000>>1 = 0x80000(假定值)

LCDBASEL = 0x80000 + (0x50 + 0x200) × (0x77 + 1)

= 0x91580

【例 6-4】 LCD 液晶显示屏的屏幕大小为 320 × 240，彩色，双扫描。

数据帧的首地址 = 0x0C500000

偏移点数为 2048 个像素(512 个半字)(假定值)

LINEVAL = 240 − 1 = 0xEF

PAGEWIDTH = $320 \times \frac{8}{16}$ = 0xA0

OFFSIZE = 512=0x200(假定值)

LCDBANK = 0x0c500000>>22 = 0x31

LCDBASEU = 0x100000>>1 = 0x80000(假定值)

LCDBASEL = 0x80000 + (0xA0 + 0x200) × (0xEF + 1)

= 0xA7600

3) STN LCD 控制信号时序

在 VCLK 的控制下，显示数据被送到 LCD 控制器的移位寄存器上。当某一行的数据全部进入移位寄存器后，这些数据在 VLINE 信号的下降沿经过 WDLY 的指定延迟时间后被显示到 LCD 屏上。

VM 信号提供显示所需的交流信号来控制每一个像素的亮与灭。VM 信号的极性变化有两种模式：当 MMODE = 0 时，它每一帧变化一次；当 MMODE = 1 时，它变化的周期由 MVAL 来决定。8 位单扫描模式下 STNLCD 控制器信号时序(整帧)如图 8-3 所示。

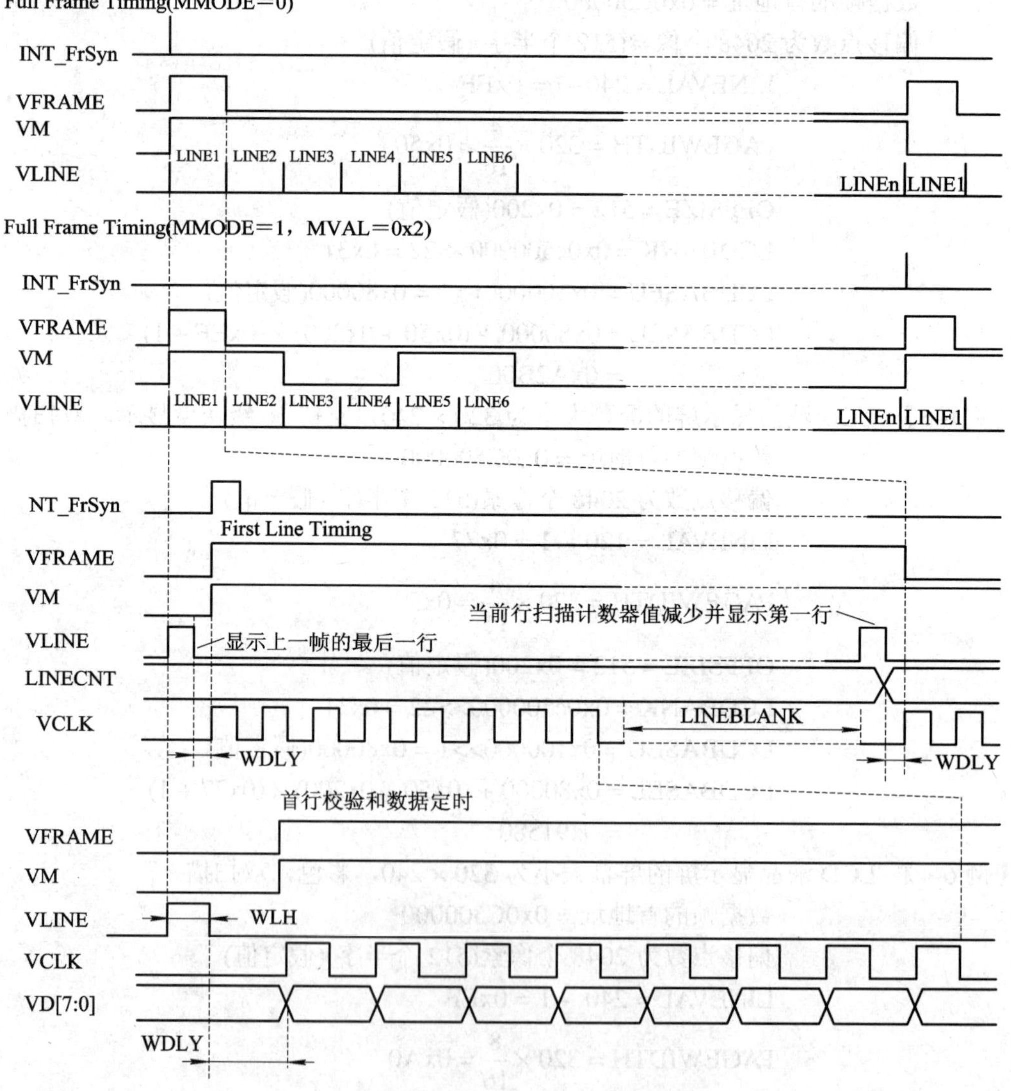

图 8-3　8 位单扫描模式下 STN LCD 控制信号的时序(整帧)

4) 扫描模式的支持

S3C2440 LCD 控制器工作方式通过 PNRMODE(LCDCON1[6:5])设置，如表 8-3 所示。

表 8-3　扫描模式选择

PNRMODE	00	01	10	11
模式	8 位双扫描(STN)	4 位单扫描(STN)	8 位单扫描(STN)	TFT

3. LCD 控制寄存器介绍

1) LCD 控制寄存器 1(LCD Control 1 Register)

LCD 控制寄存器 1 的各位定义如表 8-4 和表 8-5 所示。

表 8-4　LCD 控制寄存器 1

寄存器	地　址	读/写	描　　述	默认值
LCDCON1	0x4D000000	R/W	LCD 控制寄存器 1	0x00000000

表 8-5　LCD 控制寄存器 1 位定义

LCDCON1	位	描　　述	初始状态
LINECNT	[27:18]	提供函数的值 往下计数从 LINEVAL-0	0000000000
CLKVAL 值	[17:8]	保留 1=分离 BCD 计数	00
看门狗使能	[5]	使能和禁止看门狗定时器 0=禁止看门狗定时器，1=打开看门狗定时器	0
时钟选择	[4:3]	这两位决定时钟的分频因子 00=1/16，01=1/32，10=1/64，11=1/128	00
中断使能	2	中断的禁止和使能 0=禁止中断产生，1=允许中断产生	0
保留	1	保留	0
复位使能	0	复位禁止或使能 0=禁止复位，1=允许复位	1

2) LCD 控制寄存器 2

LCD 控制寄存器 2 的各位定义如表 8-6 和表 8-7 所示。

表 8-6　LCD 控制寄存器 2

寄存器	地　址	读/写	描　　述	默认值
LCDCON2	0x4D000004	R/W	LCD 控制寄存器 2	0x00000000

表 8-7　LCD 控制寄存器位定义

LCDCON2	位	描　述	初始状态
VBPD	[31:24]	TFT：表示在同步周期之后，一帧开始时的无效数目 STN：在 STN LCD 中，这些位设置为 0	00000000
LINEVAL	[23:14]	TFT/STN：定义了 LCD 垂直方向的尺寸	0000000000
VFPD	[13:6]	TFT：表示在垂直同步周期之后，一帧结束时的无效数目 STN：在 STN LCD 中，这些位设置为 0	00000000
VSPW	[5:0]	TFT：统计无效数目 STN：在 STN LCD 中，这些位设置为 0	000000

3) LCD 控制寄存器 3

LCD 控制寄存器 3 的各位定义如表 8-8 和表 8-9 所示。

表 8-8　LCD 控制寄存器 3

寄存器	地　址	读/写	描　述	默认值
LCDCON3	0x4D000008	R/W	LCD 控制寄存器 3	0x00000000

表 8-9　LCD 控制寄存器 3 位定义

LCDCON3	位	描　述	初始状态
VBP(TFT)	[25:19]	TFT：表示在 HSYNC 下降沿和有效数据开始之间的 VCLK 周期数	00000000
VDLY(STN)		STN：WDLY[1:0]位通过即 HCLK 数目决定着 VLINE 和 VCLK 之间的延迟	0000000000
HOZVAL	[18:8]	TFT/STN：定义了 LCD 屏的水平方向的尺寸 HOZVAL 必须定义当 1 线的整个字节是 4n 个字节的情况，如果 LCD 大小是在单色模式下，x=120 个点，由于 1 线包含了 15 个字节，因此 x=120 不能被支持。x=128 就可以被支持了，因为 1 线包含了 16 个字节满足 1 线规则，LCD 屏驱动将丢弃另外 8 个点	00000000
HFPD(TFT)	[7:0]	TFT：表示在有效数据的结尾与 HSYNC 的上升沿之间 VCLK 周期的数目	0x00
LINEBLANK (STN)		STN：表示横向线持续时间的空白时间。这些位可以对 VLINE 的比率进行微调，LINEBLANK 的单元是 HCLK>6	

4) LCD 控制寄存器 4

LCD 控制寄存器 4 的各位定义如表 8-10 和表 8-11 所示。

表 8-10　LCD 控制寄存器 4

寄存器	地　址	读/写	描　述	默认值
LCDCON4	0x4D00000C	R/W	LCD 控制寄存器 4	0x00000000

表 8-11　LCD 控制寄存器 4 位定义

LCDCON4	位	描　述	初始状态
MVAL	[15:8]	TFT：表示在 HSYNC 下降沿和有效数据开始之间的 VCLK 周期数 STN：表示若 MMODE 位设置为逻辑“1”，VM 信号将被锁定	0x00
HSPW(TFT)	[7:0]	TFT：横向同步脉冲带宽(HSPW)表示了通过 VCLK 时钟而确定 HSYNS 高脉冲的宽度	0x00
WLH(STN)		STN，WLH[1:0]位定义了通过计算 HCLK 时钟数而确定 VLINE 脉冲的高宽度 00=16HCLK，01=32HCLK， 10=48HCLK，11=64HCLK	

5) LCD 控制寄存器 5

LCD 控制寄存器 5 的各位定义如表 8-12 和表 8-13 所示。

表 8-12　LCD 控制寄存器 5

寄存器	地　址	读/写	描　述	默认值
LCDCON5	0x4D000010	R/W	LCD 控制寄存器 5	0x00000000

表 8-13　LCD 控制寄存器 5 位定义

LCDCON5	位	描　述	初始状态
保留	[31:17]	这个位被保留并且值为 0	0
VSTATUS	[16:15]	TFT：垂直状态(只读) 00=VSYNC，01=BACK Parch， 10=激活的，11=FRONT Parch	00
HSTATUS	[14:13]	TFT：水平状态(只读) 00=VSYNC，01=BACK Parch， 10=激活的，11=FRONT Parch	00
BPP24BL	[12]	TFT：定义了 24 b/p 视频存储顺序 0=LSB，1=MSB	0
FRM565	[11]	TFT：定义了 16 b/p 输出的视频数据格式 0=5:5:5:1 格式，1=5:6:5 格式	0
INVVCLK	[10]	STN/TFT：控制 VCLK 上升沿和下降沿的极性 0=获取视频数据在 VCLK 下降沿， 1=获取视频数据在 VCLK 上升沿	0
INVVLINE	[9]	STN/TFT：控制 VLINE/HSYNC 的极性 0=正常，1=相反	0
INVFRAME	[8]	STN/TFT：控制 VFRAME/VSY NC 脉冲的极性 0=正常，1=相反	0
INVVD	[7]	STN/TFT：用来表述视频数据 VD 脉冲的极性 0=正常，1=反向	0

续表

LCDCON5	位	描　述	初始状态
INVVDEN	[6]	TFT：表示VDEN信号极性 0=正常，1=反向	0
INVPWREN	[5]	STN/TFT：表示PWREN信号极性 0=正常，1=反向	0
INVLEND	[4]	TFT：表示LEND信号极性 0=正常，1=反向	0
PWREN	[3]	STN/TFT：LCD_PWREN输出信号允许/禁止使能 0=禁止，1=允许	0
ENDLEND	[2]	TFT：LEND输出信号允许/禁止使能 0=禁止，1=允许	0
BSWP	[1]	STN/TFT：字节交换控制位 0=交换禁止，1=交换允许	0
HWSP	[0]	STN/TFT：半字交换控制位 0=交换禁止，1=交换允许	0

6) LCD缓冲区起始地址寄存器1

LCD缓冲区起始地址寄存器1的各位定义如表8-14和表8-15所示。

表8-14　LCD缓冲区起始地址寄存器1

寄存器	地　址	读/写	描　述	默认值
LCDSADDR1	0x4D000014	R/W	LCD缓冲区起始地址寄存器1	0x00000000

表8-15　LCD缓冲区起始地址寄存器1位定义

LCDSADDR1	位	描　述	初始状态
LCDBANK	[29:21]	这些位用来表示在系统存储器中用于视频缓冲器的层的位置A[30:22]。即使移动可视窗口，LCDBANK的值也不能改变，LCD帧存储器应该安排在4MB范围内，从而保证当移动窗口时LCDBANK的值也不能改变。因此在应用过程中应该小心操作malloc()函数	0x0
LCDBASEU	[20:0]	对于双扫描的LCD，这些位表示高地址计数器的开始地址A[21:1]，被用于双扫描LCD的高帧存储器 对于单扫描LCD，这些位表示LCD帧缓冲的开始地址A[21:1]	0x000000

7) LCD缓冲区起始地址寄存器2

LCD缓冲区起始地址寄存器2的各位定义如表8-16和表8-17所示。

表8-16　LCD缓冲区起始地址寄存器2

寄存器	地　址	读/写	描　述	默认值
LCDSADDR2	0x4D000018	R/W	LCD缓冲区起始地址寄存器2	0x00000000

表 8-17　LCD 缓冲区起始地址寄存器 2 位定义

LCDSADDR2	位	描　述	初始状态
LCDBASEU	[20:0]	对于双扫描的 LCD，这些位表示低地址计数器的开始地址 A[21:1]，被用于双扫描 LCD 的低帧存储器 对于单扫描 LCD，这些位表示 LCD 缓存器结束地址 A[21:1]	0x000000

8) LCD 缓冲区起始地址寄存器 3

LCD 缓冲区起始地址寄存器 3 的各位定义如表 8-18 和表 8-19 所示。

表 8-18　LCD 缓冲区起始地址寄存器 3

寄存器	地　址	读/写	描　述	默认值
LCDSADDR3	0x4D00001C	R/W	LCD 缓冲区起始地址寄存器 3	0x00000000

表 8-19　LCD 缓冲区起始地址寄存器 3 位定义

LCDSADDR3	位	描　述	初始状态
LCDBASEU OFFSIZE	[21:11]	虚拟屏幕大小，这个值定义了显示先前 LCD 线的最后半字地址与新 LCD 线上显示的半字地址不同	0000000000
PAGEWIDTH	[10:0]	虚拟屏幕的宽度(半字的数目) 在一帧中可见端口的宽度	00000000000

9) LCD 红色查找表寄存器

LCD 红色查找表寄存器的各位定义如表 8-20 和表 8-21 所示。

表 8-20　LCD 红色查找表寄存器

寄存器	地　址	读/写	描　述	默认值
REDLUT	0x4D000020	R/W	STN：红色查找表寄存器	0x00000000

表 8-21　LCD 红色查找表寄存器位定义

REDLUT	位	描　述	初始状态
REDVAL	[31:0]	这些位定义了每 8 种可能的红色组合方式决定对 16 级灰度选择 000=REDVAL[3:0]，001=REDVAL[7:4] 010=REDVAL[11:8]，011=REDVAL[15:12] 100=REDVAL[19:16]，101=REDVAL[23:20] 110=REDVAL[27:24]，111=REDVAL[31:28]	0x00000000

10) LCD 绿色查找表寄存器

LCD 绿色查找表寄存器的各位定义如表 8-22 和表 8-23 所示。

表 8-22　LCD 绿色查找表寄存器

寄存器	地　址	读/写	描　述	默认值
GREENLUT	0x4D000024	R/W	STN：绿色查找表寄存器	0x00000000

表 8-23　LCD 绿色查找表寄存器位定义

GREENLUT	位	描　述	初始状态
GREENVAL	[31:0]	这些位定义了每 8 种可能的绿色组合方式决定对 16 级灰度选择 000=GREENVAL[3:0]，001=GREENVAL[7:4] 010=GREENVAL[11:8]，011=GREENVAL[15:12] 100=GREENVAL[19:16]，101=GREENVAL[23:20] 110=GREENVAL[27:24]，111=GREENVAL[31:28]	0x00000000

11) LCD 蓝色查找表寄存器

LCD 蓝色查找表寄存器的各位定义如表 8-24 和表 8-25 所示。

表 8-24　LCD 蓝色查找表寄存器

寄存器	地　址	读/写	描　述	默认值
BLUELUT	0x4D000024	R/W	STN：蓝色查找表寄存器	0x00000000

表 8-25　LCD 蓝色查找表寄存器位定义

BLUELUT	位	描　述	初始状态
BLUEVAL	[15:0]	这些位定义了每 8 种可能的蓝色组合方式决定对 16 级灰度选择 000=BLUEVAL[3:0]，001=BLUEVAL[7:4] 010=BLUEVAL[11:8]，011=BLUEVAL[15:12] 100=BLUEVAL[19:16]，101=BLUEVAL[23:20] 110=BLUEVAL[27:24]，111=BLUEVAL[31:28]	0x00000000

12) LCD 抖动模式寄存器(LCD Dlthering Mode Register)

LCD 抖动模式寄存器的各位定义如表 8-26 和表 8-27 所示。

表 8-26　LCD 抖动模式寄存器

寄存器	地　址	读/写	描　述	默认值
DIRHMODE	0x4D00004C	R/W	STN：抖动模式寄存器	0x00000000

表 8-27　LCD 抖动模式寄存器位定义

DIRHMODE	位	描　述	初始状态
DITHMODE	[18:0]	对于不同的 LCD，此位设置为 0x00000 或者 12 和 210 两个值	0x00000000

13) LCD 临时调色板寄存器

LCD 临时调色板寄存器的各位定义如表 8-28 和表 8-29 所示。

表 8-28　LCD 临时调色板寄存器

寄存器	地　址	读/写	描　述	默认值
TPAL	0x4D000050	R/W	TFT：临时调色板寄存器	0x00000000

表 8-29　LCD 临时调色板寄存器位定义

TPAL	位	描　述	初始状态
TPALEN	[24]	调色板寄存器使能 0=禁止使能，1=允许使能	0
TPALVAL	[23:0]	临时调色板寄存器值 TPALVAL[23:16]：RED TPALVAL[15:8]：GREEN TPALVAL[7:0]：BLUE	0x000000

14) LCD 中断未决寄存器

LCD 中断未决寄存器的各位定义如表 8-30 和表 8-31 所示。

表 8-30　LCD 中断未决寄存器

寄存器	地　址	读/写	描　述	默认值
LCDINTPND	0x4D000054	R/W	LCD 中断未决寄存器	0x0

表 8-31　LCD 中断未决寄存器位定义

LCDINTPND	位	描　述	初始状态
INT_FrSyn	[1]	LCD 帧同步中断未决定位 0=中断没有请求，1=帧已发中断请求	0
INT_FiCnt	[0]	LCD FIFO 中断未决位 0=没有中断被请求 1=当 LCD FIFO 到达触发标准时，LCD FIFO 中断请求	0

15) LCD 中断源未决寄存器

LCD 中断源未决寄存器的各位定义如表 8-32 和表 8-33 所示。

表 8-32　LCD 中断源未决寄存器

寄存器	地　址	读/写	描　述	默认值
LCDSRCPND	0x4D000058	R/W	LCD 中断源未决寄存器	0x0

表 8-33　LCD 中断源未决寄存器位定义

LCDSRCPND	位	描　述	初始状态
INT_FrSyn	[1]	LCD 帧同步中断寄存器功能描述 0=中断没有请求，1=帧已发中断请求	0
INT_FiCnt	[0]	LCD FIFO 中断源未决位 0=没有中断被请求 1=当 LCD FIFO 到达触发标准时，LCD FIFO 中断请求	0

16) LCD 中断屏蔽寄存器

LCD 中断屏蔽寄存器的各位定义如表 8-34 和 8-35 所示。

表 8-34　LCD 中断屏蔽寄存器

寄存器	地　址	读/写	描　述	默认值
LCDINTMSK	0x4D00005C	R/W	LCD 中断屏蔽寄存器	0x3

表 8-35　LCD 中断屏蔽寄存器位定义

LCDINTMSK	位	描　述	初始状态
FIWSEL	[2]	定义了 LCD FIFO 的触发级别 0=4 字，1=8 字	
INT_FrSyn	[1]	屏蔽 LCD 帧同步中断 0=中断服务可用，1=中断服务屏蔽	1
INT_FiCnt	[0]	屏蔽 LCD FIFO 中断 0=中断服务可用，1=中断服务屏蔽	1

8.3.2　硬件寄存器定义描述

S3C2440 LCD 控制器相关寄存器地址及初始值定义如下：

```
#define S3C24XX_VA_LCD        S3C2410_ADDR(0x00600000)
#define S3C2400_PA_LCD        (0x14A00000)
#define S3C2410_PA_LCD        (0x4D000000)
#define S3C2410_LCDREG(x)   ((x) + S3C24XX_VA_LCD)
#define S3C24XX_SZ_LCD       SZ_1M
#define S3C2410_LCDCON1       S3C2410_LCDREG(0x00)
#define S3C2410_LCDCON2       S3C2410_LCDREG(0x04)
#define S3C2410_LCDCON3       S3C2410_LCDREG(0x08)
#define S3C2410_LCDCON4       S3C2410_LCDREG(0x0C)
#define S3C2410_LCDCON5       S3C2410_LCDREG(0x10)
#define S3C2410_LCDSADDR1     S3C2410_LCDREG(0x14)
#define S3C2410_LCDSADDR2     S3C2410_LCDREG(0x18)
#define S3C2410_LCDSADDR3     S3C2410_LCDREG(0x1C)
#define S3C2410_REDLUT        S3C2410_LCDREG(0x20)
#define S3C2410_GREENLUT      S3C2410_LCDREG(0x24)
#define S3C2410_BLUELUT       S3C2410_LCDREG(0x28)
#define S3C2410_DITHMODE      S3C2410_LCDREG(0x4C)
#define S3C2410_TPAL          S3C2410_LCDREG(0x50)

/*interrupt info*/
#define S3C2410_LCDINTPND     S3C2410_LCDREG(0x54)
#define S3C2410_LCDSRCPND     S3C2410_LCDREG(0x58)
#define S3C2410_LCDINTMSK     S3C2410_LCDREG(0x5C)
#define S3C2410_LPCSEL        S3C2410_LCDREG(0x60)
#define S3C2410_TFTPAL(x)     S3C2410_LCDREG((0x400 + (x)*4))
```

8.3.3　S3C2440 LCD 数据结构分析

函数调用结构图如图 8-4 所示，LCD 驱动结构图如图 8-5 所示。

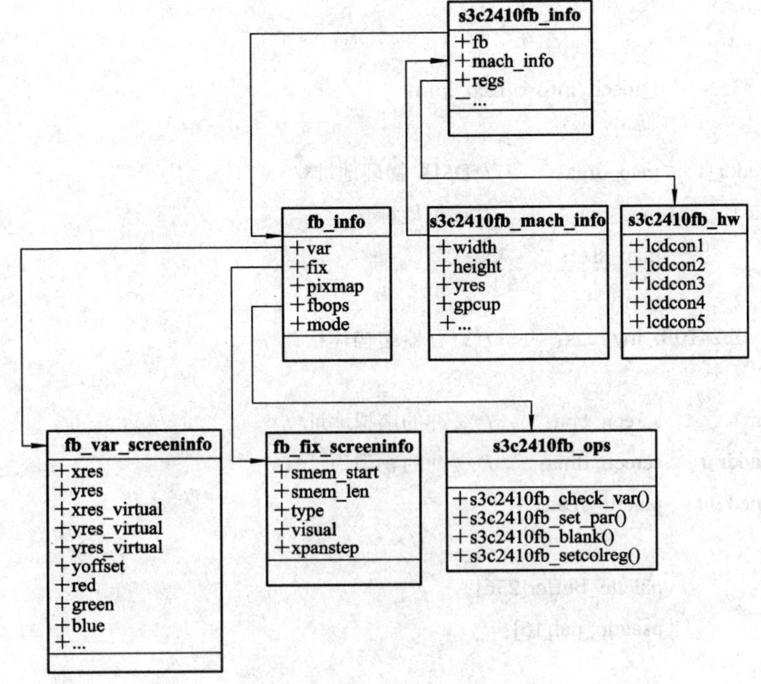

图 8-4　函数调用结构图

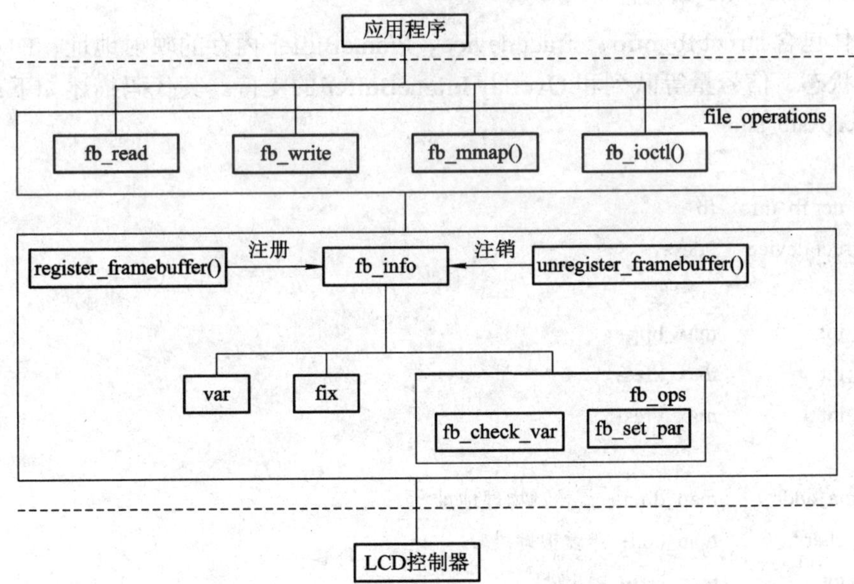

图 8-5　LCD 驱动结构图

1. s3c2440fb_info 结构体

该结构体可用来描述整个 LCD 驱动的结构体。其代码描述如下：

```
struct s3c2440fb_info
{
    struct fb_info    fb;
```

```
    struct device       *dev;
    struct clk          *clk;
    struct s3c2410fb_mach_info *mach_info;

    dma_addr_t    map_dma;        /*DMA 物理地址*/
    u_char *      map_cpu;        /*虚拟地址*/
    u_int         map_size;

    struct s3c2410fb_hw regs;     /*寄存器结构体指针*/

    u_char *      screen_cpu;     /*缓冲的虚拟地址*/
    dma_addr_t    screen_dma;     /*缓冲的物理地址*/
    unsigned int  palette_ready;

    u32           palette_buffer[256];
    u32           pseudo_pal[16];
};
```

2. struct pxafb_info 结构体

该结构体包含 struct fb_info、struct device、FrameBuffer 内存的映射地址、DMA 及 lccr 的值、任务状态、信号量等队列和 Overlay FrameBuffer 的支持。其代码描述如下：

```
struct pxafb_info
{
    struct fb_info   fb;
    struct device    *dev;

    u_int         max_bpp;
    u_int         max_xres;
    u_int         max_yres;

    dma_addr_t    map_dma;        /*物理地址*/
    u_char *      map_cpu;  /*虚拟地址*/
    u_int         map_size;

    u_char *      screen_cpu;     /*帧缓冲的虚拟地址*/
    dma_addr_t    screen_dma;     /*帧缓冲的物理地址*/
    u16 *         palette_cpu;    /*调色板的虚拟地址*/
    dma_addr_t    palette_dma;    /*调色板的物理地址*/
    u_int         palette_size;
```

```
    /*DMA 描述*/
    dma_addr_t      dmadesc_fblow_dma;
    dma_addr_t      dmadesc_fbhigh_dma;
    dma_addr_t      dmadesc_palette_dma;

    u_int           cmap_inverse:1,
    cmap_static:1,
    unused:30;

    volatile u_char         state;
    volatile u_char         task_state;
    struct semaphore        ctrlr_sem;
    wait_queue_head_t       ctrlr_wait;
    struct work_struct      task;

    struct pxafb_lcd_reg reg;

    #ifdef CONFIG_CPU_FREQ
      struct notifier_block       freq_transition;
      struct notifier_block       freq_policy;
    #endif
};
```

3. struct pxafb_mach_info

该结构体包括像素时钟、解析度、水平、垂直方向的场频、颜色映像、lccr0(LCD 基本信息控制)、lccr3(像素时钟频率，脉冲极性相关控制)、背光电源和 LCD 电源。其代码描述如下：

```
struct pxafb_mach_info
{
  u_long    pixclock;

  u_short   xres;
  u_short   yres;

  u_char    bpp;
  u_char    hsync_len;
  u_char    left_margin;
  u_char    right_margin;

  u_char    vsync_len;
```

```
    u_char    upper_margin;
    u_char    lower_margin;
    u_char    sync;

    u_int     cmap_greyscale:1,
              cmap_inverse:1,
              cmap_static:1,
              unused:29;

    struct pxafb_lcd_reg  reg;

    void (*pxafb_backlight_power)(int);
    void (*pxafb_lcd_power)(int);
};
```

8.3.4 主要函数描述

1. 驱动设备注册函数 s3c2410fb_init( )

驱动设备注册函数的代码描述如下：

```
int_devinit s3c2410fb_init(void)
{
  int ret;
  ret = driver_register(&pxafb_driver);
  if(ret)
    printk("register device driver failed,  return code is %d\n",  ret);
  return ret;
}
```

2. LCD 驱动卸载函数 s3c2410fb_cleanup( )

LCD 驱动卸载函数主要负责 LCD 控制器的停止、帧缓冲设备的注销、缓冲区的显示。其代码描述如下：

```
static void_exit s3c2410fb_cleanup(void)
{
  s3c2410fb_stop_lcd();
  msleep(1);
  if (info.clk)
  {
    clk_disable(info.clk);
    clk_unuse(info.clk);
    clk_put(info.clk);
```

```
        info.clk = NULL;
    }
    unregister_framebuffer(&info.fb);
    release_mem_region((unsigned long)S3C24XX_VA_LCD, S3C24XX_SZ_LCD);
}
```

3. LCD 驱动探测函数 s3c2410fb_probe( )

LCD 驱动探测函数完成 LCD 硬件的初始化、FBI 参数的填充、申请显示缓冲区并注册帧缓冲设备。其流程如图 8-6 所示。

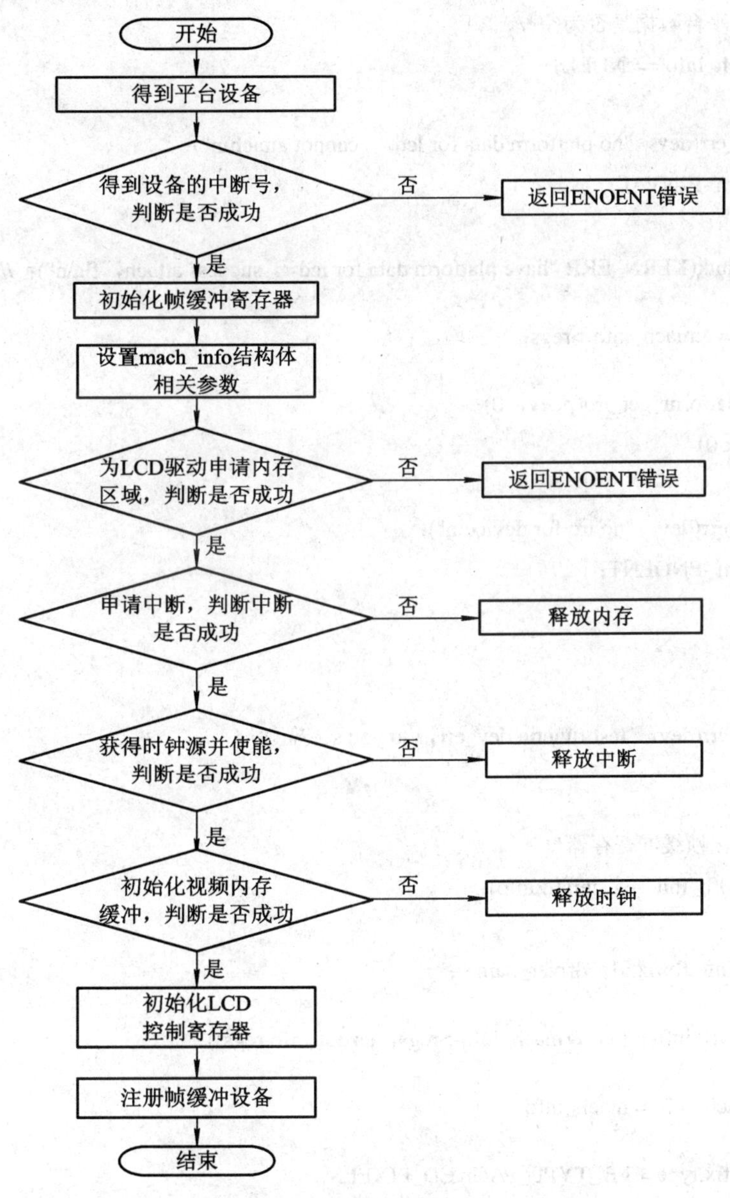

图 8-6　LCD 驱动探测函数 s3c2410fb_probe 流程图

LCD 驱动探测函数的代码描述如下：

```
Int_init s3c2410fb_probe(struct device *dev)
{
  struct platform_device *pdev = to_platform_device(dev);
  struct s3c2410fb_hw *mregs;
  int ret;
  int irq;
  int i;

  /*判断平台数据是否为空*/
  if (mach_info == NULL)
  {
    dev_err(dev, "no platform data for lcd,  cannot attach\n");
    return -EINVAL;
  }
  else printk(KERN_ERR "have platform data for lcd,  success attach, fla\n"); //fla

  mregs = &mach_info->regs;

  irq = platform_get_irq(pdev, 0);
  if (irq < 0)
  {
    dev_err(dev, "no irq for device\n");
    return -ENOENT;
  }
  else
  {
    dev_err(dev, "test functin dev_err, do you see?\n");
  }

  /*初始化帧缓冲寄存器*/
  s3c2410fb_init_registers(&info);

  strcpy(info.fb.fix.id, driver_name);

  memcpy(&info.regs, &mach_info->regs, sizeof(info.regs));

  info.mach_info = mach_info;

  info.fb.fix.type = FB_TYPE_PACKED_PIXELS;
  info.fb.fix.type_aux = 0;
```

```
info.fb.fix.xpanstep = 0;
info.fb.fix.ypanstep = 0;
info.fb.fix.ywrapstep = 0;
info.fb.fix.accel = FB_ACCEL_NONE;

info.fb.var.nonstd = 0;
info.fb.var.activate = FB_ACTIVATE_NOW;
info.fb.var.height = mach_info->height;
info.fb.var.width = mach_info->width;
info.fb.var.accel_flags = 0;
nfo.fb.var.vmode    = FB_VMODE_NONINTERLACED;

info.fb.fbops = &s3c2410fb_ops;
info.fb.flags = FBINFO_FLAG_DEFAULT;
info.fb.monspecs = monspecs;
info.fb.pseudo_palette = &info.pseudo_pal;

info.fb.var.xres = mach_info->xres.defval;
info.fb.var.xres_virtual = mach_info->xres.defval;
info.fb.var.yres = mach_info->yres.defval;
info.fb.var.yres_virtual = mach_info->yres.defval;
info.fb.var.bits_per_pixel = mach_info->bpp.defval;

info.fb.var.upper_margin = S3C2410_LCDCON2_GET_VBPD(mregs->lcdcon2) +1;
info.fb.var.lower_margin = S3C2410_LCDCON2_GET_VFPD(mregs->lcdcon2) +1;
info.fb.var.vsync_len = S3C2410_LCDCON2_GET_VSPW(mregs->lcdcon2) + 1;

info.fb.var.left_margin = S3C2410_LCDCON3_GET_HFPD(mregs->lcdcon3) + 1;
info.fb.var.right_margin = S3C2410_LCDCON3_GET_HBPD(mregs->lcdcon3) + 1;
info.fb.var.hsync_len = S3C2410_LCDCON4_GET_HSPW(mregs->lcdcon4) + 1;

info.fb.var.red.offset = 11;
info.fb.var.green.offset = 5;
info.fb.var.blue.offset = 0;
info.fb.var.transp.offset = 0;
info.fb.var.red.length = 5;
info.fb.var.green.length = 6;
info.fb.var.blue.length = 5;
info.fb.var.transp.length = 0;
info.fb.fix.smem_len = mach_info->xres.max *
mach_info->yres.max *
```

```
mach_info->bpp.max / 8；

for(i = 0；  i < 256；  i++)
    info.palette_buffer[i] = PALETTE_BUFF_CLEAR；

if(!request_mem_region((unsigned long)S3C24XX_VA_LCD，SZ_1M，"s3c2410-lcd"))
    return -EBUSY；

dprintk("got LCD region\n");
ret = request_irq(irq，s3c2410fb_irq，SA_INTERRUPT，pdev->name，  &info);
if(ret)
{
    dev_err(dev，  "cannot get irq %d - err %d\n"，irq，ret);
    return -EBUSY；
}
else //printk(KERN_ERR "fla，success get irq %d - err %d\n"，  irq，  ret)；//fla

//printk(KERN_ERR "clk_get before\n");
info.clk = clk_get(NULL，  "lcd");          //fla mask clock about
//printk(KERN_ERR "clk_get after\n");

if (!info.clk || IS_ERR(info.clk))
{
    //printk(KERN_ERR "failed to get lcd clock source\n");
    return -ENOENT；
}

clk_use(info.clk);

clk_enable(info.clk);

msleep(10);
/*初始化视频内存缓冲*/
ret = s3c2410fb_map_video_memory(&info);
if (ret)
{
    printk( KERN_ERR "Failed to allocate video RAM: %d\n"，ret);
    ret = -ENOMEM；
    goto failed；
}
```

```
    ret = s3c2410fb_init_registers(&info);
    ret = s3c2410fb_check_var(&info.fb.var, &info.fb); //error

    ret = register_framebuffer(&info.fb);
    if (ret < 0)
    {
      goto failed;
    }
    else //printk(KERN_ERR "success to register framebuffer device: %d\n", ret); //fla
    device_create_file(dev, &dev_attr_debug);
    printk(KERN_INFO "fb%d: %s frame buffer device\n", info.fb.node,  info.fb.fix.id);

    return 0;
    failed:

      release_mem_region((unsigned long)S3C24XX_VA_LCD,  S3C24XX_SZ_LCD);
    return ret;
  }
```

4. LCD 视频显示缓冲区申请

该函数显示缓冲分配内存，这个内存块被映像成为 non-cached 和 non-buffered，从而内存区域对调色板的改变不需要刷新 cache。其代码描述如下：

```
static int_init s3c2410fb_map_video_memory(struct s3c2410fb_info *fbi)
{
  dprintk("map_video_memory(fbi=%p)\n",  fbi);

  fbi->map_size = PAGE_ALIGN(fbi->fb.fix.smem_len + PAGE_SIZE);
 fbi->map_cpu = dma_alloc_writecombine(fbi->dev, fbi->map_size, &fbi->map_dma, GFP_KERNEL);

  fbi->map_size = fbi->fb.fix.smem_len;

  if (fbi->map_cpu)
  {
    /* prevent initial garbage on screen */
    dprintk("map_video_memory: clear %p:%08x\n", fbi->map_cpu,  fbi->map_size);
    memset(fbi->map_cpu,  0xf0,  fbi->map_size);

    fbi->screen_dma = fbi->map_dma;
    fbi->fb.screen_base = fbi->map_cpu;
```

```
        fbi->fb.fix.smem_start    = fbi->screen_dma;

        dprintk("map_video_memory: dma=%08x cpu=%p size=%08x\n",
                fbi->map_dma, fbi->map_cpu, fbi->fb.fix.smem_len);
    }
    return fbi->map_cpu ? 0 : -ENOMEM;
}
```

5. s3c2410fb_init_registers 结构体函数

该结构体函数代码描述如下：

```
int s3c2410fb_init_registers(struct s3c2410fb_info *fbi)
{
    unsigned long flags;
    local_irq_save(flags);

    /* modify the gpio(s) with interrupts set (bjd) */
    /*fla masked
    modify_gpio(S3C2410_GPCUP, mach_info->gpcup, mach_info->gpcup_mask);
    modify_gpio(S3C2410_GPCCON, mach_info->gpccon, mach_info->gpccon_mask);
    modify_gpio(S3C2410_GPDUP, mach_info->gpdup, mach_info->gpdup_mask);
    modify_gpio(S3C2410_GPDCON, mach_info->gpdcon, mach_info->gpdcon_mask); */
    local_irq_restore(flags);

    writel(fbi->regs.lcdcon1, S3C2410_LCDCON1);
    writel(fbi->regs.lcdcon2, S3C2410_LCDCON2);
    writel(fbi->regs.lcdcon3, S3C2410_LCDCON3);
    writel(fbi->regs.lcdcon4, S3C2410_LCDCON4);
    writel(fbi->regs.lcdcon5, S3C2410_LCDCON5);

    s3c2410fb_set_lcdaddr(fbi);

    dprintk("LPCSEL = 0x%08lx\n", mach_info->lpcsel);
    writel(mach_info->lpcsel, S3C2410_LPCSEL);

    dprintk("replacing TPAL %08x\n", readl(S3C2410_TPAL));

    /*ensure temporary palette disabled*/
    writel(0x00, S3C2410_TPAL);

    /*probably not required*/
```

```
    msleep(10);

    /*Enable video by setting the ENVID bit to 1*/
    fbi->regs.lcdcon1 |= S3C2410_LCDCON1_ENVID;
    writel(fbi->regs.lcdcon1, S3C2410_LCDCON1);
    return 0;
}
```

6. s3c2410fb_ops 结构体函数

s3c2410fb_ops 结构体函数定义了其中 s3c2410fb_check_var()、s3c2410fb_set_par()、s3c2410fb_blank()、s3c2410fb_setcolreg()等成员函数。

(1) 参数检查函数 s3c2410fb_check_var()的代码描述如下：

```
static int s3c2410fb_check_var(struct fb_var_screeninfo *var, struct fb_info *info)
{
    struct s3c2410fb_info *fbi = fb_to_s3cfb(info);

    if (var->yres > fbi->mach_info->yres.max)
    {
        var->yres = fbi->mach_info->yres.max;
    }
    else if (var->yres < fbi->mach_info->yres.min)
    {
        var->yres = fbi->mach_info->yres.min;
    }

    if (var->xres > fbi->mach_info->xres.max)
        var->yres = fbi->mach_info->xres.max;
    else if (var->xres < fbi->mach_info->xres.min)
        var->xres = fbi->mach_info->xres.min;

    if (var->bits_per_pixel > fbi->mach_info->bpp.max)
        var->bits_per_pixel = fbi->mach_info->bpp.max;
    else if (var->bits_per_pixel < fbi->mach_info->bpp.min)
        var->bits_per_pixel = fbi->mach_info->bpp.min;
    if (var->bits_per_pixel == 16)
    {
        var->red.offset = 11;
        var->green.offset = 5;
        var->blue.offset = 0;
```

```
        var->red.length = 5;
        var->green.length = 6;
        var->blue.length = 5;
        var->transp.length = 0;
    }
    else
    {
        var->red.length = 8;
        var->red.offset = 0;
        var->green.length = 0;
        var->green.offset = 8;
        var->blue.length = 8;
        var->blue.offset = 0;
        var->transp.length = 0;
    }
    return 0;
}
```

(2) 参数设置函数 s3c2410fb_set_par()的代码描述如下：

```
static int s3c2410fb_set_par(struct fb_info *info)
{
    struct s3c2410fb_info *fbi = (struct s3c2410fb_info *)info;
    struct fb_var_screeninfo *var = &info->var;

    if (var->bits_per_pixel == 16)
        fbi->fb.fix.visual = FB_VISUAL_TRUECOLOR;
    else
        fbi->fb.fix.visual = FB_VISUAL_PSEUDOCOLOR;

    fbi->fb.fix.line_length        = (var->width*var->bits_per_pixel)/8;

    /*activate this new configuration*/

    s3c2410fb_activate_var(fbi,   var);
    return 0;
}
```

(3) 设置屏幕颜色函数 s3c2410fb_blank()的代码描述如下：

```
static int s3c2410fb_blank(int blank_mode,   struct fb_info *info)
{
```

```
    dprintk("blank(mode=%d， info=%p)\n"， blank_mode， info);

    if (mach_info == NULL)
        return -EINVAL;

    if (blank_mode == FB_BLANK_UNBLANK)
        writel(0x0， S3C2410_TPAL);
    else
    {
        dprintk("setting TPAL to output 0x000000\n");
        writel(S3C2410_TPAL_EN， S3C2410_TPAL);
    }
    return 0;
}
```

8.4　控制台图像显示实例

8.4.1　程序原理

控制台图像显示主要是指对帧缓冲设备的写操作、RGB 格式的转换和图像的显示等。控制台图像显示流程如图 8-7 所示。

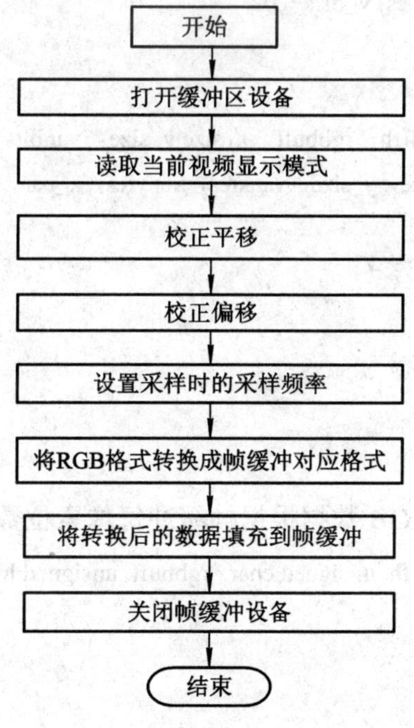

图 8-7　控制台图像显示流程

8.4.2　主要函数描述

1. 帧缓冲显示函数 fb_display()

fb_display()函数主要显示在帧缓冲设备上，代码描述如下：

```
void fb_display(unsigned char rgbbuff, int x_size, int y_size, int x_pan, int y_pan, int x_offs, int y_offs)
{
  struct fb_var_screeninfo var;
  unsigned short fbbuff = NULL;
  int fh = -1,   bp = 0;

    get the framebuffer device handle
    fh = openFB(NULL);

    read current video mode
    getVarScreenInfo(fh, &var);

    correct panning
  if(x_pan   x_size - var.xres) x_pan = 0;
  if(y_pan   y_size - var.yres) y_pan = 0;
    correct offset
  if(x_offs + x_size   var.xres) x_offs = 0;
  if(y_offs + y_size   var.yres) y_offs = 0;

  blit buffer 2 fb
  fbbuff = convertRGB2FB(fh, rgbbuff, x_size y_size, var.bits_per_pixel, &bp);
  blit2FB(fh, fbbuff, x_size, y_size, var.xres, var.yres, x_pan, y_pan, x_offs, y_offs, bp);
  free(fbbuff);

  close device
  closeFB(fh);
}
```

2. convertRGB2FB()函数

convertRGB2FB()函数将 RGB 数据根据帧缓冲每像素位数进行转换，代码描述如下：

```
void* convertRGB2FB(int fh, unsigned char *rgbbuff, unsigned long count, int bpp, int *cpp)
{
  unsigned long i;
  void *fbbuff = NULL;
```

```
unsigned char *c_fbbuff;
unsigned short *s_fbbuff;
unsigned int *i_fbbuff;

switch(bpp)
{
  case 8:
      *cpp = 1;
      c_fbbuff = (unsigned char *) malloc(count * sizeof(unsigned char));
      for(i = 0; i < count; i++)
      c_fbbuff[i] = make8color(rgbbuff[i*3], rgbbuff[i*3+1], rgbbuff[i*3+2]);
      fbbuff = (void *) c_fbbuff;
      break;
  case 15:
      *cpp = 2;
      s_fbbuff = (unsigned short *) malloc(count * sizeof(unsigned short));
      for(i = 0; i < count ; i++)
      s_fbbuff[i] = make15color(rgbbuff[i*3], rgbbuff[i*3+1], rgbbuff[i*3+2]);
      fbbuff = (void *) s_fbbuff;
      break;
  case 16:
      *cpp = 2;
      s_fbbuff = (unsigned short *) malloc(count * sizeof(unsigned short));
      for(i = 0; i < count ; i++)
      s_fbbuff[i] = make16color(rgbbuff[i*3], rgbbuff[i*3+1], rgbbuff[i*3+2]);
      fbbuff = (void *) s_fbbuff;
      break;
  case 24:
  case 32:
      *cpp = 4;
      i_fbbuff = (unsigned int *) malloc(count * sizeof(unsigned int));
      for(i = 0; i < count ; i++)
      i_fbbuff[i] = ((rgbbuff[i*3] << 16) & 0xFF0000) |
```

```
        ((rgbbuff[i*3+1] << 8) & 0xFF00) |
        (rgbbuff[i*3+2] & 0xFF);
      fbbuff = (void *) i_fbbuff;
      break;
    default:
      fprintf(stderr, "Unsupported video mode! You've got: %dbpp\n", bpp);
      exit(1);
  }
  return fbbuff;
```

3. blit2FB 函数()

blit2FB()函数主要完成图像数据写入到帧缓冲区中的显示，代码描述如下：

```
void blit2FB(int fh，void fbbuff，unsigned int pic_xs，unsigned int pic_ys，unsigned int scr_xs，
                unsigned int scr_ys，unsigned int xp，unsigned int yp，unsigned int xoffs，
                unsigned int yoffs，int cpp)
{
  int i，xc，yc;
  unsigned char cp；unsigned short sp；unsigned int ip；
  cp = (unsigned char)sp = (unsigned short )ip = (unsigned int ) fbbuff;

  xc = (pic_xs    scr_xs) scr_xs pic_xs;
  yc = (pic_ys    scr_ys) scr_ys pic_ys;

  switch(cpp)
  {
    case 1
      get8map(fh，&map_back);
      set332map(fh);
      for(i = 0；i yc；i++)
      {
        lseek(fh，((i+yoffs)scr_xs+xoffs)cpp，SEEK_SET);
        write(fh，cp + (i+yp)pic_xs+xp，xccpp);
      }
      set8map(fh，  &map_back);
      break；
    case 2
      for(i = 0；i yc；i++)
      {
```

```
        lseek(fh，((i+yoffs)scr_xs+xoffs)cpp，SEEK_SET);
        write(fh，sp + (i+yp)pic_xs+xp，xccpp);
      }
      break;
    case 4
      for(i = 0; i yc; i++)
      {
          lseek(fh，((i+yoffs)scr_xs+xoffs)cpp，SEEK_SET);
          write(fh，ip + (i+yp)pic_xs+xp，xccpp);
      }
     break;
   }
  }
```

第 9 章 S3C2440 USB 接口 Linux 驱动及应用实例

9.1 USB 接口介绍

USB(Universal Serial BUS)是一个外部总线标准，用于规范电脑与外部设备的连接和通信。USB 接口支持设备的即插即用和热插拔功能。

USB 接口可用于连接多达 127 种外设，如鼠标、调制解调器和键盘等。USB 自从 1996 年推出后，已成功替代串口和并口，并成为当今个人电脑和大量智能设备的必配的接口之一。

USB 使用一个四针的插头作为标准插头，采用菊花链形式可以把所有的外设连接起来。

1. USB 的版本

第一代：USB 1.0/1.1 的最大传输速率为 12 Mb/s，于 1996 年推出。

第二代：USB 2.0 的最大传输速率高达 480 Mb/s。USB 1.0/1.1 与 USB 2.0 的接口是相互兼容的。

第三代：USB 3.0 理论上最大传输速率达 5 Gb/s，向下兼容 USB 1.0/1.1/2.0。

2. USB 的应用

随着计算机硬件飞速发展，外围设备日益增多，键盘、鼠标、调制解调器、打印机、扫描仪早已为人所共知，数码相机、MP3 随身听接踵而至，这么多的设备，如何接入个人计算机？USB 就是基于这个目的产生的。USB 是一个使计算机周边设备连接标准化、单一化的接口，其规格是由 Intel、NEC、Compaq、DEC、IBM、Microsoft、Northern Telecom 等厂商共同制定的。

USB 1.1 标准接口传输速率为 12 Mb/s，但是一个 USB 设备最多只可以得到 6 Mb/s 的传输频宽，因此，若要外接光驱，最多能接六倍速光驱，无法再高。而若要即时播放 MPEG-1 的 VCD 影片，至少要 1.5 Mb/s 的传输频宽，这点 USB 办得到，但是要完成数据量大四倍的 MPEG-2 的 DVD 影片播放，USB 可能就很吃力了，若再加上 AC-3 音频数据，USB 设备就很难实现即时播放了。

一个 USB 接口理论上可以支持 127 个装置，但是目前还无法达到这个数字。其实，对于一台计算机，所接的周边外设很少超过 10 个，因此这个数字是足够使用的。

USB 还有一个显著优点就是支持热插拔，也就是说在开机的情况下，可以安全地连接或断开 USB 设备，达到真正的即插即用。

目前，USB 设备虽已被广泛应用，但比较普遍的应用却是 USB 1.1 接口，它的传输速度仅为 12 Mb/s。例如，当使用 USB 1.1 的扫描仪扫描一张大小为 40 MB 的图片时，需要 4 分钟的时间。如果有大量的图片要扫描，就需要耐心等待了。

用户的需求，是促进科技发展的动力，厂商也同样认识到了这个瓶颈。COMPAQ、Hewlett Packard、Intel、Lucent、Microsoft、NEC 和 PHILIPS 这 7 家厂商联合制定了 USB 2.0 接口标准。USB 2.0 将设备之间的数据传输速度增加到了 480 Mb/s，比 USB 1.1 标准快 40 倍左右，速度的提高对于用户的最大好处就是意味着用户可以使用到更高效的外部设备，而且具有多种速度的周边设备都可以被连接到 USB 2.0 的线路上，无需担心数据传输时发生瓶颈效应。

所以，如果用 USB 2.0 的扫描仪，就完全不同，扫一张 40 MB 的图片只需半分钟左右的时间，效率大大提高。

USB 2.0 可以使用原来 USB 定义中同样规格的电缆，接头的规格也完全相同，在高速的前提下一样保持了 USB 1.1 的优秀特色，并且，USB 2.0 的设备和 USB 1.X 设备在共同使用时不会发生任何冲突。

USB 2.0 兼容 USB 1.1。也就是说，USB 1.1 设备可以和 USB 2.0 设备通用，但是，这时 USB 2.0 设备只能工作在全速状态下(12 Mb/s)。USB 2.0 有高速、全速和低速三种工作速度，高速是 480 Mb/s，全速是 12 Mb/s，低速是 1.5 Mb/s。其中全速和低速是为兼容 USB 1.1 而设计的，因此选购 USB 产品时不能只听商家宣传 USB 2.0，还要搞清楚是高速、全速还是低速设备。USB 总线是一种单向总线，主控制器在 PC 机上，USB 设备不能主动与 PC 机通信。为解决 USB 设备相互通信问题，有关厂商又开发了 USB OTG 标准，允许嵌入式系统通过 USB 接口互相通信。

9.2　Linux USB 驱动结构

USB 采用树形拓扑结构，主机侧和设备侧的 USB 控制器分别称为主机控制器(Host Controller)和 USB 设备控制器(UDC)，每条总线上只有一个主机控制器，负责协调主机和设备间的通信，而设备不能主动向主机发送任何消息。如图 9-1 所示，在 Linux 系统中，可以从两个角度去观察 USB 驱动，一个角度是主机侧，一个角度是设备侧。

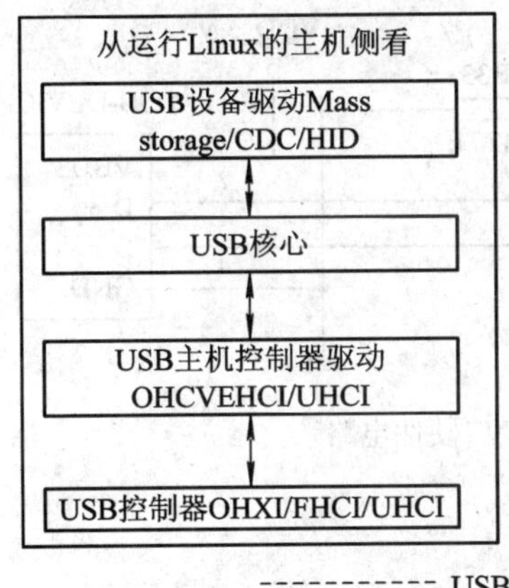

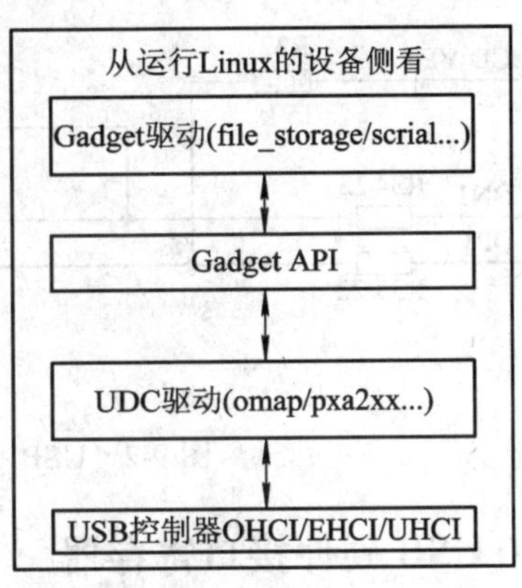

USB总线

图 9-1　Linux USB 驱动总线结构

如图 9-1 的左侧所示，在 Linux 驱动中，处于最底层的是 USB 主机控制器硬件，在其之上运行的是 USB 主机控制器驱动，主机控制器之上为 USB 核心层，再上层为 USB 设备驱动层(插入主机上的 U 盘、鼠标、USB 转串口等设备驱动)。因此，在主机侧的层次结构中，USB 驱动包括两类：USB 主机控制器驱动和 USB 设备驱动，前者控制插入其中的 USB 设备，后者控制 USB 设备如何与主机通信。Linux 内核的 USB 核心负责 USB 驱动管理和协议处理的主要工作。主机控制器驱动和设备驱动之间的 USB 核心非常重要，其功能包括：通过定义一些数据结构、宏和功能函数，向上为设备驱动提供编程接口，向下为 USB 主机控制器驱动提供编程接口；通过全局变量维护整个系统的 USB 设备信息；完成设备热插拔控制、总线数据传输控制等。

9.3　S3C2440 USB 接口硬件及寄存器

9.3.1　S3C2440 USB 硬件接口

S3C2440 内部集成有两个 USB 控制器，符合 USB 1.1 协议规范，同时支持低速和全速通信。该接口电路实现了两个 USB_HOST 接口和一个 USB_DEVICE 接口。其中的 USB_DEVICE 接口可通过跳线将接口转换成 USB_HOST 接口。USB 接口硬件电路如图 9-2 所示。

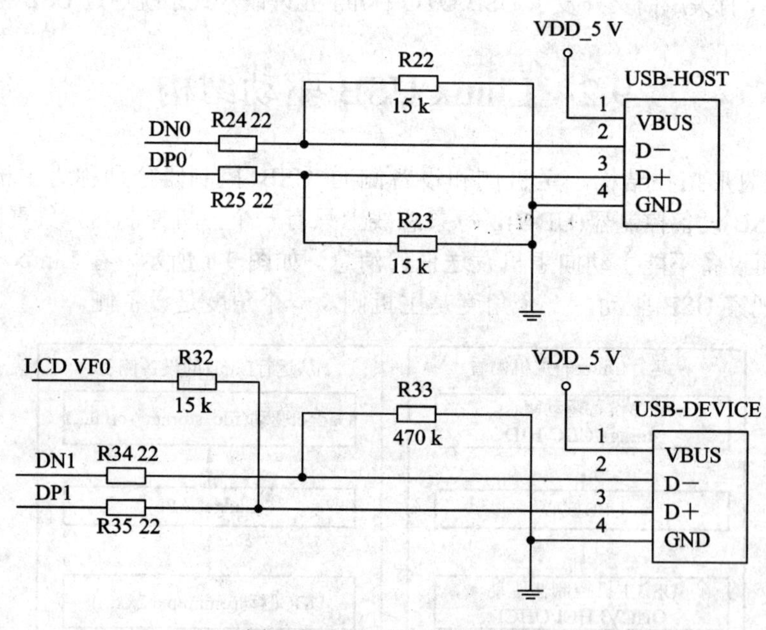

图 9-2　USB 接口硬件电路

9.3.2　S3C2440 USB 硬件接口寄存器

S3C2440 USB 主机控制器符合 OHCI 1.0 版本，如表 9-1 所示。

表 9-1　OHCI USB 主控制器寄存器

寄存器	基地址	R/W	描述	重置值
HcRevision	0x49000000	–	控制和状态寄存器组	–
HcControl	0x49000004	–		–
HcCommonStatus	0x49000008	–		–
HcInterruptStatus	0x4900000C	–		–
HcInterruptEnable	0x49000010	–		–
HcInterruptDisable	0x49000014	–		–
HcHCCA	0x49000018	–	内存指针寄存器组	–
HcPeriodCuttentED	0x4900001C	–		–
HcControlHeadED	0x49000020	–		–
HcControlCurrentED	0x49000024	–		–
HcBulkHeadED	0x49000028	–		–
HcBulkCurrentED	0x4900002C	–		–
HcDoneHead	0x49000030	–		–
HcRmInterval	0x49000034	–	帧计数器寄存器组	–
HcFmRemaining	0x49000038	–		–
HcFmNumber	0x4900003C	–		–
HcPeriodicStart	0x49000040	–		–
HcLSThreshold	0x49000044	–		–
HcRhDescriptorA	0x49000048	–	根 hub 寄存器组	–
HcRhDescriptorB	0x4900004C	–		–
HcRhStatus	0x49000050	–		–
HcRhPortStatus1	0x49000054	–		–
HcRhPortStatus2	0x49000058	–		–

9.4　S3C2440 USB 主机驱动程序分析

USB 主机驱动程序采用分层结构模型，分别为较高级的 USB 设备驱动程序和较低级的 USB 函数层。其中，USB 函数层由两部分组成：较高级的通用串行总线驱动程序模块(USBD)和较低级的主控制器驱动程序模块(HCD)。根据其特点本节设计出如图 9-3 所示的 USB 主机驱动软件架构。

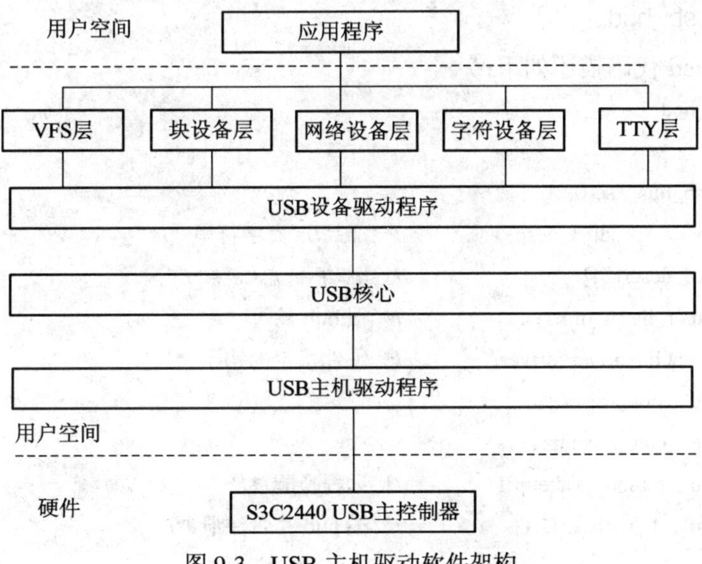

图 9-3　USB 主机驱动软件架构

9.4.1 寄存器地址和功能定义

S3C2440 USB HOST 控制器相关寄存器地址及初始值定义如下：

```
#define S3C24XX_VA_USBHOST S3C2440_ADDR(0x00200000)
#define S3C2440_PA_USBHOST (0x14200000)
#define S3C2440_PA_USBHOST (0x49000000)
#define S3C24XX_SZ_USBHOST SZ_1M
```

9.4.2 结构体及相关变量定义

在 Linux 内核中，用 usb_hcd 结构体描述 USB 主机驱动，它包含 USB 主机控制器厂商、硬件资源、状态描述和用于操作主机控制器的 hc_driver 等，相应变量结构图如图 9-4 所示。

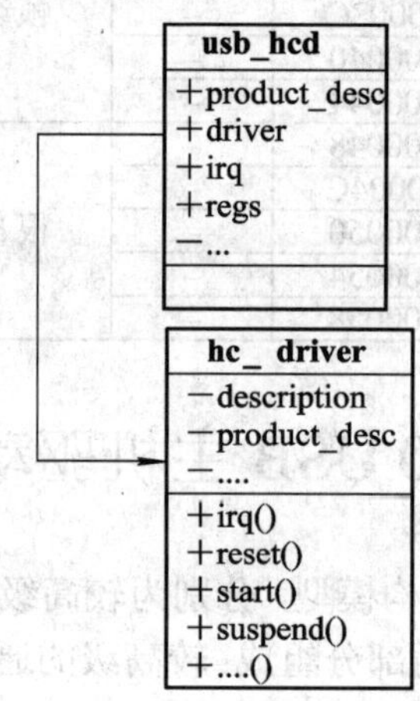

图 9-4 USB 结构体相关变量结构关系

1. 结构体 usb_hcd

结构体 usb-hcd 代码描述如下：

```
struct usb_hcd
{
   struct usb_bus    self;
   const char    *product_desc;            /* 产品/厂商字符串 */
   char    irq_descr[24];                  /* 驱动 + 总线 # */
   struct timer_listrh_timer;              /* 根 hub 轮询 */
   const struct hc_driver*driver;          /* 硬件特定的钩子 */
   unsigned    saw_irq : 1;
   unsigned    can_wakeup:1;
   unsigned    remote_wakeup:1;            /* 远程唤醒 */
   unsigned    rh_registered:1;            /* 根 hub 是否注册 */
   int    irq;                             /* irq 分配 */
```

```
    void_iomem    *regs;                  /* 设备的 io 内存 */
    u64  rsrc_start;                      /* 分配的内存的起始地址 */
    u64  rsrc_len;                        /* 分配的内存长度 */
    #define HCD_BUFFER_POOLS4
    struct dma_pool   *pool [HCD_BUFFER_POOLS];
    int    state;
    #define_ACTIVE   0x01
    #define_SUSPEND   0x04
    #define_TRANSIENT   0x80

    #define   HC_STATE_HALT   0
    #define   HC_STATE_RUNNING(_ACTIVE)
    #define   HC_STATE_QUIESCING(_SUSPEND|_TRANSIENT|_ACTIVE)
    #define   HC_STATE_RESUMING(_SUSPEND|_TRANSIENT)
    #define   HC_STATE_SUSPENDED(_SUSPEND)

    #define   HC_IS_RUNNING(state) ((state) & _ACTIVE)
    #define   HC_IS_SUSPENDED(state) ((state) & _SUSPEND)

    unsigned long hcd_priv[0]
    _attribute_ ((aligned (sizeof(unsigned long))));
};
```

2. 结构体变量 ohci_s3c2440_hc_driver

ohci_s3c2440_hc_driver 描述了 S3C2440 OHCI USB 控制器相关的操作，代码描述如下：

```
static const struct hc_driver ohci_s3c2440_hc_driver =
{
    .description = hcd_name,
    .product_desc = "S3C24XX OHCI",
    .hcd_priv_size = sizeof(struct ohci_hcd),
    .irq = ohci_irq,
    .flags = HCD_USB11 | HCD_MEMORY,

    .start = ohci_s3c2440_start,
    .stop = ohci_stop,
    .urb_enqueue = ohci_urb_enqueue,
    .urb_dequeue = ohci_urb_dequeue,
    .endpoint_disable = ohci_endpoint_disable,
    .get_frame_number = ohci_get_frame,
    .hub_status_data = ohci_s3c2410_hub_status_data,
```

```
    .hub_control = ohci_s3c2410_hub_control,

    #if defined(CONFIG_USB_SUSPEND) && 0
    .hub_suspend = ohci_hub_suspend,
    .hub_resume = ohci_hub_resume,
    #endif
};
```

3. ohci_hcd_s3c2440_driver 结构体变量

ohci_hcd_s3c2440_driver 定义了 S3C2440 主控制器驱动的一些操作，代码描述如下：

```
static struct device_driver ohci_hcd_s3c2440_driver =
{
    .name = "s3c2440-ohci",
    .bus = &platform_bus_type,
    .probe = ohci_hcd_s3c2440_drv_probe,
    .remove = ohci_hcd_s3c2440_drv_remove,
}
```

9.4.3 主要函数描述

1. usb host 驱动初始化化函数 ohci_hcd_s3c2440_init()

ohci_hcd_s3c 2440_init()函数代码描述如下：

```
static int_init ohci_hcd_s3c2440_init (void)
{
    return driver_register(&ohci_hcd_s3c2440_driver);
}
```

2. 主控制器的驱动清理函数 ohci_hcd_s3c2440_cheanup()

ohci_hcd_s3c2440_cheanup()函数代码描述如下：

```
static void __exit ohci_hcd_s3c2440_cleanup (void)
{
    driver_unregister(&ohci_hcd_s3c2440_driver);
}
```

3. 主控制器的启动函数 s3c2440_start_hc()

s3c2440_start_hc()函数主要用于启动主控制器，代码描述如下：

```
static void s3c2440_start_hc(struct platform_device *dev, struct usb_hcd *hcd)
{
    struct s3c2440_hcd_info *info = dev->dev.platform_data;

    dev_dbg(&dev->dev,  "s3c2440_start_hc:\n");
```

```
        clk_enable(clk);

        if (info != NULL)
        {
          info->hcd = hcd;
          info->report_oc = s3c2440_hcd_oc;

          if (info->enable_oc != NULL)
          {
            (info->enable_oc)(info, 1);
          }
        }
      }
```

4. 主控制的控制处理函数 ohci_s3c2440_hub_control()

ohci_s3c2440_hub_control()函数函数主要用于 hub 一些相关控制请求的处理，如接口描述、端口状态等，代码描述如下：

```
      static int ohci_s3c2440_hub_control (struct usb_hcd *hcd,
      u16 typeReq, u16 wValue, u16 wIndex, char *buf, u16 wLength)
      {
        struct s3c2440_hcd_info *info = to_s3c2440_info(hcd);
        struct usb_hub_descriptor *desc;
        int ret = -EINVAL;
        u32 *data = (u32 *)buf;

        if (info == NULL)
        {
          ret = ohci_hub_control(hcd, typeReq, wValue, wIndex, buf, wLength);
          goto out;
        }
        switch (typeReq)
        {
          case SetPortFeature:
          if (wValue == USB_PORT_FEAT_POWER)
          {
            dev_dbg(hcd->self.controller, "SetPortFeat: POWER\n");
            s3c2440_usb_set_power(info, wIndex, 1);
            goto out;
          }
          break;
```

```
case ClearPortFeature:
switch (wValue)
{
   case USB_PORT_FEAT_C_OVER_CURRENT:

   if (valid_port(wIndex))
   {
      info->port[wIndex-1].oc_changed = 0;
      info->port[wIndex-1].oc_status = 0;
   }
   goto out;

   case USB_PORT_FEAT_OVER_CURRENT:

   if (valid_port(wIndex))
   {
      info->port[wIndex-1].oc_status = 0;
   }
   goto out;

   case USB_PORT_FEAT_POWER:

   if (valid_port(wIndex))
   {
      s3c2440_usb_set_power(info, wIndex, 0);
      return 0;
   }
 }
 break;
}
ret = ohci_hub_control(hcd, typeReq, wValue, wIndex, buf, wLength);
if (ret)
goto out;

switch (typeReq)
{
  case GetHubDescriptor:

  desc = (struct usb_hub_descriptor *)buf;
```

```
        if (info->power_control == NULL)
        return ret;

        desc->wHubCharacteristics &= ~cpu_to_le16(HUB_CHAR_LPSM);
        desc->wHubCharacteristics |= cpu_to_le16(0x0001);

        if (info->enable_oc)
        {
            desc->wHubCharacteristics &= ~cpu_to_le16(HUB_CHAR_OCPM);
            desc->wHubCharacteristics |= cpu_to_le16(0x0008|0x0001);
        }
        return ret;

        case GetPortStatus:
        if (valid_port(wIndex))
        {
            if (info->port[wIndex-1].oc_changed)
            {
                *data |= cpu_to_le32(RH_PS_OCIC);
            }

            if (info->port[wIndex-1].oc_status)
            {
                *data |= cpu_to_le32(RH_PS_POCI);
            }
        }
    }
    out:
    return ret;
}
```

9.5　ZC301 USB 摄像头驱动实例

9.5.1　主要的数据结构与相关变量定义

主要的数据结构与相关变量的代码描述如下：

```
static struct usb_driver spca5xx_driver =
{
    "spca5xx",
```

```
    spca5xx_probe,                              //注册设备自我侦测功能
   spca5xx_disconnect,                          //注册设备自我断开功能
    {NULL, NULL}
};
```

9.5.2　主要函数分析

1. 模块初始化函数 usb_spca5xx_init()

usb_spca5xx_init()函数主要完成注册摄像头设备和建立 PROC 设备文件，代码描如下：

```
module_init (usb_spca5xx_init);
static int __init
usb_spca5xx_init (void)
{
  #ifdef CONFIG_PROC_FS
   proc_spca50x_create ();                              //建立 PROC 设备文件
  #endif /* CONFIG_PROC_FS */
  if (usb_register (&spca5xx_driver) < 0)          //注册 USB 设备驱动
    return -1;
  info ("spca5xx driver %s registered",   version);
  return 0;
}
```

2. 模块卸载函数 usb_spca5xx_exit()

usb_spca5xx_exit()函数主要完成设备注销 USB 设备和撤销 PROC 设备文件，代码描述如下：

```
module_exit (usb_spca5xx_exit);
tatic void __exit
usb_spca5xx_exit (void)
{
  usb_deregister (&spca5xx_driver);                    //注销 USB 设备驱动
  info ("driver spca5xx deregistered");
  #ifdef CONFIG_PROC_FS
   proc_spca50x_destroy ();                              //撤消 PROC 设备文件
  #endif /* CONFIG_PROC_FS */
}
```

3. 摄像头探测函数 spca5xx_probe()

spca5xx_probe()函数主要实现 USB 设备的即插即用功能，包括分配物理地址空间、初始化帧等待队列和初始化驱动等待队列、配置 USB 设备和注册 video 设备，其流程图如图 9-5 所示。

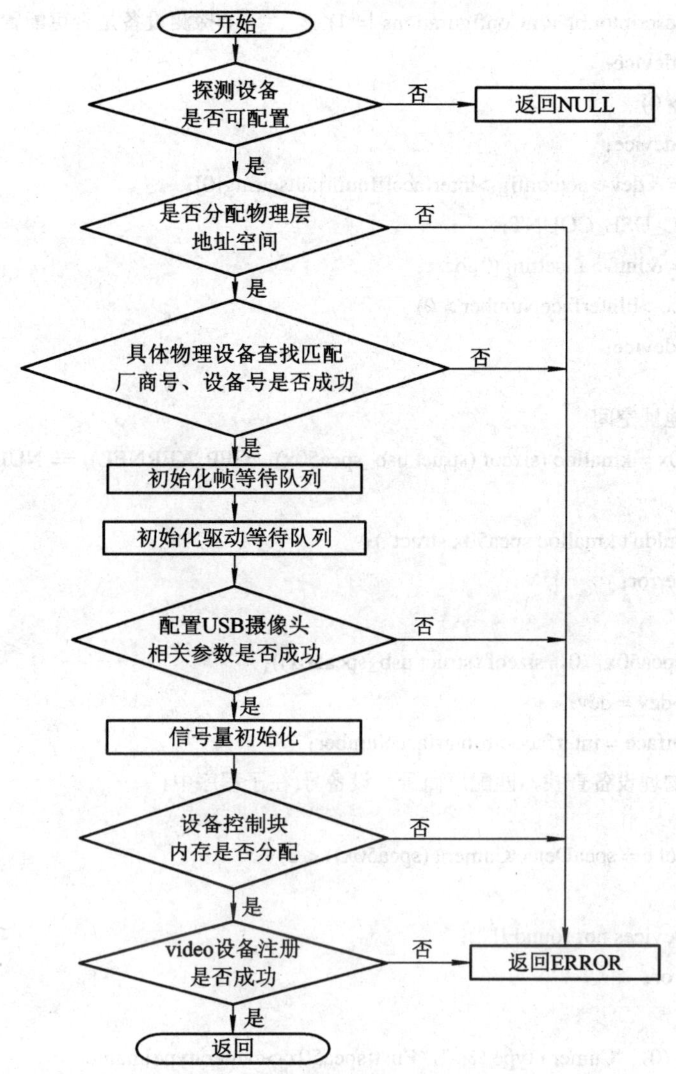

图 9-5　USB 摄像头探测函数流程图

通过图 9-5 所示的流程图可以看出：spca5xx_probe()函数首先要进行设备配置选择，然后分配物理地址空间，在子程序中查找具体物理设备，匹配厂商号以及设备号，判断检测到的信息，进行初始化帧等待队列和驱动等待队列，此时要配置 USB 物理设备(给控制寄存器写值，读取其返回值)，再进行信号量的初始化和分配设备控制块内存，最后判断 video 设备注册是否成功，如果正确则返回数据结构，反之进行错误处理。其代码描述如下：

```
static void *
spca5xx_probe (struct usb_device *dev，unsigned int ifnum，  const struct usb_device_id *id)
{
   struct usb_interface_descriptor *interface;            //USB 设备接口描述符
   struct usb_spca50x *spca50x;                           //物理设备数据结构
   int err_probe;
   int i;
```

```
if (dev->descriptor.bNumConfigurations != 1)          //探测设备是否可配置
    goto nodevice;
if (ifnum > 0)
    goto nodevice;
interface = &dev->actconfig->interface[ifnum].altsetting[0];
MOD_INC_USE_COUNT;
interface = &intf->altsetting[0].desc;
if (interface->bInterfaceNumber > 0)
    goto nodevice;

//分配物理地址空间
if ((spca50x = kmalloc (sizeof (struct usb_spca50x), GFP_KERNEL)) == NULL)
{
    err ("couldn't kmalloc spca50x struct");
        goto error;
}
memset (spca50x, 0, sizeof (struct usb_spca50x));
spca50x->dev = dev;
spca50x->iface = interface->bInterfaceNumber;
    //具体物理设备查找，匹配厂商号，设备号(在子程序中)

if ((err_probe = spcaDetectCamera (spca50x)) < 0)
{
    err (" Devices not found !! ");
    goto error;
}
PDEBUG (0, "Camera type %s ", Plist[spca50x->cameratype].name
for (i = 0; i < SPCA50X_NUMFRAMES; i++)
    init_waitqueue_head (&spca50x->frame[i].wq);       //初始化帧等待队列
    init_waitqueue_head (&spca50x->wq);                //初始化驱动等待队列
if (!spca50x_configure (spca50x))
//物理设备配置(主要完成传感器侦测和图形参数配置)，主要思想是给控制寄存器写值，
//读回其返回值，以此判断具体的传感器型号
{
    spca50x->user = 0;
    init_MUTEX (&spca50x->lock);                       //信号量初始化
    init_MUTEX (&spca50x->buf_lock);
    spca50x->v4l_lock = SPIN_LOCK_UNLOCKED;
    spca50x->buf_state = BUF_NOT_ALLOCATED;
}
```

```
else
{
  err ("Failed to configure camera");
  goto error;
}
/* Init video stuff */
spca50x->vdev = video_device_alloc ();                    //设备控制块内存分配
if (!spca50x->vdev)
  goto error;
memcpy (spca50x->vdev， &spca50x_template，sizeof (spca50x_template));
//系统调用的挂接，在此将驱动实现的系统调用挂到内核中
video_set_drvdata (spca50x->vdev， spca50x);
if (video_register_device (spca50x->vdev， VFL_TYPE_GRABBER， video_nr) < 0)
{                                                          //video 设备注册
  err ("video_register_device failed");
  goto error;
}
spca50x->present = 1;
if (spca50x->force_rgb)
  info ("data format set to RGB");
spca50x->task.sync = 0;
spca50x->task.routine = auto_bh;
spca50x->task.data = spca50x;
spca50x->bh_requested = 0;
MOD_DEC_USE_COUNT;                                         //增加模块使用数
return spca50x;                                                //返回数据结构
error:                                                         //错误处理
if (spca50x->vdev)
{
  if (spca50x->vdev->minor == -1)
  video_device_release (spca50x->vdev);
    else
  video_unregister_device (spca50x->vdev);
    spca50x->vdev = NULL;
}
if (spca50x)
{
  kfree (spca50x);
  spca50x = NULL;
}
```

```
    MOD_DEC_USE_COUNT;
    return NULL;
    nodevice:
    return NULL;
}
```

4. USB 摄像头移除处理函数 spca5xx_disconnec()

spca5xx_disconnect()函数主要完成 USB 摄像头的 video 设备注销、端口的释放、URB 包的传输、内存空间的释放等工作，代码描述如下：

```
static void   spca5xx_disconnect (struct usb_device *dev, void *ptr)
{
    struct usb_spca50x *spca50x = (struct usb_spca50x *) ptr;
    int n;
    MOD_INC_USE_COUNT;                                          //增加模块使用数
    if (!spca50x)
      return;
    down (&spca50x->lock);                                      //减少信号量
    spca50x->present = 0;                                       //驱动卸载置 0
    for (n = 0; n < SPCA50X_NUMFRAMES; n++)                    //标示所有帧 ABORTING 状态
      spca50x->frame[n].grabstate = FRAME_ABORTING;
      spca50x->curframe = -1;
    for (n = 0;  n < SPCA50X_NUMFRAMES;  n++)                  //唤醒所有等待进程
      if (waitqueue_active (&spca50x->frame[n].wq))
         wake_up_interruptible (&spca50x->frame[n].wq);
    if (waitqueue_active (&spca50x->wq))
         wake_up_interruptible (&spca50x->wq);
    spca5xx_kill_isoc(spca50x);                                 //子函数终止 URB 包的传输
    PDEBUG (3, "Disconnect Kill isoc done");
    up (&spca50x->lock);                                        //增加信号量
    while(spca50x->user)                                        //如果还有进程在使用，则切换进程
      schedule();
      down (&spca50x->lock);
      if (spca50x->vdev)
      video_unregister_device (spca50x->vdev);                  //注销 video 设备
      usb_driver_release_interface (&spca5xx_driver, &spca50x->dev->actconfig->
                                    interface[spca50x->iface]); //端口释放
      spca50x->dev = NULL;
      up (&spca50x->lock);
#ifdef CONFIG_PROC_FS
      destroy_proc_spca50x_cam (spca50x);                       //注销 PROC 文件
```

```
#endif /* CONFIG_PROC_FS */
 if (spca50x && !spca50x->user)                    //释放内存空间
{
  spca5xx_dealloc (spca50x);
  kfree (spca50x);
  spca50x = NULL;
}
MOD_DEC_USE_COUNT;                                 //减少模块记数
PDEBUG (3, "Disconnect complete");
}
```

5. 数据结构函数 file_operations()

该模块通过 file_operations()数据结构函数，依据 V4L 协议规范，实现设备的关键系统调用，实现设备文件化的 UNIX 系统设计特点。作为摄像头驱动，其功能在于数据采集，而没有向摄像头输出的功能，因此在源码中没有实现 write 系统调用。其代码描述如下：

```
static struct video_device spca50x_template =
{
  .owner = THIS_MODULE,
  .name = "SPCA5XX USB Camera",
  .type = VID_TYPE_CAPTURE,
  .hardware = VID_HARDWARE_SPCA5XX,
  .fops = &spca5xx_fops,
};
static struct file_operations spca5xx_fops =
{
  .owner = THIS_MODULE,
  .open = spca5xx_open,                    //open 功能
  .release = spca5xx_close,                //close 功能
  .read = spca5xx_read,                    //read 功能
  .mmap = spca5xx_mmap,                    //内存映射功能
  .ioctl = spca5xx_ioctl,                  //文件信息获取
  .llseek = no_llseek,                     //文件定位功能未实现
};
```

1) Open 功能

Open 功能可以完成设备的打开和初始化，并初始化解码器模块。代码描述如下：

```
static int    spca5xx_open(struct video_device *vdev,   int flags)
{
  struct usb_spca50x *spca50x = video_get_drvdata (vdev);
  int err;
  MOD_INC_USE_COUNT;                       //增加模块记数
```

```
down (&spca50x->lock);
err = -ENODEV;
if (!spca50x->present)                          //检查设备是否存在，有无驱动，是否忙
goto out;
err = -EBUSY;
if (spca50x->user)
  goto out;
err = -ENOMEM;
if (spca50x_alloc (spca50x))
goto out;
err = spca50x_init_source (spca50x);        //初始化传感器和解码模块，在此函数的实现
//中，对每一款 DSP 芯片的初始化都不一样，对中星微 301P 的 DSP 芯片的初始化在子
//函数 zc3xx_init，其实现方法为寄存器填值
if (err != 0)
{
  PDEBUG (0,   "DEALLOC error on spca50x_init_source\n");
  up (&spca50x->lock);
  spca5xx_dealloc (spca50x);
  goto out2;
}
spca5xx_initDecoder(spca50x);   //解码模块初始化，其模块的具体实现采用的是 huffman 算法
spca5xx_setFrameDecoder(spca50x);
spca50x->user++;
err = spca50x_init_isoc (spca50x);      //初始化 URB(usb request block)包，启动摄像头，
                                        //采用同步传输的方式传送数据
if (err)
{
  PDEBUG (0,   " DEALLOC error on init_Isoc\n");
  spca50x->user--;
  spca5xx_kill_isoc (spca50x);
  up (&spca50x->lock);
  spca5xx_dealloc (spca50x);
  goto out2;
}
spca50x->brightness = spca50x_get_brghtness (spca50x) << 8;
spca50x->whiteness = 0;
out:
up (&spca50x->lock);
out2:
if (err)
```

```
    MOD_DEC_USE_COUNT;
  if (err)
  {
    PDEBUG (2, "Open failed");
  }
  else
  {
    PDEBUG (2, "Open done");
  }
  return err;
}
```

2) Close 功能

Close 功能可以完成设备的关闭，代码描述如下：

```
static void
spca5xx_close( struct video_device *vdev)
{
  struct usb_spca50x *spca50x =vdev->priv;
  int i;
  PDEBUG (2,  "spca50x_close");
  down (&spca50x->lock);                          //参数设置
  spca50x->user--;
  spca50x->curframe = -1;
  if (spca50x->present)                           //present：是或有驱动加载
  {
    spca50x_stop_isoc (spca50x);                  //停止摄像头工作和数据包发送
    spcaCameraShutDown (spca50x);  //关闭摄像头，由子函数 spca50x_stop_isoc()完成
    for (i = 0;  i < SPCA50X_NUMFRAMES;  i++)  //唤醒所有等待进程
    {
      if (waitqueue_active (&spca50x->frame[i].wq))
      wake_up_interruptible (&spca50x->frame[i].wq);
    }
    if (waitqueue_active (&spca50x->wq))
    wake_up_interruptible (&spca50x->wq);
  }
  up (&spca50x->lock);
  spca5xx_dealloc (spca50x);                     //回收内存空间
  PDEBUG(2, "Release ressources done");
  MOD_DEC_USE_COUNT;
}
```

3) Read 功能

Read 功能可以完成数据的读取，其主要的工作就是将数据由内核空间传送到进程用户空间。其代码描述如下：

```
static long
spca5xx_read(struct video_device *dev, char * buf, unsigned long count, int noblock)
{
   struct usb_spca50x *spca50x = video_get_drvdata (dev);
   int i;
   int frmx = -1;
   int rc;
   volatile struct spca50x_frame *frame;
   if (down_interruptible(&spca50x->lock))                    //获取信号量
       return -EINTR;
   if (!dev || !buf)
   {                                                          //判断设备情况
     up(&spca50x->lock);
     return -EFAULT;
   }
   if (!spca50x->dev)
   {
     up(&spca50x->lock);
     return -EIO;
   }
   if (!spca50x->streaming)
   {
     up(&spca50x->lock);
     return -EIO;
   }
   //在指定的队列上睡眠，直到参数 2 的条件为真
   if((rc = wait_event_interruptible(spca50x->wq,
        spca50x->frame[0].grabstate == FRAME_DONE ||
        spca50x->frame[1].grabstate == FRAME_DONE ||
        spca50x->frame[2].grabstate == FRAME_DONE ||
        spca50x->frame[3].grabstate == FRAME_DONE )))
   {
     up(&spca50x->lock);
     return rc;
   }
   for (i = 0;  i < SPCA50X_NUMFRAMES;  i++)                 //当数据到来
```

```
        if (spca50x->frame[i].grabstate == FRAME_DONE)          //标识数据已到
            frmx = i;
    if (frmx < 0)
    {
        PDEBUG (2, "Couldnt find a frame ready to be read.");
        up(&spca50x->lock);
        return -EFAULT;
    }
    frame = &spca50x->frame[frmx];
    PDEBUG (2,  "count asked: %d available: %d",  (int) count, (int) frame->scanlength);
    if (count > frame->scanlength)
        count = frame->scanlength;
    if ((i = copy_to_user (buf, frame->data,  count)))      //实现用户空间和内核空间的数据拷贝
    {
        PDEBUG (2,  "Copy failed! %d bytes not copied", i);
        up(&spca50x->lock);
        return -EFAULT;
    }
    /* Release the frame */
    frame->grabstate = FRAME_READY;                          //标识数据已空
    up(&spca50x->lock);
    return count;                                            //返回拷贝的数据数
}
```

4) Mmap 功能

Mmap 功能可实现将设备内存映射到用户进程的地址空间的功能，其关键函数是 remap_page_range()，具体实现代码如下：

```
static int
spca5xx_mmap(struct video_device *dev, const char *adr, unsigned long size)
{
    unsigned long start=(unsigned long) adr;
    struct usb_spca50x *spca50x = dev->priv;
    unsigned long page,  pos;

    if (spca50x->dev == NULL)
        return -EIO;
    PDEBUG (4,  "mmap: %ld (%lX) bytes", size, size);
    if (size>(((SPCA50X_NUMFRAMES * MAX_DATA_SIZE) + PAGE_SIZE - 1) & ~(PAGE_SIZE - 1)))
        return -EINVAL;
    if (down_interruptible(&spca50x->lock))                  //获取信号量
```

```
        return -EINTR;
    pos = (unsigned long) spca50x->fbuf;
    while (size > 0)                                      //循环实现内存映射
    {
        page = kvirt_to_pa (pos);
        if (remap_page_range (start, page, PAGE_SIZE, PAGE_SHARED))
        {                                                 //实现内存映射
            up(&spca50x->lock);
            return -EAGAIN;
        }
        start += PAGE_SIZE;
        pos += PAGE_SIZE;
        if (size > PAGE_SIZE)
        size -= PAGE_SIZE;
        else
        size = 0;
    }
    up(&spca50x->lock);                                   //释放信号量
    return 0;
}
```

5) Ioctl 功能

Ioctl 可实现文件信息的获取功能，代码描述如下：

```
static int
spca5xx_ioctl (struct inode *inode, struct file *file, unsigned int cmd, unsigned long arg)
{
    struct video_device *vdev = file->private_data;
    struct usb_spca50x *spca50x = vdev->priv;
    int rc;
    if (down_interruptible(&spca50x->lock))               //获取信号量
        return -EINTR;
    rc = video_usercopy (inode, file, cmd, arg, spca5xx_do_ioctl);
                            //将信息传送到用户进程，其关键函数实现 spca5xx_do_ioctl
    up(&spca50x->lock);
    return rc;
}
```

spca5xx_do_ioctl 函数的实现依赖于不同的硬件，本驱动为了支持多种芯片，实现程序比较繁琐，其主要思想是通过 copy_to_user(arg，b，sizeof(struct video_capability)函数将设备信息传递给用户进程。

6. 数据传输模块

源程序采用 tasklet 来实现同步快速传递数据，并通过 spcadecode.c 上的软件解码模块实现图形信息的解码。此模块的入口点挂接在 spca_open 函数中，其具体的函数为 spca50x_init_isoc。当设备被打开时，同步传输数据也已经开始，并通过 spca50x_move_data 函数将数据传递给驱动程序，驱动程序通过轮询的办法实现对数据的访问。其代码描述如下：

```
void
outpict_do_tasklet (unsigned long ptr)
{
  int err;
  struct spca50x_frame *taskletframe = (struct spca50x_frame *) ptr;
  taskletframe->scanlength = taskletframe->highwater - taskletframe->data;
  PDEBUG (2,  "Tasklet ask spcadecoder hdrwidth %d hdrheight %d method %d",
            taskletframe->hdrwidth,  taskletframe->hdrheight,
            taskletframe->method);
  err = spca50x_outpicture (taskletframe);                //输出处理过的图片数据
  if (err != 0)
  {
    PDEBUG (0, "frame decoder failed (%d)", err);
    taskletframe->grabstate = FRAME_ERROR;
  }
  else
  {
    taskletframe->grabstate = FRAME_DONE;
  }
  if (waitqueue_active (&taskletframe->wq))        //如果有进程等待，则唤醒等待进程
    wake_up_interruptible (&taskletframe->wq);
}
```

值得一提的是，spcadecode.c 上解码模块将原始压缩图形数据流 yyuyv、yuvy、jpeg411 和 jpeg422 解码为 RGB 图形，但此部分解压缩算法的实现也依赖于压缩的格式，归根结底依赖于 DSP(数字处理芯片)中的硬件压缩算法。

7. USB CORE 的支持

Linux 下的 USB 设备对下层硬件的操作依靠由系统实现的 USB CORE 层，USB CORE 对上层驱动提供了众多函数接口，例如 usb_control_msg，usb_sndctrlpipe 等，其中最典型的使用为源码中对 USB 端点寄存器的读写函数 spca50x_reg_write 和 spca50x_reg_read 的操作，具体实现代码如下：

```
static int spca50x_reg_write(struct usb_device *dev, _u16 reg, _u16 index, _u16 value)
{
  int rc;
  rc = usb_control_msg(dev,      //通过 USB CORE 提供的接口函数设置寄存器的值
                  usb_sndctrlpipe(dev, 0),
                  reg,
```

```
                    USB_TYPE_VENDOR | USB_RECIP_DEVICE,
                    value, index, NULL, 0, TimeOut);
    PDEBUG(5, "reg write: 0x%02X, 0x%02X:0x%02X, 0x%x", reg, index, value, rc);
    if (rc < 0)
        err("reg write: error %d", rc);
    return rc;
}
```

9.6　USB 网络摄像头应用实例

9.6.1　V4L 介绍

Video4linux(简称 V4L)是 Linux 中关于视频设备的内核驱动。现在已有 Video4Linux2 还未加入 Linux 内核，需自己下载补丁在 Linux 中使用，视频设备是设备文件，可以像访问普通文件一样对其进行读写，摄像头在/dev/video0 文件下。流程图如图 9-6 所示。

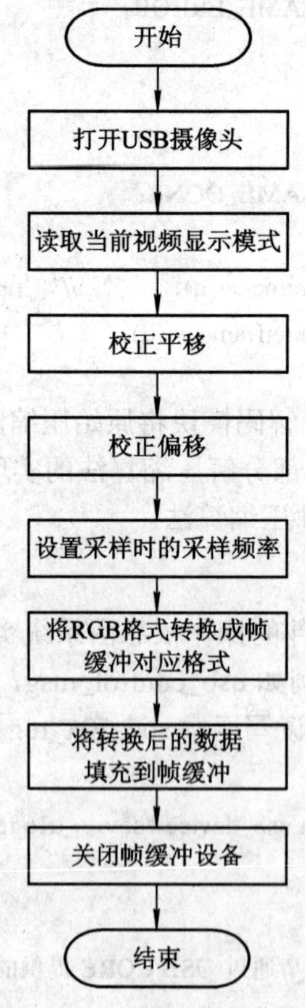

图 9-6　USB 摄像头访问流程图

通过上面的流程图可以看出：访问 USB 摄像头流程比较简单，首先打开 USB 摄像头，读取视频显示模式进行校正平移和偏移，然后设置采样时的采样频率，将 RGB 格式转化成帧缓冲对应格式，再将转换后的数据填充到帧缓冲，最后关闭帧缓冲设备。

9.6.2　主要的数据结构

struct vdIn 结构描述了 V4L 视频设备的相关属性，代码描述如下：

```
struct vdIn
{
   int fd;
   char *videodevice;
   struct video_mmap vmmap;
   struct video_capability videocap;
   int mmapsize;
   struct video_mbuf videombuf;
   struct video_picture videopict;
   struct video_window videowin;
   struct video_channel videochan;
   struct video_param videoparam;
   int cameratype;
   char *cameraname;
   char bridge[9];
   int sizenative;          // available size in jpeg
   int sizeothers;          // others palette
   int palette;             // available palette
   int norme;               // set spca506 usb video grabber
   int channel;             // set spca506 usb video grabber
   int grabMethod;
   unsigned char *pFramebuffer;
   unsigned char *ptframe[4];
   int framelock[4];
   pthread_mutex_t grabmutex;
   int framesizeIn;
   volatile int frame_cour;
   int bppIn;
   int    hdrwidth;
   int    hdrheight;
   int    formatIn;
   int signalquit;
};
```

9.6.3　主要函数描述

1. init_videoIn()函数

init_videoIn()函数主要完成 V4L 设备的初始化，代码描述如下：

```
int    init_videoIn (struct vdIn *vd, char *device, int width, int height, int format, int grabmethod)
{
  int err = -1;
  int i;
  if (vd == NULL || device == NULL)
    return -1;
  if (width == 0 || height == 0)
    return -1;
  if(grabmethod < 0 || grabmethod > 1)
     grabmethod = 1;   //read by default;
  // check format
  vd->videodevice = NULL;
  vd->cameraname = NULL;
  vd->videodevice = NULL;
  vd->videodevice = (char *) realloc (vd->videodevice,  16);
  vd->cameraname = (char *) realloc (vd->cameraname,  32);
  snprintf (vd->videodevice,  12,  "%s",  device);
  if(debug) printf("video %s \n", vd->videodevice);
  memset (vd->cameraname,  0,  sizeof (vd->cameraname));
  memset(vd->bridge,  0,  sizeof(vd->bridge));
  vd->signalquit = 1;
  vd->hdrwidth = width;
  vd->hdrheight = height;
  /*compute the max frame size*/
  vd->formatIn = format;
  vd->bppIn = GetDepth (vd->formatIn);
  vd->grabMethod = grabmethod;                //mmap or read
  vd->pFramebuffer = NULL;
  /* init and check all setting */
  err = init_v4l (vd);
  /* allocate the 4 frames output buffer */

  for (i = 0;  i < OUTFRMNUMB;  i++)
  {
    vd->ptframe[i] = NULL;
```

```
        vd->ptframe[i] =
            (unsigned char*)realloc(vd->ptframe[i], sizeof(struct frame_t)+(size_t)vd->framesizeIn );
        vd->framelock[i] = 0;
    }
    vd->frame_cour = 0;

    pthread_mutex_init (&vd->grabmutex,  NULL);
    return err;
}
```

2. 图片采集函数 v4lGrab()

v4lGrab()函数可以从摄像头采集图片，代码描述如下：

```
int  v4lGrab (struct vdIn *vd )
{
    static      int frame = 0;

    int len;
    int size;
    int erreur = 0;
    int jpegsize = 0;

    struct frame_t *headerframe;
    double timecourant =0;
    double temps = 0;
    timecourant = ms_time();
    if (vd->grabMethod)
    {
        vd->vmmap.height = vd->hdrheight;
        vd->vmmap.width = vd->hdrwidth;
        vd->vmmap.format = vd->formatIn;
        if (ioctl (vd->fd,  VIDIOCSYNC,  &vd->vmmap.frame) < 0)
        {
            perror ("cvsync err\n");
            erreur = -1;
        }

        /* Is there someone using the frame */
        while((vd->framelock[vd->frame_cour] != 0) && vd->signalquit)
        usleep(1000);
        pthread_mutex_lock (&vd->grabmutex);
        /* memcpy (vd->ptframe[vd->frame_cour]+ sizeof(struct frame_t),  vd->pFramebuffer +
```

```
                vd->videombuf.offsets[vd->vmmap.frame], vd->framesizeIn);
            jpegsize =jpeg_compress(vd->ptframe[vd->frame_cour]+sizeof(struct frame_t),
                vd->framesizeIn, vd->pFramebuffer + vd->videombuf.offsets[vd->vmmap.frame],
                vd->hdrwidth, vd->hdrheight,  qualite); */
        temps = ms_time();
        jpegsize= convertframe(vd->ptframe[vd->frame_cour]+ sizeof(struct frame_t),
                            vd->pFramebuffer + vd->videombuf.offsets[vd->vmmap.frame],
                            vd->hdrwidth, vd->hdrheight, vd->formatIn, vd->framesizeIn);

        headerframe=(struct frame_t*)vd->ptframe[vd->frame_cour];
        snprintf(headerframe->header, 5, "%s", "SPCA");
        headerframe->seqtimes = ms_time();
        headerframe->deltatimes=(int)(headerframe->seqtimes-timecourant);
        headerframe->w = vd->hdrwidth;
        headerframe->h = vd->hdrheight;
        headerframe->size = (( jpegsize < 0)?0:jpegsize);
        headerframe->format = vd->formatIn;
        headerframe->nbframe = frame++;
        // printf("compress frame %d times %f\n", frame,  headerframe->seqtimes-temps);

        pthread_mutex_unlock (&vd->grabmutex);
        /************************************/

        if ((ioctl (vd->fd,  VIDIOCMCAPTURE,  &(vd->vmmap))) < 0)
        {
            perror ("cmcapture");
            if(debug) printf (">>cmcapture err \n");
            erreur = -1;
        }
        vd->vmmap.frame = (vd->vmmap.frame + 1) % vd->videombuf.frames;
        vd->frame_cour = (vd->frame_cour +1) % OUTFRMNUMB;
        //if(debug) printf("frame nb %d\n", vd->vmmap.frame);
    }
    else
    {
        /* read method */
        size = vd->framesizeIn;
        len = read (vd->fd,  vd->pFramebuffer, size);
        if (len < 0 )
        {
```

```
        if(debug) printf ("v4l read error\n");
        if(debug) printf ("len %d asked %d \n", len, size);
        return 0;
      }

      /* Is there someone using the frame */
      while((vd->framelock[vd->frame_cour] != 0)&& vd->signalquit)  usleep(1000);
      pthread_mutex_lock (&vd->grabmutex);
      /* memcpy (vd->ptframe[vd->frame_cour]+ sizeof(struct frame_t), vd->pFramebuffer,
                vd->framesizeIn);
         jpegsize =jpeg_compress(vd->ptframe[vd->frame_cour]+ sizeof(struct frame_t), len,
                              vd->pFramebuffer, vd->hdrwidth, vd->hdrheight, qualite); */
      temps = ms_time();
      jpegsize= convertframe(vd->ptframe[vd->frame_cour]+ sizeof(struct frame_t),
              vd->pFramebuffer, vd->hdrwidth, vd->hdrheight, vd->formatIn, vd->framesizeIn);

      headerframe=(struct frame_t*)vd->ptframe[vd->frame_cour];
      snprintf(headerframe->header, 5, "%s", "SPCA");
      headerframe->seqtimes = ms_time();
      headerframe->deltatimes=(int)(headerframe->seqtimes-timecourant);
      headerframe->w = vd->hdrwidth;
      headerframe->h = vd->hdrheight;
      headerframe->size = (( jpegsize < 0)?0:jpegsize);
      headerframe->format = vd->formatIn;
      headerframe->nbframe = frame++;
      // if(debug) printf("compress frame %d times %f\n", frame, headerframe->seqtimes-temps);

      vd->frame_cour = (vd->frame_cour +1) % OUTFRMNUMB;
      pthread_mutex_unlock (&vd->grabmutex);
    }
    return erreur;
  }
```

3. init_v4l()函数

init_v4l()函数可以读出设备文件中的图像数据的信息并存储在 jpegfile 文件中，代码描述如下：

```
static int   init_v4l (struct vdIn *vd)
{
  int f;
  int erreur = 0;
  if ((vd->fd = open (vd->videodevice, O_RDWR)) == -1)
```

```
        exit_fatal ("ERROR opening V4L interface");

    if (ioctl (vd->fd, VIDIOCGCAP, &(vd->videocap)) == -1)
        exit_fatal ("Couldn't get videodevice capability");

    if(debug) printf ("Camera found: %s \n", vd->videocap.name);
    snprintf (vd->cameraname, 32, "%s", vd->videocap.name);

    erreur = GetVideoPict (vd);
    if (ioctl (vd->fd, VIDIOCGCHAN, &vd->videochan) == -1)
    {
        if(debug) printf ("Hmm did not support Video_channel\n");
        vd->cameratype = UNOW;
    }
    else
    {
        if (vd->videochan.name)
        {
            if(debug) printf ("Bridge found: %s \n", vd->videochan.name);
            snprintf (vd->bridge, 9, "%s", vd->videochan.name);
            vd->cameratype = GetStreamId (vd->videochan.name);
            spcaPrintParam (vd->fd, &vd->videoparam);
        }
        else
        {
            if(debug) printf ("Bridge not found not a spca5xx Webcam Probing the hardware !!\n");
            vd->cameratype = UNOW;
        }
    }
    /* Only jpeg webcam allowed */
    if(vd->cameratype != JPEG)
    {
        exit_fatal ("Not a JPEG webcam sorry Abort !");
    }
    if(debug) printf ("StreamId: %d  Camera\n", vd->cameratype);
    /* probe all available palette and size Not need on the FOX always jpeg
    if (probePalette(vd ) < 0)
    {
        exit_fatal ("could't probe video palette Abort !");
    }
```

```
if (probeSize(vd ) < 0)
{
   exit_fatal ("could't probe video size Abort !");
}

err = check_palettesize(vd);
if(debug) printf (" Format asked %d check %d\n", vd->formatIn,  err);
*/
vd->videopict.palette = vd->formatIn;
vd->videopict.depth = GetDepth (vd->formatIn);
vd->bppIn = GetDepth (vd->formatIn);

//vd->framesizeIn = (vd->hdrwidth * vd->hdrheight * vd->bppIn) >> 3;
                                                    // here alloc the output ringbuffer
vd->framesizeIn = (vd->hdrwidth *vd->hdrheight >> 2 ); // here alloc the output ringbuffer jpeg only
erreur = SetVideoPict (vd);
erreur = GetVideoPict (vd);
if (vd->formatIn != vd->videopict.palette || vd->bppIn != vd->videopict.depth)
   exit_fatal ("could't set video palette Abort !");
if (erreur < 0)
   exit_fatal ("could't set video palette Abort !");

if (vd->grabMethod)
{
   if(debug) printf (" grabbing method default MMAP asked \n");
   // MMAP VIDEO acquisition
   memset (&(vd->videombuf), 0, sizeof (vd->videombuf));
   if (ioctl (vd->fd, VIDIOCGMBUF, &(vd->videombuf)) < 0)
   {
      perror (" init VIDIOCGMBUF FAILED\n");
   }
   if(debug)printf("VIDIOCGMBUF size %d frames %d offets[0]=%d offsets[1]=%d\n",
      vd->videombuf.size,  vd->videombuf.frames,
      vd->videombuf.offsets[0],  vd->videombuf.offsets[1]);
      vd->pFramebuffer =(unsigned char *) mmap (0, vd->videombuf.size, PROT_READ |
                           PROT_WRITE, MAP_SHARED, vd->fd, 0);
      vd->mmapsize = vd->videombuf.size;
      vd->vmmap.height = vd->hdrheight;
      vd->vmmap.width = vd->hdrwidth;
      vd->vmmap.format = vd->formatIn;
```

```
        for (f = 0;  f < vd->videombuf.frames;  f++)
        {
            vd->vmmap.frame = f;
            if (ioctl (vd->fd, VIDIOCMCAPTURE, &(vd->vmmap)))
            {
              perror ("cmcapture");
            }
        }
        vd->vmmap.frame = 0;
    }
    else
    {
        /* read method */
        /* allocate the read buffer */
        vd->pFramebuffer =(unsigned char *) realloc (vd->pFramebuffer, (size_t) vd->framesizeIn);
        if(debug) printf (" grabbing method READ asked \n");
        if (ioctl (vd->fd,   VIDIOCGWIN, &(vd->videowin)) < 0)
        perror ("VIDIOCGWIN failed \n");
            vd->videowin.height = vd->hdrheight;
            vd->videowin.width = vd->hdrwidth;
        if (ioctl (vd->fd,   VIDIOCSWIN, &(vd->videowin)) < 0)
        perror ("VIDIOCSWIN failed \n");
        if(debug) printf ("VIDIOCSWIN height %d   width %d \n",
            vd->videowin.height,   vd->videowin.width);
    }
    vd->frame_cour = 0;
    return erreur;
}
```

4. 数据转移函数 convertframe()

convertframe()函数可以把共享缓冲区中的数据放到一个变量中，通知系统已获得一帧，代码描述如下：

```
int convertframe(unsigned char *dst, unsigned char *src, int width, int height, int formatIn, int size)
{
    int jpegsize =0;
    switch (formatIn)
    {
        case VIDEO_PALETTE_JPEG:
          jpegsize = get_jpegsize(src,   size);
```

```
        if (jpegsize < 0) break;
        memcpy(dst, src, jpegsize);
        break;
        default:
      break;
    }
    return jpegsize;
  }
```

5. 关闭摄像头函数 close_v4l()

close_v4l()函数主要完成摄像头关闭和相关资源的释放，代码描述如下：

```
int
close_v4l (struct vdIn *vd)
{
  int i;
  if (vd->grabMethod)
  {
    if(debug) printf ("unmapping frame buffer\n");
    munmap (vd->pFramebuffer, vd->mmapsize);
  }
  else
  {
    free(vd->pFramebuffer);
    vd->pFramebuffer = NULL;
  }
  if(debug) printf ("close video_device\n");
  close (vd->fd);
  /* dealloc the whole buffers */
  if (vd->videodevice)
  {
    free (vd->videodevice);
    vd->videodevice = NULL;
  }
  if (vd->cameraname)
  {
    free (vd->cameraname);
    vd->cameraname = NULL;
  }
  for (i = 0; i < OUTFRMNUMB; i++)
```

```
    {
        if (vd->ptframe[i])
        {
            free (vd->ptframe[i]);
            vd->ptframe[i] = NULL;
            vd->framelock[i] = 0;
            if(debug) printf ("freeing output buffer %d\n", i);
        }
    }
    pthread_mutex_destroy (&vd->grabmutex);
}
```

9.6.4 参考代码

USB 摄像头的参考代码如下：

```
#include <stdlib.h>
#include <stdio.h>
#include <string.h>
#include <syslog.h>
#include "spcaframe.h"
#include "spcav4l.h"
#include "utils.h"
#include "tcputils.h"
#include "version.h"

static int debug = 0;
void grab (void);
void service (void *ir);
void sigchld_handler(int s);

struct vdIn videoIn;

int
main (int argc, char *argv[])
{
    char *videodevice = NULL;
    int grabmethod = 1;
    int format = VIDEO_PALETTE_JPEG;
    int width = 352;
    int height = 288;
```

```
char *separateur;
char *sizestring = NULL;
int i;
int serv_sock, new_sock;
pthread_t w1;
pthread_t server_th;
int sin_size;
unsigned short serverport = 7070;
struct sockaddr_in their_addr;
struct sigaction sa;
for (i = 1; i < argc; i++)
{
  /* skip bad arguments */
  if (argv[i] == NULL || *argv[i] == 0 || *argv[i] != '-')
  {
    continue;
  }
  if (strcmp (argv[i], "-d") == 0)
  {
    if (i + 1 >= argc)
    {
      if(debug) printf ("No parameter specified with -d, aborting.\n");
      exit (1);
    }
    videodevice = strdup (argv[i + 1]);
  }
  if (strcmp (argv[i], "-g") == 0)
  {
    /* Ask for read instead default  mmap */
    grabmethod = 0;
  }

  if (strcmp (argv[i], "-s") == 0)
  {
    if (i + 1 >= argc)
    {
      if(debug) printf ("No parameter specified with -s, aborting.\n");
      exit (1);
    }
```

```
    sizestring = strdup (argv[i + 1]);
    width = strtoul (sizestring, &separateur, 10);
    if (*separateur != 'x')
    {
      if(debug) printf ("Error in size use -s widthxheight \n");
      exit (1);
    }
    else
    {
      ++separateur;
      height =
              strtoul (separateur, &separateur, 10);
      if (*separateur != 0)
      if(debug) printf ("hmm.. dont like that!! trying this height \n");
      if(debug) printf (" size width: %d height: %d \n", width,  height);
    }
  }
  if (strcmp (argv[i],  "-w") == 0)
  {
    if (i + 1 >= argc)
    {
      if(debug) printf ("No parameter specified with -w,  aborting.\n");
      exit (1);
    }
    serverport = (unsigned short) atoi (argv[i + 1]);
    if (serverport < 1024  )
    {
      if(debug) printf ("Port should be between 1024 to 65536 set default 7070 !.\n");
      serverport = 7070;
    }
  }

  if (strcmp (argv[i],  "-h") == 0)
  {
    printf ("usage: cdse [-h -d -g ] \n");
    printf ("-h print this message \n");
    printf ("-d /dev/videoX       use videoX device\n");
    printf ("-g use read method for grab instead mmap \n");
```

```
        printf ("-s widthxheight           use specified input size \n");
        printf ("-wport          server port \n");

        exit (0);
    }
}
/* main code */

printf(" %s \n", version);
if (videodevice == NULL || *videodevice == 0)
{
    videodevice = "/dev/video0";
}

memset (&videoIn,  0,  sizeof (struct vdIn));

if (init_videoIn(&videoIn,  videodevice, width, height, format, grabmethod) != 0)

if(debug) printf (" damned encore rate !!\n");
// if(debug) printf("depth %d", videoIn.bppIn);

pthread_create (&w1, NULL, (void *) grab, NULL);
serv_sock = open_sock(serverport);
signal(SIGPIPE, SIG_IGN);    /* Ignore sigpipe */

sa.sa_handler = sigchld_handler;
sigemptyset(&sa.sa_mask);
sa.sa_flags = SA_RESTART;
syslog(LOG_ERR, "Spcaserv Listening on Port  %d\n", serverport);
printf("Waiting .... for connection. CTrl_c to stop !!!! \n");
while (videoIn.signalquit)
{
    sin_size = sizeof(struct sockaddr_in);
    if ((new_sock = accept(serv_sock, (struct sockaddr *)&their_addr, &sin_size)) == -1)
    {
        continue;
    }
    syslog(LOG_ERR, "Got connection from %s\n", inet_ntoa(their_addr.sin_addr));
    printf("Got connection from %s\n", inet_ntoa(their_addr.sin_addr));
```

```
        pthread_create(&server_th， NULL，(void *)service，&new_sock);
    }
    pthread_join (w1， NULL);

    close(serv_sock);
    close_v4l (&videoIn);
    return 0;
}

void grab (void)
{
    int err = 0;
    for (; ; )
    {
        //if(debug) printf("I am the GRABBER !!!!! \n");
        err = v4lGrab(&videoIn);
        if (!videoIn.signalquit || (err < 0))
        {
            if(debug) printf("GRABBER going out !!!!! \n");
            break;
        }
    }
}
void service (void *ir)
{
    int *id = (int*) ir;
    int frameout = 1;
    struct frame_t *headerframe;
    int ret;
    int sock;
    int ack = 0;
    unsigned char wakeup = 0;
    unsigned short bright;
    unsigned short contrast;
    struct client_t message;
    sock = *id;
    // if(debug) printf (" \n I am the server %d \n", *id);
    /* initialize video setting */
    bright = upbright(&videoIn);
```

```
contrast = upcontrast(&videoIn);
bright = downbright(&videoIn);
contrast = downcontrast(&videoIn);
for (; ; )
{
   memset(&message, 0, sizeof(struct client_t));
   ret = read(sock, (unsigned char*)&message, sizeof(struct client_t));
   //if(debug) printf("retour %s %d ret\n", message.message, ret);
   if (ret < 0)
   {
      if(debug) printf(" Client vaporished !! \n");
      break;
   }
   if (!ret) break;
   if(ret && (message.message[0] != 'O')) break;

   if (message.updobright)
   {
      switch (message.updobright)
      {
         case 1: bright = upbright(&videoIn);
            break;
         case 2: bright = downbright(&videoIn);
            break;
      }
      ack = 1;
   }
   else if (message.updocontrast)
   {
      switch (message.updocontrast)
      {
         case 1: contrast = upcontrast(&videoIn);
            break;
         case 2: contrast = downcontrast(&videoIn);
            break;
      }
      ack = 1;
   }
   else if (message.updoexposure)
```

```
{
  switch (message.updoexposure)
  {
    case 1: spcaSetAutoExpo(&videoIn);
        break;
    case 2:;
        break;
  }
  ack = 1;
}
else if (message.updosize)
{       //compatibility FIX chg quality factor ATM
  switch (message.updosize)
  {
    case 1: qualityUp(&videoIn);
      break;
    case 2: qualityDown(&videoIn);
      break;
  }
  ack = 1;
}
else if (message.fps)
{
  switch (message.fps)
  {
    case 1: timeDown(&videoIn);
      break;
    case 2: timeUp(&videoIn);
      break;
  }
  ack = 1;
}
else if (message.sleepon)
{
 ack = 1;
}
else ack =0;
while ((frameout == videoIn.frame_cour) && videoIn.signalquit) usleep(1000);
if (videoIn.signalquit)
```

```
        {
          videoIn.framelock[frameout]++;
          headerframe = (struct frame_t *) videoIn.ptframe[frameout];
          //headerframe->nbframe = framecount++;
          //if(debug) printf ("reader %d key %s width %d height %d times %dms size %d \n",   sock,
           // headerframe->header, headerframe->w, headerframe->h, headerframe->deltatimes,
          headerframe->size);
          headerframe->acknowledge = ack;
          headerframe->bright = bright;
          headerframe->contrast = contrast;
          headerframe->wakeup = wakeup;
          ret = write_sock(sock, (unsigned char *)headerframe, sizeof(struct frame_t));

        if(!wakeup)
        ret = write_sock(sock, (unsigned char*)(videoIn.ptframe[frameout]+sizeof(struct frame_t)),
                            headerframe->size);

          // ret = write_sock(sock, (unsigned char*)(videoIn.ptframe[frameout]+sizeof(struct frame_t)),
                               headerframe->size);

          videoIn.framelock[frameout]--;
          frameout = (frameout+1)%4;
        }
        else
        {
          if(debug) printf("reader %d going out \n", *id);
          break;
        }
      }
      close_sock(sock);
      pthread_exit(NULL);
    }
    void sigchld_handler(int s)
    {
      videoIn.signalquit = 0;
    }
```

第 10 章　S3C2440 A/D 接口和触摸屏 Linux 驱动及应用实例

10.1　S3C2440 A/D 接口驱动分析

10.1.1　S3C2440 A/D 接口

A/D 转换器是模拟信号源和 CPU 之间联系的接口，它的任务是将连续变化的模拟信号转换为数字信号，以便计算机和数字系统进行处理、存储、控制和显示。在工业控制和数据采集等领域中，A/D 转换是不可缺少的。

1. 常用 A/D 转换器类型

A/D 转换器有以下类型：逐位比较型、积分型、计数型、并行比较型、电压-频率型，应根据使用场合的具体要求，按照转换速度、精度、价格、功能以及接口条件等因素来决定选择何种类型。常用的 A/D 转换器有以下两种。

1) 双积分型的 A/D 转换器

双积分式也称二重积分式，其实质是测量和比较两个积分的时间，一个是对模拟输入电压积分的时间 T_0，此时间往往是固定的；另一个是以充电后的电压为初值，对参考电源 U_{REF} 反向积分，积分电容被放电至零所需的时间 T_1。模拟输入电压 U_i 与参考电压 U_{REF} 之比，等于上述两个时间之比。由于 U_{REF}、T_0 固定，而放电时间 T_1 可以测出，因而可计算出模拟输入电压的大小(U_{REF} 与 U_i 符号相反)，其原理框图如图 10-1 所示。

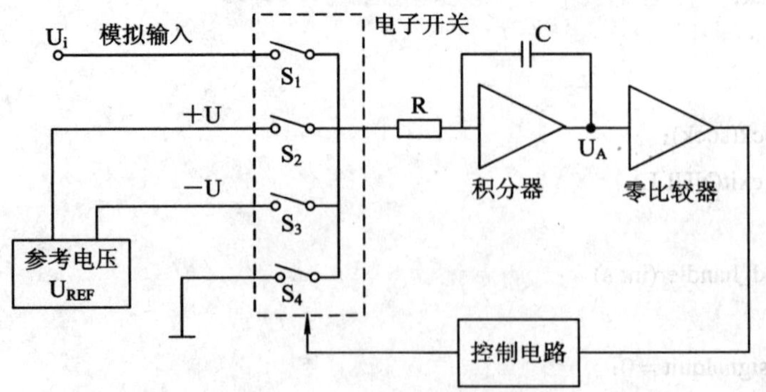

图 10-1　双积分型 A/D 转换器

由于 T_0、U_{REF} 为已知的固定常数，因此反向积分时间 T_1 与输入模拟电压 U_i 在 T_0 时间内的平均值成正比。输入电压 U_i 愈高，U_A 愈大，T_1 就愈长。在 T_1 开始时刻，控制逻辑同时打开计数器的控制门开始计数，直到积分器恢复到零电平时，计数才停止。计数器所计出的数字即正比于输入电压 U_i 在 T_0 时间内的平均值，于是完成了一次 A/D 转换。

双积分型 A/D 转换器用于输入电压 U_i 在 T_0 时间内的平均值，所以对常态干扰(串摸干扰)有很强的抑制作用，尤其对正负波形对称的干扰信号，抑制效果就更好。

双积分型的 A/D 转换器电路简单，抗干扰能力强，精度高，这是突出的优点。但转换速度比较慢，常用的 A/D 转换芯片的转换时间为毫秒级。例如，12 位的积分型 A/D 芯片 ADCETl2BC，其转换时间为 1 ms。因此它适用于模拟信号变化缓慢，采样速率要求较低，而且对精度要求较高，或现场干扰较严重的场合。例如在数字电压表中常被采用。

2) 逐次逼近型 A/D 转换器

逐次逼近型(也称逐位比较型)A/D 转换器比积分型的应用更为广泛，其原理框图如图 10-2 所示，主要由逐次逼近寄存器 SAR、D/A 转换器、比较器以及时序和控制逻辑等部分组成。它的实质是逐次把设定的 SAR 寄存器中的数字量经 D/A 转换后得到的电压 U_C 与待转换的模拟电压 U_X。进行比较。比较时，先从 SAR 的最高位开始，逐次确定各位的数码应是“1”还是“0”，其工作过程如下：

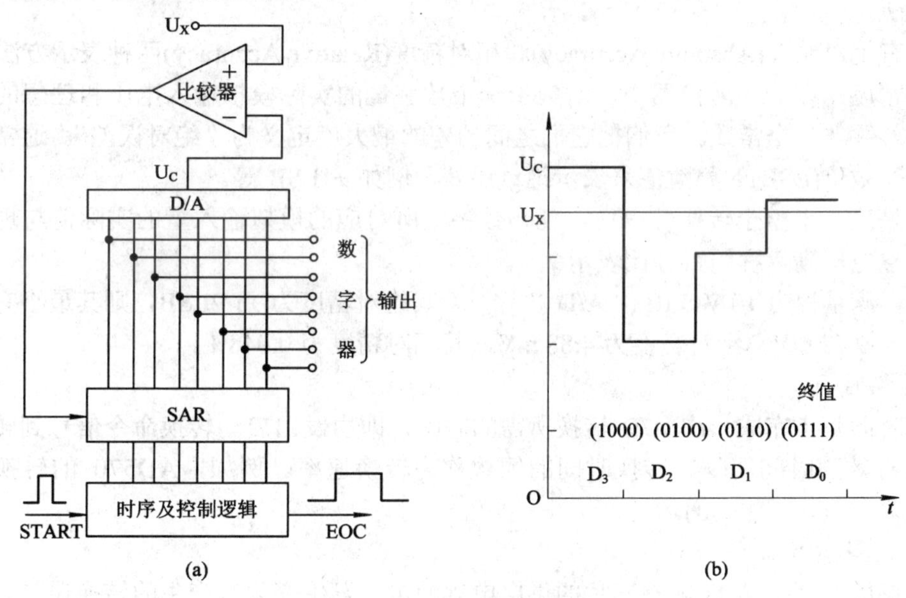

图 10-2　逐次逼近型 A/D 转换器

(a) 原理图；(b) 过程图

转换前，先将 SAR 寄存器各位清零。转换开始时，控制逻辑电路先设定 SAR 寄存器的最高位为“1”，其余位为“0”，此试探值经 D/A 转换成电压 U_C，然后将 U_C 与模拟输入电压 U_X 比较。如果 $U_X \geqslant U_C$，则说明 SAR 最高位的“1”应予保留；如果 $U_X < U_C$，则说明 SAR 该位应予清零。然后再对 SAR 寄存器的次高位置“1”，依上述方法进行 D/A 转换和比较。如此重复上述过程，直至确定 SAR 寄存器的最低位为止。过程结束后，状态线改变状态，表明已完成一次转换。最后，逐次逼近寄存器 SAR 中的内容就是与输入模拟量 U_X 相对应的二进制数字量。显然 A/D 转换器的位数 N 决定于 SAR 的位数和 D/A 的位数。转换结果能否准确逼近模拟信号，主要取决于 SAR 和 D/A 的位数。位数越多，越能准确逼近模拟量，但转换所需的时间也越长。

逐次逼近型 A/D 转换器的主要特点是：转换速度较快，在 1～100 μs 以内，分辨率可以达 18 位，特别适用于工业控制系统。转换时间固定，不随输入信号的变化而变化。抗干扰能力相对积分型的差。例如，在对模拟输入信号采样过程中，若在采样时刻有一个干扰脉冲叠加在模拟信号上，则采样时，包括干扰信号在内，都被采样和转换为数字量，这就会造成较大的误差，所以有必要采取适当的滤波措施。

2. A/D 转换的几个重要指标

1) 分辨率

分辨率反映 A/D 转换器对输入微小变化响应的能力，通常用数字输出最低位(LSB)所对应的模拟输入的电平值表示。n 位 A/D 能反映 $1/2^n$ 满量程的模拟输入电平。由于分辨率直接与转换器的位数有关，因此，可简单地用数字量的位数来表示分辨率，即 n 位二进制数，最低位所具有的权值，就是它的分辨率。

值得注意的是，分辨率与精度是两个不同的概念，不要把两者相混淆。即使分辨率很高，也可能由于温度漂移、线性度等原因，而使其精度不够高。

2) 精度

精度有绝对精度(Absolute Accuracy)和相对精度(Relative Accuracy)两种表示方法。

绝对精度：在一个转换器中，对应于一个数字量的实际模拟输入电压和理想的模拟输入电压之差并非一个常数。我们把它们之间的差的最大值定义为“绝对误差”。通常以数字量的最小有效位(LSB)的分数值来表示绝对误差，例如 ±1LSB 等。

相对精度：指整个转换范围内，任一数字量所对应的模拟输入量的实际值与理论值之差，用模拟电压满量程的百分比表示。

例如，满量程为 10 V，10 位 A/D 芯片，若其绝对精度为 ±1/2LSB，则其最小有效位的量化单位为 9.77 mV，绝对精度为 4.88 mV，其相对精度为 0.048%。

3) 转换时间

转换时间是指完成一次 A/D 转换所需的时间，即由发出启动转换命令信号到转换结束信号开始有效的时间间隔。转换时间的倒数称为转换速率。例如，AD570 的转换时间为 25 μs，其转换速率为 40 kHz。

4) 电源灵敏度

电源灵敏度是指 A/D 转换芯片的供电电源的电压发生变化时产生的转换误差。一般用电源电压变化 1%时相当的模拟量变化的百分数来表示。

5) 量程

量程是指所能转换的模拟输入电压范围，分单极性、双极性两种类型。

例如，单极性：量程为 0～+5 V、0～+10 V、0～+20 V；

双极性：量程为 −5～+5 V、−10～+10 V。

6) 输出逻辑电平

多数 A/D 转换器的输出逻辑电平与 TTL 电平兼容。在考虑数字量输出与微处理的数据总线接口时，应注意是否要三态逻辑输出，是否要对数据进行锁存等。

7) 工作温度范围

由于温度会对比较器、运算放大器、电阻网络等产生影响，故只在一定的温度范围内才能保证额定精度指标。一般 A/D 转换器的工作温度范围为 0～70℃，军用品的工作温度范围为 −55～+125℃。

3. ARM S3C2440 自带的 10 位 A/D 转换器

ARM S3C2440 芯片自带一个 8 路 10 位 A/D 转换器，并且支持触摸屏功能。ARM2410 开发板 A/D 转换器最大转换率为 500 kHz，非线性度为正负 1.5 位，其转换时间可以通过下式计算：如果系统时钟为 50 MHz，比例值为 49，则

$$\text{A/D 转换器频率} = 50\ \text{MHz}/(49+1) = 1\ \text{MHz}$$

$$\text{转换时间} = \frac{1}{1\,\text{MHz}/5\text{cycles}} = \frac{1}{200\,\text{kHz}} \quad (\text{相当于 } 5\ \mu\text{s})$$

该寄存器的 0 位是转换使能位，写 1 表示转换开始。1 位是读操作使能转换，写 1 表示转换在读操作时开始。3、4、5 位是通道号。[13:6]位为 AD 转换比例因子。14 位为比例因子有效位，15 位为转换标志位(只读)。

10.1.2　S3C2440 A/D 寄存器介绍

1. ADC(模数转换器)控制寄存器

ADC 控制寄存器的各位定义如表 10-1 和表 10-2 所示。

表 10-1　ADC 控制寄存器

寄存器	地址	读/写	描　述	默认值
ADCCON	0x58000000	R	ADC 控制寄存器	0x3FC4

表 10-2　ADC 控制寄存器位定义

NFECC	位	描　述	初始状态
ECFLG	[16]	结束转换标志 0=A/D 在转换中，1=A/D 转换结束	0
PRSECEN	[14]		0
PRSCVL	[13:6]		0Xff
SEL_MUX	[5:3]	模拟信号输入选择 000=AIN0，001=AIN1，010=AIN2，011=AIN3，100=AIN4，101=AIN5，110=AIN6，111=AIN7	0
STDBM	[2]	模式选择 0=普通，1=标准模式	1
READ_START	[1]	—	0
ENABLE_START	[0]	—	0

2. ADC 触摸屏控制寄存器

ADC 触摸屏控制寄存器的各位定义如表 10-3 和表 10-4 所示。

表 10-3　ADC 触摸屏控制寄存器

寄存器	地址	读/写	描　述	默认值
ADCTSC	0x58000004	R/W	ADC 控制寄存器	0x058

表 10-4 ADC 触摸屏控制寄存器位定义

ADCTSC	位	描 述	初始状态
保留	[8]	这个位一直是 0	0
YM_SEN	[7]	选择输出 YMON 值 0=YMON 输出 0(YM=Hi-Z) 1=YMON 输出 1(YM=GND)	0
YP_SEN	[6]	选择输出 nYPON 值 0=YMON 输出 0(YP=Hi-Z) 1=YMON 输出 1(YP=GND)	1
XM_SEN	[5]	选择输出 nXMON 值 0=nXMON 输出 0(XM=Hi-Z) 1=nXMON 输出 1(XM=GND)	0
XP_SEN	[4]	选择输出 nXPON 值 0=nXPON 输出 0(XP=Hi-Z) 1=nXPON 输出 1(XP=GND)	1
PULL_UP	[3]	下拉交换使能 0=禁止，1=使能	1
AUTO_PST	[2]	自动转换 X 和 Y 位置 0=Normal ADC Conversion	0
XY_PST	[1:0]	00=没有操作模式 01=X	

3. ADC 延时寄存器

ADC 延时寄存器的各位定义如表 10-5 和表 10-6 所示。

表 10-5 ADC 延时寄存器

寄存器	地 址	读/写	描 述	默认值
ADCDLY	0x58000008	R/W	ADC 控制寄存器	0x00FF

表 10-6 ADC 延时寄存器位定义

ADCTSC	位	描 述	初始状态
DELAY	[15:0]	该位一直是 0	0

4. ADC 转换数据寄存器 0

ADC 转换数据寄存器 0 的各位定义如表 10-7 和表 10-8 所示。

表 10-7 ADC 转换数据寄存器 0

寄存器	地 址	读/写	描 述	默认值
ADCDATA0	0x5800000C	R/W	ADC 转换数据寄存器	—

表 10-8 ADC 转换数据寄存器 0 位定义

ADCDATA0	位	描 述	初始状态
UPDOWN	[15]		—
AUTO_PST	[14]		—
XY_PST	[13:12]		—
保留	[11:10]	保留	—
XPDATA	[9:0]	X 位置数据(一般模式下 ADC 数据值) 数据值：0～3FF	—

5. ADC 转换数据寄存器 1

ADC 转换数据寄存器 1 的各位定义如表 10-9 和表 10-10 所示。

表 10-9　ADC 转换数据寄存器 1

寄存器	地　址	读/写	描　　述	默认值
ADCDATA1	0x58000010	R/W	ADC 转换数据寄存器	—

表 10-10　ADC 转换数据寄存器 1 位定义

ADCDATA1	位	描　　述	初始状态
UPDOWN	[15]	—	—
AUTO_PST	[14]	—	—
XY_PST	[13:12]	—	—
保留	[11:10]	保留	—
YPDATA	[9:0]	Y 位置数据(一般模式下 ADC 数据值) 数据值：0～3FF	—

10.1.3　S3C2440 A/D 驱动程序分析

1. 寄存器地址和功能定义

S3C2440 ADC 控制器相关寄存器地址及初始值定义如下：

```
#define S3C2440_ADCREG(x) (x)
#define S3C2440_ADCCON          S3C2440_ADCREG(0x00)
#define S3C2440_ADCTSC          S3C2440_ADCREG(0x04)
#define S3C2440_ADCDLY          S3C2440_ADCREG(0x08)
#define S3C2440_ADCDAT0         S3C2440_ADCREG(0x0C)
#define S3C2440_ADCDAT1         S3C2440_ADCREG(0x10)
#define ADC_IN0                 0
#define ADC_IN1                 1
#define ADC_IN2                 2
#define ADC_IN3                 3
#define ADC_IN4                 4
#define ADC_IN5                 5
#define ADC_IN6                 6
#define ADC_IN7                 7
#define ADC_BUSY                1
#define ADC_READY               0
#define NOP_MODE                0
#define X_AXIS_MODE             1
#define Y_AXIS_MODE             2
#define WAIT_INT_MODE           3
```

```
/* ... */
#define ADCCON_ECFLG          (1 << 15)
#define PRESCALE_ENDIS        (1 << 14)
#define PRESCALE_DIS          (PRESCALE_ENDIS*0)
#define PRESCALE_EN           (PRESCALE_ENDIS*1)

#define PRSCVL(x)             (x << 6)
#define ADC_INPUT(x)          (x << 3)
#define ADCCON_STDBM          (1 << 2)          /* 1: standby mode,   0: normal mode */
#define ADC_NORMAL_MODE            (ADCCON_STDBM*0)
#define ADC_STANDBY_MODE (ADCCON_STDBM*1)
#define ADCCON_READ_START (1 << 1)
#define ADC_START_BY_RD_DIS       (ADCCON_READ_START*0)
#define ADC_START_BY_RD_EN        (ADCCON_READ_START*1)
#define ADC_START             (1 << 0)

#define UD_SEN                (1 << 8)
#define DOWN_INT              (UD_SEN*0)
#define UP_INT                (UD_SEN*1)
#define YM_SEN                (1 << 7)
#define YM_HIZ                (YM_SEN*0)
#define YM_GND                (YM_SEN*1)
#define YP_SEN                (1 << 6)
#define YP_EXTVLT             (YP_SEN*0)
#define YP_AIN                (YP_SEN*1)
#define XM_SEN                (1 << 5)
#define XM_HIZ                (XM_SEN*0)
#define XM_GND                (XM_SEN*1)
#define XP_SEN                (1 << 4)
#define XP_EXTVLT             (XP_SEN*0)
#define XP_AIN                (XP_SEN*1)
#define XP_PULL_UP                (1 << 3)
#define XP_PULL_UP_EN             (XP_PULL_UP*0)
#define XP_PULL_UP_DIS            (XP_PULL_UP*1)
#define AUTO_PST                  (1 << 2)
#define CONVERT_MAN               (AUTO_PST*0)
#define CONVERT_AUTO              (AUTO_PST*1)
#define XP_PST(x)                 (x << 0)
```

2. 主要数据结构和变量描述

ADC 字符设备结构体 ADC_DEV 的代码描述如下：

```
typedef struct
{
  struct semaphore lock;
  wait_queue_head_t wait;
  int channel;
  int prescale;
}
ADC_DEV
```

file_operations 结构体变量 s3c2440_adc_fops

```
static struct file_operations s3c2440_adc_fops =
{
  .owner = THIS_MODULE,
  .read = s3c2440_adc_read,
  .write = s3c2440_adc_write,
  .open = s3c2440_adc_open,
  .release = s3c2440_adc_release,
  .ioctl = s3c2440_adc_ioctl,
};
```

3. 主要函数描述

A/D 驱动函数结构图如图 10-3 所示。

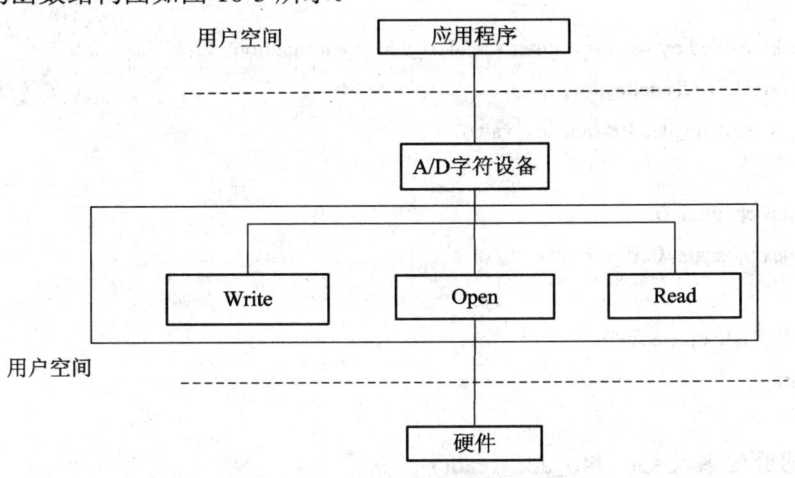

图 10-3　A/D 驱动函数结构图

1) A/D 模块加载初始化函数 s3c2440_adc_init()

s3c2440_adc_init()函数主要完成 A/D 字符设备的注册和设备节点的创建，代码描述如下：

```
static int_init s3c2440_adc_init(void)
```

```
{
  int err = 0;
  if(register_chrdev(ADC_MAJOR, DEVICE_NAME, &s3c2440_adc_fops))
  {
    printk(DEVICE_NAME "driver:Unable to register driver\n") ;
    return -ENODEV;
  }
  err=devfs_mk_cdev(MKDEV(ADC_MAJOR,0),S_IFCHR | S_IRUGO | S_IWUSR,DEVICE_NAME);
  if(err)
  return err;
}
```

2) A/D 模块卸载函数 s3c2440_adc_exit()

s3c2440_adc_exit()函数主要完成 A/D 字符设备的卸载和设备节点的移除，代码描述如下：

```
static void_exit s3c2440_adc_exit(void)
{
  unregister_chrdev(ADC_MAJOR, DEVICE_NAME);
  devfs_remove(DEVICE_NAME);
  printk(DEVICE_NAME "driver removed\n");
}
```

3) 系统调用打开函数 s3c2440_adc_open()

s3c2440_adc_open()函数对应于系统调用的 open 函数，代码描述如下：

```
static int s3c2440_adc_open(struct inode *inode, struct file *filp)
{
  printk("Added by weiang, enter s3c2410_adc_open function\n");
  init_MUTEX(&adcdev.lock);
  init_waitqueue_head(&(adcdev.wait));

  adcdev.channel=0;
  adcdev.prescale=0xff;

  printk( "adc opened\n");
  return 0;
}
```

4) 系统调用读函数 s3c2440_adc_read()

s3c2440_adc_read()函数对应于系统调用的 read 函数，代码描述如下：

```
static ssize_t s3c2440_adc_read(struct file *filp, char *buffer, size_t count, loff_t *ppos)
{
  unsigned int ret=0;
  if (down_interruptible(&adcdev.lock))
```

```
    return -ERESTARTSYS;
    printk("Before START_ADC_AIN:\n");
    START_ADC_AIN(adcdev.channel, adcdev.prescale);

    while(ADCCON&0x1);
    while(!(ADCCON & 0x8000));        //check if EC(End of

    ret=readl(ADCDAT0);
    printk("the value of ret is 0x%x\n", ret);
    ret &= 0x3ff;

    copy_to_user(buffer, (char *)&ret, sizeof(ret));
    up(&adcdev.lock);
    return sizeof(ret);
}
```

5) 系统调用读函数 s3c2440_adc_write()

s3c2440_adc_write()函数对应于系统调用的 write 函数，代码描述如下：

```
static ssize_t s3c2440_adc_write(struct file *file, const char *buffer, size_t count, loff_t * ppos)
{
    int data;
    printk("Added by zxh, enter s3c2410_adc_writer function\n");
    if(count!=sizeof(data))
    {                              //error input data size
        printk("the size of input data must be %d\n", sizeof(data));
        return 0;
    }
    printk("before copy_from_user function:\n");
    copy_from_user(&data, buffer, count);

    adcdev.channel=ADC_WRITE_GETCH(data);
    adcdev.prescale=ADC_WRITE_GETPRE(data);

    printk("set adc channel=%d, prescale=0x%x\n", adcdev.channel, adcdev.prescale);
    return count;
}
```

6) 系统调用 IOCTL 函数 s3c2440_adc_ioctl()

s3c2440_adc_ioctl()函数对应于系统调用的 ioctl 函数，代码描述如下：

```
static int s3c2440_adc_ioctl (struct inode *inode, struct file *file, unsigned int cmd, unsigned long arg)
{
```

```
    if ((cmd <0)||(cmd >7))
    {
      printk("out range of adc !\n");
      return -EINVAL;
    }
    if ((cmd ==5)||(cmd ==7))
    {
      printk("touch green use this channel !\n");
      return -EINVAL;
    }
    adcdev.channel = cmd;
    return 0;
  }
```

10.1.4　S3C2440 A/D 应用设计例程

参考程序源代码：

```
#include <sys/stat.h>
#include <fcntl.h>
#include <stdio.h>
#include <sys/time.h>
#include <sys/types.h>
#include <unistd.h>
#define ADC_DEV "/dev/s3c2410_adc"
#define ADC_WRITE(ch, prescale)((ch)<<16|(prescale))
#define ADC_WRITE_GETCH(data)(((data)>>16)&0x7)          //得到通道号
#define ADC_WRITE_GETPRE(data)((data)&0xff)              //得到转换的比例因子
/*
static int get(int channel)
{
  int PRESCALE=0xFF;
  int data=ADC_WRITE(channel, PRESCALE);
  write(adc_fd, &data, sizeof(data));
  read(adc_fd, &data, sizeof(data));
  return data;
}
*/
int main(void)
{
```

```
    int i;
    int fd;
    //float d;
    unsigned long tmp;
    void * retval;
    fd=open(ADC_DEV, O_RDWR);
    if(fd < 0)
    {
      printf("Error opening %s adc device\n",  ADC_DEV);
      return -1;
    }
    else
    printf("device id is %d\n", fd);
    sleep(1);
    while(1)
    {
       printf("Before read:\n");
       ioctl(fd, 4, NULL);
       read(fd, &tmp, sizeof(unsigned long));
       printf("The 4 adc is 0x%x\n", tmp);
       sleep(1);
       //tmp=671;
       //write(fd, &tmp, 4);
       //printf("write 67 to the file of description fd:\n");
       ioctl(fd, 0, NULL);
       read(fd, &tmp, sizeof(unsigned long));
       printf("The 4 adc is 0x%x\n", tmp);
       getchar();
    }
    /*for(i=0;  i<=7; i++)
    {
       d=((float)get(i)*3.3)/1024.0;
       printf("a[%d]=%8.4f\n", i, d);
    }
    */
    close(fd);
    return 0;
}
```

10.2 触摸屏设备驱动

10.2.1 触摸屏的硬件原理

按照触摸屏的工作原理和传输信息的介质不同，触摸屏可以分为 4 种：电阻式、电容感应式、红外线式以及表面声波式。

电阻式触摸屏利用压力感应进行控制，包含上下叠合的两个透明层，通常还要用一种弹性材料来将两层隔开。在触摸某点时，两层会在此点接通。四线和八线触摸屏由两层具有相同表面电阻的透明阻性材料组成，五线和七线触摸屏由一个阻性层和一个导电层组成。所有的电阻式触摸屏都采用分压器原理来产生代表 X 坐标和 Y 坐标的电压。如图 10-4 所示，分压器是通过将两个电阻进行串联来实现的。电阻 R_1 连接正参考电压 U_{REF}，电阻 R_2 接地。两个电阻连接点处的电压测量值与 R_2 的阻值成正比。

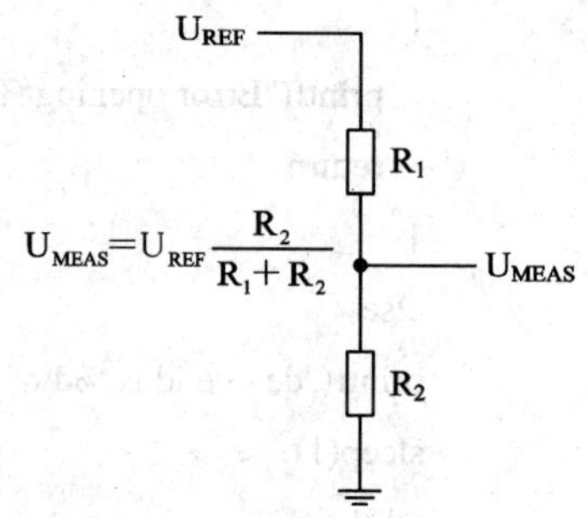

图 10-4 电阻触摸屏分压器

为了在电阻式触摸屏上的特定方向测量一个坐标，需要对一个阻性层进行偏置：将它的一边接 U_{REF}，另一边接地。同时，将未偏置的那一层连接到一个 ADC 的高阻抗输入端。当触摸屏上的压力足够大，两层之间发生接触时，电阻性表面被分隔为两个电阻。它们的阻值与触摸点到偏置边缘的距离成正比。触摸点与接地边之间的电阻相当于分压器中下面的那个电阻。因此，在未偏置层上测得的电压与触摸点到接地边之间的距离成正比。

四线触摸屏包含两个阻性层。其中一层在屏幕的左右边缘各有一条垂直总线，另一层在屏幕的底部和顶部各有一条水平总线，如图 10-5 所示。为了能在 X 轴方向进行测量，将左侧总线偏置为 0 V，右侧总线偏置为 U_{REF}；将顶部或底部总线连接到 ADC，当顶层和底层相接触时即可做一次测量。为了能在 Y 轴方向进行测量，将顶部总线偏置为 U_{REF}，底部总线偏置为 0 V；将 ADC 输入端接左侧总线或右侧总线，当顶层与底层相接触时即可对电压进行测量。

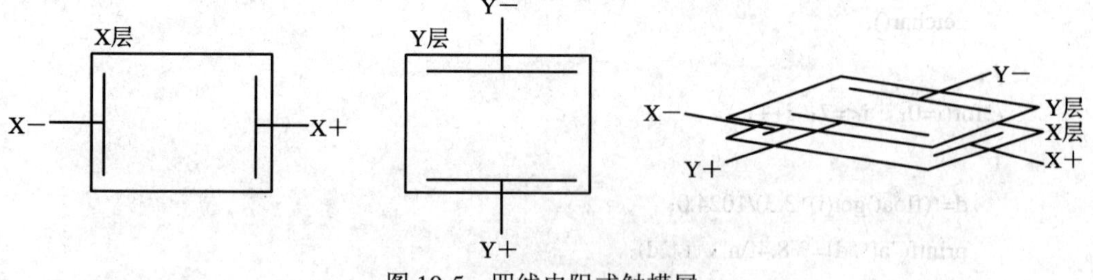

图 10-5 四线电阻式触摸屏

S3C2440 接四线电阻式触摸屏的电路原理图如图 10-6 所示。S3C2440 提供了 nYMON、YMON、nXPON 和 XMON 直接作为触摸屏的控制信号，它通过连接 FDC5321 场效应管触摸屏驱动器控制触摸屏。输入信号在经过阻容式低通滤器滤除坐标信号噪声后被接入 S3C2440 内集成的 ADC 的模拟信号输入通道 AIN5、AIN7。

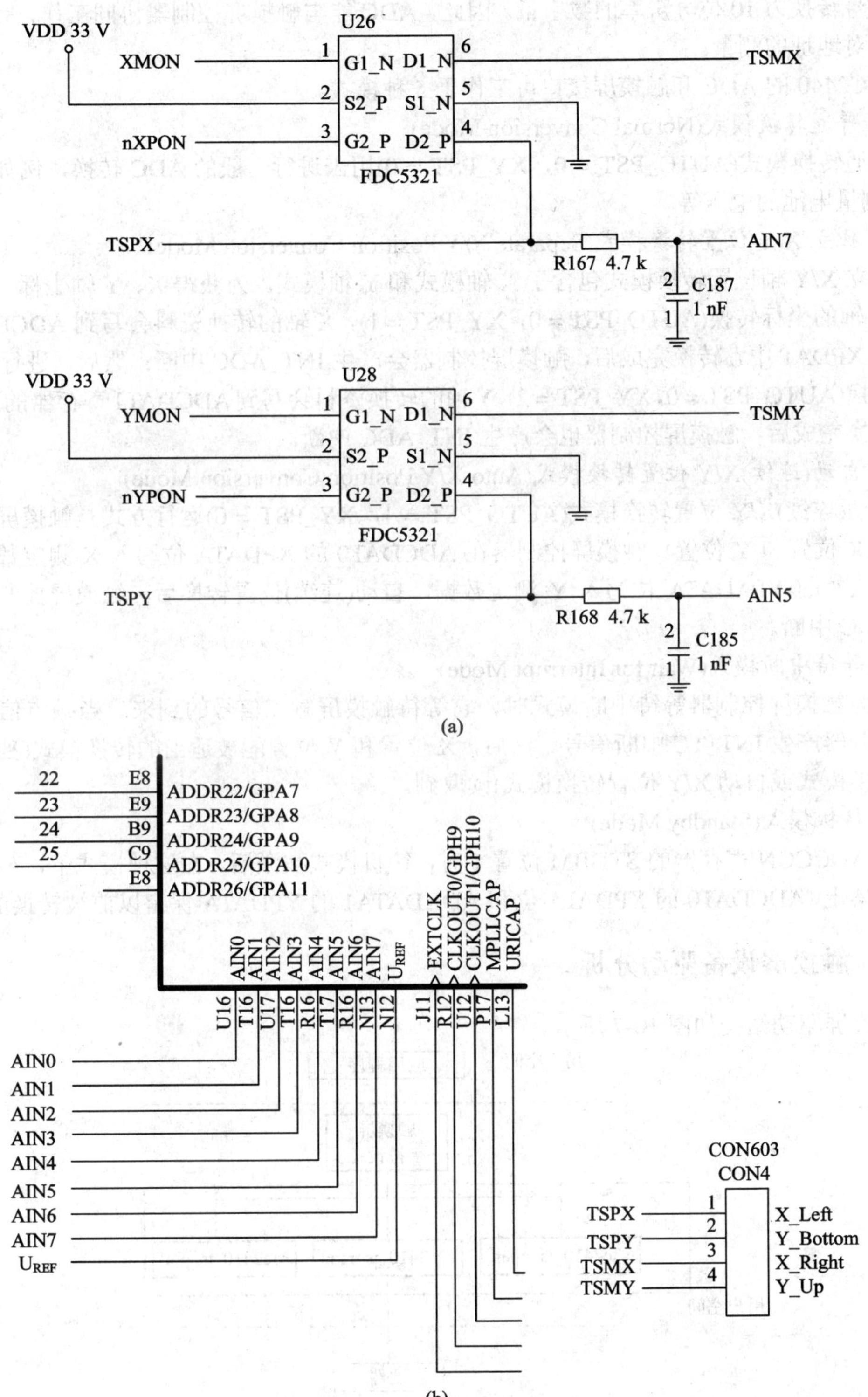

图 10-6　S3C2440 连接四线电阻式触摸屏的电路原理图

S3C2440 内置了一个 8 信道的 10 位 ADC，该 ADC 能以 500 ks/s 的采样速率将外部的模拟信号转换为 10 位分辨率的数字量。因此，ADC 能与触摸屏控制器协同工作，完成对触摸屏绝对地址的测量。

S3C2440 的 ADC 和触摸屏接口可工作于 5 种模式。

1) 普通转换模式(Normal Conversion Mode)

普通转换模式(AUTO_PST = 0，XY_PST = 0)用来进行一般的 ADC 转换，例如，通过 ADC 测量电池的电压等。

2) 独立 X/Y 位置转换模式(Separate X/Y Position Conversion Mode)

独立 X/Y 轴位置转换模式包含了 X 轴模式和 Y 轴模式。为获得 X、Y 轴坐标，首先需进行 X 轴的坐标转换(AUTO_PST = 0，XY_PST = 1)，X 轴的转换资料会写到 ADCDAT0 寄存器的 XPDAT 中，转换完成后，触摸屏控制器会产生 INT_ADC 中断；然后，进行 Y 轴的坐标转换(AUTO_PST = 0，XY_PST = 2)，Y 轴的转换资料会写到 ADCDAT1 寄存器的 YPDAT 中，转换完成后，触摸屏控制器也会产生 INT_ADC 中断。

3) 自动(连续)X/Y 位置转换模式(Auto X/Y Position Conversion Mode)

自动(连续)X/Y 位置转换模式(AUTO_PST = 1，XY_PST = 0)运行方式是触摸屏控制自动转换 X 位置和 Y 位置。触摸屏控制器在 ADCDAT0 的 XPDATA 位写入 X 测定数据，在 ADCDAT1 的 YPADATA 位写入 Y 测定数据。自动(连续)位置转换后，触摸屏控制器产生 INT_ADC 中断。

4) 等待中断模式(Wait for Interrupt Mode)

当为触摸屏控制器等待中断模式时，它等待触摸屏触点信号的到来。当触点信号到来时，控制器产生 INT_TC 中断信号。然后，X 位置和 Y 位置能被适当的转换模式(独立 X/Y 位置转换模式或自动 X/Y 位置转换模式)读取到。

5) 待机模式(Standby Mode)

当 ADCCON 寄存器的 STDBM 位置 1 时，待机模式被激活。在这种模式下，A/D 转换动作被禁止，ADCDAT0 的 XPDATA 位和 ADXDATA1 的 YPDATA 保留以前被转换的数据。

10.2.2 触摸屏设备驱动分析

触摸屏驱动结构如图 10-7 所示。

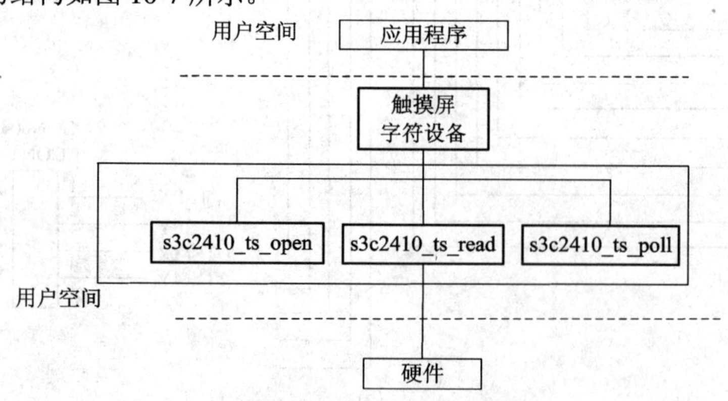

图 10-7 触摸屏驱动函数结构图

1．主要数据结构和变量描述

1) 触摸屏设备结构体 TS_DEV

触摸屏设备结构体 TS_DEV 包含一个缓冲区，同时包括自旋锁、等待队列和 fasync_struct 指针，代码描述如下：

```
typedef struct
{
   unsigned int penStatus;            /* PEN_UP,  PEN_DOWN,  PEN_SAMPLE */
   TS_RET buf[MAX_TS_BUF];           /* 缓冲区 */
   unsigned int head, tail;           /* 缓冲区头和尾 */
   wait_queue_head_t wq;             /*等待队列*/
   spinlock_t lock;
   #ifdef USE_ASYNC
      struct fasync_struct *aq;
   #endif
      struct cdev cdev;
} TS_DEV;
```

2) TS_RET 结构体

TS_RET 结构体包含 X、Y 轴坐标和状态(PEN_DOWN、PEN_UP)等信息，这个信息会在用户读取触摸信息时复制到用户空间，代码描述如下：

```
typedef struct
{
   unsigned short pressure;   //PEN_DOWN、PEN_UP
   unsigned short x;          //x 坐标
   unsigned short y;          //y 坐标
   unsigned short pad;
} TS_RET;
```

3) 触摸屏驱动文件操作结构体变量 s3c2410_fops

在触摸屏设备驱动中，将实现 open()、release()、read()、fasync()和 poll()函数，代码描述如下：

```
static struct file_operations s3c2410_fops =
{
   owner: THIS_MODULE,
   open: s3c2410_ts_open,    //打开
   read: s3c2410_ts_read,    //读坐标
   release:
      s3c2410_ts_release,
   #ifdef USE_ASYNC
      fasync: s3c2410_ts_fasync,   // fasync()函数
   #endif
```

```
    poll: s3c2410_ts_poll,                  //轮询
};
```

2. 主要函数描述

1) 触摸屏驱动模块加载函数 s3c24x0ts_init()

触摸屏加载函数可以注册一个 s3c2410ts_driver()类型的字符型输入设备，代码描述如下：

```
int_init s3c24x0ts_init(void)
{
    return driver_register(&s3c24x0ts_driver);
}
```

2) 触摸屏卸载函数 s3c2410ts_exit()

触摸屏卸载函数主要完成驱动卸载，代码描述如下：

```
void_exit s3c2410ts_exit(void)
{
    driver_unregister(&s3c2410ts_driver);
}
```

3) 触摸屏探测函数 s3c2410ts_probe()

触摸屏探测函数主要完成申请设备号、添加 cdev、申请中断、设置触摸屏相关寄存器等功能，代码描述如下：

```
static int_init s3c2410ts_probe(struct device *dev)
{
    …;
    /*注册字符设备*/
    ret = register_chrdev(0, DEVICE_NAME, &s3c2410_fops);
    if (ret < 0)
    {
        return ret;
    }

    tsMajor = ret;

    /*得到 ADC 时钟*/
    adc_clock = clk_get(NULL,  "adc");
    if (!adc_clock)
    {
        return -ENOENT;
    }
    clk_use(adc_clock);
```

```
clk_enable(adc_clock);
base_addr = ioremap(S3C2410_PA_ADC，0x20);

_raw_writel(WAIT4INT(0)， S3C2410_ADCTSC);

_raw_writel(30000， S3C2410_ADCDLY);      //added by hzh 30000-20000

/* 设置触摸屏中断*/
ret = request_irq(IRQ_ADC， s3c2410_isr_adc， SA_INTERRUPT，
                  DEVICE_NAME， s3c2410_isr_adc);
if (ret)
{
   goto adc_failed;
}
ret=request_irq(IRQ_TC，s3c2410_isr_tc，SA_INTERRUPT，DEVICE_NAME，s3c2410_isr_tc);

if (ret) goto tc_failed;

/*等待触摸屏中断*/

wait_down_int();    //fla mask!

_raw_writel(0x12345678，S3C2410_ADCCON);

#ifdef CONFIG_DEVFS_FS
devfs_mk_dir("touchscreen");
devfs_mk_cdev(MKDEV(tsMajor，TSRAW_MINOR)，S_IFCHR|S_IRUGO|S_IWUSR，
                        "touchscreen/%d"，0);
#endif
#ifdef CONFIG_PM
#if 0
tsdev.pm_dev = pm_register(PM_GP_DEV， PM_USER_INPUT，s3c2410_ts_pm_callback);
#endif
tsdev.pm_dev = pm_register(PM_DEBUG_DEV， PM_USER_INPUT，s3c2410_ts_pm_callback);
#endif

return 0;
tc_failed:
{
```

```
        printk(KERN_ERR "tc failed!!!!!!!!!!!!!!\n");
        free_irq(IRQ_ADC,   s3c2410_isr_adc);
    }
    adc_failed:
    {
        printk(KERN_ERR "adc failed!!!!!!!!!!!!!!\n");
        return ret;
    }
}
```

4) 触摸屏设置驱动卸载函数 s3c2410ts_remove()

触摸屏设置驱动卸载函数主要完成释放中断、卸载设备驱动、取消 iomap 映射等，代码描述如下：

```
static int s3c2410ts_remove(struct device *dev)
{
    disable_irq(IRQ_ADC);
    disable_irq(IRQ_TC);
    free_irq(IRQ_TC, &ts.dev);
    free_irq(IRQ_ADC, &ts.dev);

    if (adc_clock)
    {
        clk_disable(adc_clock);
        clk_unuse(adc_clock);
        clk_put(adc_clock);
        adc_clock = NULL;
    }

    input_unregister_device(&ts.dev);
    iounmap(base_addr);

    return 0;
}
```

5) 触摸屏驱动的触点/抬起中断处理函数 s3c2410_isr_adc()

触摸屏驱动的触点/抬起中断处理函数的代码描述如下：

```
static void s3c2410_isr_tc(int irq, void *dev_id, struct pt_regs *reg)
{
    spin_lock_irq(&(tsdev.lock));
    if (tsdev.penStatus == PEN_UP)
    {
```

```
        start_ts_adc();                     //开始 X/Y 位置转换
    }
    else
    {
        tsdev.penStatus = PEN_UP;
        DPRINTK("PEN UP: x: %08d, y: %08d\n",  x,  y);
        wait_down_int();                    //置于等待触点中断模式
        tsEvent();
    }
    spin_unlock_irq(&(tsdev.lock));
}
```

6) 触摸屏设备驱动 X/Y 位置转换中断处理程函数

触摸屏设备驱动 X/Y 位置转换中断处理函数当 X/Y 位置转换中断发生后，应读取 X、Y 的坐标值，填入缓冲区，代码描述如下：

```
static inline void s3c2410_get_XY(void)
{
    if (adc_state == 0)
    {
        adc_state = 1;
        disable_ts_adc();                   //禁止 INT-ADC
        y = (ADCDAT0 &0x3ff);               //读取坐标值
        mode_y_axis();
        start_adc_y();                      //开始 y 位置转换
    }
    else if (adc_state == 1)
    {
        adc_state = 0;
        disable_ts_adc();                   //禁止 INT-ADC
        x = (ADCDAT1 &0x3ff);               //读取坐标值
        tsdev.penStatus = PEN_DOWN;
        wait_up_int();                      //置于等待抬起中断模式
        tsEvent();
    }
}
```

7) 触摸屏设备驱动的 tsEvent_raw()函数

最终调用的 tsEvent_raw()函数很关键。当处于 PEN_DOWN 状态时调用该函数，将完成缓冲区的填充、等待队列的唤醒以及异步通知信号的释放；否则(处于 PEN_UP 状态)，将缓冲区头清零，也唤醒等待队列并释放信号。代码描述如下：

```
static void tsEvent_raw(void)
```

```
{
  if (tsdev.penStatus == PEN_DOWN)
  {
    /*填充缓冲区*/
    BUF_HEAD.x = x;
    BUF_HEAD.y = y;
    BUF_HEAD.pressure = PEN_DOWN;

    #ifdef HOOK_FOR_DRAG
      ts_timer.expires = jiffies + TS_TIMER_DELAY;
      add_timer(&ts_timer);                          //启动定时器
    #endif
  }
  else
  {
    #ifdef HOOK_FOR_DRAG
     del_timer(&ts_timer);
    #endif

    /*填充缓冲区*/
    BUF_HEAD.x = 0;
    BUF_HEAD.y = 0;
    BUF_HEAD.pressure = PEN_UP;
  }

  tsdev.head = INCBUF(tsdev.head, MAX_TS_BUF);
  wake_up_interruptible(&(tsdev.wq));              //唤醒等待队列

  #ifdef USE_ASYNC
  if (tsdev.aq)
    kill_fasync(&(tsdev.aq), SIGIO, POLL_IN);      //异步通知
  #endif
}
```

8) *触摸屏设备驱动的定时器处理函数*

在包含了对拖动轨迹支持的情况下，定时器会被启用，周期为 10 ms，在每次定时器处理函数被引发时，调用 start_ts_adc()开始 X/Y 位置转换过程，代码描述如下：

```
#ifdef HOOK_FOR_DRAG
static void ts_timer_handler(unsigned long data)
{
```

```
        spin_lock_irq(&(tsdev.lock));
        if (tsdev.penStatus == PEN_DOWN)
        {
            start_ts_adc();
        }
        spin_unlock_irq(&(tsdev.lock));
    }
    #endif
```

9) 触摸屏设备驱动的打开函数 s3c2410_ts_open()

触摸屏设备驱动的打开函数主要完成初始化缓冲区、penStatus、定时器、等待队列及 tsEvent 时间处理函数指针，代码描述如下：

```
    static int s3c2410_ts_open(struct inode *inode,    struct file *filp)
    {
        tsdev.head = tsdev.tail = 0;
        tsdev.penStatus = PEN_UP;              //初始化触摸屏状态为 PEN_UP
        #ifdef HOOK_FOR_DRAG                   //如果定义了拖动钩子函数
        init_timer(&ts_timer);                 //初始化定时器
        ts_timer.function = ts_timer_handler;
        #endif
        tsEvent = tsEvent_raw;
        init_waitqueue_head(&(tsdev.wq));      //初始化等待队列

        return 0;
    }
```

10) 触摸屏设备驱动的释放函数 s3c2410_ts_release

触摸屏设备驱动的释放函数的代码描述如下：

```
    static int s3c2410_ts_release(struct inode *inode, struct file *filp)
    {
        #ifdef HOOK_FOR_DRAG
        del_timer(&ts_timer);
        #endif
        //MOD_DEC_USE_COUNT;
        return 0;
    }
```

11) 触摸屏设备驱动的读函数 s3c2410_ts_read()

触摸屏设备驱动的读函数实现缓冲区中信息向用户空间的复制，当缓冲区有内容时，直接复制；否则，如果用户阻塞访问触摸屏，则进程在等待队列上睡眠，否则，立即返回 -EAGAIN，代码描述如下：

```
    static ssize_t s3c2410_ts_read(struct file *filp, char *buffer, size_t count, loff_t *ppos)
```

```
{
  TS_RET ts_ret;
  retry:
  if (tsdev.head != tsdev.tail)              //缓冲区有信息
  {
    int count;
    count = tsRead(&ts_ret);
    if (count) copy_to_user(buffer, (char *)&ts_ret, count);
    return count;
  }
  else
  {
    if (filp->f_flags & O_NONBLOCK)
      return -EAGAIN;
    interruptible_sleep_on(&(tsdev.wq));
    if (signal_pending(current))
      return -ERESTARTSYS;
    goto retry;
  }
  return sizeof(TS_RET);
}
```

12) 触摸屏设备驱动的轮询函数 s3c2410_ts_poll()

在触摸屏设备驱动中，通过 s3c2410_ts_poll()函数实现了轮询接口，这个函数的实现非常简单。它将等待队列添加到 poll_table 中，当缓冲区有数据时，返回资源可读取标志，否则返回 0，代码描述如下：

```
static unsigned int s3c2410_ts_poll(struct file *filp, struct poll_table_struct *wait)
{
  poll_wait(filp,  &(tsdev.wq), wait); //添加等待队列到 poll_table
  return (tsdev.head == tsdev.tail) ? 0 : (POLLIN | POLLRDNORM);
}
```

13) 触摸屏设备驱动的异步通知函数 s3c2410_tx_fasync()

该函数实现触摸屏设备驱动对应用程序的异步通知，代码描述如下：

```
#ifdef USE_ASYNC
static int s3c2410_ts_fasync(int fd, struct file *filp, int mode)
{
  return fasync_helper(fd, filp, mode, &(tsdev.aq));
}
#endif
```

第 11 章　Linux 下网卡驱动及应用实例

11.1　Linux 网络设备的驱动基础

Linux 驱动分为字符设备、块设备和网络设备三种。硬盘就是典型的块设备驱动。

在 Linux 中，字符设备和块设备都是通过文件系统节点被访问的，块驱动程序除了向内核提供与字符驱动程序相同的接口外，还提供了专门面向块驱动设备的接口。

网络接口在系统中的角色与一个已挂装的块设备非常相似。块设备将自己注册到 blk_dev 数组以及其他内核结构中，然后通过自己的 request 函数在发生请求时“发送”和“接收”数据块。同样，网络接口也必须在特定的数据结构中注册自己，以便在与外界交换数据包时被调用。但是，块设备接口与网络数据包发送接口之间存在着不同。网络接口存在于它们自己的名字空间中，同时导出一组不同的操作。同一网络接口可以由几百个套接字同时复用。块设备驱动只对来自内核的请求做出响应，而网络驱动程序却异步地接收来自外界的数据包。

网络驱动程序同时必须支持大量的管理任务，例如，设置地址、修改传输参数以及维护流量和错误统计等。网络驱动程序的 API 反映了这种需求。此外，网络驱动程序与内核其余部分每次进行交互处理的是一个网络数据包，因此，驱动程序无需关心协议问题。

Linux 网络驱动程序的体系结构可以划分为四层(见图 11-1)，从上到下分别为网络协议接口层、网络设备接口层、提供实际功能的设备驱动功能层，以及网络设备和网络媒介层。设计网络驱动程序时，最主要的工作就是完成设备驱动功能层，使其满足我们所需的功能。在 Linux 中所有网络设备都抽象为一个接口，这个接口提供了对所有网络设备的操作集合。由数据结构 struct device 来表示网络设备在内核中的运行情况，即网络设备接口。它既包括纯软件网络设备接口，如环路(Loopback)，也包括硬件网络设备接口，如以太网卡。而由以 dev_base 为头指针的设备链表来集体管理所有网络设备，该设备链表中的每个元素代表一个网络设备接口。数据结构 device 中有很多供系统访问和协议层调用的设备方法，包括供设备初始化和系统注册用的 init 函数，打开和关闭网络设备的 open 和 stop 函数，处理数据包发送的 hard_start_xmit 函数，以及中断处理函数等。有关 device 数据结构(在内核中就是 net_device)的详细内容，可以参看/linux/include/linux/netdevice.h。

11.2　基于 Linux 的网络设备驱动程序分析

网络驱动系统体系结构如图 11-1 所示。

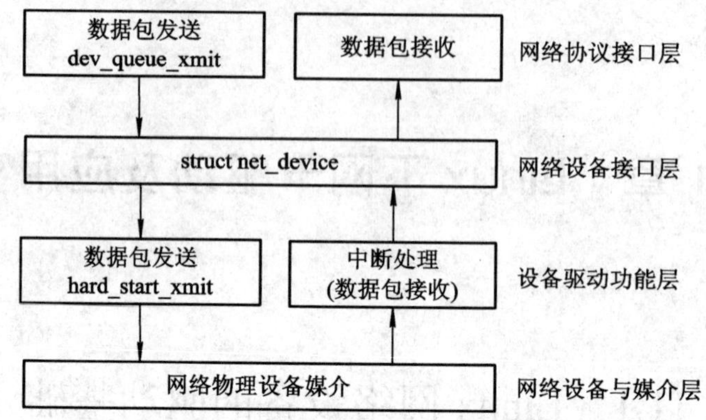

图 11-1 Linux 网络驱动系统体系结构

Linux 网络设备驱动程序是 Linux 网络应用的重要组成部分，所有的 Linux 网络驱动程序都要遵循通用的接口，net_device 和 sk_buff 是最重要的两种数据结构。

11.2.1 数据结构 struct net_device

网络设备接口层的主要功能是为网络设备定义了统一、抽象的数据结构。net_device 结构体以不变应万变，实现多种硬件在软件层次的统一。net_device 结构体在内核指代一个网络设备，网络设备驱动程序只需要通过填充 net_deviced 的具体成员并注册 net_device 即可实现硬件操作函数与内核的挂接。它提供了多个设备的使用方法，供操作系统或协议层调用。这其中包括设备初始化时调用的 init 函数、打开和关闭网络设备的 open 和 stop 函数、处理数据包发送的 hand_start_xmit 函数等。

net_device 结构体用来抽象一个数据链路层的具体网络接口卡，为 IP 层访问该设备提供了接口。对于 IP 层来说，它能看到就是该设备的 net_device，net_device 就像是 IP 与数据链路层交流的一座桥梁。

struct net_device 主要数据域有全局信息、硬件信息、接口信息、设备操作函数和辅助成员。

(1) 全局信息：

char name[IFNAMESIZE];

name：网络设备的名称。

(2) 硬件信息：

unsigned long mem_end/ unsigned long mem_start:

mem_end 和 mem_start：设备所使用的共享内存的起始和结束地址。

unsigned long base_addr：网络设备的 I/O 基地址。

unsigned char irq：irq 为设备使用的网络中断号。

unsigned char if_port：if_port 指定的多端口设备使用哪一个端口。该字段仅针对多端口设备，例如，如果网络设备同时支持 IF_PORT_10BASE2(同轴电缆)和 IF_PROT_10BASET(双绞线)，则可以使用该字段。

unsigned char dma：Dma 指定分配给设备的 DMA 通道。

(3) 接口信息：

unsigned short hard_header_len：网络设备硬件头长度，在以太网设备初始化函数中，该成员函数被赋值为 ETH_HLEN，即为 14。

unsigned mtu：mtu 最大传输单元，在包传输时，这个域由网络层使用。以太网的 mtu 最大的位是 1500 个字节。

unsigned short type：指硬件类型，这个域被 ARP 用来判断接口支持的硬件地址类型。以太网接口把它设为 ARPHRD_ETHER，eth_setup 会自动设置。

unsigned char dev_addr[MAX_ADDR_LEN]：用来存放 6 个字节的硬件地址。

unsigned char broadcast[MAX_ADDR_LEN]：broadcast 用来存放 6 个字节广播地址。

unsigned short flags：网络接口标志。

(4) 设备操作函数：

int (*open)(struct net_device *dev)：打开网络接口设备，获得需要的 I/O 地址、IRQ、DMA 等。

int (*stop)(struct net_device *dev)：停止网络接口设备。

int (*hard_start_xmit)(struct sk_buff *skb，struct net_device *dev)：当系统调用驱动程序的 hard_start hard_start_xmit()函数时，需向其传入一个 sk_buff 结构体指针，以使网络驱动程序能获取从上层传递下来的数据包。

int (*tx_timeout)(struct net_device *dev)：当网络数据包发送超时时，timeout()函数会被调用，该函数需要采取重新启动数据包发送过程或重启硬件等策略来恢复网络设备到正常状态。

int(*hard_header)(struct sk_buf*skb，struct net_device*dev，unsigned short type，void *daddr，void *saddr，unsignedlen)：完成硬件帧头填充，返回填充的字节数。

struct net_device_stats * (*get_stats)(struct net_device *dev)；获得网络设备的状态信息，例如详细的流量统计信息(如发送数据包数，字节数)。

int (*do_ioctl)(struct net_device *dev，struct ifreq *if，int cmd)：用来进行设备特定的 I/O 控制。

int (*set_config)(struct net_device *dev，struct ifmap *map)：配置接口，可用于改变 I/O 地址和中断号。

int (*set_mac_address)(struct net_device *dev，void *addr)：设置 MAC 地址。

int (*poll)(struct net_device *dev，int quota)：对于 NAPI(网络中断缓和)兼容的设备驱动，将以轮询方式操作接口，接收数据包。NAPI 是 Linux 系统上采用的一种提高网络处理效率的技术，它的核心是不采取中断的方式读取数据包，而采用借助中断唤醒数据包接收服务进程，以轮询方式读取。

(5) 辅助成员：

unsigned long trans_start：最后数据包开始发送时的时间戳。

unsigned long last_rx：数据包开始发送时的时间戳。

void *priv：为设备私有信息指针 netdev_priv()获取该指针。

spinlock_t xmit_lock：避免 hard_start_xmit()函数同时多次调用的自旋锁。

int xmit_lock_owner：拥有 xmit_lock 自旋锁的 CPU 编号。

数据结构 struct net_device 的代码描述如下：

```
struct net_device
{
    char  name[IFNAMSIZ];
    unsigned long  mem_end;              /* shared mem end      */
    unsigned long  mem_start;            /* shared mem start    */
    unsigned long  base_addr;            /* device I/O address*/
    unsigned int  irq;                   /* device IRQ number*/
    unsigned char  if_port;              /* Selectable AUI, TP, ..*/
    unsigned char  dma;                  /* DMA channel*/
    unsigned long  state;
    struct net_device  *next;
    struct net_device  *next_sched;
    /* Interface index. Unique device identifier */
    int  ifindex;
    int  iflink;
    struct net_device_stats* (*get_stats)(struct net_device *dev);
    struct iw_statistics*  (*get_wireless_stats)(struct net_device *dev);
    struct iw_public_data *   wireless_data;
    struct ethtool_ops *ethtool_ops;
    /* These may be needed for future network-power-down code. */
    unsigned long  trans_start;          /* Time (in jiffies) of last Tx */
    unsigned long  last_rx;              /* Time of last Rx       */

    unsigned short  flags;               /* interface flags (a la BSD)  */
    unsigned short  gflags;
    unsigned short  priv_flags;
    unsigned short  padded;

    unsigned  mtu;                       /* interface MTU value*/
    unsigned short  type;                /* interface hardware type*/
    unsigned short  hard_header_len;     /* hardware hdr length*/
    void  *priv;               /* pointer to private data       */

    struct net_device  *master;          /* Pointer to master device of a group, which this device is */
                                         /* member of Interface address info. */

    unsigned char  broadcast[MAX_ADDR_LEN];  /* hw bcast add  */
    unsigned char  dev_addr[MAX_ADDR_LEN];   /* hw address    */
```

```
unsigned char   addr_len;                /* hardware address length   */
unsigned short  dev_id;                  /* for shared network cards */

struct dev_mc_list  *mc_list;            /* Multicast mac addresses   */
int   mc_count;                          /* Number of installed mcasts      */
int   promiscuity;
int   allmulti;

int   watchdog_timeo;
struct timer_listwatchdog_timer;

/* Protocol specific pointers */

void   *atalk_ptr;          /* AppleTalk link */
void   *ip_ptr;             /* IPv4 specific data*/
void   *dn_ptr;             /* DECnet specific data */
void   *ip6_ptr;            /* IPv6 specific data */
void   *ec_ptr;             /* Econet specific data */
void   *ax25_ptr;           /* AX.25 specific data */

struct list_head poll_list;          /* Link to poll list      */
int   quota;
int   weight;

struct Qdisc    *qdisc;
struct Qdisc    *qdisc_sleeping;
struct Qdisc    *qdisc_ingress;
struct list_head qdisc_list;
unsigned long   tx_queue_len;        /* Max frames per queue allowed */

/* ingress path synchronizer */
spinlock_t   ingress_lock;
/* hard_start_xmit synchronizer */
spinlock_t   xmit_lock;
/* cpu id of processor entered to hard_start_xmit or -1, if nobody entered there. */
int   xmit_lock_owner;
/* device queue lock */
spinlock_t   queue_lock;
/* Number of references to this device */
```

```
atomic_t    refcnt;
/* delayed register/unregister */
struct list_head    todo_list;
/* device name hash chain */
struct hlist_node    name_hlist;
/* device index hash chain */
struct hlist_node    index_hlist;

/* register/unregister state machine */
enum
{
   NETREG_UNINITIALIZED=0,
   NETREG_REGISTERING,             /* called register_netdevice */
   NETREG_REGISTERED,              /* completed register todo */
   NETREG_UNREGISTERING,           /* called unregister_netdevice */
   NETREG_UNREGISTERED,            /* completed unregister todo */
   NETREG_RELEASED,                /* called free_netdev */
 }
 reg_state;

 /* Net device features */
unsigned long    features;
#define NETIF_F_SG                  1 /* Scatter/gather IO. */
#define NETIF_F_IP_CSUM             2 /* Can checksum only TCP/UDP over IPv4.*/
#define NETIF_F_NO_CSUM             4 /* Does not require checksum. F.e. loopack. */
#define NETIF_F_HW_CSUM             8 /* Can checksum all the packets. */
#define NETIF_F_HIGHDMA             32 /* Can DMA to high memory. */
#define NETIF_F_FRAGLIST            64 /* Scatter/gather IO. */
#define NETIF_F_HW_VLAN_TX          128 /* Transmit VLAN hw acceleration */
#define NETIF_F_HW_VLAN_RX          256 /* Receive VLAN hw acceleration */
#define NETIF_F_HW_VLAN_FILTER      512 /* Receive filtering on VLAN */
#define NETIF_F_VLAN_CHALLENGED 1024 /* Device cannot handle VLAN packets */
#define NETIF_F_TSO                 2048 /* Can offload TCP/IP segmentation */
#define NETIF_F_LLTX                4096 /* LockLess TX */

/* Called after device is detached from network. */
void    (*uninit)(struct net_device *dev);
/* Called after last user reference disappears. */
```

```
void    (*destructor)(struct net_device *dev);

/* Pointers to interface service routines. */
int    (*open)(struct net_device *dev);
int    (*stop)(struct net_device *dev);
int    (*hard_start_xmit) (struct sk_buff *skb, struct net_device *dev);
#define HAVE_NETDEV_POLL
int    (*poll) (struct net_device *dev,  int *quota);
int    (*hard_header) (struct sk_buff *skb,
                       struct net_device *dev,
                       unsigned short type,
                       void *daddr,
                       void *saddr,
                       unsigned len);
int    (*rebuild_header)(struct sk_buff *skb);
#define HAVE_MULTICAST
void    (*set_multicast_list)(struct net_device *dev);
#define HAVE_SET_MAC_ADDR
int    (*set_mac_address)(struct net_device *dev, void *addr);
#define HAVE_PRIVATE_IOCTL
int    (*do_ioctl)(struct net_device *dev, struct ifreq *ifr,  int cmd);
#define HAVE_SET_CONFIG
int    (*set_config)(struct net_device *dev, struct ifmap *map);
#define HAVE_HEADER_CACHE
int    (*hard_header_cache)(struct neighbour *neigh, struct hh_cache *hh);
void    (*header_cache_update)(struct hh_cache *hh,
                               struct net_device *dev,
                               unsigned char *   haddr);
#define HAVE_CHANGE_MTU
int    (*change_mtu)(struct net_device *dev,   int new_mtu);

#define HAVE_TX_TIMEOUT
void    (*tx_timeout) (struct net_device *dev);

void    (*vlan_rx_register)(struct net_device *dev, struct vlan_group *grp);
void    (*vlan_rx_add_vid)(struct net_device *dev, unsigned short vid);
void    (*vlan_rx_kill_vid)(struct net_device *dev, unsigned short vid);

int    (*hard_header_parse)(struct sk_buff *skb, unsigned char *haddr);
```

```
    int   (*neigh_setup)(struct net_device *dev,  struct neigh_parms *);
    #ifdef CONFIG_NETPOLL
       struct netpoll   *np;
    #endif
    #ifdef CONFIG_NET_POLL_CONTROLLER
       void   (*poll_controller)(struct net_device *dev);
    #endif

    /* bridge stuff */
    struct net_bridge_port   *br_port;

    #ifdef CONFIG_NET_DIVERT
       /* this will get initialized at each interface type init routine */
       struct divert_blk   *divert;
    #endif /* CONFIG_NET_DIVERT */

    /* class/net/name entry */
    struct class_device   class_dev;
};
```

11.2.2　数据结构 struct sk_buff

sk_buff 结构体非常重要，含义是“套接字缓冲区”，用于在 Linux 网络子系统中的各层传递数据，是 linux 网络子系统的数据传递的“中枢神经”。

当发送数据包时，Linux 内核的网络处理模块必须建立一个包含要传输的数据包的 sk_buff，然后将 sk_buff 递交给下层。各层在 sk_buff 中添加不同的协议头直至交给网络设备发送。同样地，当网络设备从网络媒介上接收到数据包时，必须将接收到的数据转化为 sk_buff 数据结构并传递给上层，各层剥去相应的协议头直至交给用户。

1. 数据结构描述

1) 各协议层的头 h、nh、mac

sk_buff 结构体中定义了 3 个协议头以对应网络协议不同的层次，这 3 个协议头为传输层 TCP/UDP(及 ICMP 和 IGMP)协议头 h、网络协议头 nh 和链路层协议头 mac。这 3 个协议头的数据结构被定义为联合体，代码描述如下：

```
union
{
    struct tcphdr    *th;                /*TCP 传输层头部*/
    struct udphdr    *uh;                /*UDP 头部*/
    struct icmphdr   *icmph;             /*ICMP 头部*/
    struct igmphdr   *igmph;             /*IGMP 头部*/
```

```
    struct iphdr      *ipiph;                /*IP 头部*/
    struct ipv6hdr    *ipv6h;                /*IPV6 头部*/
    unsigned char     *raw;                  /*数据链路层头部*/
  } h;

  union
  {
    struct iphdr      *iph;                  /*IP 层头部*/
    struct ipv6hdr    *ipv6h;                /*IPv6 层头部*/
    struct arphdr     *arph;                 /*ARP 头部*/
    unsigned char     *raw;                  /*数据链路层头部*/
  } nh;

  union
  {
    unsigned char     *raw;                  /*MAC 数据链路层头部*/
  } mac;
```

2) 数据缓冲区指针 head、data、tail 和 end

Linux 内核必须分配用于容纳数据包的缓冲区，sk_buff 结构体定义了 4 个指向这个缓冲区不同位置的指针 head、data、tail、end。head 指针指向内存已分配的用于承载网络数据缓冲区的起始地址，sk_buff 和相关数据块被分配后，该指针值就固定了。data 指针指向对应当前协议层有效数据的起始地址，每个协议层的有效数据含义并不相同。各层有效数据信息包含内容如下：

对于传输层而言，用户数据和传输层协议属于有效数据；

对于网络层而言，用户数据、传输层协议头和网络层协议头是有效数据；

对于数据链路层而言，用户数据、传输层协议头、网络层协议头和数据链路层都属于有效数据。因此，data 指针的值需随着当前拥有 sk_buff 的协议层的变化进行相应的移动。

tail 指针指向对应当前协议层有效数据负载的结尾地址，与 data 指针对应。

end 指针指向内存中数据的结尾，和 head 指针一样，sk_buff 被分配之后，该指针的值也固定不变。

2. sk_buff 基本操作函数

alloc_skb()：分配一个 sk_buff 并对它初始化。返回 sk_buff 指针。

dev_alloc_skb()：和 alloc_skb 类似，分配一个 sk_buff 并在缓冲区头部保留 16 字节的空间。

kfree_skb()：释放一个 sk_buff。

skb_clone()：复制一个 sk_buff，但不复制数据部分。

skb_copy()：完全复制一个 sk_buff。

skb_dequeue()：从一个 sk_buff 链表里取出第一个 sk_buff。返回取出的 sk_buff，如果

链表空，则返回 NULL。

skb_queue_head()：在一个 sk_buff 链表首部放入一个 sk_buff。

skb_queue_tail()：在一个 sk_buff 链表尾放入一个 sk_buff。这也是常用的一个操作。

skb_insert()：在链表的某个 sk_buff 前插入一个 sk_buff。

skb_append()：在链表的某个 sk_buff 后插入一个 sk_buff。

skb_reserve()：在一个申请好的 sk_buff 的缓冲区里保留一块空间。

skb_put()：在一个申请好的 sk_buff 的缓冲区里为数据保留一块空间。在 alloc_skb 以后，申请到的 sk_buff 的缓冲区都是处于空(free)状态，有一个 tail 指针指向 free 空间，实际上开始时 tail 就指向缓冲区头。

skb_reserve()：在 free 空间里申请协议头空间，skb_put()申请数据空间。

skb_push()：把 sk_buff 缓冲区里 data 指针往前移，即数据空间往前移。

skb_pull()：把 sk_buff 缓冲区里 data 指针往后移，即数据空间往后移。

数据结构 struct sk_buff 的代码描述如下：

```
struct sk_buff
{
  struct sk_buff          *next;
  struct sk_buff          *prev;

  struct sk_buff_head     *list;
  struct sock             *sk;
  struct timeval          stamp;
  struct net_device       *dev;
  struct net_device       *input_dev;
  struct net_device       *real_dev;

  union
  {
    struct tcphdr *th;
    struct udphdr*uh;
    struct icmphdr   *icmph;
    struct igmphdr   *igmph;
    struct iphdr  *ipiph;
    struct ipv6hdr   *ipv6h;
    unsigned char    *raw;
  } h;

  union
  {
    struct iphdr    *iph;
```

```
    struct ipv6hdr    *ipv6h;
    struct arphdr *arph;
    unsigned char    *raw;
} nh;

union
{
    unsigned char        *raw;
} mac;
struct  dst_entry    *dst;
struct  sec_path     *sp;
char                 cb[40];

unsigned int    len,
                data_len,
                mac_len,
                csum;
unsigned char   local_df,
                cloned:1,
                nohdr:1,
                pkt_type,
                ip_summed;
_u32            priority;
unsigned short  protocol,
                security;

void (*destructor)(struct sk_buff *skb);
#ifdef CONFIG_NETFILTER
    unsigned long       nfmark;
    _u32                nfcache;
    _u32                nfctinfo;
struct nf_conntrack    *nfct;
#ifdef CONFIG_NETFILTER_DEBUG
        unsigned int          nf_debug;
#endif
#ifdef CONFIG_BRIDGE_NETFILTER
    struct nf_bridge_info     *nf_bridge;
#endif
#endif /* CONFIG_NETFILTER */
```

```
#if defined(CONFIG_HIPPI)
union
{
  _u32        ifield;
} private;
#endif
#ifdef CONFIG_NET_SCHED
  _u32        tc_index;                 /* traffic control index */
#ifdef CONFIG_NET_CLS_ACT
  _u32        tc_verd;                  /* traffic control verdict */
  _u32        tc_classid;               /* traffic control classid */
#endif

#endif

/* These elements must be at the end,  see alloc_skb() for details.  */
unsigned int        truesize;
atomic_t            users;
unsigned char       *head,
                    *data,
                    *tail,
                    *end;
};
```

11.2.3　主要函数描述

1) 网络设备注册函数 register_netdev()

register_netde()函数主要完成网络设备注册。若注册成功，则模块装载成功，否则返回出错信息。register_netdev 函数首先检查设备名是否已确定，若没赋值，则给其一个缺省的值 ethN，N 为最小的值，可用以太网设备号。其代码描述如下：

```
int register_netdev(struct net_device *dev)
{
  int err;
  rtnl_lock();
  if (strchr(dev->name,  '%'))
  {
    err = dev_alloc_name(dev,  dev->name);
    if (err < 0)
    goto out;
```

```
    }

    if (dev->name[0] == 0 || dev->name[0] == ' ')
    {
        err = dev_alloc_name(dev, "eth%d");
        if (err < 0)
            goto out;
    }
    err = register_netdevice(dev);
    out:
    rtnl_unlock();
    return err;
}
```

2) 网络设备注销函数 unregister_netdevice()

unregister_netdevice()函数主要完成网络设备的注销，代码描述如下：

```
int unregister_netdevice(struct net_device *dev)
{
    struct net_device *d, **dp;

    BUG_ON(dev_boot_phase);
    ASSERT_RTNL();

    /* Some devices call without registering for initialization unwind. */
    if (dev->reg_state == NETREG_UNINITIALIZED)
    {
        printk(KERN_DEBUG "unregister_netdevice: device %s/%p never "
                "was registered\n", dev->name, dev);
        return -ENODEV;
    }

    BUG_ON(dev->reg_state != NETREG_REGISTERED);

    /* If device is running, close it first. */
    if (dev->flags & IFF_UP)
        dev_close(dev);
    /* And unlink it from device chain. */
    for (dp = &dev_base; (d = *dp) != NULL; dp = &d->next)
    {
        if (d == dev)
        {
```

```
                write_lock_bh(&dev_base_lock);
                hlist_del(&dev->name_hlist);
                hlist_del(&dev->index_hlist);
                if (dev_tail == &dev->next)
                    dev_tail = dp;
                *dp = d->next;
                write_unlock_bh(&dev_base_lock);
                break;
            }
        }
        if (!d)
        {
            printk(KERN_ERR "unregister net_device: '%s' not found\n", dev->name);
                return -ENODEV;
        }
        dev->reg_state = NETREG_UNREGISTERING;

        synchronize_net();

        dev_shutdown(dev);

        notifier_call_chain(&netdev_chain, NETDEV_UNREGISTER, dev);

        dev_mc_discard(dev);

        if (dev->uninit)
            dev->uninit(dev);

        /* Notifier chain MUST detach us from master device. */
        BUG_TRAP(!dev->master);

        free_divert_blk(dev);

        /* Finish processing unregister after unlock */
        net_set_todo(dev);

        synchronize_net();

        dev_put(dev);
        return 0;
    }
```

3) 网络设备打开函数 dev_open()

dev_open()函数主要完成使能设备使用的硬件资源，申请 I/O 区域，中断和 DMA 的通道等，调用 Linux 内核提供的 netif_start_queu()函数，激活设备发送队列。其代码描述如下：

```
int dev_open(struct net_device *dev)
{
  int ret = 0;

  if (dev->flags & IFF_UP)
     return 0;

  if (!netif_device_present(dev))
     return -ENODEV;

  set_bit(_LINK_STATE_START, &dev->state);
  if (dev->open)
  {
     ret = dev->open(dev);
     if (ret)
        clear_bit(_LINK_STATE_START, &dev->state);
  }
  if (!ret)
  {
     dev->flags |= IFF_UP;

     dev_mc_upload(dev);

     dev_activate(dev);

     notifier_call_chain(&netdev_chain, NETDEV_UP, dev);
  }
  return ret;
}
```

4) 网络设备分配函数 alloc_netdev()

alloc_netdev()函数可以生成一个 net_device 结构体，对其成员赋值并返回该结构体的指针。其代码描述如下：

```
struct net_device *alloc_netdev(int sizeof_priv, const char *name, void (*setup)(struct net_device *))
{
  ……………………………………..
  alloc_size = (sizeof(*dev)+NETDEV_ALIGN_CONST)&~NETDEV_ALIGN_CONST;
  alloc_size += sizeof_priv + NETDEV_ALIGN_CONST;
```

```
    p = kmalloc(alloc_size, GFP_KERNEL);
    if (!p)
    {
      printk(KERN_ERR "alloc_dev: Unable to allocate device.\n");
        return NULL;
    }
    memset(p,  0,  alloc_size);

    dev = (struct net_device *)
        (((long)p + NETDEV_ALIGN_CONST) & ~NETDEV_ALIGN_CONST);
    dev->padded = (char *)dev - (char *)p;

    if (sizeof_priv)
      dev->priv = netdev_priv(dev);


    setup(dev);
    strcpy(dev->name,  name);
    return dev;
  }
```

5) 网络设备数据发送函数 xxx_tx()

在 Linux 网络子系统发送数据包时，会调用驱动程序提供的 hard_start_transmit()函数，该函数启动网络数据包的发送。在设备初始化的时候，该函数指针指向具体设备的 xxx_tx()函数。其代码描述如下：

```
  int xxx_rx(struct sk_buff*skb, struct net_device*dev)
  {
    int len;
    char*data, shortpkt[ETH_ELEN];

    /*获得有效的数据长度*/
    data=skb->data;
    len =skb->len;
    if(len<ETH_LEN)
    {
      /*如果帧长度小于以太网最小长度，则补 0*/
      memset(shortpkt, 0, ETH_LEN);
      memset(shortpkt, skb->data, skb->len);
      len=ETH_LEN;
      data= shortpkt;
    }
```

```
    dev->trans_start=jiffis              /*记录发送的时间戳*/

    /*设置硬件寄存器并让硬件把数据包发送出去*/
    xx_hx_tx(data，len，dev);
}
```

6) 网络设备接收函数 netif_rx()

netif_rx()函数主要将 SK_BUFF 传递给上层协议。其代码描述如下：

```
int netif_rx(struct sk_buff *skb)
{
  if (netpoll_rx(skb))
    return NET_RX_DROP;

  if (!skb->stamp.tv_sec)
    net_timestamp(&skb->stamp);

  local_irq_save(flags);
  this_cpu = smp_processor_id();
  queue = &_get_cpu_var(softnet_data);

  _get_cpu_var(netdev_rx_stat).total++;
  if (queue->input_pkt_queue.qlen <= netdev_max_backlog)
  {
    if (queue->input_pkt_queue.qlen)
    {
      if (queue->throttle)
        goto drop;

      enqueue:
        dev_hold(skb->dev);
        _skb_queue_tail(&queue->input_pkt_queue，skb);
      #ifndef OFFLINE_SAMPLE
        get_sample_stats(this_cpu);
      #endif
        local_irq_restore(flags);
      return queue->cng_level;
    }

    if (queue->throttle)
    queue->throttle = 0;
```

```
        netif_rx_schedule(&queue->backlog_dev);
        goto enqueue;
    }

    if (!queue->throttle)
    {
        queue->throttle = 1;
        _get_cpu_var(netdev_rx_stat).throttled++;
    }

    drop:
    _get_cpu_var(netdev_rx_stat).dropped++;
    local_irq_restore(flags);

    kfree_skb(skb);
    return NET_RX_DROP;
}
```

11.3　基于 CS8900 网络设备驱动设计实例

11.3.1　CS8900 网卡硬件描述

1. CS8900A 芯片介绍

CS8900A 芯片是 Cirrus Logic 公司生产的一种局域网处理芯片，是 100 引脚 TQFP 封装的芯片，内部集成了 RAM、10BASE-T 收发滤波器，并且提供 8 位和 16 位两种接口，一般在单片机中使用 CS8900 的 8 位接口模式。

2. CS8900A 网卡工作原理

在收到由主机发来的数据包(从目的地址域到数据域)后，侦听网络线路。如果线路忙，等待到线路空闲为止，否则，立即发送该数据帧。发送过程中，首先，添加以太帧头(包括先导字段和帧开始标志)，然后，生成 CRC 校验码，最后，将此数据帧发送到以太网上。接收时，将从以太网收到的数据帧再经过解码、去掉帧头和地址检验等步骤后缓存在片内。在通过 CRC 校验后，会根据初始化配置情况，通知主机 CS8900A 收到了数据帧，最后，用某种传输模式传到主机的存储区中。

1) CS8900A 工作模式

CS8900A 工作模式有 3 种。

(1) DMA 模式。CS8900A 提供了将时钟直接连在 8～11 MHz 的 ISA 总线上的模式。芯片自带的驱动程序可以工作在 200 mA 的电流下，从而使得 CS8900A 可以直接驱动 ISA 总线。为了减少帧包丢失，当时钟频率低于 8 MHz 时，ISA 总线应当使用 DMA 模式。

(2) Memory 模式。在 Memory 模式下编程较为简单，当配置成内存模式操作时，CS8900A

的内部寄存器和帧缓冲区映射到主机内存的连续的 4 KB 的块中，主机可以通过这个块直接访问 CS8900A 的内部寄存器和帧缓冲区。

(3) I/O 模式。I/O 模式则较为麻烦，因为在这种模式下对任何寄存器的操作均要通过 I/O 端口 0 写入或读出。但这种模式在硬件上实现比较方便，而且这也是芯片的默认模式。

在 I/O 模式中，Packet Page 在存储器被映射到 CPU 的 8 个 16 位的 I/O 端口上，在芯片被加电后，I/O 基地址默认为 300H。这 8 个 16 位 I/O 端口详细的功能和偏移量如表 11-1 所示。

表 11-1　I/O 模式端口分配表

偏　移	读写类型	描　述
0000H	读/写	接收/发送数据(端口 0)
0002H	读/写	接收/发送数据(端口 1)
0004H	写	TXCMD 发送命令
0006H	写	TXlength 发送长队
0008H	读	ISQ 中断状态队列
000AH	读/写	Packet Page 指针
000CH	读/写	Packet Page 指针(端口 0)
000EH	读/写	Packet Page 指针(端口 1)

2) CS8900A 工作寄存器

下面介绍几个主要的工作寄存器，寄存器括号内的数字为寄存器地址相对基址 300H 的偏移量。

(1) LENCTL(0112H)。LINECTL 决定了 CS8900 的基本配置和物理接口。在本系统中，设置初始值为 00d3H，选择物理接口为 10BASE-T，并使能设备的发送和接收控制位。

(2) RXCTL(0104H)。RXCTL 控制了 CS8900 接收特定数据报。设置 RXTCL 的初始值为 0D05H，接收网络上的广播或者目标地址同本地物理地址相同的正确数据报。

(3) RXCFG(0102H)。RXCFG 控制了 CS8900 接收到特定数据报后会引发接收中断。RXCFG 可设置为 0103H，这样当收到一个正确的数据报后，CS8900 会产生一个接收中断。

(4) BUSCT(0116H)。BUSCT 可控制芯片的 I/O 接口的一些操作。设置初始值为 8017H，打开 CS8900 的中断总控制位。

(5) ISQ(0120H)。ISQ 是网卡芯片的中断状态寄存器，内部映射接收中断状态寄存器和发送中断状态寄存器的内容。

(6) PORT0(0000H)。发送和接收数据时，CPU 通过 PORT0 传递数据。

(7) TXCMD(0004H)。发送控制寄存器，如果写入数据 00C0H，那么网卡芯片在全部数据写入后开始发送数据。

(8) TXLENG(0006H)。

以上为几个最主要的工作寄存器(为 16 位)，C 发送数据长度寄存器，发送数据时，首先写入发送数据长度，然后将数据通过 PORT0 写入芯片。

S8900 支持 8 位模式，当读或写 16 位数据时，低位字节对应偶地址，高位字节对应奇地址。例如，向 TXCMD 中写入 00C0H，则可将 00H 写入 305H，将 C0H 写入 304H。系统工作时，应首先对网卡芯片进行初始化，即写寄存器 LINECTL、RXCTL、RCCFG、BUSCT。发数据时，写控制寄存器 TXCMD，并将发送数据长度写入 TXLENG，然后将数据依次写入 PORT0 口，如将第一个字节写入 300H，第二个字节写入 301H，第三个字节写入 300H，依此类推。网卡芯片将数据组织为链路层类型并添加填充位和 CRC 校验送到网络。同样，CPU 查询 ISO 的数据，当有数据来到后，读取接收到的数据帧。读数据时，单片机依次读地址 300H，301H，300H，301H…

11.3.2　CS8900 网卡驱动设计分析

S3C2440 CS8900 控制器相关寄存器地址及初始值定义如下：

```
#define RX_FRAME_PORT  CS89x0_PORT(0x0000)
#define TX_CMD_PORT    CS89x0_PORT(0x0004)
#define TX_NOW         0x0000    /* Tx packet after   5 bytes copied */
#define TX_AFTER_381   0x0040    /* Tx packet after 381 bytes copied */
#define TX_AFTER_ALL   0x00c0    /* Tx packet after all bytes copied */
#define TX_LEN_PORT    CS89x0_PORT(0x0006)
#define ISQ_PORT       CS89x0_PORT(0x0008)
#define ADD_PORT       CS89x0_PORT(0x000A)
#define DATA_PORT      CS89x0_PORT(0x000C)
```

1) 模块初始化函数 init_module()

驱动以模块方式挂接时，初始化一个 CS89x0 的设备的 init_module()函数，代码描述如下：

```
int init_module(void)
{
    /*分配网络设备结构体*/
  struct net_device *dev = alloc_etherdev(sizeof(struct net_local));
  struct net_local *lp;
  int ret = 0;
  #if DEBUGGING
    net_debug = debug;
  #else
    debug = 0;
  #endif
  if (!dev)
  return -ENOMEM;
  dev->irq = irq;
  dev->base_addr = io;
  lp = netdev_priv(dev);
```

```
#if ALLOW_DMA
if (use_dma)
{
   lp->use_dma = use_dma;
   lp->dma = dma;
   lp->dmasize = dmasize;
}
#endif
   spin_lock_init(&lp->lock);

if (!strcmp(media, "rj45"))
   lp->adapter_cnf = A_CNF_MEDIA_10B_T | A_CNF_10B_T;
else if (!strcmp(media,  "aui"))
   lp->adapter_cnf = A_CNF_MEDIA_AUI | A_CNF_AUI;
else if (!strcmp(media,  "bnc"))
   lp->adapter_cnf = A_CNF_MEDIA_10B_2 | A_CNF_10B_2;
else
   lp->adapter_cnf = A_CNF_MEDIA_10B_T | A_CNF_10B_T;

if (duplex==-1)
   lp->auto_neg_cnf = AUTO_NEG_ENABLE;

if (io == 0)
{
   printk(KERN_ERR "cs89x0.c: Module autoprobing not allowed.\n");
   printk(KERN_ERR "cs89x0.c: Append io=0xNNN\n");
      ret = -EPERM;
   goto out;
}
else if (io <= 0x1ff)
{
   ret = -ENXIO;
   goto out;
}

#if ALLOW_DMA
if (use_dma && dmasize != 16 && dmasize != 64)
{
   printk(KERN_ERR "cs89x0.c: dma size must be either 16K or 64K, not %dK\n", dmasize);
```

```
        ret = -EPERM;
    goto out;
  }
  #endif
  ret = cs89x0_probe1(dev, io, 1);
  if (ret)
    goto out;

  if (register_netdev(dev) != 0)
  {
    printk(KERN_ERR "cs89x0.c: No card found at 0x%x\n", io);
      ret = -ENXIO;
    outw(PP_ChipID, dev->base_addr + ADD_PORT);
    release_region(dev->base_addr,  NETCARD_IO_EXTENT);
    goto out;
  }
  dev_cs89x0 = dev;
  return 0;
  out:
  free_netdev(dev);
  return ret;
}
```

2) cleanup_module()函数

与 inint_module()相对应的函数是 cleanup_module()函数，在模块卸载运行时，主要完成资源的释放工作。如取消设备注册、释放内存、释放端口。函数定义，代码描述如下：

```
void cleanup_module(void)
{
  unregister_netdev(dev_cs89x0);
  outw(PP_ChipID,  dev_cs89x0->base_addr + ADD_PORT);
  release_region(dev_cs89x0->base_addr, NETCARD_IO_EXTENT);
  free_netdev(dev_cs89x0);
}
```

3) cs89x0_probe()

直接编译到 kernel 时，初始化一个 cs89x0_probe()函数，代码描述如下：

```
struct net_device * _init cs89x0_probe(int unit)
{
  struct net_device *dev = alloc_etherdev(sizeof(struct net_local));
  unsigned *port;
  int err = 0;
```

```
int irq;
int io;

if (!dev)
  return ERR_PTR(-ENODEV);

sprintf(dev->name, "eth%d", unit);
netdev_boot_setup_check(dev);
io = dev->base_addr;
irq = dev->irq;

if (net_debug)
  printk("cs89x0:cs89x0_probe(0x%x)\n", io);

if (io > 0x1ff)
{     /* Check a single specified location. */
  err = cs89x0_probe1(dev, io, 0);
}
else if (io != 0)
{     /* Don't probe at all. */
  err = -ENXIO;
}
else
{
  for (port = netcard_portlist; *port; port++)
  {
    if (cs89x0_probe1(dev, *port, 0) == 0)
      break;
    dev->irq = irq;
  }
  if (!*port)
  err = -ENODEV;
}
if (err)
  goto out;
err = register_netdev(dev);
if (err)
  goto out1;
return dev;
```

```
    out1:
    outw(PP_ChipID, dev->base_addr + ADD_PORT);
    release_region(dev->base_addr, NETCARD_IO_EXTENT);
    out:
    free_netdev(dev);
    printk(KERN_WARNING "cs89x0: no cs8900 or cs8920 detected.  Be sure to disable PnP
          with SETUP\n");
    return ERR_PTR(err);
}
#endif
```

4) cs89x0_probe1()函数

cs89x0_probe 函数调用 cs89x0_probe1 流程图如图 11-2 所示。

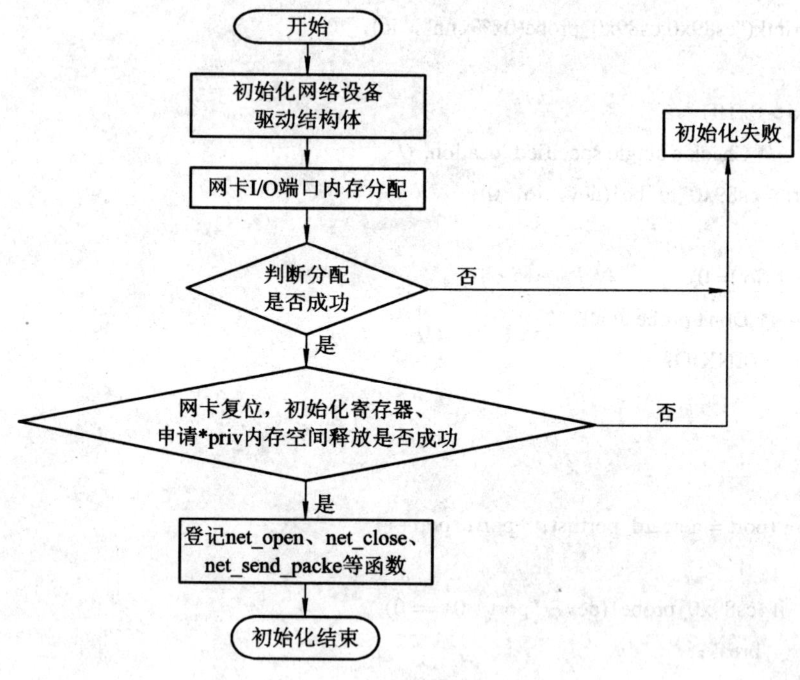

图 11-2　函数流程图

函数代码描述如下：

```
static int _init   cs89x0_probe1(struct net_device *dev, int ioaddr,   int modular)
{
    struct net_local *lp = netdev_priv(dev);
    static unsigned version_printed;
    int i;
    unsigned rev_type = 0;
    int eeprom_buff[CHKSUM_LEN];
    int retval;
```

```
SET_MODULE_OWNER(dev);
/* 初始化网络设备结构体 */
if (!modular)
{
   memset(lp，0，sizeof(*lp));
   spin_lock_init(&lp->lock);
   #ifndef MODULE
   #if ALLOW_DMA
   if (g_cs89x0_dma)
   {
        lp->use_dma = 1;
        lp->dma = g_cs89x0_dma;
        lp->dmasize = 16;  /* Could make this an option... */
   }
   #endif
   lp->force = g_cs89x0_media__force;
   #endif
}

/*IO 端口分配函数*/
if (!request_region(ioaddr & ~3，NETCARD_IO_EXTENT，DRV_NAME))
{
    printk(KERN_ERR "%s: request_region(0x%x，0x%x) failed\n"，DRV_NAME，ioaddr，
          NETCARD_IO_EXTENT);
    retval = -EBUSY;
    goto out1;
}

#ifdef CONFIG_SH_HICOSH4
   /* truely reset the chip */
   outw(0x0114，ioaddr + ADD_PORT);
   outw(0x0040，ioaddr + DATA_PORT);
#endif

if (ioaddr & 1)
{
   if (net_debug > 1)
      printk(KERN_INFO "%s: odd ioaddr 0x%x\n"，dev->name，ioaddr);
   if ((ioaddr & 2) != 2)
```

```
    if ((inw((ioaddr & ~3)+ ADD_PORT) & ADD_MASK) != ADD_SIG)
    {
        printk(KERN_ERR "%s: bad signature 0x%x\n", dev->name, inw((ioaddr & ~3)+ ADD_PORT));
        retval = -ENODEV;
        goto out2;
    }
}
printk("PP_addr=0x%x\n", inw(ioaddr + ADD_PORT));

ioaddr &= ~3;
outw(PP_ChipID, ioaddr + ADD_PORT);

if (inw(ioaddr + DATA_PORT) != CHIP_EISA_ID_SIG)
{
    printk(KERN_ERR "%s: incorrect signature 0x%x\n", dev->name, inw(ioaddr + DATA_PORT));
    retval = -ENODEV;
    goto out2;
}

/* 填充基地址字段 */
dev->base_addr = ioaddr;

/* 得到芯片类型 */
rev_type = readreg(dev, PRODUCT_ID_ADD);
lp->chip_type = rev_type &~ REVISON_BITS;
lp->chip_revision = ((rev_type & REVISON_BITS) >> 8) + 'A';


lp->send_cmd = TX_AFTER_381;
if (lp->chip_type == CS8900 && lp->chip_revision >= 'F')
    lp->send_cmd = TX_NOW;
if (lp->chip_type != CS8900 && lp->chip_revision >= 'C')
    lp->send_cmd = TX_NOW;

if (net_debug  &&  version_printed++ == 0)
printk(version);

printk(KERN_INFO "%s: cs89%c0%s rev %c found at %#3lx ",
        dev->name,
```

```
        lp->chip_type==CS8900?'0':'2',
        lp->chip_type==CS8920M?"M":"",
        lp->chip_revision,
        dev->base_addr);

/*复位芯片*/
reset_chip(dev);

#ifdef CONFIG_SH_HICOSH4
if (1)
{       /* For the HiCO.SH4 board, things are different: we don't have EEPROM,
   but there is some data in flash,  so we go get it there directly (MAC). */
  _u16 *confd;
  short cnt;
  if (((* (volatile _u32 *) 0xa0013ff0) & 0x00ffffff)== 0x006c3000)
  {
    confd = (_u16*) 0xa0013fc0;
  }
  else
  {
    confd = (_u16*) 0xa001ffc0;
  }
  cnt = (*confd++ & 0x00ff) >> 1;
  while (--cnt > 0)
  {
    _u16 j = *confd++;

    switch (j & 0x0fff)
    {
      case PP_IA:
      for (i = 0; i < ETH_ALEN/2;  i++)
      {
        dev->dev_addr[i*2] = confd[i] & 0xFF;
        dev->dev_addr[i*2+1] = confd[i] >> 8;
      }
      break;
    }
    j = (j >> 12) + 1;
```

```
        confd += j;
        cnt -= j;
    }
} else
#endif

if ((readreg(dev， PP_SelfST) & (EEPROM_OK | EEPROM_PRESENT)) ==
        (EEPROM_OK|EEPROM_PRESENT))
{               /* 加载 mac 地址 */
    for (i=0； i < ETH_ALEN/2； i++)
    {
        unsigned int Addr;
        Addr = readreg(dev， PP_IA+i*2);
        dev->dev_addr[i*2] = Addr & 0xFF;
        dev->dev_addr[i*2+1] = Addr >> 8;
    }

    lp->adapter_cnf = 0;

    /*读取 LineCTL 寄存器，设置网卡的工作模式*/
    i = readreg(dev， PP_LineCTL);

    if ((i & (HCB1 | HCB1_ENBL)) ==  (HCB1 | HCB1_ENBL))
        lp->adapter_cnf |= A_CNF_DC_DC_POLARITY;

    if ((i & LOW_RX_SQUELCH) == LOW_RX_SQUELCH)
        lp->adapter_cnf |= A_CNF_EXTND_10B_2 | A_CNF_LOW_RX_SQUELCH;

    /* 检查网卡是不是仅支持 10Base-t 模式 */
    if ((i & (AUI_ONLY | AUTO_AUI_10BASET)) == 0)
        lp->adapter_cnf |=  A_CNF_10B_T | A_CNF_MEDIA_10B_T;

        /*检查网卡是不是仅支持 AUTO 模式 */
    if ((i & (AUI_ONLY | AUTO_AUI_10BASET)) == AUI_ONLY)
        lp->adapter_cnf |= A_CNF_AUI | A_CNF_MEDIA_AUI;
        /* Check if the card is in Auto mode. */
    if ((i & (AUI_ONLY | AUTO_AUI_10BASET)) == AUTO_AUI_10BASET)
        lp->adapter_cnf |=  A_CNF_AUI | A_CNF_10B_T |
          A_CNF_MEDIA_AUI | A_CNF_MEDIA_10B_T | A_CNF_MEDIA_AUTO;
```

```
  if (net_debug > 1)
 dev->name， i， lp->adapter_cnf)；
  if (lp->chip_type == CS8900)
 lp->isa_config = readreg(dev，PP_CS8900_ISAINT) & INT_NO_MASK；
}
/*以下是检查 EEPROM 相关信息
#ifdef CONFIG_SH_HICOSH4
if (1)
{
  printk(KERN_NOTICE "cs89x0: No EEPROM on HiCO.SH4\n")；
} else
#endif
/*读取 EEPROM 失败*/
if ((readreg(dev，PP_SelfST) & EEPROM_PRESENT) == 0)
{    …    }
else if (get_eeprom_data(dev，START_EEPROM_DATA，CHKSUM_LEN，eeprom_buff) < 0)
{    …    }
else if (get_eeprom_cksum(START_EEPROM_DATA，  CHKSUM_LEN，eeprom_buff) < 0)
{
  if ((readreg(dev，PP_SelfST) & (EEPROM_OK | EEPROM_PRESENT)) !=
    (EEPROM_OK|EEPROM_PRESENT))
  {    …    }
}
else
{                    /*  根据 CS8900 datasheet 设置 eeprom */
  if (!lp->auto_neg_cnf) lp->auto_neg_cnf = eeprom_buff[AUTO_NEG_CNF_OFFSET/2]；
  /*建立适配器配置 */
  if (!lp->adapter_cnf) lp->adapter_cnf = eeprom_buff[ADAPTER_CNF_OFFSET/2]；
  /* 建立 ISA 配置*/
    lp->isa_config = eeprom_buff[ISA_CNF_OFFSET/2]；
  dev->mem_start = eeprom_buff[PACKET_PAGE_OFFSET/2] << 8；

  /* 建立初始化内存的基地址 */
  for (i = 0； i < ETH_ALEN/2；i++)
  {
    dev->dev_addr[i*2] = eeprom_buff[i]；
    dev->dev_addr[i*2+1] = eeprom_buff[i] >> 8；
  }
  if (net_debug > 1)
```

```
        {
            dev->name, lp->adapter_cnf);
        }
    }
    int count = 0;
    if (lp->force & FORCE_RJ45)
    {
        lp->adapter_cnf |= A_CNF_10B_T;
        count++;
    }
    if (lp->force & FORCE_AUI)
    {
        lp->adapter_cnf |= A_CNF_AUI;
        count++;
    }
    if (lp->force & FORCE_BNC)
    {
        lp->adapter_cnf |= A_CNF_10B_2;
        count++;
    }
    if (count > 1)
    {
        lp->adapter_cnf |= A_CNF_MEDIA_AUTO;
    }
    else if (lp->force & FORCE_RJ45)
    {
        lp->adapter_cnf |= A_CNF_MEDIA_10B_T;
    }
    else if (lp->force & FORCE_AUI)
    {
    lp->adapter_cnf |= A_CNF_MEDIA_AUI;
    }
    else if (lp->force & FORCE_BNC)
    {
        lp->adapter_cnf |= A_CNF_MEDIA_10B_2;
    }
}
lp->irq_map = 0xffff;
```

```
/* 判断CS8900是否支持软的pnp */
if (lp->chip_type != CS8900 &&(i = readreg(dev，PP_CS8920_ISAINT) & 0xff，
  (i != 0 && i < CS8920_NO_INTS)))
{
  if (!dev->irq)
  {
    dev->irq = i;
  }
  else
  {
    i = lp->isa_config & INT_NO_MASK;
    if (lp->chip_type == CS8900)
    {
     #ifdef CONFIG_ARCH_IXDP2X01
     i = cs8900_irq_map[0];
    #else
     if (i >= sizeof(cs8900_irq_map)/
     sizeof(cs8900_irq_map[0]))
     {
     }
     else
     {
       i = cs8900_irq_map[i];
     }
     /*修改IRQ MAP*/
     lp->irq_map = CS8900_IRQ_MAP;
    }
    else
    {
     int irq_map_buff[IRQ_MAP_LEN/2];
     if (get_eeprom_data(dev，IRQ_MAP_EEPROM_DATA，IRQ_MAP_LEN/2，irq_map_buff) >= 0)
     {
       if ((irq_map_buff[0] & 0xff) == PNP_IRQ_FRMT)

         lp->irq_map = (irq_map_buff[0]>>8) | (irq_map_buff[1] << 8);
     }
     #endif
    }
    if (!dev->irq)
    dev->irq = i;
```

```
    }
    #if ALLOW_DMA
    if (lp->use_dma)
    {
      get_dma_channel(dev);
      printk(", DMA %d", dev->dma);
    }
    else
    #endif
    {
      printk(", programmed I/O");
    }
    for (i = 0;   i < ETH_ALEN;   i++)
    {
      printk("%c%02x",   i ? ':' : ' ', dev->dev_addr[i]);
    }
    dev->open = net_open;    /* 开接口，该函数应该注册所有的系统资源 */
    dev->stop = net_close;   /* 停止接口，该函数执行的操作与 open 相反 */
    dev->tx_timeout = net_timeout;  /* 传输超时时，将调用此函数 */

    /*在网络层确定传输超时，调用 tx_timeout 前的最小延时 */
    dev->watchdog_timeo    = Hz;

    /*该方法初始化数据包传输。完整的数据包在 sk_buffer 中*/
    dev->hard_start_xmit = net_send_packet;

    dev->get_stats = net_get_stats;    /*获得接口的统计信息*/

       /*当组播列表发生改变，或者设备标志发生改变时，将调用该方法*/
    dev->set_multicast_list = set_multicast_list;
    dev->set_mac_address = set_mac_address;   /*设置硬件的地址*/
    if (net_debug)
      printk("cs89x0_probe1() successful\n");
      return 0;
    out2:
      release_region(ioaddr & ~3,   NETCARD_IO_EXTENT);
    out1:
      return retval;
  }
```

5) 打开网络设备函数 net_open()

net_open()函数流程图如图 11-3 所示。

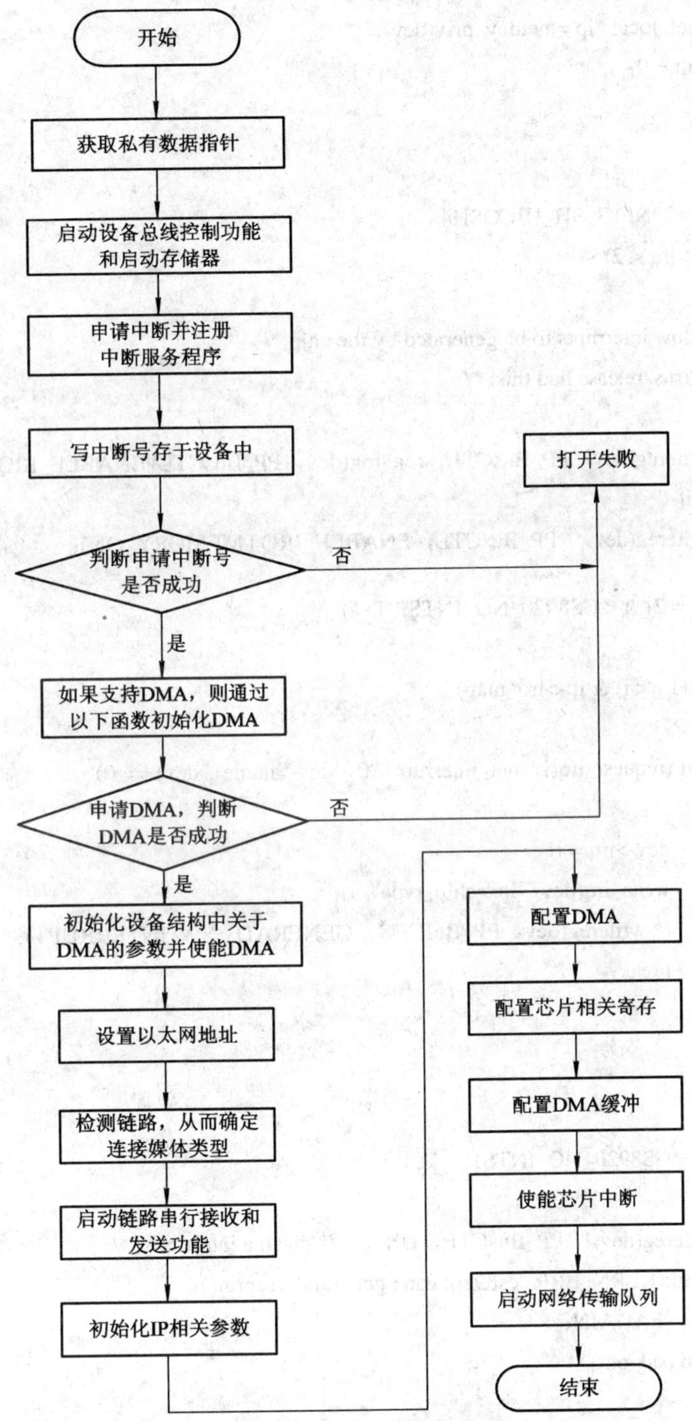

图 11-3　net_open 函数流程图

这部分内容都与 CS8900 芯片具体操作相关，代码描述如下：

```
static int
net_open(struct net_device *dev)
{
```

```
struct net_local *lp = netdev_priv(dev);
int result = 0;
int i;
int ret;

#ifndef CONFIG_SH_HICOSH4
if (dev->irq < 2)
{
  /* Allow interrupts to be generated by the chip */
  /* Cirrus' release had this: */
  #if 0
    writereg(dev, PP_BusCTL, readreg(dev, PP_BusCTL)|ENABLE_IRQ );
  #endif
    writereg(dev,  PP_BusCTL, ENABLE_IRQ | MEMORY_ON);

  for (i = 2; i < CS8920_NO_INTS; i++)
  {
    if ((1 << i) & lp->irq_map)
    {
      if (request_irq(i, net_interrupt, 0, dev->name, dev) == 0)
      {
        dev->irq = i;
        write_irq(dev, lp->chip_type, i);
        /* writereg(dev, PP_BufCFG, GENERATE_SW_INTERRUPT); */
        break;
      }
    }
  }

  if (i >= CS8920_NO_INTS)
  {
    writereg(dev,  PP_BusCTL,  0);    /* disable interrupts. */
    printk(KERN_ERR "cs89x0: can't get an interrupt\n");
    ret = -EAGAIN;
    goto bad_out;
  }
}
else
#endif
{
  #ifndef CONFIG_ARCH_IXDP2X01
```

```
    if (((1 << dev->irq) & lp->irq_map) == 0)
    {
        printk(KERN_ERR "%s: IRQ %d is not in our map of allowable IRQs,  which is %x\n",
            dev->name,  dev->irq,  lp->irq_map);
        ret = -EAGAIN;
        goto bad_out;
    }
    #endif

    writereg(dev,  PP_BusCTL,  readreg(dev,  PP_BusCTL)|ENABLE_IRQ );
    /* And 2.3.47 had this: */
    #if 0
    writereg(dev,  PP_BusCTL,  ENABLE_IRQ | MEMORY_ON);
    #endif
    write_irq(dev,  lp->chip_type,  dev->irq);
    ret = request_irq(dev->irq,  &net_interrupt,  0,  dev->name,  dev);
    if (ret)
    {
        if (net_debug)
        printk(KERN_DEBUG "cs89x0: request_irq(%d) failed\n",  dev->irq);
        goto bad_out;
    }
}

#if ALLOW_DMA
if (lp->use_dma)
{
    if (lp->isa_config & ANY_ISA_DMA)
    {
        unsigned long flags;
        lp->dma_buff = (unsigned char *)_get_dma_pages(GFP_KERNEL,
                        get_order(lp->dmasize * 1024));

        if (!lp->dma_buff)
        {
            printk(KERN_ERR "%s: cannot get %dK memory for DMA\n",  dev->name,
                lp->dmasize);
            goto release_irq;
        }
        if (net_debug > 1)
```

```
        {
          printk( "%s: dma %lx %lx\n", dev->name,
              (unsigned long)lp->dma_buff,
              (unsigned long)isa_virt_to_bus(lp->dma_buff));
        }
        if ((unsigned long) lp->dma_buff >= MAX_DMA_ADDRESS ||
          !dma_page_eq(lp->dma_buff, lp->dma_buff+lp->dmasize*1024-1))
        {
          printk(KERN_ERR "%s: not usable as DMA buffer\n", dev->name);
          goto release_irq;
        }
        memset(lp->dma_buff, 0, lp->dmasize * 1024);        /* Why? */
        if (request_dma(dev->dma, dev->name))
        {
          printk(KERN_ERR "%s: cannot get dma channel %d\n",  dev->name,  dev->dma);
          goto release_irq;
        }
        write_dma(dev, lp->chip_type, dev->dma);
        lp->rx_dma_ptr = lp->dma_buff;
        lp->end_dma_buff = lp->dma_buff + lp->dmasize*1024;
        spin_lock_irqsave(&lp->lock, flags);
        disable_dma(dev->dma);
        clear_dma_ff(dev->dma);
        set_dma_mode(dev->dma, 0x14); /* auto_init as well */
        set_dma_addr(dev->dma, isa_virt_to_bus(lp->dma_buff));
        set_dma_count(dev->dma, lp->dmasize*1024);
        enable_dma(dev->dma);
        spin_unlock_irqrestore(&lp->lock, flags);
      }
    }
#endif    /* ALLOW_DMA */

/* set the Ethernet address */
for (i=0;  i < ETH_ALEN/2;  i++)
   writereg(dev, PP_IA+i*2,  dev->dev_addr[i*2] | (dev->dev_addr[i*2+1] << 8));

/* while we're testing the interface,  leave interrupts disabled */
writereg(dev,  PP_BusCTL,  MEMORY_ON);

/* Set the LineCTL quintuplet based on adapter configuration read from EEPROM */
```

```
if ((lp->adapter_cnf & A_CNF_EXTND_10B_2) && (lp->adapter_cnf &
    A_CNF_LOW_RX_SQUELCH))
  lp->linectl = LOW_RX_SQUELCH;
else
  lp->linectl = 0;

        /* check to make sure that they have the "right" hardware available */
switch(lp->adapter_cnf & A_CNF_MEDIA_TYPE)
{
  case A_CNF_MEDIA_10B_T: result = lp->adapter_cnf & A_CNF_10B_T; break;
  case A_CNF_MEDIA_AUI:      result = lp->adapter_cnf & A_CNF_AUI; break;
  case A_CNF_MEDIA_10B_2: result = lp->adapter_cnf & A_CNF_10B_2; break;
  default: result = lp->adapter_cnf & (A_CNF_10B_T | A_CNF_AUI | A_CNF_10B_2);
}
if (!result)
{
  printk(KERN_ERR "%s: EEPROM is configured for unavailable media\n",   dev->name);
  release_irq:
  #if ALLOW_DMA
    release_dma_buff(lp);
  #endif
    writereg(dev, PP_LineCTL, readreg(dev, PP_LineCTL) &~(SERIAL_TX_ON |
              SERIAL_RX_ON));
    free_irq(dev->irq, dev);
  ret = -EAGAIN;
  goto bad_out;
}

/* set the hardware to the configured choice */
switch(lp->adapter_cnf & A_CNF_MEDIA_TYPE)
{
  case A_CNF_MEDIA_10B_T:
    result = detect_tp(dev);
  if (result==DETECTED_NONE)
  {
    printk(KERN_WARNING "%s: 10Base-T (RJ-45) has no cable\n",   dev->name);
    if (lp->auto_neg_cnf & IMM_BIT) /* check "ignore missing media" bit */
    result = DETECTED_RJ45H;    /* Yes! I don't care if I see a link pulse */
  }
  break;
```

```
        case A_CNF_MEDIA_AUI:
            result = detect_aui(dev);
        if (result==DETECTED_NONE)
        {
            printk(KERN_WARNING "%s: 10Base-5 (AUI) has no cable\n",  dev->name);
            if (lp->auto_neg_cnf & IMM_BIT) /* check "ignore missing media" bit */
            result = DETECTED_AUI;    /* Yes! I don't care if I see a carrrier */
        }
        break;
        case A_CNF_MEDIA_10B_2:
            result = detect_bnc(dev);
        if (result==DETECTED_NONE)
        {
            printk(KERN_WARNING "%s: 10Base-2 (BNC) has no cable\n",  dev->name);
            if (lp->auto_neg_cnf & IMM_BIT) /* check "ignore missing media" bit */
            result = DETECTED_BNC;    /* Yes! I don't care if I can xmit a packet */
        }
        break;
        case A_CNF_MEDIA_AUTO:
            writereg(dev,  PP_LineCTL, lp->linectl | AUTO_AUI_10BASET);
        if (lp->adapter_cnf & A_CNF_10B_T)
        if ((result = detect_tp(dev)) != DETECTED_NONE)
            break;
        if (lp->adapter_cnf & A_CNF_AUI)
        if ((result = detect_aui(dev)) != DETECTED_NONE)
            break;
        if (lp->adapter_cnf & A_CNF_10B_2)
        if ((result = detect_bnc(dev)) != DETECTED_NONE)
            break;
        printk(KERN_ERR "%s: no media detected\n",  dev->name);
            goto release_irq;
    }
    switch(result)
    {
        case DETECTED_NONE:
            printk(KERN_ERR "%s: no network cable attached to configured media\n", dev->name);
            goto release_irq;
        case DETECTED_RJ45H:
            printk(KERN_INFO "%s: using half-duplex 10Base-T (RJ-45)\n", dev->name);
            break;
```

```
    case DETECTED_RJ45F:
        printk(KERN_INFO "%s: using full-duplex 10Base-T (RJ-45)\n", dev->name);
        break;
    case DETECTED_AUI:
        printk(KERN_INFO "%s: using 10Base-5 (AUI)\n", dev->name);
        break;
    case DETECTED_BNC:
        printk(KERN_INFO "%s: using 10Base-2 (BNC)\n", dev->name);
        break;
}

/*打开所有的发送和接收操作*/
writereg(dev, PP_LineCTL, readreg(dev, PP_LineCTL)|SERIAL_RX_ON| SERIAL_TX_ON);

lp->rx_mode = 0;
writereg(dev, PP_RxCTL, DEF_RX_ACCEPT);

lp->curr_rx_cfg = RX_OK_ENBL | RX_CRC_ERROR_ENBL;

if (lp->isa_config & STREAM_TRANSFER)
  lp->curr_rx_cfg |= RX_STREAM_ENBL;
#if ALLOW_DMA
  set_dma_cfg(dev);
#endif
writereg(dev, PP_RxCFG, lp->curr_rx_cfg);

writereg(dev, PP_TxCFG, TX_LOST_CRS_ENBL|TX_SQE_ERROR_ENBL|TX_OK_ENBL |
       TX_LATE_COL_ENBL|TX_JBR_ENBL|TX_ANY_COL_ENBL|TX_16_COL_ENBL);

writereg(dev, PP_BufCFG, READY_FOR_TX_ENBL|RX_MISS_COUNT_OVRFLOW_ENBL |
       #if ALLOW_DMA
         dma_bufcfg(dev) |
       #endif
         TX_COL_COUNT_OVRFLOW_ENBL | TX_UNDERRUN_ENBL);

    /* now that we've got our act together,  enable everything */
    writereg(dev, PP_BusCTL, ENABLE_IRQ | (dev->mem_start?MEMORY_ON : 0)
                                        /* turn memory on */
    #if ALLOW_DMA
      dma_busctl(dev)
```

```
        #endif
            );
    netif_start_queue(dev);
    if (net_debug > 1)
        printk("cs89x0: net_open() succeeded\n");
    return 0;
    bad_out:
    return ret;
}
```

6) 关闭网络设备函数 net_close()

net_colse()函数做的工作和 open 相反，通过释放某些资源来减少系统的负担。close 是在设备状态由 up 转为 down 时被调用的。函数代码描述如下：

```
static int  net_close(struct net_device *dev)
{
    #if ALLOW_DMA
    struct net_local *lp = netdev_priv(dev);
    #endif

    netif_stop_queue(dev);


    writereg(dev, PP_RxCFG, 0);
    writereg(dev, PP_TxCFG, 0);
    writereg(dev, PP_BufCFG, 0);
    writereg(dev, PP_BusCTL, 0);

    free_irq(dev->irq, dev);

    #if ALLOW_DMA
    if (lp->use_dma && lp->dma)
    {
        free_dma(dev->dma);
        release_dma_buff(lp);
    }
    #endif

    /* Update the statistics here. */
    return 0;
}
```

7) 网络设备中断函数 net_interrupt()

net_interrupt()函数流程图如图 11-4 所示。

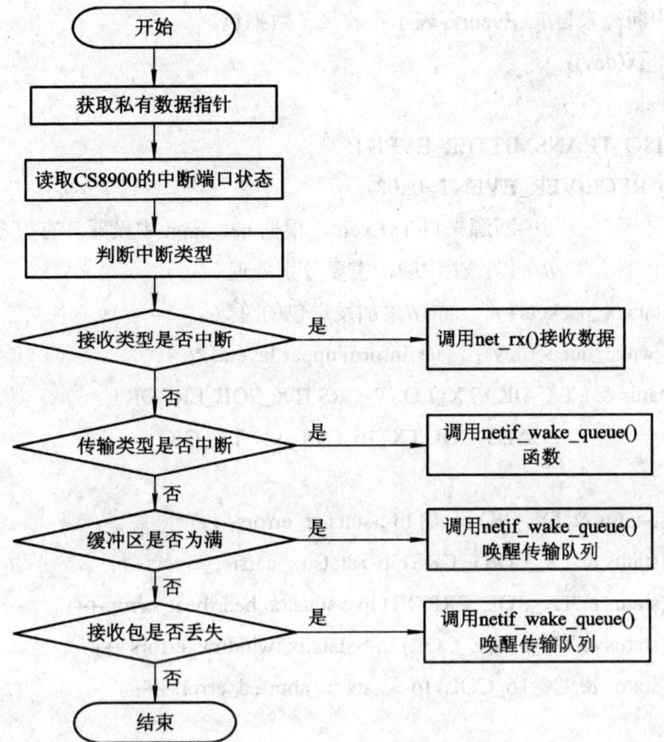

图 11-4　中断函数流程图

代码描述如下：

```
static irqreturn_t net_interrupt(int irq，void *dev_id)
{
    struct net_device *dev = dev_id;
    struct net_local *lp;
    int ioaddr，status;
    int handled = 0;

    ioaddr = dev->base_addr;
    lp = netdev_priv(dev);

    while ((status = readword(dev->base_addr，ISQ_PORT)))
    /*ISQ_PORT=08h，根据 CS8900 的用户手册，这里再次说明了 CS8900 工作在 I/O 模式*/
    printk("%s: event=%04x\n"，dev->name，status);
            handled = 1;
      switch(status&ISQ_EVENT_MASK)
      {
            //确定 ISQ 的低 6 位，该 6 位记录了发生中断的寄存器
        case:ISQ_RECEIVER_EVENT:
```

```
    //中断源来自 RxEvent，表示接收到了数据包
    net_rx(dev);
    break;
case ISQ_TRANSMITTER_EVENT:
//ISQ_RECEIVER_EVENT=0x08,
                //中断源来自 TxEvent，根据 net_open 中设置，有很多发送事件
                //可以产生中断，需要分别处理
lp->stats.tx_packets++;         //累加发送包的总数
netif_wake_queue(dev);    /* Inform upper layers. */
if ((status & ( TX_OK | TX_LOST_CRS |TX_SQE_ERROR |
        TX_LATE_COL TX_16_COL)) != TX_OK)
{
    if ((status & TX_OK) == 0) lp->stats.tx_errors++;
    if (status & TX_LOST_CRS) lp->stats.tx_carrier_errors++;
    if (status & TX_SQE_ERROR) lp->stats.tx_heartbeat_errors++;
    if (status & TX_LATE_COL) lp->stats.tx_window_errors++;
    if (status & TX_16_COL) lp->stats.tx_aborted_errors++;
}
break;
case ISQ_BUFFER_EVENT:
                            //中断源来自 BufEvent
if (status & TX_UNDERRUN)
{
    lp->send_underrun++;
    //这里说明估计的发送长度过短，可能需要做调整
    if (lp->send_underrun == 3)
    {
        lp->send_cmd = TX_AFTER_381;
    }
    else if (lp->send_underrun == 6)
    {
        lp->send_cmd = TX_AFTER_ALL;
    }
    netif_wake_queue(dev);
     //ISQ_RX_MISS_EVENT=0x10,
}

break;
case ISQ_RX_MISS_EVENT:
```

```
        //中断来自于 RxMISS，该寄存器的高 10 位记录丢失的数据包
        lp->stats.rx_missed_errors += (status >>6);
        break;
        case ISQ_TX_COL_EVENT:
        //ISQ_TX_COL_EVENT=0x12，中断来自于
        //TxCOL，该寄存器的高 10 位记录发了生冲突的数据包
        lp->stats.collisions += (status >>6);
        break;
      }
    }
  return IRQ_RETVAL(handled);
}
```

8) 接收函数 net_rx

net_rx 函数流程图如图 11-5 所示。

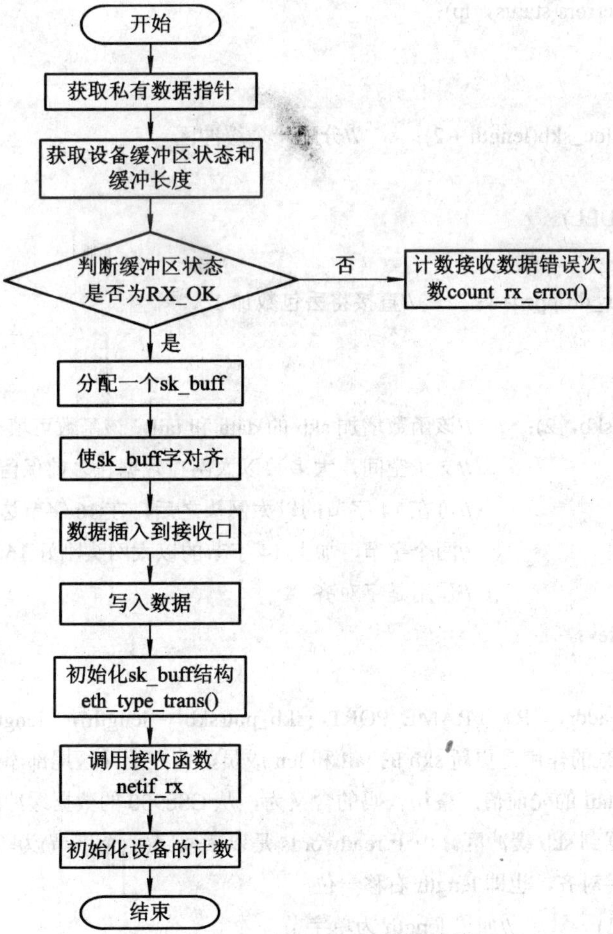

图 11-5　接收函数流程图

net_rx 函数的代码流程如下：

```
static void net_rx(struct net_device *dev)
{
  struct net_local *lp = netdev_priv(dev);                //指向驱动程序的私有数据区
  struct sk_buff *skb;                                    //申请 skb_buff 指针
  int status， length;

  int ioaddr = dev->base_addr;                            //得到 CS8900 的基地址
  status = readword(ioaddr， RX_FRAME_PORT);              //获取 CS8900 片上缓冲区的状态
  length = readword(ioaddr， RX_FRAME_PORT);              //获取 CS8900 片上缓冲区的长度

  if ((status & RX_OK) == 0)
  {
  //状态为接收错误，调用 count_rx_errors 统计错误
    count_rx_errors(status， lp);
    return;
  }
  skb = dev_alloc_skb(length + 2);        //分配一个缓冲区

  if (skb == NULL)
  {
    lp->stats.rx_dropped++;        //直接将丢包数加 1
    return;
  }
  skb_reserve(skb，2);         //该函数增加 skb 的 data 和 tail，该函数可填充缓冲区之前保留的报
                               //文头空间，大多数以太网在数据包之前保留 2 个字节，这样 IP 头
                               //可在 14 字节的以太网头之后，在 16 字节边界上对齐。这里也空了
                               //两个字节，加上 14 字节的以太网头刚好 16 字/节。所以这里的主要
                               //作用是字对齐
  skb->dev = dev;

  readwords(ioaddr， RX_FRAME_PORT，skb_put(skb， length)， length >> 1);
  //skb_put 函数的作用是更新 skb 的 tail 和 len 成员，即在缓冲区尾部添加数据，该函数
  //返回 skb->tail 的先前值。整句代码的含义为，从 CS8900 的数据缓冲区中读取 length
  //个字节数据到 skb 缓冲区。由于 readwords 是以读取字(两个字节)为单位的，因此 length
  //应该保持字对齐，也即 length 右移一位
  if (length & 1)          //如果 length 为单字节，
   skb->data[length-1] = readword(ioaddr，RX_FRAME_PORT);
…
```

```
        skb->protocol=eth_type_trans(skb, dev);  //该函数定义在/linux/net/ethernet/eth.c 中，该内容
                                                  //可参见 Linux 设备驱动程序相关章节
    netif_rx(skb);  //通知内核已经接收到一个数据包，并封装入一个接字缓冲区
    dev->last_rx = jiffies;                       //更新最后的接收包时间
        lp->stats.rx_packets++;                   //接收的总数据包数加 1
      lp->stats.rx_bytes += length;               //接收的字节数加上 length
    }
```

9) 发送函数 net_send_packet

net_send_packet 函数流程图如图 11-6 所示。

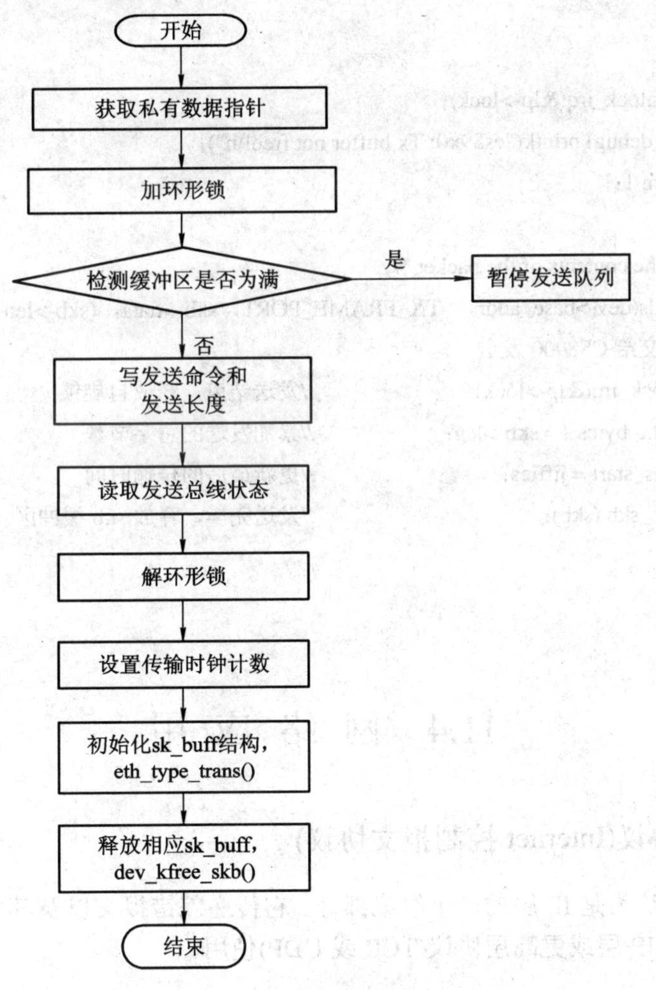

图 11-6　发送函数流程图

代码描述如下：

```
    static int net_send_packet(struct sk_buff *skb, struct net_device *dev)
    {
      struct net_local *lp = netdev_priv(dev);     //获得驱动程序的私有数据
```

```
    …
    spin_lock_irq(&lp->lock);                //获得自旋锁，以便进入临界区
    netif_stop_queue(dev);                       //通知内核暂停内核与驱动程序间的数据传递

    writeword(dev->base_addr, TX_CMD_PORT, lp->send_cmd);
    writeword(dev->base_addr, TX_LEN_PORT, skb->len);

    if ((readreg(dev, PP_BusST) & READY_FOR_TX_NOW) == 0)
    {
        …
        spin_unlock_irq(&lp->lock);
        if (net_debug) printk("cs89x0: Tx buffer not free!\n");
            return 1;
    }
    /* Write the contents of the packet */
    writewords(dev->base_addr,  TX_FRAME_PORT, skb->data, (skb->len+1) >>1);
    //将数据交给 CS8900 发送
    spin_unlock_irq(&lp->lock);              //发送结束，释放自旋锁
    lp->stats.tx_bytes += skb->len;          //累加发送的总字节数
    dev->trans_start = jiffies;              //更新最后的传输时间
    dev_kfree_skb (skb);                     //发送完毕，释放 skb 缓冲区
    …
    return 0;
}
```

11.4 网 络 应 用

11.4.1 ICMP 协议(Internet 控制报文协议)

ICMP 经常被认为是 IP 层的一个组成部分。它传递差错报文以及其他需要注意的信息。ICMP 报文通常被 IP 层或更高层协议(TCP 或 UDP)使用。

11.4.2 ICMP 报文

报文的类型由类型字段和代码字段来共同决定，分为查询报文和差错报文。当对 ICMP 差错报文需要做特殊处理时，需要对它们进行区分。例如，在对 ICMP 差错报文进行响应时，永远不会生成另一份 ICMP 差错报文(如果没有这个限制规则，可能会遇到一个差错产生另一个差错的情况，而差错再产生差错无休止地循环下去)。

当发送一份 ICMP 差错报文时，报文始终包含 IP 的首部和产生 ICMP 差错报文的 IP 数据报的前 8 个字节。这样，接收 ICMP 差错报文的模块就会把它与某个特定的协议(根据 IP 数据报首部中的协议字段来判断)和用户进程(根据包含在 IP 数据报前 8 个字节中的 TCP 或 UDP 报文首部中的 TCP 或 UDP 端口号来判断)联系起来。发送报文流程图如图 11-7 所示。

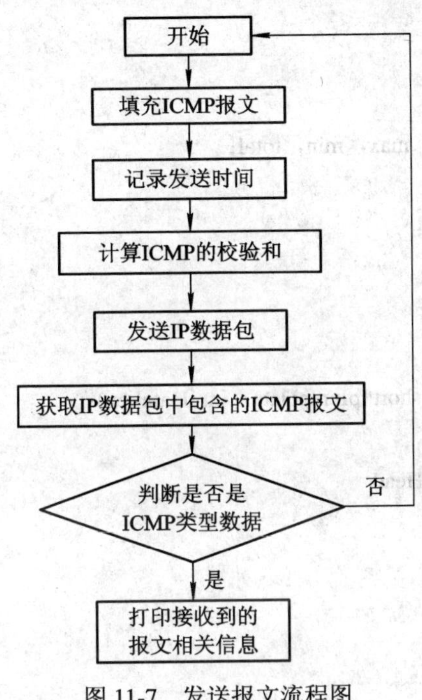

图 11-7　发送报文流程图

实例代码描述如下：

```
#include <stdio.h>
#include <fcntl.h>
#include <errno.h>
#include <signal.h>
#include <sys/types.h>
#include <sys/socket.h>
#include <sys/time.h>
#include <netinet/in.h>
#include <arpa/inet.h>
#include <netdb.h>

#define    ICMP_ECHO    8
#define    ICMP_ECHOREPLY    0
#define    ICMP_HEADSIZE    8
#define    IP_HEADSIZE    20

#define    MAX(a，b)        ((a)>(b))?(a):(b)
```

```
#define   MIN(a, b)    ((a)>(b))?(b):(a)
char   *host;
char   *prog;
extern   errno;
long   lSendTime;
u_short seq;
int   iTimeOut;
int   sock, sent, recvd, max, min, total;
u_long   lHostIp;
struct   sockaddr_in   it;
struct   timeval   now;
void   ping();
void   stat();
u_short      ChkSum(u_short*pIcmpData, int iDataLen);
long   time_now();
typedef   struct   tagIpHead
{
   u_char ip_verlen;
   u_char ip_tos;
   u_char ip_len;
   u_short ip_id;
   u_short ip_fragoff;
   u_char ip_ttl;
   u_char ip_proto;
   u_short ip_chksum;
   u_long ip_src_addr;
   u_long ip_dst_addr;
}IPHEAD;

typedef   struct   tagIcmpHead
{
   u_char icmp_type;
   u_char icmp_code;
   u_short icmp_chksum;
   u_short icmp_id;
   u_short icmp_seq;
   u_char icmp_data[1];
}ICMPHEAD;
```

```
u_short    ChkSum(u_short*pIcmpData， int iDataLen)
{
  u_short    iSum;
  u_short    iOddByte;
  iSum=0;

  while(iDataLen>1)
  {
    iSum^=*(pIcmpData++);
    iDataLen-=2;
  }
  if(iDataLen==1)
  {
    iOddByte=0;
    *((u_char*)&iOddByte)=*(u_char*)pIcmpData;
        iSum^=iOddByte;
  }
  iSum^=0xffff;
     return(iSum);
}

long    time_now()
{
  struct    timeval    now;
  long    lPassed;
  gettimeofday(&now， 0);
  lPassed=now.tv_sec*1000000+now.tv_usec;
  return    lPassed;
}

void ping()
{
  char    buf[200];
  int  iPacketSize;
  int  tag=-1;

  ICMPHEAD    *    pIcmpHead= (ICMPHEAD*)buf;
  pIcmpHead->icmp_type=ICMP_ECHO;
  pIcmpHead->icmp_code=0;
```

```
    pIcmpHead->icmp_id=seq;
    pIcmpHead->icmp_seq=seq;
    pIcmpHead->icmp_chksum=0;

   *((long*)pIcmpHead->icmp_data)=time_now();

   iPacketSize=ICMP_HEADSIZE+4;

   pIcmpHead->icmp_chksum=ChkSum((u_short*)pIcmpHead, iPacketSize);

   lSendTime=time_now();

   tag=sendto(sock, buf, iPacketSize, 0, (struct sockaddr*)&it, sizeof(it));

   if(tag<0)
   {
     printf("\nmy_ping    send    failed\n");
     exit(6);
   }
   ++sent;
   alarm(iTimeOut);
}
void    stat()
{
   if(sent)
   {
     printf("\n----%s ping statistics summerized by Digger----\n", host);
     printf("%d packets sent, %d packets received, %.2f%%lost\n",
     sent, recvd, (float)(sent-recvd)/(float)sent*100);
   }

   if(recvd)
   {
     printf("round_trip min/avg/max: %d/%d/%d ms\n\n", min, total/recvd, max);
   }
   exit(0);
}

int main(int argc, char**argv)
```

```
{
  struct hostent*h;
  char buf[200];
  char dst_host[32];
  int i, namelen;
  IPHEAD*pIpHead;
  ICMPHEAD*pIcmpHead;
  int     normalSize=0;
  int     times=0;
  if(argc<2)
  {
    printf("usage: %s[-timeout]host|IP\n", argv[0]);
      exit(0);
  }

  printf("argc: %d argv: %s", argc, *(argv+1));
  prog=argv[0];
  host=argc==2?argv[1]:argv[2];
  iTimeOut=argc==2?1:atoi(argv[1]);

  if((sock=socket(AF_INET, SOCK_RAW, IPPROTO_ICMP))<0)
  {
    perror("socket");
    exit(2);
  }

  bzero(&it, sizeof(it));
  it.sin_family=AF_INET;

  if((lHostIp=inet_addr(host))!=     INADDR_NONE)
  {
    it.sin_addr.s_addr=lHostIp;
    strcpy(dst_host, host);
  }
  else     if(h=gethostbyname(host))
  {
    bcopy(h->h_addr, &it.sin_addr, h->h_length);
    sprintf(dst_host, "%s(%s)", host, inet_ntoa(it.sin_addr));
  }
```

```
else
{
    fprintf(stderr，"bad IP or host\n")；
    exit(3)；
}

namelen=sizeof(it)；

i=IP_HEADSIZE+ICMP_HEADSIZE+sizeof(long)；
printf("\npinging %s，send %d bytes\n\n"，dst_host，i)；

seq    =    0；
sigset(SIGINT，stat)；
sigset(SIGALRM，ping)；
alarm(iTimeOut)；
ping()；

for(；；)
{
    register size；
    register u_char ttl；
    register delta；
    register iIpHeadLen；
    size=recvfrom(sock，buf，sizeof(buf)，0，(struct sockaddr *)&it，&namelen)；
    if(size==-1)
    {
        continue；
    }

    delta=(int)((time_now()-lSendTime))；
    pIpHead=(IPHEAD*)buf；
    iIpHeadLen=(int)((pIpHead->ip_verlen&0xf)<<2)；
    normalSize=iIpHeadLen+ICMP_HEADSIZE；

    if(size<normalSize)
    {
        printf("size of iIPHeadLen+ICMP_HEADSIZE error: size is %d\n"，size)；
        continue；
    }
    ttl=pIpHead->ip_ttl；
```

```
        pIcmpHead=(ICMPHEAD *)(buf+iIpHeadLen);
        if(pIcmpHead->icmp_type != ICMP_ECHOREPLY)
        {
            printf("ICMP_ECHOREPLY      error\n");
            continue;
        }
        if(pIcmpHead->icmp_id!=seq||pIcmpHead->icmp_seq!=seq)
        {
            printf("icmp_id !=seq\n");
            continue;
        }

        sprintf(buf, "icmp_seq=%u bytes=%d ttl=%d", pIcmpHead->icmp_seq, size, ttl);
        printf("---myping---reply from%s: %s time=%.3f ms\n", host, buf, (float)delta/1000);

        max=MAX(delta, max);
        min=min<delta?MAX(delta, min):delta;
        total+=delta;
        ++recvd;
        ++seq;
        if(times==3)
        {
            stat();
            break;
        }
        times++;
    }
    return 1;
}
```

11.5　Web 服务器 Boa 移植实例

Boa 是一款单任务的 HTTP 服务器，通过建立 HTTP 请求列表来处理多路 HTTP 连接请求。同时，只为 CGI 程序创建新的进程，在很大程度上节省了系统资源。

11.5.1　移植步骤

1. 下载 Boa 源码和解压缩

下载地址：http://www.boa.org/或 http://sourceforge.net。

最新发行版本：0.94.13。

下载 boa-0.94.13.tar.gz，注意：从 Boa 上下载的是 boa-0.94.13.tar.tar，解压方式一样。

解压：# tar xzf boa-0.94.13.tar.gz。

2. 生成 Makefile 文件

直接运行 src/configure 文件。

3. 修改 Makefile 文件

(1) 修改 CC = gcc 为 CC = /usr/local/arm/2.95.3/bin/arm-linux-gcc

(2) 修改 CPP = gcc – E 为 CPP = /usr/local/arm/2.95.3/bin/arm-linux-gcc -E

4. 编译

```
# make
# /usr/local/arm/2.95.3/bin/arm-linux-strip boa
```

11.5.2 Boa 的配置

1. Group 的修改

修改 Group nogroup 为 Group 0。由于在/etc/group 文件中没有 nogroup 组，因此将 Group 设成 0。另外，在/etc/passwd 中有 nobody 用户，所以不用修改 User nobody。

2. ScriptAlias 的修改

修改 ScriptAlias /cgi-bin//usr/lib/cgi-bin 的值为 ScriptAlias /cgi-bin///var/www/cgi-bin/。

3. ServerName 的设置

修改 ServerName www.your.org 的值为 ServerName www. your.org.here。

注意：该项默认为未打开，执行 Boa 会异常退出，提示“gethostbyname::No such file or directory”，所以该项必须打开。

4. User 的设置

修改 User nobody 的值为 User root 或者 0。

11.5.3 Boa 运行

成功配置以后，还需要创建日志文件所在目录/var/log/boa，创建 HTML 文档的主目录/var/www，将静态网页存入该目录下(可以将主机/usr/share/doc/HTML/目录下的 index.html 文件和 img 目录复制到/var/www 目录下)，创建 CGI 脚本所在目录/var/www/cgi-bin，将 cgi 的脚本存放在该目录下。另外，还要将 mime.types 文件复制到/etc 目录下，通常从 Linux 主机的/etc 目录下直接复制即可。

将编译好的 Boa 文件和 boa.conf 文件拷贝到/.usr/bin 目录下，在 shell 里执行./boa。

参 考 文 献

[1] 赵炯. Linux 内核完全注释. 北京：机械工业出版社，2007
[2] 范永开，杨爱林. Linux 应用开发技术详解. 北京：人民邮电出版社，2006
[3] 毛德操，胡希明. Linux 内核源代码情景分析. 杭州：浙江大学出版社，2001
[4] 张晓林，崔迎炜，等. 嵌入式系统设计与实践. 北京：北京航空航天大学出版社，2006
[5] JONA'THAN CORBET，ALESSANDRO RUBINI&GREG KROAH-HARTMAN. Linux 设备驱动程序. 魏永明，耿岳，钟书毅译. 北京：人民邮电出版社，2006
[6] 魏洪兴. 嵌入式系统设计师教程. 北京：清华大学出版社，2006
[7] 许信顺，贾智平. 嵌入式 Linux 应用编程. 北京：机械工业出版社，2007
[8] 孙天泽，袁文菊，张海峰. 嵌入式设计及 Linux 驱动开发指南. 北京：电子工业出版社，2005
[9] 北京博创兴业科技有限公司. up-netarm2410 经典板(Linux)嵌入式系统实验指导书. 北京：博创兴业科技有限公司，2008
[10] 陈赜，秦贵和，徐华中. ARM9 嵌入式技术及 Linux 高级实践教程. 北京：北京航空航天大学出版社，2005
[11] SAMSUNG 公司. S3C2410X RISC Microprocessor Reference Manual. 2003
[12] 马忠梅，马广云，徐英慧. ARM 嵌入式处理器结构与应用基础. 北京：北京航空航天大学出版社，2002
[13] Jean J. Labrosse. 嵌入式实时操作系统 μC/OS-Ⅱ. 2 版. 邵贝贝，等译. 北京：北京航空航天大学出版社，2003
[14] Andrew N.SLOSS，等. ARM 嵌入式系统开发-软件设计与优化. 沈建华，译. 北京：北京航空航天大学出版社，2005
[15] 三恒星科技. ARM 嵌入式系统入门. 北京：中国电力出版社，2008
[16] 李亚锋，欧文盛，等. ARM 嵌入式 Linux 系统开发从入门到精通. 北京：清华大学出版社，2007
[17] 范圣一. ARM 原理与嵌入式系统实战. 北京：机械工业出版社，2007
[18] 徐英慧，等. ARM9 嵌入式系统设计：基于 S3C2410 与 Linux. 北京：北京航空航天大学出版社，2007
[19] 张绮文，谢建雄，谢劲心. ARM 嵌入式常用模块与综合系统设计精讲. 北京：电子工业出版社。2006
[20] 丁峰，徐靖，鲁立. ARM 系统开发从实践到提高. 北京：中国电力出版社，2007
[21] 及力. Protel99 SE 原理图和 PCB 设计教程. 2 版. 北京：电子工业出版社，2007
[22] 刘淼. 嵌入式系统接口设计与 Linux 驱动程序开发. 北京：北京航空航天大学出版社，2006
[23] Michael Beck，et al. Linux 内核编程指南. 张瑜，等译. 北京：清华大学出版社，2004

[24] David A.Rusling. Linux 编程白皮书. 朱珂，等译. 北京：机械工业出版社，2000
[25] 罗苑棠，杨宗德. 嵌入式 Linux 应用系统开发实例精讲. 北京：电子工业出版社，2007
[26] 孙弋，朱周华. ARM-Linux 嵌入式系统开发基础. 西安：西安电子科技大学出版社，2008
[27] 孙弋，韩晓冰. 短距离无线通信及组网技术. 西安：西安电子科技大学出版社，2008
[28] Corbet J，Rubini A，Kroah-Hartman G. Linux Divice Drivers 3th. O'Reilly，2005
[29] ARM Co. ARM920T Technical Reference Manual，2001
[30] Philips Semiconductors Co. the IIC-BUS Specification，2000
[31] Wookey，Tak-Shing. Porting the Linux Kernel to a New ARM Platform
[32] Karim，Yaghmour. Building Embedded Linux System，2003
[33] CS8900A Product Data Sheet
[34] S3C2410X 32 32-BIT RISC MICROPROCESSOR USERS MANUAL Revision1.2
[35] Building the GNU toolchain for ARM targets
[36] GNUPro Tookit Getting Staeted Guied
[37] http://www.ee521.com
[38] http://www.kernel.org
[39] http://www.arm.kernel.org.uk
[40] http://www.samsung.com
[41] http://www.zlgmcu.com
[42] http://www.compactflash.org
[43] http://www.usb.org
[44] http://www.sourceforge.net